住房和城乡建设部"十四五"规划教材

高等学校工程管理和工程造价学科专业指导委员会规划推荐教材

建 筑 结 构

（第四版）

重庆大学　　兰定筠　叶天义

　　　　　　黄　音　傅　晏　编著

同济大学　孙继德

清华大学　罗福午　　　　　主审

中国建筑工业出版社

图书在版编目(CIP)数据

建筑结构／兰定筠等编著. — 4 版. — 北京：中国建筑工业出版社，2023.1（2024.6 重印）
住房和城乡建设部"十四五"规划教材 高等学校工程管理和工程造价学科专业指导委员会规划推荐教材
ISBN 978-7-112-28301-9

Ⅰ. ①建… Ⅱ. ①兰… Ⅲ. ①建筑结构－高等学校－教材 Ⅳ. ①TU3

中国版本图书馆 CIP 数据核字（2022）第 249319 号

本书依据"住房和城乡建设部高等学校工程管理和工程造价学科专业指导委员会"制定的"高等学校工程管理本科指导性专业规范"，结合工程管理专业技术课程的改革目标，按我国现行的新标准、新规范进行编写。其主要内容有：第一篇建筑结构概论，包括概述、建筑结构设计基本原理、竖向荷载和水平作用；第二篇各类建筑结构，包括混凝土结构设计原理、多层和高层钢筋混凝土结构、砌体结构、钢结构、应用实例：现浇钢筋混凝土楼盖设计。

本书适用于高等学校工程管理专业和工程造价的技术平台教材，也可作为高等学校建筑学专业、城乡规划专业的教材或教学参考书。

为了更好地支持教学，我社向采用本书作为教材的教师提供课件，有需要者可与出版社联系，索取方式如下：建工书院：https://edu.cabplink.com，邮箱：jckj@cabp.com.cn，电话：(010)58337285。

责任编辑：牛　松　王　跃　田立平
责任校对：芦欣甜

住房和城乡建设部"十四五"规划教材
高等学校工程管理和工程造价学科专业指导委员会规划推荐教材
建筑结构
（第四版）

重庆大学　兰定筠　叶天义
　　　　　黄　音　傅　晏　编著
同济大学　孙继德
清华大学　罗福午　　　　主审

＊

中国建筑工业出版社出版、发行（北京海淀三里河路 9 号）
各地新华书店、建筑书店经销
北京红光制版公司制版
北京圣夫亚美印刷有限公司印刷

＊

开本：787 毫米×1092 毫米　1/16　印张：22¾　字数：568 千字
2023 年 3 月第四版　　2024 年 6 月第二次印刷
定价：58.00 元（赠教师课件）
ISBN 978-7-112-28301-9
（39954）

出 版 说 明

党和国家高度重视教材建设。2016 年，中办国办印发了《关于加强和改进新形势下大中小学教材建设的意见》，提出要健全国家教材制度。2019 年 12 月，教育部牵头制定了《普通高等学校教材管理办法》和《职业院校教材管理办法》，旨在全面加强党的领导，切实提高教材建设的科学化水平，打造精品教材。住房和城乡建设部历来重视土建类学科专业教材建设，从"九五"开始组织部级规划教材立项工作，经过近 30 年的不断建设，规划教材提升了住房和城乡建设行业教材质量和认可度，出版了一系列精品教材，有效促进了行业部门引导专业教育，推动了行业高质量发展。

为进一步加强高等教育、职业教育住房和城乡建设领域学科专业教材建设工作，提高住房和城乡建设行业人才培养质量，2020 年 12 月，住房和城乡建设部办公厅印发《关于申报高等教育职业教育住房和城乡建设领域学科专业"十四五"规划教材的通知》（建办人函〔2020〕656 号），开展了住房和城乡建设部"十四五"规划教材选题的申报工作。经过专家评审和部人事司审核，512 项选题列入住房和城乡建设领域学科专业"十四五"规划教材（简称规划教材）。2021 年 9 月，住房和城乡建设部印发了《高等教育职业教育住房和城乡建设领域学科专业"十四五"规划教材选题的通知》（建人函〔2021〕36 号）。为做好"十四五"规划教材的编写、审核、出版等工作，《通知》要求：（1）规划教材的编著者应依据《住房和城乡建设领域学科专业"十四五"规划教材申请书》（简称《申请书》）中的立项目标、申报依据、工作安排及进度，按时编写出高质量的教材；（2）规划教材编著者所在单位应履行《申请书》中的学校保证计划实施的主要条件，支持编著者按计划完成书稿编写工作；（3）高等学校土建类专业课程教材与教学资源专家委员会、全国住房和城乡建设职业教育教学指导委员会、住房和城乡建设部中等职业教育专业指导委员会应做好规划教材的指导、协调和审稿等工作，保证编写质量；（4）规划教材出版单位应积极配合，做好编辑、出版、发行等工作；（5）规划教材封面和书脊应标注"住房和城乡建设部'十四五'规划教材"字样和统一标识；（6）规划教材应在"十四五"期间完成出版，逾期不能完成的，不再作为《住房和城乡建设领域学科专业"十四五"规划教材》。

住房和城乡建设领域学科专业"十四五"规划教材的特点，一是重点以修订教育部、住房和城乡建设部"十二五""十三五"规划教材为主；二是严格按照专业标准规范要求编写，体现新发展理念；三是系列教材具有明显特点，满足不同层次和类型的学校专业教学要求；四是配备了数字资源，适应现代化教学的要求。规划教材的出版凝聚了作者、主审及编辑的心血，得到了有关院校、出版单位的大力支持，教材建设管理过程有严格保障。希望广大院校及各专业师生在选用、使用过程中，对规划教材的编写、出版质量进行反馈，以促进规划教材建设质量不断提高。

住房和城乡建设部"十四五"规划教材办公室

2021 年 11 月

第 四 版 前 言

《建筑结构》第四版在第三版的基础上，依据"高等学校工程管理和工程造价学科专业指导委员会"编制并实施的"高等学校工程管理本科指导性专业规范"中工程技术类主干课程《建筑结构》教学大纲，结合国家新标准，对全书进行了修订和完善，具体如下：

依据《工程结构通用规范》GB 55001—2021、《建筑与市政工程抗震通用规范》GB 55002—2021，对本书进行了系统修订，对各章中的例题、习题进行了重新计算和校核。

对本书第 4 章和第 5 章结合《混凝土通用规范》GB 55008—2021 进行了修订。

对本书第 6 章结合《砌体结构通用规范》GB 55007—2021 进行了修订。

依据《钢结构通用规范》GB 55006—2021 和《钢结构设计标准》GB 50017—2017 及其修订征求意见稿，对第 7 章进行了修订。

对本书附录三平法施工图制图规则按图集 22G101-1 进行了修订。

本书第四版由重庆大学兰定筠、叶天义、黄音、傅晏，同济大学孙继德合编，清华大学罗福午教授主审。书中第 1 章、第 2 章和第 3 章由重庆大学黄音、傅晏修订；第 4 章由同济大学孙继德、重庆大学兰定筠修订；第 5 章和第 6 章由重庆大学叶天义、林琳修订；第 7 章由重庆大学兰定筠、叶天义修订；第 8 章和附录由西南科技大学杨莉琼修订。

本书虽几经修改，但由于水平有限，缺点错误在所难免，敬请读者予以指正。

第 一 版 前 言

随着我国经济的快速发展及城市化进程的不断加快，社会对工程管理专业人才的需求日益强烈，对工程管理专业人才的培养也提出了更高要求，同时，目前我国工程管理专业教学中技术、经济、管理、法律四个平台课程的整合度不够，特别是技术平台课程，传统技术平台课程往往采用土木工程专业相关教材，导致工程管理专业学生较难掌握技术课程内容。为此，住房和城乡建设部高等学校工程管理专业指导委员会认为有必要对技术课程的教学内容进行改革，改革目标是用简单、形象、生动的语言表达复杂的技术问题，进行技术课程的"白话"革命，并且在内容上考虑与经济、管理、法律等相关内容的渗透。

《建筑结构》正是按照上述改革目标，依据"高等学校工程管理专业指导委员会"制定的"工程管理专业"技术类课程中的建筑结构教学大纲进行编写，目的是为工程管理专业提供一部主干技术基础课程教材，使学生掌握建筑结构基本原理、各类建筑结构基本知识、基本技能，具有从事各类建筑结构技术管理的能力。

本教材在编写时，体现了如下特点：

1. 结构整体思维。本书第一章、第二章从建筑结构整体的角度，阐述建筑结构概念设计，总结构体系与水平分体系、竖向分体系、基础分体系的相互关系，从而改变传统的只重视基本构件轻视结构整体分析的教学模式，引导学生形成建筑结构整体思维。

2. 系统性。按结构整体思维，本书系统阐述了荷载、地震作用在建筑结构中的作用及其传递过程，明确水平分体系、竖向分体系、基础分体系之间的力学关系；较系统阐述了钢筋混凝土结构、砌体结构、钢结构的受力特点及基本设计原理，并对结构的基础分体系即地基与基础设计进行介绍，并指出基础设计应结合建筑的上部结构、地基三者相互协同作用进行考虑，强调从结构整体的角度，解决地基与基础问题。

3. 重原理轻公式。本书在阐述建筑结构设计基本原理、各类建筑结构设计内容时，重视基本原理、基本概念、结构整体分析，侧重于技术知识的有效性，弱化计算公式的推导过程及其参数的讲解，从而引导学生掌握技术课程的精华，学以致用，满足工程管理中技术管理的要求。

4. 简单与形象、生动性。本书采用大量的图文，对建筑结构基本原理、基本概念、力学关系等知识运用简单语言进行阐述，增强学生的理解能力。

5. 实践性。本书最后一章，结合工程实践，进行现浇钢筋混凝土楼盖设计，引导学生掌握建筑结构设计的基本过程，结构施工图的形成过程。

本书的编写工作是在住房和城乡建设部人事司和高等学校工程管理专业指导委员会的领导和组织下进行的，指委会主任任宏教授对本书的编写思路、编写大纲及编写过程给予了悉心指导，在编写过程中得到了主编单位重庆大学和同济大学的大力支持，并经过了清华大学罗福午教授的严格审阅。

本书第一章、第二章由重庆大学黄音、兰定筠编写，第三章由重庆大学唐建立、蒋时节编写，第四章由同济大学孙继德编写，第四章第六节由重庆大学黄音编写，第五章由重庆大学黄音、兰定筠编写，第六章由重庆大学黄音编写，第七章由西华大学杨利容编写，第八章由重庆大学黄音、兰定筠编写，第九章、第十章由重庆大学兰定筠、西南科技大学杨莉琼编写。全书由黄音、兰定筠负责制定编写大纲并统稿。

重庆大学研究生谢应坤、谢伟、李凯、王龙等为本书的出版作了许多有益的工作，在此一并表示谢意。

本书虽几经修改，但由于水平有限，缺点错误在所难免，敬请读者予以指正。

目　　录

第一篇　建筑结构概论

第二篇　各类建筑结构

第一篇
建筑结构概论

1.1 建筑结构的基本概念

1.1.1 建筑结构的基本任务

建筑物通常由楼板、屋顶、墙体或柱、基础、楼（电）梯、门窗等几部分组成。其中，梁、板、柱、墙、基础为建筑物的基本结构构件，它们组成了建筑物的基本结构（图1-1、图1-2）。

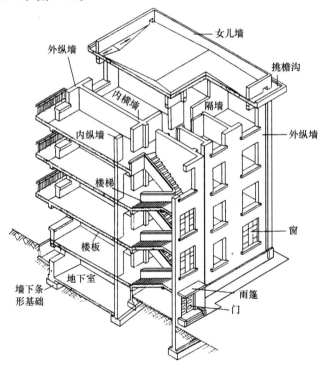

图 1-1　砌体结构的结构构件

1. 建筑结构的任务

在建筑物中建筑结构的任务主要有如下三个方面：

（1）服务于人类对空间的应用和美观需求

建筑物是人类社会生活必要的物质条件，是社会生活的人为的物质环境，结构成为一个空间的组织者，如各类房间、门厅、楼梯、过道等。同时，建筑物也是历史、文化、

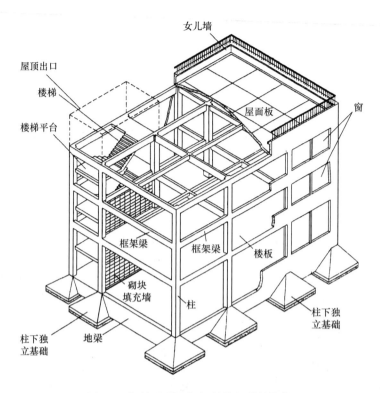

图 1-2　钢筋混凝土框架结构的结构构件

艺术的产物，建筑物不仅要反映人类的物质需要，还要表现人类的精神需求，而各类建筑物都要用结构来实现。可见，建筑结构服务人类对空间的应用和美观要求是其存在的根本目的。

（2）抵御自然界或人为施加于建筑物的各种作用

建筑物要承受自然界或人为施加的各种作用（荷载、地震作用等），建筑结构就是这些作用的支承者，它要确保建筑物在这些作用施加下不破坏、不倒塌，并且要使建筑物持久地保持良好的使用状态。可见，建筑结构作为作用的支承者，是其存在的根本原因，也是其最核心的任务。

（3）利用建筑材料并充分发挥其作用

建筑结构的物质基础是建筑材料，结构是由各种材料组成的，如用钢筋和混凝土做成的结构称为钢筋混凝土结构，用砖（或砌块）和砂浆做成的结构称为砌体结构，用钢材做成的结构称为钢结构。建筑结构作为各类作用的支承者的能力实质上是材料的强度、刚度性能的反映。一般地，建筑物的工程建设费用大部分用在建筑结构的材料上。可见，建筑结构作为建筑材料的利用者，是其存在的根本条件。

2. 建筑结构上的作用及其分类

何谓施加于建筑结构上的作用？建筑结构所支承的作用来自两类现象：一类是由自然现象产生，如地球的地心引力即重力，因气象变化产生的风作用和冰、雪的自重，因材料性能产生的热胀冷缩和干缩，因地质原因产生的地基沉降、地震时的地面运动等；另一类是由人为现象产生，如机器运行产生的周期振动，爆炸产生的冲击振动，人为施加的预应力等。

上述两类现象，从对结构产生的影响和效应（如结构的内力、应力、位移、应变、裂缝）分析，各自有两种可能：一种是直接施加在结构上使它产生内力和变形的直接作用（也称为荷载），如结构自身的重力荷载，施加在楼（屋）面上的人群及设备的使用荷载；另一种是因某种原因（非直接施加）使结构产生内力和变形的间接作用，如材料的温度变化引起的变形受到约束产生的温差作用，地基不均匀沉降引起的沉降作用，地震使建筑物产生加速度反应导致的地震作用。可见，直接作用（也称为荷载）与间接作用是两种不同性质的作用，其分类如图 1-3 所示。在图中，除结构自身的重力荷载、土压力、预应力等外，其他荷载是随时间及其所处位置变化的，如使用荷载（如楼面活荷载、屋面活荷载）、屋面积灰荷载、施工荷载、风荷载、雪荷载、吊车荷载，因此，这些荷载也称为可变荷载，而将结构自身的重力荷载、土压力、预应力称为永久荷载（习惯称为恒载）。

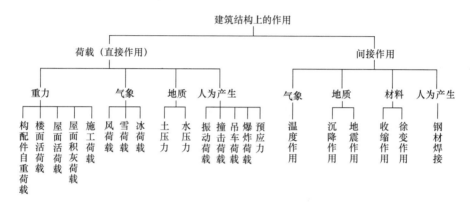

图 1-3　建筑结构上的作用及其分类

1.1.2　建筑结构的功能要求

1. 建筑结构的设计使用年限

建筑结构的设计使用年限，是指设计规定的结构或结构构件不需进行大修即可按其预定目的使用的时期。不同的结构或结构构件，其设计使用年限是不同的。我国《工程结构通用规范》规定：临时性结构（如施工现场临时职工宿舍），其设计使用年限为 5 年；易于替换的结构构件，为 25 年；普通房屋和构筑物，为 50 年；纪念性建筑和特别重要的建筑结构，为 100 年。

2. 建筑结构的功能要求

在规定的设计使用年限内，建筑结构的功能要求，即建筑结构作为支承者的预定功能是：

（1）在正常施工和正常使用时，结构能承受可能出现的各种作用。所谓正常施工是指建筑物的工程施工质量满足建筑工程施工质量验收规范的规定；正常使用是指建筑物使用时对结构施加的作用和所处的环境符合建筑结构设计规范的要求。

（2）在正常使用时，结构具有良好的使用性能，即良好地满足使用要求，不会使人有不安全感和不舒适感，如梁的挠度不会偏大，墙体不会因温差出现不允许的裂缝等。

（3）在正常维护下，结构具有足够的耐久性能，即对长期的物理环境作用和化学环境作用有足够的抵御能力。

（4）当发生火灾时，在规定的时间内结构可保持足够的承载力。

（5）结构在设计规定的偶然事件（如符合抗震设防烈度有关条件下的地震）发生时及发生后，结构仍能保持必需的整体稳定性，即建筑物不会发生整体或局部倒塌，对人的生命和财产安全有基本保障。

在上述五个预定的功能中，（1）、（4）、（5）是安全性，（2）是适用性，（3）是耐久性。安全性、适用性和耐久性三者缺一不可，同时，安全性最为重要。

建筑结构的安全性首先表现在确定建筑结构的安全等级上。《工程结构通用规范》和《建筑结构可靠性设计统一标准》规定，建筑结构设计时，应根据结构破坏可能产生的后果（危及人的生命、造成经济损失、产生社会影响等）的严重性，采用不同的安全等级（表 1-1）。

建筑结构的安全等级

表 1-1

安全等级	破坏后果	建筑物类型	安全等级	破坏后果	建筑物类型
一级	很严重	重要的房屋	三级	不严重	次要的房屋
二级	严重	一般的房屋			

注：对特殊的建筑物，其安全等级应根据具体情况另行确定。

1.1.3　建筑结构的定义

认识了建筑结构的任务和建筑结构应满足的功能要求后，可将建筑结构定义为：在一个建筑空间中用各种基本结构构件组合建造成的有某种特征的机体，为建筑物的持久使用和美观需求服务，对人们的生命财产提供安全保障。因此，建筑结构是一个由构件组成的"整体"，也是一个被建造的"实体"，是一个与建筑、设备、外界环境形成对立、统一的有特征的"机体"。可见，建筑结构是形式一定的空间及造型，并具有抵御自然界或人为施加于建筑物的各种作用，使建筑物得以安全使用的有机的整体骨架。

1.1.4　建筑结构的分类

根据建筑结构采用的材料、受力特点，可从组成的材料、结构体系及建筑物层数等几方面进行分类。

1. 按建筑结构所采用的材料分类

（1）混凝土结构

混凝土结构包括素混凝土结构、钢筋混凝土结构和预应力混凝土结构等。素混凝土结构是无筋或不配置受力钢筋的混凝土结构，其抗拉性能很差，所以主要用于受压为主的结构或构件，如刚性基础等。钢筋混凝土结构是将钢筋和混凝土有机合理地组合在一起共同工作的结构，其整体受力性能好，是目前最广泛应用的结构。预应力混凝土结构是针对钢筋混凝土结构抗裂性差的缺点，在构件受拉区预先施加压应力而形成的结构，适用于跨度较大的梁、板等。

（2）砌体结构

砌体结构是由块体（砖、混凝土砌块或石块等）用砂浆砌筑组合在一起的结构，主要用于低层、多层建筑。

（3）钢结构

钢结构是以钢材为主要承重骨架而制作的结构。

（4）混合结构

混合结构（亦称组合结构）是指由钢框架（框筒），或者型钢混凝土框架（框筒），或者钢管混凝土框架（框筒）等与钢筋混凝土筒体所组成的建筑结构。

2. 按建筑物的层数及高度分类

（1）单层建筑结构

多用于单层厂房、影剧院、仓库等。

（2）多层建筑结构

一般地，把层数在2～9层的建筑物称为多层建筑结构。

（3）高层建筑结构与超高层建筑结构

从结构设计的角度，我国《高层建筑混凝土结构技术规程》规定10层及10层以上，或者房屋高度超过28m的住宅建筑和房屋高度大于24m的其他高层民用建筑称为高层建筑结构。一般地，把40层及以上或者房屋高度超过100m的建筑结构称为超高层建筑结构。

此外，还可按建筑结构的结构形式、受力特点进行划分，具体见下一节。

1.2　建筑结构基本结构构件、结构单元和结构体系

建筑结构是一个由基本结构构件集合而成的空间有机体。有了各种基本结构构件才能组成一个个有使用功能的空间，并使它作为一个整体结构将自然界或人为施加的作用传给基础与地基。结构设计的一个重要内容就是确定用哪些基本结构构件组成结构单元，并将它们联系起来形成符合某种受力特征的结构体系。

1.2.1　建筑结构的基本结构构件

在图1-1、图1-2中，其建筑结构的基本结构构件主要有：板、梁、柱、墙。

板，指覆盖一个具有较大平面尺寸，但却有较小厚度的平面形构件，通常在水平方向设置，承受垂直于板面方向的荷载，以受弯曲为主。

梁，指承受垂直于其纵轴方向荷载的直线形构件，其截面尺寸小于其长向跨度，以受弯曲、受剪切为主。

柱，指承受平行于其纵轴方向荷载的直线形构件，其截面尺寸小于其高度，以受压缩、受弯曲为主，也受剪切。

墙，指承受平行于及垂直于墙面方向荷载的竖向平面构件，其厚度小于墙面尺寸，以受压缩为主，有时也受弯曲、受剪切。

此外，建筑结构的基本结构构件还包括：杆、拱、壳、索、膜等。

杆，指截面尺寸小于其长度的直线形杆件，承受与其长度方向一致的轴力（拉力或压力）。一般地，杆用于组成桁架或网架或用于单独承受拉力的拉杆。

拱，指承受沿其纵轴平面内荷载的曲线形构件，其截面尺寸小于其弧长，以受压缩为主，也受弯曲和剪切。

壳，是一种曲面形且具有很好空间传力性能的构件，能以极小厚度覆盖大跨度空间，以受压缩为主。

索，是一种以柔性受拉钢索组成的构件，有直线形或曲线形。

膜，是一种薄膜材料（如玻璃纤维布、塑料薄膜）制成的构件，它只能受拉。

由杆、拱、壳、索、膜基本结构构件所形成的建筑结构，如图 1-4 所示。

上述常见的结构构件可按不同角度进行分类：

（1）按构件的受力状态分类

构件的基本受力状态包括拉伸（$+N$）、压缩（$-N$）、弯曲（M）、剪切（V）、扭转（M_T）五种。

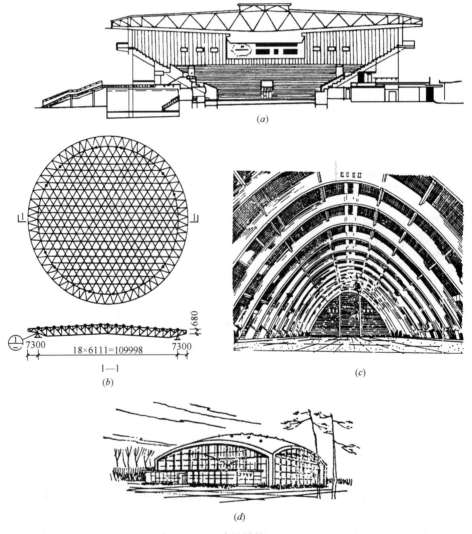

图 1-4　建筑结构（一）

（a）贝宁科托努市贝宁友谊体育馆（桁架）；（b）上海体育馆（三向平板网架）；（c）湖南湘潭盐矿散盐仓库室内图；（d）北京网球馆屋盖（双曲扁壳）

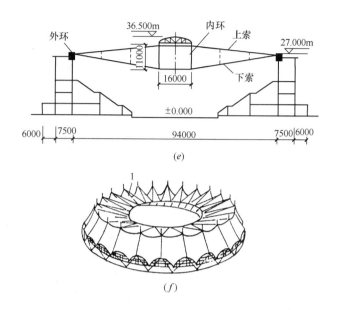

图 1-4 建筑结构（二）

(e) 北京工人体育馆悬索；(f) 沙特阿拉伯法赫德国际体育场悬挂薄膜

1）受弯、受剪构件（弯矩 M、剪力 V 常同时存在），如梁、板等。

2）受压构件（含压弯构件），如柱、墙、拱、壳壁、桁架和网架结构中的压杆。

3）受拉构件（含拉弯构件），如索、膜、桁架和网架结构中的拉杆。

4）受扭构件，如曲梁、雨篷梁、框架结构的边框架梁。

（2）按构件几何形状分类

这可分为线形构件和面形构件，进一步可细分为：

1）直线形构件，指截面尺寸比构件长度小得多的直线构件，如梁、柱、杆、索。

2）曲线形构件，指截面尺寸比构件弧长小得多的曲线构件，如曲梁、拱、悬索。

3）平面形构件，指厚度比平面边长小得多的构件，如板、墙。

4）单曲面形构件，指只有一个方向有曲率，另一方面曲率为零的曲面构件，如拱板、单曲面筒壳、单曲索面。

5）双曲面形构件，指两个方向都有曲率的曲面构件，如球壳、扭壳、充气构件、双曲拉索。

（3）按构件的刚性特征分类

1）刚性构件，指在荷载作用下没有显著形状改变的构件，如梁、板、柱、墙。

2）柔性构件，指在一种荷载作用下构件只有一个形状，一旦荷载性质改变（如均布荷载变为集中荷载），其形状突然变化的构件，如悬索、薄膜。

构件的刚性或柔性与构件所用材料有关。木材、砌体、普通混凝土等材料一般都做成刚性构件；钢材即可能做成刚性构件，也可以做成柔性构件；塑料薄膜只能做成柔性构件。结构设计时，根据构件的刚性或柔性特征，一般刚性构件可设计成与拉、压、弯、剪、扭有关的各种构件；柔性构件只能设计成受拉构件。

（4）按构件的支承系统的空间构成及与支承点的关系分类

1）单向支承构件，构件将荷载传递给支承系统的传递路线只能沿一个方向，如图 1-5（a）、图 1-5（b）所示。

2）双向支承构件，构件将荷载传递给支承系统的传递路线沿两个方向，如图 1-5（c）、图 1-5（d）所示。

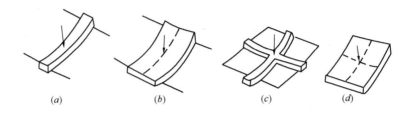

图 1-5   支承构件

（a）单向梁；（b）单向板；（c）双向正交梁；（d）双向板

结构设计中，区分单向支承构件、双向支承构件是重要的，这是因为双向支承构件比单向支承构件更优越，它既能增大构件刚度，也能减小构件截面尺寸、节约材料，经济性更好。比如：大跨度柱网的楼盖梁常采用具有双向支承的井字梁。

1.2.2   建筑物的结构单元

前面所述各种建筑结构的基本结构构件，既可单独作为承重构件，也必然能和其他构件组合形成一个人们期望的占有一定空间的结构。正是在这一方面，建筑结构和其他用途的工程结构往往有所不同。从性质上说，建筑结构通常是形成体积的，而别的工程结构却并非必然如此，如桥梁结构一般就用于形成或支承一个线形平面。

对基本结构构件进行组合可形成一个能够满足使用要求、有效承受荷载、合理利用材料的结构单元。一幢建筑物的整体结构往往是多个结构单元的集合，如一幢住宅建筑可能就是多个板—墙单元的集合；一座体育馆可能是几个拱结构单元的集合。需注意，在有些情况下，一幢建筑物可能只包含一个大的结构单元，而不是几个结构单元的集合，如一座室内溜冰场。

分析结构单元，这对于确定总体结构方案是很重要的，即将结构单元做得既合理又经济，就会为整个结构设计和施工带来优越性。同时，由于一个结构单元的尺度总是和拟建建筑物的需求密切相关的，如住宅建筑的结构单元的尺度直接就和住宅自身功能需要的尺度相关，因此，分析结构单元的思路在初步设计时是非常有用的。

结构单元在进行结构分析时具有独立性，它可以与相互的其他结构单元进行比较。常用的结构单元如下：

（1）板—梁结构单元

它属于楼盖（屋盖）结构的基本结构单元，由楼（屋）面板和梁组成，梁是板的支承，梁又支承在墙或柱上，其主要承受楼（屋）的竖向荷载，最广泛地运用于各类建筑物楼（屋）盖结构。

（2）板—墙结构单元

它是将板直接搁置在墙（砌体墙，或钢筋混凝土墙）上的基本结构单元，其跨度不能过大，墙体较多，故整体刚性很大，但使用空间不灵活，一般用于住宅、宿舍等建筑物。

（3）板—柱结构单元

它是将板直接支承在立柱上的基本结构单元。若采用柱帽（即在柱顶板底处将板局部加厚），板跨度可以加大，形成宽板的无梁使用空间，一般用于开敞式商业性建筑物。它常用于无梁楼盖。

（4）梁—柱结构单元

它是将横梁直接搁置在立柱上的竖向基本结构单元，梁、柱间为铰连接（即不传递弯矩）。它只能承受竖向荷载，不能承受侧向水平荷载，因此，它必须另有能承受侧向水平力的支撑构件来保证其侧向稳定，或将柱固端连接在它的支承结构（如基础）上。它常用于厂房排架结构。

（5）梁—墙结构单元

它是将梁直接搁置在砌体墙上的竖向基本结构单元。梁、墙间一般有梁垫，为铰连接（即不传递弯矩）；若将梁端整体做大，与墙粘结成一体，则宜将梁墙间视作刚性连接（即能传递弯矩）。它一般用于砌体结构建筑物。

（6）框架结构单元

它是梁柱间刚性连接的竖向基本结构单元。框架结构单元既能承受竖向荷载，又能承受侧向水平荷载，故不需另设支撑构件，适用于办公、商业、文教等建筑物。

（7）桁架结构单元

桁架是将短直杆件组成为几何形状不变的三角形图形的集合，其杆件间为铰连接，为二维的平面结构。若将桁架做成跨越一个跨度，支承在柱或墙上，两侧有侧向稳定构件（如横梁或支撑构件），就形成一个桁架结构单元，它一般用于屋盖，跨度范围为12～30m。

（8）网架结构单元

它是桁架结构的演变，将纵横两个方向上的桁架做成等高，将它们的上弦、下弦分别做成交错的网格，每个腹杆都做成斜向的，使它对两个方向的上弦、下弦都起腹杆作用，就形成了网架结构。网架结构是独立的三维空间结构单元，可支承在少量立柱上，开成大跨度的开敞空间，一般用于体育馆、展览馆等建筑物。

（9）拱结构单元

拱是曲线形构件，拱底有水平推力，故需要与能够承受此水平推力的拉杆或墩座连接在一起才能形成独立的结构单元。扁平的拱结构可作为屋盖的基本结构单元，陡峭的拱结构由于既有水平跨越功能又有竖向支承功能，可用于单层建筑物的主要覆盖结构，多用于大型公共建筑、工业建筑。

（10）壳体结构单元

壳体是曲面形构件，壳壁及其边缘构件（如曲梁、拱等）自身形成一个独立的壳体结构单元。壳体结构既可用作屋盖的基本单元，也可作为单层建筑物的主要覆盖结构，后者形式新颖，多用于各类中小型具有观赏性建筑物，以及大跨度公共建筑物。

1.2.3　建筑结构的结构体系

前面各基本结构单元是从某一个典型的建筑空间出发，并与各种单体结构（如板—梁结构、桁架结构、壳体结构）相关的受力单元。建筑结构的结构体系则是从整体建筑物出发，并与整体建筑结构受力相关的结构系统。

1. 建筑结构的稳定性

工程实践经验使人们注意到，建筑结构在侧向水平荷载作用下，整体结构有着作为一个整体发生滑移、倾覆或倒塌的可能；也可能是整体结构中某些基本结构构件发生断裂或出现不允许的变形等。但是，整体结构发生滑移、倾覆或倒塌的破坏危害性最大，也是结构设计的最关键内容，这涉及建筑结构的整体稳定性。建筑结构设计时的基本考虑是：无论在任何可能发生的荷载条件下，建筑结构都要保持整体稳定。在一个将分散的结构构件结合在一起的建筑结构设计中，稳定是一个关键问题。

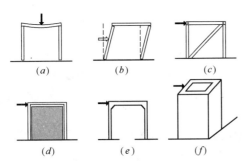

图 1-6　梁—柱结构单元

(a) 梁-柱组合；(b) 在水平荷载作用下处于不稳定状态；(c) 支撑；(d) 剪力墙；(e) 刚节点框架；(f) 筒体结构

如图 1-6 所示，一个梁—柱结构单元在图 1-6 (a) 所示情况下表面上是稳定的，但一旦有任何水平荷载作用时就可能形成图 1-6 (b) 所示的变形状态。显然，这个结构既没有抵抗水平荷载的能力，也没有在水平荷载移走后恢复到原来状态的任何机制。一个不稳定结构的构件夹角发生了大的变化，就表示这个结构开始倒塌，而且只要有荷载作用，它就会立即倒塌。要使图 1-6 (a) 所示的一个能自立的结构从不稳定状态转化为稳定状态，能保证其侧向稳定的简单结构组合方法有三个：支撑、剪力墙和刚节点框架 [图 1-6 (c)、图 1-6 (d)、图 1-6 (e)]。对于高层建筑，还可采用筒体结构保证其侧向稳定 (图 1-6f)。

2. 建筑结构的结构体系基本构成

整体建筑结构的结构体系由水平分体系、竖向分体系和基础分体系三部分构成 (图 1-7)。

(1) 水平分体系

水平分体系有楼盖结构和屋盖结构两部分，楼盖是建筑物楼层的结构组成部分，其主要类型有：楼面板体系；楼面板与楼面梁组成的板—梁结构体系。楼盖结构又可分为单向板肋梁楼盖、双向板肋梁楼盖、无梁楼盖等 (在混凝土结构设计原理一章中讲述)。

屋盖是建筑物屋顶的结构组成部分，其主要类型有：屋面板、屋面梁构成的板—梁结构体系；屋面板、檩条、桁架构成的桁架结构体系；屋面板、网架构成的网架结构体系；由拱板、壳体构成的拱结构体系或壳体结构体系；由索或薄膜构成的索结构体系或膜结构体系。楼盖 (屋盖) 结构主要承受楼 (屋) 盖构件及

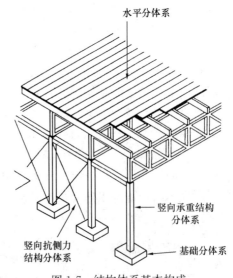

图 1-7　结构体系基本构成

其构造层的自重恒载、楼（屋）面的活荷载。

（2）竖向分体系

竖向分体系主要是指墙、柱，以及支撑。它可以是竖向承重结构体系，其主要承受由竖向荷载产生的内力和变形效应，也可以是竖向抗侧力结构体系，其主要承受由水平风荷载和水平地震作用产生的内力和变形效应。

常见的竖向分体系如下：

1）砌体结构承重墙结构体系，它指楼盖、屋盖一般采用钢筋混凝土结构构件，墙体由砌体墙构成（图1-1），墙体既是竖向承重结构分体系，也是竖向抗侧力结构分体系，其适用于单层和多层住宅建筑。

2）排架结构体系，它由屋面梁（或屋架）、柱和基础组成，其屋面梁（或屋架）与柱顶为铰连接，柱与基础顶面为刚性连接（图1-8），主要用于单层工业厂房。

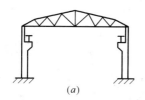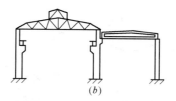

（a）　　　　　　　　　　　　　（b）

图1-8　排架结构

（a）单跨厂房；（b）双跨厂房

3）框架结构体系，它由梁、柱等构件刚性连接组成（图1-2）。因为框架结构中梁、柱节点都是刚性连接，故框架结构在不太高的建筑物中可以用作竖向承重结构分体系和竖向抗侧力结构分体系，但过高时它只用作竖向承重结构分体系，故适用15层以下的建筑物。它主要用于多层工业厂房、仓库，需要较大空间的商业、旅馆、办公建筑，以及建筑组合较复杂的多层住宅建筑。

4）剪力墙结构体系，其墙体由钢筋混凝土墙构成，既是竖向承重结构分体系，也是竖向抗侧力结构分体系。它比框架结构体系具有更强的侧向和竖向刚度，抵抗水平荷载的能力强，其缺点是平面布置、竖向布置都受到一定的局限，其适用于住宅、旅馆等高层建筑（图1-9）。

5）框架—剪力墙结构体系

在框架结构中适当布置一定数量的剪力墙，以框架—剪力墙共用承受竖向、水平荷载作用（图1-10）。由于在结构中有框架，故空间布置较为灵活，且易形成较大的空间，同时，有剪力墙的存在，使结构具有较强的侧向刚度。因此，它广泛用于高层建筑。

6）筒体结构体系

筒体结构体系按筒体的布置及组成方式不同，可分为框架—核心筒结构体系、筒中筒结构体系和束筒结构体系。筒体结构体系的筒体分为：剪力墙围成的薄壁筒；由密柱框架或壁式框架围成的框筒（图1-11）。

框架—核心筒结构体系是指由核心筒与外围的稀柱框架组成的筒体结构（图1-12）。

(a)

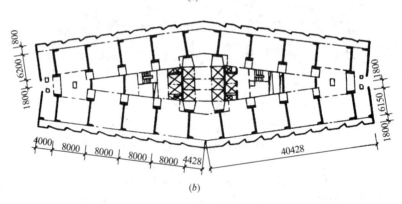

(b)

图 1-9　广州白天鹅宾馆

(a) 外立面；(b) 结构标准层平面

　　目前，我国高层和超高层建筑大量采用框架—核心筒结构体系。筒中筒结构体系是由核心筒与外围框筒组成的筒体结构（图 1-13）。

　　束筒结构体系，是指由多个筒体组合在一起而形成的结构，具有竖向和水平刚度都很大的优点。如世界著名的芝加哥西尔斯大厦（图 1-14）。

　　7）巨型框架—核心筒结构体系

　　它由楼、电梯层组成大尺寸箱形截面巨型柱，有时也可以是大截面实体柱，每隔若干层设置一道 1～2 层楼高的巨型梁，核心筒采用钢筋混凝土（图 1-15），适用于超高层建筑。

　　8）巨型支撑结构体系

　　它由巨型空间支撑、支撑平面内的次框架及结构内部的次框架组成，竖向支撑在整体建筑物中起着抗侧向水平力作用，适用于超高层建筑，如美国芝加哥汉考克大厦（图 1-16）、中国尊（图 1-17）。

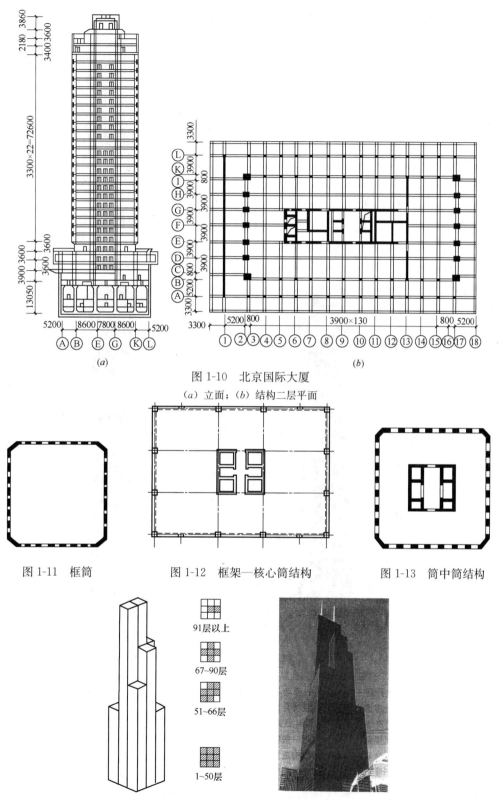

图 1-10　北京国际大厦

(a) 立面；(b) 结构二层平面

图 1-11　框筒　　　　　图 1-12　框架—核心筒结构　　　　　图 1-13　筒中筒结构

91层以上

67~90层

51~66层

1~50层

图 1-14　芝加哥西尔斯大厦

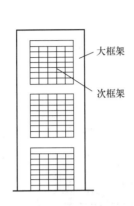

图 1-15　巨型框架—核心筒结构

图 1-16　约翰·汉考克大厦

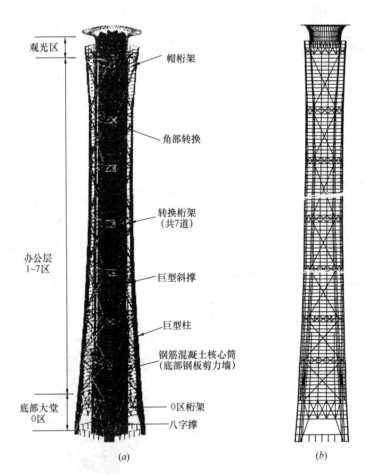

图 1-17　中国尊

(a) 主体结构三维示意图；(b) 外框结构图

　　应注意的是，如何才能保证建筑结构的竖向分体系和水平分体系相互作用，并形成空间结构整体性呢？

这对水平分体系的基本要求是（图 1-18）：

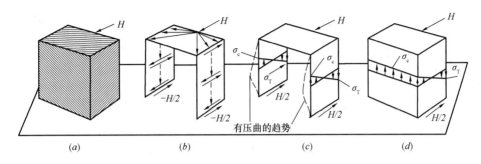

图 1-18　竖向和水平分体系相互作用实现抗剪和抗弯

（*a*）总体系 4 个竖向平板在 4 角相连，顶部用水平板封闭；（*b*）平行于水平作用力 *H* 的平板传递水平剪力；
（*c*）抗剪平板中的弯曲压力；（*d*）在总体系中的弯曲应力（由于与抗剪平板相连接，横向平板也起作用）

- 在竖向，由于通过构件的弯曲，它要能承受楼面或屋面的竖向荷载，把荷载传递给竖向分体系；
- 在水平方向，它应能承受水平荷载，并把荷载传至竖向分体系，且能保持其截面的几何形状不变；
- 在水平方向，它应能起水平的刚性横隔板和支承竖向构件的作用，保持竖向构件间的整体性和它们的稳定性。

对竖向分体系的基本要求是：

- 在竖向，要能承受由水平分体系传来的全部荷载，并把它们传给基础；
- 在水平方向，要能抵抗水平力（如外墙面上的风荷载、地震时引发的水平地震作用），并将其传递给基础；还要能抵抗水平力产生的倾覆力矩所产生的弯曲应力；
- 竖向分体系必须联系在一起，以便获得最好的抗弯和抗压能力。如图 1-19 所示，楼盖结构中水平分体系增多后，竖向分体系的抗弯和抗压能力增加；

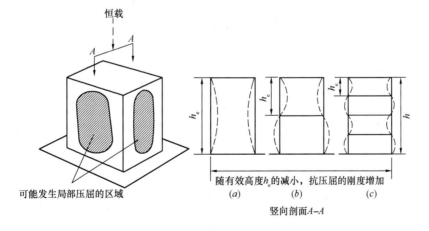

图 1-19　水平分体系增加了竖向分体系的局部刚度

- 凡是可能设置水平分体系的地方，竖向分体系应当与水平分体系相连接。

（3）基础分体系

基础分体系，是指承受由柱或墙传来的竖向力和由抗侧向力分体系传来的水平力的基础构件所组成的结构体系，一般可分为浅基础和深基础。

浅基础，如柱下的独立基础、双柱联合基础、柱下的条形基础，墙下的条形基础，高层建筑物下的筏形基础、箱形基础。它们的埋置深度比较浅，一般在地面下 1～5m。

深基础，如桩基础、沉井基础（实质是四周受土约束的筒体）、沉箱基础（有顶盖的沉井）、地下连续墙基础。它们的埋置深度较深，一般在地面下 5m 以上。

对基础分体系的基本要求是：

● 足够的承载力，以便将竖向分体系传来的全部竖向力和水平力传给地基，因此，要有足够的基础底面积使地基能够承受这些作用力。

● 足够的刚度，以避免地基发生不均匀沉降时影响建筑物中的水平分体系和竖向分体系产生不应有的缺陷，如开裂、局部损伤等。

3. 建筑结构的结构体系分类

按建筑结构的结构形式、受力特点划分，建筑结构的结构体系主要有：

（1）砌体结构体系；

（2）排架结构体系；

（3）高层及超高层建筑结构体系，主要有：框架结构体系、剪力墙结构体系、框架—剪力墙结构体系、筒体结构体系、巨型框架—核心筒结构体系、巨型支撑结构体系等；

（4）大中跨度结构体系，主要有：单层刚架结构体系、桁架结构体系、网架结构体系、拱结构体系、壳体结构体系、索结构体系、膜结构体系等。

1.3 建筑结构概念设计

1. 建筑物的设计过程

狭义地讲，一幢建筑物的设计过程是从组织方案设计竞赛或委托方案设计开始，到施工图设计结束为止，可划分为：方案设计、初步设计和施工图设计三个主要阶段。对小型和技术简单的建筑物，可分为方案设计和施工图设计两个阶段。对一些重大工程建设项目，在三阶段设计中，通常会在初步设计之后增加技术设计阶段，然后才是施工图设计阶段。如图 1-20 所示，为通常的三阶段设计的主要设计阶段划分及相互关系。

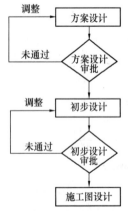

图 1-20 主要设计阶段
划分及相互关系

2. 结构概念设计的基本概念

建筑物的概念设计一般包括建筑方面的建筑概念设计和结构方面的结构概念设计两大部分，两者相互影响、相互协调、相互整合。

建筑物的结构概念设计从设计过程的方案设计阶段开始，其目标是确定结构方案，使结构方案达到功能优、造型美、技术先进、经济性和可施工性好。

建筑设计和结构设计按分阶段的设计方法在各阶段的相互作用及反馈过程，如图 1-21 所示。

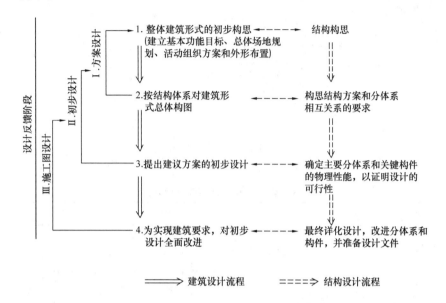

图 1-21　各设计阶段的相互作用及反馈

从图 1-21 可知，结构概念设计，是指从整个结构体系，即从整体性的角度，首先确定建筑物的结构方案和结构体系，然后设计主要分体系（即水平分体系、竖向分体系和基础分体系），再设计各分体系的主要构件，形成整体到局部的设计过程。

3. 建筑与结构的统一

由图 1-21 可知，在第Ⅰ阶段（方案设计阶段），建筑师必须首先用概念的方式来确定基本方案的全部空间形式的可行性。在这个阶段，建筑师、结构工程师之间的合作是有益的，但对于结构设计仅在于形成总的构思方面。在第Ⅱ阶段（初步设计阶段），建筑师必然能够用图形表达出对主要分体系的要求，并通过近似估计关键构件的性能来证明它们的相互关系的可行性，这意味着建筑师与结构工程师的合作比第Ⅰ阶段要更具体一些。在第Ⅲ阶段，建筑师和结构工程师必须继续合作，完成所有构件的设计细节。

建筑和结构的统一，最终要达到形式与功能的统一，正如伟大的西班牙结构工程师托罗哈（E. Torroja）的座右铭："永远将一个建筑工程的功能、结构、美观方面表现为一个体质上和形式上的整体，"建筑物应是各部分相互联系形成的有机体。这就要求"结构工程师就是建筑师，建筑师也是结构工程师"。如意大利著名结构工程师、建筑师奈尔维（P. L. Nervi）在 1957 年设计建成的罗马小体育馆（图 1-22）就充分体现了建筑和结构的统一，成为建筑工程的典范。

建筑物的设计过程，需要建筑师、结构工程师和其他专业工程师（电气、暖通空调、给水排水工程师等）共同合作完成，特别是建筑师与结构工程师的合作，其各自的主要设计任务见表 1-2。

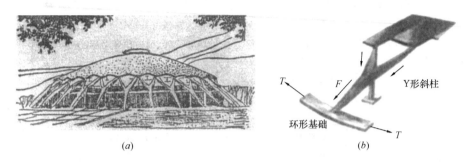

(a)   (b)

图 1-22   罗马小体育馆

(a) 外观；(b) 斜柱和环形基础

建筑设计和结构设计的任务	表 1-2

建 筑 设 计	结 构 设 计
(1) 与规划的协调，房屋体型和周围环境的设计； (2) 合理布置和组织房屋室内空间； (3) 解决好采光通风、照明、隔声、隔热等建筑技术问题； (4) 艺术处理和室内外装饰	(1) 正确选用总结构体系和分体系； (2) 确定结构承受的荷载，合理选用结构材料； (3) 解决好结构承载力、变形、稳定、抗倾覆等结构技术问题； (4) 解决好结构及结构构件的连接构造和施工方法问题

1.4 建筑结构和工程管理的关系

1. 建筑物全生命周期和结构全生命周期

建筑物全生命周期（亦称全寿命周期）是指项目的前期阶段（亦称决策阶段）、实施阶段、使用阶段，直到项目废除（图 1-23）。其中，实施阶段可划分为：设计前准备阶段；设计阶段；施工阶段（含竣工验收）。一般地，将项目的决策阶段管理称为开发管理（DM）、实施阶段管理称为项目管理（PM），使用阶段管理称为设施管理（FM）。

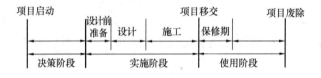

图 1-23   建筑物全生命周期

建筑物的结构全生命周期一般可分为三个阶段：建造阶段（即施工阶段）、正常使用阶段和老化阶段。在这三个阶段中，结构面临着不同原因（如设计、施工、管理等）引起的结构安全风险，平均风险率也不同，结构全生命周期与平均风险的关系见图 1-24，由此可知，结构在其建造阶段（即施工阶段）、老化阶段的平均风险率比正常使用阶段高很多。

2. 工程管理的概念与结构设计对三大目标的影响

工程管理的内涵涉及工程项目全过程的管理，即包括开发管理（DM）、项目管理（PM）和设施管理（FM），并涉及参与项目的各个单位的管理，即业主、业主委托的咨询管理方（如监理方）、设计方、施工方、供货方、项目使用期管理方的管理（图 1-25）。可见，业主工程管理的时间范围最长，各参与方要与业主建立合同关系，业主工程管理是整个工程管理的核心。

平均风险率
时间
施工阶段
正常使用阶段
老化阶段

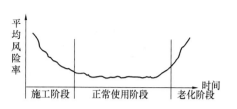

图 1-24 结构全生命周期与平均风险率

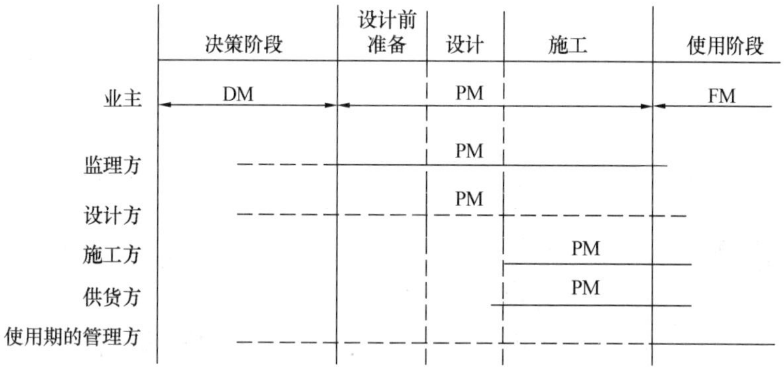

决策阶段
设计前准备
设计
施工
使用阶段
业主
DM
PM
FM
监理方
PM
设计方
PM
施工方
PM
供货方
PM
使用期的管理方

图 1-25 各单位的工程管理

工程管理的核心任务是为工程建设增值，其增值主要表现两个方面：一是为工程建设增值；二是为工程使用（或运营）增值。

各参与方工程管理的三大目标是：费用、质量和进度，其管理的任务主要包括：费用控制、质量控制、进度控制、安全管理、合同管理、信息管理等。其中，工程费用，从业主、监理方、设计方的角度，它是指工程造价（或工程投资）；从施工方的角度，它是指工程成本（或施工成本）。

建筑结构是一个被建造的实体，它需要设计（包括结构设计）和施工两个阶段共同完成。结构设计的最终成果是结构施工图及设计文件，而施工是将设计图纸变为实体的建筑结构的过程。设计（包括结构设计）阶段对工程费用的影响，如图 1-26 所示。实际上，它对工程质量、工程进度的影响也可以用该图来反映。

3. 结构设计与工程造价

（1）结构造价与工程造价的比例

工程总费用（或工程总造价）一般包括工程前期费用（如地价、筹资利息、勘察设计费、咨询管理费等）和施工阶段建筑安装费用（如结构、装修、设备管道等部分的材料费、人工费、安装费及管理费、利润等）。为便于比较，此处的工程造价仅指施工阶段建筑安装费用。这样，结构造价可以用其占建筑物工程造价的比例进行量度。

不同类型的建筑物，结构造价在工程造价中所占的百分比也不同。

中等高度的多层办公建筑和公寓建筑（5～9 层），结构造价约占工程造价的 25%；低层和小跨度的商业建筑和住宅建筑（3～4 层），其结构造价占工程造价约占 30%～40%。

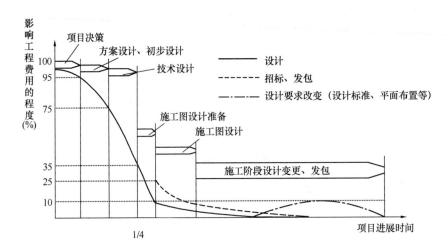

图 1-26　设计（包括结构设计）阶段对工程费用的影响

高层建筑、大跨度建筑，其结构造价约占工程造价的 30%～35%，其设备管道系统造价约占 30%～40%。

需注意，上述结构造价的比例会随设计创新、新材料、新技术的出现而发生变化。但是，结构造价仍在工程造价中占有相当高比例，因此，结构设计应当考虑结构造价，即需要对不同的结构体系和结构方案等进行技术经济分析，进行结构设计优化。

（2）结构设计与建筑物全生命周期费用

从建筑物全生命周期的角度，设计过程中，结构设计应当考虑建筑物全生命周期费用，即不仅考虑项目决策阶段费用、设计阶段费用、施工阶段费用，还要考虑正常使用阶段、老化阶段费用，如使用阶段的使用费用（或运营费用）、维护费用，以及建筑物废除时拆除费用。同时，结构设计在实施建筑物全生命周期费用中起关键作用。因此，建筑物全生命周期费用应成为评价优秀结构设计的一项重要指标。

（3）结构设计一定程度上制约施工方法并影响工程造价

结构设计确定结构方案，而不同的结构方案需要不同的施工方法（或施工技术方案）；同一结构方案可采用不同的施工方法（或施工技术方案），因此，在结构设计阶段应考虑结构方案与施工方法的协调性，即在确定结构体系和结构布置时，要同时考虑结构的施工方法。一般地，施工方法包括三种：传统施工法、工业化施工法和特殊技术施工法。

1）传统施工法

在传统施工法中，如钢筋混凝土楼盖通常采用现浇式、装配整体式或装配式，几乎所有结构构件都是根据某个具体的建筑物来设计的，而且采用定型的轧制钢材或标准的模具来制作，同时，它们采用合理的，有一定工业化程度的传统做法。这些都是设计结构时应遵守的，如钢筋混凝土结构构件梁、柱的截面尺寸一般以 50mm 进位，即梁截面高度为 150mm、200mm、300mm 等。传统施工法不仅影响工程造价，也影响施工工期。

2）工业化施工法

工业化施工法是在建筑物结构构件不同完整程度的组合基础上组织起的，其范围可以从活动住宅的成品到在工厂预制装配的结构系统，包括完整的建筑产品；部分建筑产品；结构系统，如板—墙系统，盒子结构系统（图1-27）；其他分系统，如幕墙系统、顶棚系统等。工业化施工法影响了工程造价，并有利于缩短施工工期。

3）特殊技术施工法

特殊技术施工方法如升板施工、滑动模板施工等。升板施工中，如图1-28所示，要将几层楼板构件预先在地面上做好，再用提升法沿结构的立柱提升就位，这时楼板的设计（常用无梁楼板）就会与传统施工法中的楼板（常为有梁楼板）有所不同。因此，采用升板施工方法时，在结构设计阶段就应考虑其影响。

图 1-27　盒子结构

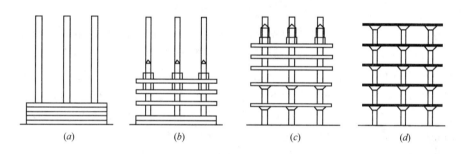

图 1-28　无梁楼盖大型预制平板升板施工工艺

（a）在现场叠合浇筑各层楼板并立柱；（b）在柱上设提升设备、楼板整体提升；
（c）楼板就位后安装柱帽；（d）全部楼板安装完毕

4. 结构设计与工程质量

广义地讲，工程质量是由项目的决策质量、设计质量和施工质量构成的。其中，项目的决策质量就是确定强制性质量目标（即法律法规和规范标准规定的建筑物必须满足的目标）和一般性质量目标（即应尽可能满足的可以优化的目标）。项目的决策质量对设计质量、施工质量起决定性影响，因此，应重视项目的决策质量。

（1）结构设计是设计质量的根本保证

结构设计及结构设计质量是保证整体建筑物设计质量的最重要内容，这是因为它直接关系到建筑物的施工安全、使用安全，避免建筑物倒塌及人员伤亡。设计质量通常是建筑、结构、设备（电气、暖通、给水排水等）等多个设计工种的合作来保证的，但是，结构设计工种是保证设计质量的核心工种。

结构设计质量直接影响施工质量，由于施工过程具有不可逆的特点，即下一道施工工序必须在上一道施工工序完成后才开始，如基础工程要先绑扎钢筋后浇筑混凝土。因此，结构设计质量的缺陷会给施工质量带来严重危害。这也意味着在施工前，应对设计图纸进行图纸会审与技术交底，查找设计（包括结构设计）中存在的问题是必要的，也是重要的。

（2）结构设计与施工质量的结合

保证结构设计质量，结构工程师不仅应做好结构分析、计算、结构施工图纸及设计文件，还要熟悉结构及结构构件在施工过程中是如何通过质量管理得到保证的，并熟悉施工技术、施工操作工艺等要求，才能够在结构设计中提出合理的要求，这才能在施工时得到应有的质量保证。同时，工程管理者应掌握达到结构设计质量要求时在建筑材料、施工技术、操作技艺等方面需要保证哪些常规的、特殊的质量控制指标。因此，结构设计与施工应密切结合，才能充分保证工程质量。

5. 结构设计与工程安全

广义地讲，工程安全涉及设计安全、施工安全和使用安全。

（1）结构设计应考虑施工对结构安全的不利影响

正如前图 1-24 所示，在施工阶段，结构面临的风险最大，是最不利的时期。在结构设计中，结构工程师要同时考虑施工过程中结构及结构构件可能遇到的不利受力情况。

例如，结构构件在起吊、安装过程中的实际受力状况，即要考虑结构构件吊装时的动力系数，考虑钢材焊接时对结构构件可能产生的内应力。

施工过程中由于人为的或自然的原因使结构构件承受超过正常使用阶段荷载，包括施工荷载超出正常使用荷载，材料产生干缩变形使结构构件产生较大的内应力等。

施工过程中的荷载的传递方式、分配与正常使用阶段的荷载很可能不同，如新浇筑楼板的自重及施工荷载通过支撑系统向下层楼板传递，荷载的分配在很大程度上受到施工方案和施工进度的影响，因此，结构构件的形状、材料的性能及所承受的施工荷载在各施工阶段均随时间不停地发生变化，有的变化对结构构件是很不利的。

对于不利受力状况发生的可能性，结构工程师应在结构设计时有一个预见性，作为结构设计时要考虑的因素之一。

（2）结构分析与施工相一致，以保证结构安全

结构的分析过程是一个用力学模型来模拟实际结构的受力和变形的过程，而有效的模拟取决于准确地识别结构构件间的连接、支承做法的结构性能（图1-29），铰连接、刚性连接、固端、滚轴等支承条件和简支、连续梁（板）、悬挑等受力方式就成为结构分析的一个关键。这就要求工程管理者要理解结构施工图上表现出来的构造做法，特别是构件间的连接、支承等，要懂得结构施工图中的构造方法和结构分析的一致性，并在施工中实际操作程序上严格执行。

6. 结构设计与工程进度

广义地讲，工程进度包括项目的决策阶段进度、设计进度和施工进度。

（1）结构设计对施工进度的影响

正如前面所言，结构方案影响了施工方法，不同的施工方法对施工工期的影响也很大。

施工阶段的荷载与正常使用阶段的荷载一般是不同的，通常结构设计的荷载是按正常使用阶段时的荷载进行确定取值的，因此，工程管理者应充分考虑和利用结构设计的安全储备及对施工阶段结构的安全性影响，在有利条件下，如当设计的楼板较薄而设计的正常

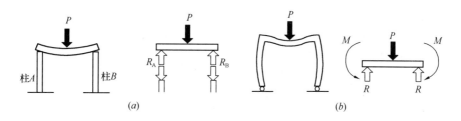

图 1-29　隔离的结构构件

(a) 梁柱式组合体：梁简单地支承在柱顶，连接处不能约束转动，竖向力只能通过连接点传递；
(b) 框架：梁与柱刚性连接，柱约束梁端的转动，梁端刚节点处可以传递力和弯矩

使用阶段的楼面活荷载较大时，现场可以通过提前拆模等办法来加快模板的周转，缩短施工工期，加快施工进度。

（2）设计的可建造性

结构设计应具有可建造性（亦称可施工性），它是指在使最终的建筑物能满足所有现实要求的前提下，设计使得施工更加容易的程度。它要求尽可能早地将施工技术引入到设计中。可建造性要求设计理性化，这主要体现在三个方面：简明、模块化、复用施工图。

（3）设计与施工一体化

传统的建筑物组织实施方式是：设计—招标—施工，即先完成建筑物的设计，然后招标选择施工单位，再进行施工。设计任务、施工任务分别由不同的设计单位、施工单位独立完成，故设计、施工是分离的，这易导致工程工期长、投资超额，一旦发生质量问题易导致设计单位、施工单位的互相推诿，难以划分质量责任。

为克服设计（包括结构设计）与施工之间的隔离，借鉴机械制造业、汽车工业的生产方式，在建筑业领域，业主越来越希望设计和施工紧密结合，实行设计—施工模式（Design-Build，DB），类似于我国的项目总承包模式（亦称工程总承包模式），即业主将设计和施工任务委托给一个总承包单位，该总承包单位负责整个建筑物的设计和施工。西方发达国家的政府投资项目中，已大量实施设计—施工模式（DB）。工程实践证明，它有利于缩短整个工期，节约费用，但缺点是业主对工程质量缺乏直接的质量控制手段。

思考题

1. 建筑结构的主要任务是什么？
2. 建筑结构上的作用分为哪两类？其各自的特点是什么？
3. 什么是建筑结构的设计使用年限？
4. 建筑结构作为支承者的预定功能包括哪些？
5. 建筑结构的安全等级分为几级？如何划分的？
6. 我国多层建筑、高层建筑是如何划分的？
7. 建筑结构的基本结构结构构件有哪些？如何划分单向支承构件和双向支承构件？
8. 建筑结构的常用结构单元包括哪些？
9. 一栋建筑物的结构体系有哪几部分组成？常用的竖向分体系有哪些？
10. 要保证建筑结构的竖向分体系和水平分体系的相互作用，对两者各有什么基本要求？

11. 建筑结构设计的任务包括哪些内容？

12. 在建筑结构全生命周期内，平均风险率的变化特点是什么？

13. 建筑结构设计对工程费用、进度、质量和安全有哪些影响？

14. 如何理解结构分析要与施工相一致？

建筑结构设计基本原理

2.1 建筑结构的失效和结构的三类极限状态

2.1.1 荷载的分类与代表值

1. 荷载的分类

荷载可按不同的原则分类，各自适用于不同的对象，同时，荷载的分类与建筑结构的设计基准期紧密相关，这是因为建筑结构上的荷载一般是随时间而变化的，故结构设计时必须相对固定一个时间坐标以作为基准。设计基准期，是指为确定可变荷载及与时间有关的材料性能等取值而选用的时间参数。我国建筑结构的设计基准期为 50 年，其他工程结构的设计基准期应按相应设计规范确定，如我国桥梁结构的设计基准期为 100 年。

需注意，设计基准期与设计使用年限是不同的概念，即建筑结构超出 50 年设计基准期后并不意味着所设计的建筑结构会失效，建筑结构仍可使用，但是它的失效概率会提高。对于结构失效、失效概率的内涵在本节后面阐述。

荷载的分类如下：

（1）按随时间的变异分类

1）永久荷载（也称为恒载），是指在设计基准期内，其值不随时间变化，或其变化与平均值相比可以忽略不计，如结构构件及配件的自重、土压力、人为施加的预加力等。

2）可变荷载（也称为活荷载），是指在设计基准期内，其值随时间变化，且其变化与平均值相比不可以忽略不计的荷载，如屋面积灰荷载、雪荷载、屋面活荷载、楼面活荷载、风荷载、吊车荷载、施工荷载等。

3）偶然荷载，是指在设计基准期内不一定出现，一旦出现，其值很大且持续时间很短的荷载，如爆炸力、撞击力等。

（2）按随空间位置的变异分类

1）固定荷载，是指在结构空间位置上具有固定分布的荷载，如结构构件的自重荷载，建筑物楼面上的固定设备荷载等。

2）可动荷载，是指在结构空间位置上的一定范围内可以任意分布的荷载，如建筑物楼面上的人群荷载、厂房结构中的吊车荷载，以及施工荷载等。

（3）按结构的反应分类

1）静态荷载（简称静载），是指使结构或结构构件不产生加速度，或其加速度可忽略不计的荷载，如结构构件的自重荷载，住宅及办公建筑的楼面活荷载、屋面活荷载等。

2）动态荷载（简称动载），是指使结构或结构构件产生不可忽略的加速度的荷载。如吊车荷载、设备振动荷载、作用在高耸结构（如烟囱）上的风荷载等。在计算动态荷载时，其荷载值应考虑动力效应，如计算吊车竖向荷载时要将吊车承受的荷载乘以动力系数。需注意，吊车水平荷载属于惯性力，故不考虑动力系数。

（4）按荷载作用的方向分类

1）竖向荷载，通常指由重力作用引起的荷载，如结构构件的自重即恒载、楼面活荷载、屋面活荷载、屋面积灰荷载、屋面雪荷载等图 2-1（a）。此外，还有由地震动的地面运动竖向产生的竖向地震作用。

2）水平荷载（亦称侧向荷载、横向荷载），是指由风作用产生的荷载图 2-1（b），以及斜柱等产生的水平方向荷载。此外，地震动的地面运动水平向产生的水平地震作用。

3）冲击荷载，通常是一种侧向荷载，如运行中的电梯类似于气泵对电梯井壁产生侧向泵压作用；高层建筑中楼梯间的墙体必须抵抗火灾时受到的侧压力等。

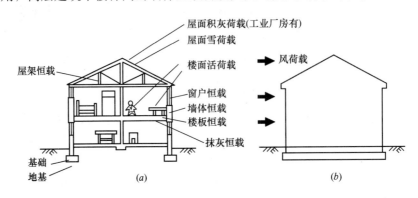

图 2-1　竖向荷载和水平荷载

（5）按荷载实际分布情况分类

1）分布荷载，荷载总是分布在一定面积上的，当荷载分布面积较大，并按一定几何关系分布时称为面荷载，如均匀分布面荷载、三角形分布面荷载等，其单位为 kN/m²。其中，对可以将面荷载视为集中在一条线上分布的称为线荷载，如均匀分布线荷载（简称均布线荷载）、三角形分布线荷载等，其单位为 kN/m（图 2-2a～图 2-2d）。

2）集中荷载，当荷载分布面积不大时，可以近似认为集中于一点时称为集中荷载，其单位为 kN（图 2-2e）。

3）等效均布荷载，结构设计时，楼面上不连续分布的实际荷载，一般采用均布荷载代替；等效均布荷载是指其在结构上所得的荷载效应（如弯矩、剪力等）应能与实际的荷载效应保持一致的均布荷载。

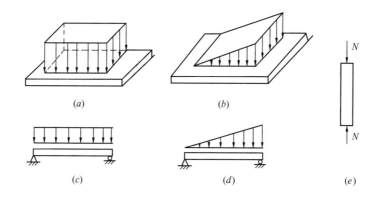

图 2-2　荷载按实际情况分类

(a) 均匀分布面荷载；(b) 三角形分布面荷载；(c) 均布线荷载；
(d) 三角形分布线荷载；(e) 集中荷载

2. 荷载的代表值

荷载是随机变量，任何一种荷载的大小都具有程度不同的变异性，并且可变荷载通常与时间有关，如住宅建筑的楼面活荷载中，人群荷载的流动性大，而家具荷载的流动性则相对较小，因此，结构设计时对不同的荷载和不同的设计状况，应采用不同的荷载代表值。对于永久荷载即恒载，它只有一个代表值，即永久荷载的标准值；对于可变荷载，它的代表值包括标准值、组合值、频遇值和准永久值。

（1）标准值，为荷载的基本代表值，是设计基准期内最大荷载统计分布的特征值（如均值、众值、中值或某个分位值），如图 2-3 所示荷载分布概率曲线。

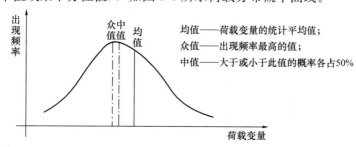

均值——荷载变量的统计平均值；

众值——出现频率最高的值；

中值——大于或小于此值的概率各占50%

图 2-3　荷载分布概率曲线

永久荷载的标准值，对于结构构件的自重，可按结构构件的设计尺寸与材料单位体积（或单位面积）的自重计算确定。如钢筋混凝土单位体积的自重为 24～25kN/m³。

可变荷载的标准值，我国《工程结构通用规范》和《建筑结构荷载规范》规定了具体数值或计算方法，设计时可以查用。根据《工程结构通用规范》，民用建筑楼面均布活荷载标准值可按表 2-1（仅列出部分）采用。

由表 2-1 可知，住宅建筑的楼面均布活荷载标准值为 2.0kN/m²；密集柜书库的楼面均布活荷载标准值较大，为 12.0kN/m²。

（2）组合值

当结构承受永久荷载和两种或两种以上的可变荷载时，考虑到各可变荷载对结构的影响有大有小，两种或两种以上可变荷载同时达到最大值的可能性较小，如高层建筑各楼层可变荷载全部满载并且遇到最大风荷载的可能性就很小，因此，可以将可变荷载的标准值乘以一个小于 1 的组合值系数，即对其标准值进行折减。由表 2-1，住宅建筑的楼面均布活荷载的组合值系数 ψ_c 为 0.7；密集柜书库的楼面均布活荷载的组合值系数 ψ_c 为 0.9。

民用建筑楼面均布活荷载标准值及其组合值、
频遇值、准永久值系数   表 2-1

项次	类　别	标准值 (kN/m^2)	组合值系数 (ψ_c)	频遇值系数 (ψ_f)	准永久值系数 (ψ_q)
1	（1）住宅、宿舍、旅馆、医院病房、托儿所、幼儿园	2.0	0.7	0.5	0.4
	（2）办公楼、教室、医院门诊室	2.5	0.7	0.6	0.5
2	食堂、餐厅、试验室、阅览室、会议室、一般资料档案室	3.0	0.7	0.6	0.5
3	（1）书库、档案库、贮藏室（书架高度不超过 2.5m）	6.0	0.9	0.9	0.8
	（2）密集柜书库（书架高度不超过 2.5m）	12.0	0.9	0.9	0.8

可变荷载的组合值，是指当结构承受两种或两种以上可变荷载时的荷载值，它等于将可变荷载的标准值与其组合值系数 ψ_c 相乘，其目的是组合后的荷载效应（如弯矩、剪力等）在设计基准期内的超越概率能与该荷载单独出现时的相应概率趋于一致。

（3）频遇值

在结构正常使用阶段，可变荷载的最大值并非长期作用于结构上，因此，应按可变荷载在设计基准期内作用时间的长短和可变荷载超越总时间或超越次数，对其标准值进行折减，即可以将可变荷载的标准值乘以一个小于 1 的频遇系数 ψ_f。由表 2-1，住宅建筑的楼面均布活荷载的频遇值系数 ψ_f 为 0.5；密集柜书库的楼面均布活荷载的频遇值系数 ψ_f 为 0.9。

可变荷载的频遇值，是指可变荷载在设计基准期内，其超越的总时间为规定的较小比率或超越频率为规定频率的荷载值，它等于将可变荷载的标准值与其频遇值系数 ψ_f 相乘。

（4）准永久值

准永久值系数，是根据在设计基准期内荷载达到和超过该值的总时间与总持续时间的比值进行确定。由表 2-1，住宅建筑的楼面均布活荷载的准永久值系数 ψ_q 为 0.4；密集柜书库的楼面均布活荷载的准永久值系数 ψ_q 为 0.8。

可变荷载的准永久值，是指可变荷载在设计基准期内，其超越的总时间约为设计基准期一半的荷载值。建筑结构设计基准期为 50 年，故可变荷载的准永久值总的持续时间不低于 25 年。可变荷载的准永久值等于将可变荷载的标准值与其准永久值系数 ψ_q 相乘。

可见，可变荷载有四种代表值：标准值、组合值、频遇值和准永久值。其中，标准值为基本代表值，其他代表值可由标准值乘以相应的系数（组合值系数 ψ_c，频遇值系数 ψ_f，准永久值系数 ψ_q）得到。

2.1.2　结构的荷载效应与结构抗力

结构的作用效应或荷载效应（以下统称荷载效应）是指由作用（或荷载）引起的结构

或结构构件的反应。任何一种荷载都会使结构或结构构件产生弯矩、剪力、轴力，它们称为内力效应，同时，还会产生位移、挠度，甚至使其出现裂缝，它们称为变形效应。因此，荷载效应包括内力效应和变形效应。

图 2-4 所示为一计算跨度为 l_0、截面刚度为 EI，承受均布线荷载 q 的矩形截面简支梁，其跨中最大弯矩 $M = \frac{1}{8}ql_0^2$，支座最大剪力 $V = \frac{1}{2}ql_0$，跨中最大挠度 $f = \frac{5ql_0^4}{384EI}$。这里的弯矩、剪力都称为内力效应，与荷载、计算跨度和支承条件有关；挠度则是变形效应，与荷载、计算跨度、支承条件，以及材料的弹性模量 E 和构件截面几何特征 I 有关。可见，内力效应、变形效应均与荷载有关，因此统称为荷载效应 S。

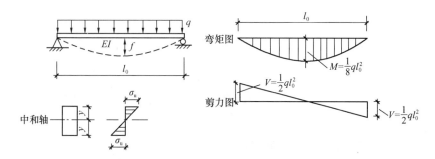

图 2-4　简支梁

结构抗力 R，是指结构或结构构件承受荷载效应的能力，如承载能力等，在图 2-4 中的简支梁，由建筑力学知识可得，其跨中截面的抗力为 $\sigma_u W = \sigma_u \frac{I}{y}$，其中，$y$ 为截面中和轴至截面边缘的距离，σ_u 为材料的极限应力。可见，结构抗力与结构或结构构件所选用的材料的性能（如材料的极限应力）、构件的几何特征（如构件截面几何特征 I）等有关。

正如荷载分类中所言，荷载是随机变量，具有随机性质，荷载效应是结构上荷载作用效果的反应，因此，荷载效应也就具有随机性质。

对于结构抗力，影响其大小的主要因素是材料性能、构件截面几何特征，以及计算的精确性等。由于材质及生产工艺等因素的影响，结构构件的制作误差及施工安装误差等的存在，材料强度、构件几何特征参数也将存在差异，以及计算公式的不精确等，这些都导致结构抗力具有随机性质，也是随机变量。

2.1.3　建筑结构的失效和结构的三类极限状态

在第 1 章中介绍了建筑结构应满足安全性、适用性和耐久性的预定功能，而结构的失效则意味着所述预定功能的丧失，防止结构的失效是建筑结构必须保证的首要任务。

建筑结构的失效包括下列几种可能：

（1）倾覆或滑移，指结构或结构的一部分作为刚体在各种荷载作用下失去平衡的现象（图 2-5a、图 2-5b）。这类结构失效对建筑结构的危害性最大。

（2）地基失稳，指地基丧失承载能力而破坏，导致结构整体倾覆、沉降等现象（图 2-5c、图 2-5d）。这类结构失效对建筑结构的危害性相当大。

（3）压屈或失稳，指结构或结构构件因长细比过大而压屈，丧失稳定，或因连接处失

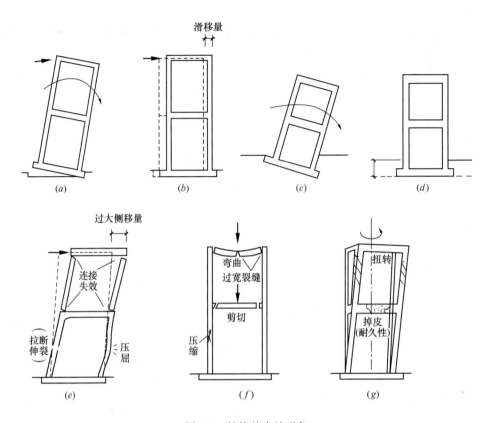

图 2-5 结构的失效现象

(*a*) 水平力产生倾覆；(*b*) 滑移；(*c*) 地基承载力不足产生倾覆；(*d*) 过大的沉降；
(*e*) 压屈、拉伸破坏、过大变形、失稳；(*f*) 弯曲、剪切、压缩、破坏；(*g*) 扭曲破坏、耐久性丧失

效而形成机动的几何可变体系，使得它们在较小的荷载作用下突然发生过度变形或因过度变形而不适于继续承载的现象（图 2-5*e*）。

（4）破坏，指结构或结构构件因所用材料的强度被超载，或材料的应变达到其极限值而丧失承载能力，如压缩破坏、剪切破坏、弯曲破坏、扭曲破坏（图 2-5*f*、图 2-5*g*），以及拉伸破坏等现象（图 2-5*e*）。

（5）变形过大（含裂缝过宽），指结构或结构构件在施加荷载后发生影响使用的过大变形或过宽裂缝的现象（图 2-5*e*、图 2-5*f*）。

（6）耐久性丧失，指结构或结构构件所用的材料在长期经受各种破坏因素后丧失了使用功能的现象（图 2-5*g*）。

为防止结构的失效，在我国《工程结构通用规范》中为建筑结构设计引入了下列两类极限状态的概念及其标志或限值。

（1）承载能力极限状态，它对应于结构或结构构件达到最大承载能力或不适于继续承载的变形。如上述倾覆或滑移、失稳（地基失稳）、破坏、过度变形等失效现象中的任何一种都被认为是超过了承载力能力极限状态的标志。

（2）正常使用极限状态，它对应于结构或结构构件达到正常使用的某项规定限值时的状态。如上述变形大于规定限值（或裂缝宽度大于规定限值）等失效现象中的任何一种都被认为是超过了正常使用极限状态的标志。

此外，在《建筑结构可靠性设计统一标准》中还增加了耐久性极限状态，它对应于结构或结构构件在环境影响下出现的劣化达到耐久性能的某项规定限值或标志的状态。如影响耐久性能的裂缝、外观、材料削弱等失效现象中的任何一种都认为是超过了耐久性极限状态的标志。

结构的极限状态可用下列极限状态函数表示：

$$Z = R - S = 0 \tag{2-1}$$

式中　Z——结构的功能函数；

　　　R——结构的抗力；

　　　S——结构的荷载效应（内力效应或变形效应）。

可见，结构按极限状态设计的重要条件是：

结构抗力不小于结构的荷载效应：$Z = R - S \geqslant 0$，或 $R \geqslant S$。

由前图 2-4 简支梁可知，内力效应 S 是荷载、构件的跨度和构件支承条件的函数，结构抗力 R 是结构构件所选用材料性质和构件截面几何特征的函数。同样，变形效应 S 是荷载、构件的跨度、构件支承条件、构件截面几何特征和材料性能的函数，R 是根据长期工程实践得到的经验限值。由此得到，结构的极限状态函数中 R、S 与荷载、材料有关，而荷载、材料都是随机变量，因此，结构的功能函数（Z）也是随机变量，这就意味着结构设计按承载能力极限状态设计、按正常使用极限状态设计、按耐久性极限状态设计，均是一个与概率相关的问题，即要用基于概率论的可靠度理论进行结构的承载能力设计和变形设计。

2.2　极限状态设计法

1. 结构的可靠度理论

结构的可靠度，是指结构在规定的时间内（即设计基准期内），在规定的条件下（即正常设计、施工、使用和维护下），完成预定功能的概率。它一般用概率 p_s 表示。需注意，结构的可靠性是指结构在规定的时间内，在规定的条件下，完成其预定功能的能力。

上一节讲述了结构的极限状态函数为：

$$Z = R - S \tag{2-2}$$

当 $Z > 0$ 或 $R > S$，结构处于可靠状态；

当 $Z < 0$ 或 $R < S$，结构处于失效状态；

当 $Z = 0$ 或 $R = S$，结构处于平衡状态。

因此，结构可靠的基本条件是：$Z \geqslant 0$ 或 $R \geqslant S$。

由上一节可知，结构抗力 R、荷载效应 S、功能函数 Z 均是随机变量。假定 R 和 S 相互独立并且服从正态分布，Z 也服从正态分布，根据数理统计的概率方法，功能函数 Z 的平均值 μ_z，标准差 σ_z 和变异系数 δ_z 分别为：

$$\mu_z = \mu_R - \mu_S \tag{2-3}$$
$$\sigma_z = \sigma_R - \sigma_S \tag{2-4}$$
$$\delta_z = \sigma_z / \mu_z \tag{2-5}$$

结构功能函数分布曲线如图 2-6 所示，在纵坐标以左（$Z < 0$）其分布曲线所围成的面

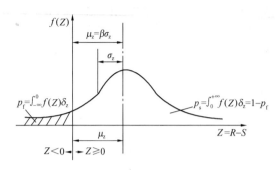

图 2-6　结构功能函数分布曲线

积表示结构的失效概率 p_f，纵坐标以右（$Z \geqslant 0$）其分布曲线所围成的面积表示结构的可靠概率 p_s，并且有：

$$p_f + p_s = 1 \tag{2-6}$$

因此，在分析结构的可靠性时，不仅可以用结构的可靠概率 p_s 来衡量，也可用结构的失效概率 p_f 来衡量。

2. 可靠指标

用失效概率 p_f 来衡量结构的可靠性具有明确的物理意义，但计算失效概率 p_f 比较繁琐，因此引入可靠指标 β 替换失效概率 p_f 进行具体度量结构的可靠性，将可靠指标 β 定义为结构功能函数的平均值与其标准差之比：

$$\beta = \frac{\mu_z}{\sigma_z} = \frac{\mu_R - \mu_S}{\sqrt{\sigma_R^2 + \sigma_S^2}} \tag{2-7}$$

可靠指标与失效概率之间存在对应的关系（表 2-2），当 β 值越大，失效概率 p_f 越小；反之，β 值越小，失效概率 p_f 越大。

β 与 p_f 的关系　　　　表 2-2

β	2.0	2.5	2.7	3.0	3.2	3.7	4.2
p_f	2.28×10^{-2}	6.21×10^{-3}	3.5×10^{-3}	1.35×10^{-3}	6.9×10^{-4}	1.1×10^{-4}	1.3×10^{-5}

此外，结构按承载能力极限状态设计时，要保证其完成预定功能的概率不低于某一允许值的水平，因此应对不同情况下的可靠指标 β 值作出规定。《建筑结构可靠性设计统一标准》根据结构的安全等级和破坏类型，规定了按承载能力极限状态设计时的可靠指标 β 值（表 2-3）。其中，延性破坏，是指破坏时有明显的预兆，可及时采用补救措施；脆性破坏，常指突发性破坏，破坏前没有明显的预兆，故其 β 值应该定得高一些。

结构构件持久设计状况承载能力极限状态设计可靠指标 β　　　　表 2-3

破坏类型	安 全 等 级		
	一　　级	二　　级	三　　级
延性破坏	3.7	3.2	2.7
脆性破坏	4.2	3.7	3.2

在建筑结构设计时，应根据建筑物的安全等级，按规定的可靠指标进行设计，这称之为按可靠指标设计准则，但由于在确定可靠指标时，进行了若干假定和简化（如未考虑荷载效应和结构抗力两者的复合分布特点等），所以，这个准则又被称为近似概率准则。

2.3　实用设计表达式

对于常见的建筑结构，直接采用可靠指标进行设计，其工作量大，有时会遇到统计资料不足而无法进行的困难，所以，我国《工程结构通用规范》和《建筑结构可靠性设计统一标准》规定建筑结构设计以结构可靠度理论作为设计的理论基础，而以极限状态进行具体设计，提出了便于实际使用的设计表达式，称为实用设计表达式。实用设计表达式把荷载、材料、构件截面尺寸、计算方法等视为随机变量，应用数理统计的概率方法进行分析，采用了以荷载标准值、材料强度标准值分别与荷载分项系数、材料分项系数相联系的荷载设计值、材料强度设计值来表达的方式。其中，考虑荷载可能超载，荷载设计值等于荷载标准值乘以不小于1的荷载分项系数，而考虑材料实际强度有可能低于标准值出现不安全因素，故材料强度设计值等于材料强度标准值除以大于1的材料分项系数。因此，荷载分项系数、材料分项系数已起着考虑目标可靠指标的等价作用。

需注意，实用表达式中虽然用了数理统计的概率方法，但在概率极限状态分析中未用到实际的概率分布，且运算中采用了一些近似的处理方法，故它只能称为近似概率设计方法。

1. 荷载组合

荷载组合是指按极限状态设计时，为保证结构的可靠性而对同时出现的各种荷载设计值的规定。

2. 承载能力极限状设计表达式

承载能力极限状设计表达式：

$$\gamma_0 S_d \leqslant R_d \qquad (2-8)$$

式中　S_d——荷载组合的效应设计值；

　　　R_d——结构或结构构件的设计值；

　　　γ_0——结构重要性系数，对安全等级为一级的结构构件，不应小于1.1；对安全等级为二级的结构构件，不应小于1.0；对安全等级为三级的结构构件，不应小于0.9；在抗震设计中，结构重要性系数取为1.0。

按承载能力极限状态进行设计时，应考虑荷载的基本组合（指永久荷载和可变荷载的组合），必要时尚应考虑荷载的偶然组合（指永久荷载、可变荷载和偶然荷载的组合）。

荷载的基本组合：

$$\gamma_0 \left(\gamma_G S_{Gk} + \gamma_{Q1} \gamma_{L1} S_{Q1k} + \sum_{i=2}^{n} \gamma_{Qi} \gamma_{Li} \psi_{ci} S_{Qik} \right) \leqslant R(f_{sk}/\gamma_s, f_{ck}/\gamma_c, a_k \cdots) \qquad (2-9)$$

式中　γ_G——永久荷载分项系数，当永久荷载效应对结构不利时，γ_G取1.3，但当永久荷载对结构构件有利时，取$\gamma_G \leqslant 1.0$；

　γ_{Q1}、γ_{Qi}——第1个、第i个可变荷载分项系数；当可变荷载效应对结构不利时，γ_{Q1}、γ_{Qi}取1.5；标准值大于$4kN/m^2$的工业房屋楼面活荷载，γ_{Q1}、γ_{Qi}取1.4，但当可变荷载效应对结构有利时，γ_{Q1}、γ_{Qi}取0；

　　　γ_{Li}——第i个可变荷载考虑设计使用年限的调整系数，其中γ_{L1}为主导可变荷载Q_1考虑设计使用年限的调整系数，设计使用年限50年时，取$\gamma_{Li}=1.0$；

　　　S_{Gk}——永久荷载标准值的效应，如荷载引起的弯矩、剪力、轴力等；

　　　S_{Q1k}——在基本组合中为主导可变荷载标准值Q_{1k}的效应；

　　　S_{Qik}——第i个可变荷载标准值的效应；

　　　ψ_{ci}——第i个可变荷载的组合值系数；

　f_{ck}、f_{sk}——分别为混凝土、钢筋强度标准值；

γ_c、γ_s——分别为混凝土、钢筋强度的分项系数，γ_c 取 1.4；γ_s 取 1.1～1.2；

a_k——结构构件截面几何参数的标准值。

【例 2-1】 某工业建筑的屋面檩条为一计算跨度为 1.8m 的简支梁（图 2-7），承受均布线荷载，其中，檩条的自重标准值 $g_k=0.5kN/m$，屋面积灰荷载标准值 $q_{ak}=0.3kN/m$，上人屋面活荷载标准值 $q_{Lk}=2.0kN/m$。结构安全等级为二级。设计使用年限为 50 年。

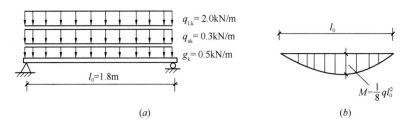

图 2-7　某简支梁计算简图

查《建筑结构荷载规范》得到，屋面积灰荷载的组合值系数、频遇值系数、准永久值系数分别为 0.9、0.9、0.8；上人屋面活荷载的组合值系数、频遇值系数、准永久值系数分别为 0.7、0.5、0.4。

试问：在承载能力极限状态下，确定该檩条的跨中截面在荷载的基本组合下的弯矩设计值。

【解】 安全等级为二级，故取 $\gamma_0=1.0$。设计使用年限为 50 年，取 $\gamma_{Li}=1$。

荷载的基本组合，取 $\gamma_G=1.3$，$\gamma_{Q1}=1.5$，$\gamma_{Q2}=1.5$。

上人屋面活荷载为第一可变荷载控制，由式（2-9）：

$$\gamma_0(\gamma_G S_{Gk}+\gamma_{Q1}\gamma_{L1}S_{Q1k}+\gamma_{Q2}\gamma_{L2}\psi_{c2}S_{Q2k})=1.0\times\left(1.3\times\frac{1}{8}\times0.5\times1.8^2+1.5\times1\times\frac{1}{8}\right.$$
$$\left.\times2.0\times1.8^2+1.5\times1\times0.9\times\frac{1}{8}\times0.3\times1.8^2\right)$$
$$=1.624kN\cdot m$$

屋面积灰荷载为第一可变荷载控制，由式（2-9）：

$$\gamma_0(\gamma_G S_{Gk}+\gamma_{Q1}\gamma_{L1}S_{Q1k}+\gamma_{Q2}\gamma_{L2}\psi_{c2}S_{Q2k})=1.0\times\left(1.3\times\frac{1}{8}\times0.5\times1.8^2+1.5\times1\times\frac{1}{8}\right.$$
$$\left.\times0.3\times1.8^2+1.5\times1\times0.7\times\frac{1}{8}\times2.0\times1.8^2\right)$$
$$=1.296kN\cdot m$$

上述取较大值，该檩条跨中截面的弯矩设计值为 1.624kN·m。

3. 正常使用极限状态设计表达式

对于正常使用极限状态，应根据不同的设计要求，采用荷载的标准组合、频遇组合和准永久组合，并按下列设计表达式进行设计：

$$S_d \leqslant C \tag{2-10}$$

式中　S_d——结构正常使用状态下的荷载组合的效应设计值；

C——结构或结构构件达到正常使用要求的规定限值，如变形、裂缝等的限值。

在正常使用极限状态下，标准组合主要用于当一个极限状态被超越时将产生严重的永久性损害的情况；频遇组合主要用于当一个极限状态被超越时将产生局部损害、较大变形或短暂振动的情况；准永久组合主要用于当长期效应是决定性因素的情况。

(1) 荷载的标准组合：

$$S_d = S_{Gk} + S_{Q1k} + \sum_{i=2}^{n} \psi_{ci} S_{Qik} \tag{2-11}$$

(2) 荷载的频遇组合：

$$S_d = S_{Gk} + \psi_{f1} S_{Q1k} + \sum_{i=2}^{n} \psi_{qi} S_{Qik} \tag{2-12}$$

式中 ψ_{f1}——第 1 个可变荷载 Q_1 的频遇值系数；

ψ_{qi}——第 i 个可变荷载 Q_i 的准永久值系数。

(3) 荷载的准永久组合：

$$S_d = S_{Gk} + \sum_{i=1}^{n} \psi_{qi} S_{Qik} \tag{2-13}$$

【例 2-2】 题目条件同【例 2-1】。

试问：在正常使用极限状况下，确定该檩条跨中截面的标准组合弯矩设计值、频遇组合弯矩设计值和准永久组合弯矩设计值。

【解】 (1) 标准组合弯矩设计值，由式 (2-11)：

上人屋面活荷载为第一可变荷载控制：

$$S_d = \frac{1}{8} \times 0.5 \times 1.8^2 + \frac{1}{8} \times 2.0 \times 1.8^2 + 0.9 \times \frac{1}{8} \times 0.3 \times 1.8^2$$
$$= 1.122 \text{kN} \cdot \text{m}$$

屋面积灰荷载为第一可变荷载控制：

$$S_d = S_{Gk} + S_{Q1k} + \psi_{c2} S_{Q2k}$$
$$= \frac{1}{8} \times 0.5 \times 1.8^2 + \frac{1}{8} \times 0.3 \times 1.8^2 + 0.7 \times \frac{1}{8} \times 2.0 \times 1.8^2$$
$$= 0.891 \text{kN} \cdot \text{m}$$

上述取较大值，标准组合弯矩设计值为 1.122kN·m。

(2) 频遇组合弯矩设计值，由式 (2-12)：

上人屋面活荷载为第一可变荷载控制，取 $\psi_{f1} = 0.5$，$\psi_{q2} = 0.8$：

$$S_d = \frac{1}{8} \times 0.5 \times 1.8^2 + 0.5 \times \frac{1}{8} \times 2.0 \times 1.8^2 + 0.8 \times \frac{1}{8} \times 0.3 \times 1.8^2$$
$$= 0.705 \text{kN} \cdot \text{m}$$

屋面积灰荷载为第一可变荷载控制，取 $\psi_{f1} = 0.9$，$\psi_{q2} = 0.4$：

$$S_d = S_{Gk} + \psi_{f1} S_{Q1k} + \psi_{q2} S_{Q2k}$$
$$= \frac{1}{8} \times 0.5 \times 1.8^2 + 0.9 \times \frac{1}{8} \times 0.3 \times 1.8^2 + 0.4 \times \frac{1}{8} \times 2.0 \times 1.8^2$$
$$= 0.636 \text{kN} \cdot \text{m}$$

上述取较大值，频遇组合弯矩设计值为 0.705kN·m。

(3) 准永久组合弯矩设计值，由式 (2-13)：

$$S_d = S_{Gk} + \psi_{q1} S_{Q1k} + \psi_{q2} S_{Q2k}$$

$$= \frac{1}{8} \times 0.5 \times 1.8^2 + 0.8 \times \frac{1}{8} \times 0.3 \times 1.8^2 + 0.4 \times \frac{1}{8} \times 2.0 \times 1.8^2$$

$$= 0.624 \text{kN} \cdot \text{m}$$

准永久值组合弯矩设计值为 0.624kN・m。

思考题

1. 建筑结构的设计基准期是如何定义的？我国建筑结构的设计基准期是几年？

2. 按随时间的变异，荷载可分为哪几类？按随空间位置的变异，荷载可分为哪几类？

3. 什么是等效均布荷载？

4. 荷载的标准值是指什么？荷载的组合值、频遇值及准永久值分别是指什么？

5. 什么是荷载效应？什么是结构抗力？荷载效应和结构抗力均具有什么性质？

6. 建筑结构的失效状态包括哪些？

7. 什么是承载能力极限状态？什么是正常使用极限状态？

8. 建筑结构按极限状态设计的重要条件是什么？

9. 建筑结构的可靠度是指什么？结构的可靠性是指什么？

10. 建筑结构的可靠指标是如何定义的？

11. 什么是延性破坏？什么是脆性破坏？

12. 什么是荷载组合？

13. 在承载能力极限状态设计表达式中，结构重要性系数是如何取值的？

14. 在承载能力极限状态设计表达式中，永久荷载分项系数、可变荷载分项系数是如何取值的？

15. 什么是荷载的标准组合、频遇组合和准永久组合？

3.1 竖向荷载与荷载传递路线

3.1.1 竖向荷载

作用于建筑结构上的竖向荷载主要有：

（1）永久荷载即恒载，由结构构件和建筑构造层的自重产生的荷载。

（2）楼（屋）面活荷载，由楼（屋）面物体、人引起的荷载。楼面活荷载可分为民用建筑（如住宅、办公楼、医院等）楼面活荷载和工业建筑楼面活荷载。一般地，工业建筑楼面活荷载大于民用建筑楼面活荷载。屋面活荷载又可分为不上人的屋面活荷载、上人的屋面活荷载、屋顶花园活荷载、屋顶运动场地等类型。

（3）屋面积灰荷载，它是针对生产中有大量排灰的厂房及其邻近建筑的屋面荷载，如机械厂铸造车间、炼钢车间等的屋面积灰荷载。

（4）雪荷载，有雪的地区，屋面应考虑雪荷载。雪荷载应根据积雪深度和积雪密度进行确定，同时，由于建筑物所在地区的纬度、高程、降雪持续时间，屋面几何形状以及屋面倾斜度等多种因素的不同而有所不同。

此外，竖向荷载还有施工或检修集中荷载，有吊车厂房的吊车竖向荷载等。

上述竖向荷载中，除永久荷载为恒载外，其他均为可变荷载。

3.1.2 竖向荷载传递路线

建筑结构上的各种荷载在时间和空间上都是相互独立的，当它们密切相关并经常以其最大值出现时（一般指恒载和一种可变荷载），可将它们叠加起来考虑。

如图 3-1 所示，屋面活荷载、屋面及顶棚构造层自重恒载和屋面板自重恒载可以叠加在一起成为屋面板承受的均布面荷载（kN/m^2）；屋面板施加于屋面梁的反力一般是直线形分布，它可以与屋面梁自身恒载叠加成为屋面梁承受的均

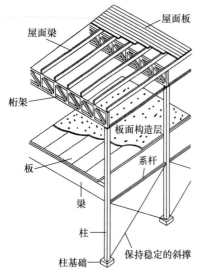

图 3-1　竖向荷载传递路线

布线荷载（kN/m）；屋面梁施加于桁架的反力一般呈集中力状态，它又与桁架自身恒载叠加起来成为桁架承受的桁架节点集中荷载（kN）；桁架施加于柱的反力呈集中力状态，它又与柱自身恒载叠加起来为柱承受的集中荷载（kN）；柱再将此集中荷载通过基础传给地基。

对于楼面荷载，楼面活荷载、楼面及顶棚构造层自身恒载和楼板自身恒载可以叠加在一起成为楼板承受的均布面荷载（kN/m²）；楼板施加于楼面梁的反力一般呈直线分布，它又可以与梁自身恒载叠加成为楼面梁承受的均布线荷载（kN/m）；楼面梁施加于柱的反力呈集中力状态，它又与柱自重荷载叠加起来成为柱承受的集中荷载（kN）；同样，柱再将此集中荷载通过基础传给地基。

可见，一般建筑物中的竖向荷载传递路线为：

屋面荷载 → 屋面板 → 屋盖系统 ——→ 柱 → 柱基础 ——→ 地基
楼面荷载 → 楼　板 → 梁 系 统 ——→ 墙 → 墙基础

在竖向荷载的传递过程中，每个结构构件都承受着自己应该承受的荷载，有着在这些荷载作用下相应的内力效应（如构件截面上的弯矩 M、剪力 V、轴力 N）和变形效应（如构件受力后的挠度、侧移或裂缝开展情况），这些内力效应和变形效应是设计结构构件的基础。

3.2　恒载和竖向活荷载

3.2.1　恒载

恒载标准值的计算，对结构构件或非承重结构构件的自重，可按结构构件的设计尺寸与材料单位体积（或单位面积）的自重计算确定。对于自重变异较大的材料和构件（如现场制作的保温材料、混凝土薄壁构件等），自重的标准值应根据对结构的不利状态，取上限值或下限值。

恒载标准值常用 g_k 或 G_k 表示，下标 k 代表标准值；而活荷载标准值常用 q_k 或 Q_k 表示。

常用材料和构件的自重，我国《建筑结构荷载规范》作了具体规定，如表 3-1 所示列出部分。

常用材料和构件的自重　　　　　　　　　　　　　　　　表 3-1

名　　称	自重（kN/m³）	备　注	名　　称	自重（kN/m³）	备　注
水泥砂浆	20		普通砖	18	240×115×53
素混凝土	22～24	振捣或不振捣	灰砂砖	18	砂：石灰＝92：8
矿渣混凝土	20		水泥炉渣	12～14	
铁屑混凝土	28～65		石灰砂浆	17	
钢筋混凝土	24～25		混合砂浆	17	

3.2.2 楼面活荷载

1. 从属面积的概念

从属面积是在计算梁、柱构件时，所计算构件（梁或柱）负荷的楼面面积。它应根据楼板的剪力零线划分，但实际应用中可适当简化。其中，楼面梁的从属面积应按梁两侧各延伸 1/2 梁间距的范围内的实际面积确定，如图 3-2 所示为某民用建筑的楼面梁平面图，梁间距为 3.6m、3.9m，梁计算跨度为 7.5m，则该楼面梁 L_1 的从属面积为 $7.5 \times \left(\dfrac{3.6}{2} + \dfrac{3.9}{2}\right) = 28.125\text{m}^2$，楼面梁 L_2 的从属面积为 $7.5 \times \left(\dfrac{3.6}{2} + \dfrac{3.6}{2}\right) = 27\text{m}^2$。

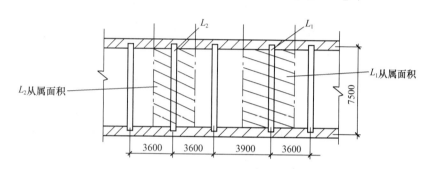

图 3-2 楼面梁的从属面积

2. 民用建筑楼面均布活荷载

对于民用建筑楼面均布活荷载的标准值及其组合值、频遇值和准永久值系数的取值，见第 2 章表 2-1。

需注意，在确定楼面均布活荷载时，应考虑到该建筑物长期使用期间改变用途的可能，并取其大值。

3. 设计楼面梁、墙、柱和基础时，楼面活荷载标准值的折减系数

由于作用在楼面上的活荷载不可能以标准值的大小同时布满在所有楼面上，因此，在设计梁、墙、柱和基础时，要考虑实际荷载的楼面分布的变异情况，即要考虑楼面活荷载标准值的折减。

（1）设计楼面梁时，对第 2 章表 2-1 中项次 1 类别（1）的情况，当楼面梁从属面积超过 25m² 时，折减系数不应小于 0.9；不超过 25m² 时，不应折减。

（2）设计楼面梁时，对第 2 章表 2-1 中项次 1 类别（2）、项次 3 的情况，当楼面梁从属面积超过 50m² 时，折减系数不应小于 0.9；不超过 50m² 时，不应折减。

（3）设计墙、柱和基础时，对第 2 章表 2-1 中项次 1 类别（1）的情况，折减系数应按表 3-2 规定取值；其他情况，按规范规定进行确定。

活荷载按楼层的折减系数　　　　　　　　　　　　　　　表 3-2

墙、柱、基础计算截面以上的层数	1	2～3	4～5	6～8	9～20	＞20
计算截面以上各楼层活荷载总和的折减系数	1.00（0.90）	0.85	0.70	0.65	0.60	0.55

注：当楼面梁的从属面积超过 25m² 时，应采用括号内的系数。

【例 3】 某旅馆为钢筋混凝土框架结构，其结构平面及剖面如图 3-3 所示，采用现浇

单向板、主次梁承重体系。

试问：当楼面活荷载满布时，确定旅馆的柱 1 在第四层柱顶（1-1 截面）处，由楼面活荷载标准值产生的轴向力（kN）。

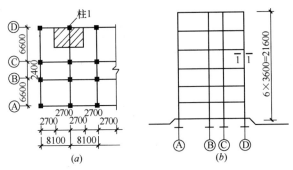

图 3-3   钢筋混凝土框架结构

【解】（1）查第 2 章表 2-1，旅馆属表中项次 1 类别（1），楼面活荷载标准值为 $2.0kN/m^2$。

（2）设计柱时，要考虑楼面活荷载标准值的折减，折减系数查表 3-2，柱 1-1 截面上有 2 层楼面活荷载，故折减系数取为 0.85。

（3）柱 1 的荷载从属面积如图中阴影所示，由楼面活荷载标准值产生的轴向力标准值 N_K 为：

$$N_K = (2 \times 2.0 \times 0.85) \times \frac{6.6}{2} \times 8.1 = 90.882kN$$

3.2.3   屋面活荷载

房屋建筑的屋面活荷载是按屋面水平投影面上的均布活荷载进行取值，见表 3-3。

屋面均布活荷载   表 3-3

项次	类别	标准值（kN/m²）	组合值系数 ψ_c	频遇值系数 ψ_f	准永久值系数 ψ_q
1	不上人的屋面	0.5	0.7	0.5	0
2	上人的屋面	2.0	0.7	0.5	0.4
3	屋顶花园	3.0	0.7	0.6	0.5

注：1. 不上人的屋面，当施工或维修荷载较大时，应按实际情况采用；

　　2. 当上人的屋面兼作其他用途时，应按相应楼面活荷载取用。

需注意，不上人的屋面均布活荷载，可不与雪荷载和风荷载同时组合。

3.2.4   雪荷载

屋面水平投影面上的雪荷载标准值 s_k，应按下式计算：

$$s_k = \mu_r s_0 \tag{3-1}$$

式中　s_0——基本雪压（kN/m²），按各地区 50 年一遇（即重现期为 50 年）的雪压确定。如北京为 $0.40kN/m^2$，上海为 $0.20kN/m^2$；

　　　μ_r——屋面积雪分布系数，应根据不同类别的屋面形式确定，如表 3-4 所示（仅列出部分）。

屋面积雪分布系数　　　　表 3-4

项次	类别	屋面形式及积雪分布系数 μ_r		
1	单跨单坡屋面	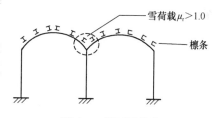		

α	$\leqslant 25°$	$30°$	$35°$	$40°$	$45°$	$\geqslant 60°$
μ_r	1.0	0.85	0.7	0.55	0.4	0

项次	类别	屋面形式及积雪分布系数 μ_r
2	单跨双坡屋面	均匀分布的情况　　　　　μ_r 不均匀分布的情况 $0.75\mu_r$　　　$1.25\mu_r$ μ_r 按第 1 项规定采用

注：第 2 项单跨双坡屋面仅当 $20° \leqslant \alpha \leqslant 30°$ 时，可采用不均匀系数。

雪荷载的组合值系数为 0.7；频遇值系数为 0.6；准永久值系数应按雪荷载分区的不同而确定。

对于雪荷载敏感的结构（如轻型屋盖，其雪荷载有时会远超过结构自身），为保证结构的可靠度，其基本重压应适当提高。在高低屋面交汇处、在屋面某些突出处、在折线形或曲线形屋面低谷处的积雪都会增厚，如图 3-4 所示，故在雪荷载计算中 μ_r 值要大于 1。

由屋面积雪分布系数表可知，积雪有均匀分布

图 3-4　屋面雪荷载

和不均匀分布情况，故在设计建筑结构及屋面的承重构件时，应考虑积雪的分布情况。

3.3　水平作用及其传递路线

3.3.1　水平作用

建筑结构不仅承受竖向荷载，还承受风荷载和水平地震作用产生的水平作用力，特别是高层建筑结构，水平作用力对其影响更明显。除了风、水平地震产生的水平作用力外，承受竖向荷载的斜向支承构件也会产生水平作用力。

1. 风荷载

风荷载施加给建筑结构的是外部侧向力。当风作用在建筑物墙、屋面上时，会产生风

压力或风吸力，空气流动时还会产生涡流，对建筑物局部产生较大的风压力或风吸力，如图 3-5 （a），迎风面为压力，侧风面及背风面为吸力，并且各表面上的风压分布是不均匀的，这与建筑物的体型和尺度等有关。为此，引入风载体型系数 μ_s 的概念，它即为建筑物表面受到的平均风压与大气中的基本风压 w_0 的比值。风为压力，其风载体型系数为正（＋）；风为吸力，其风载体型系数为负（－），并且建筑物同一表面上某些部分风压力（或风吸力）较大，另一些部分较小，如图 3-5 （b）。

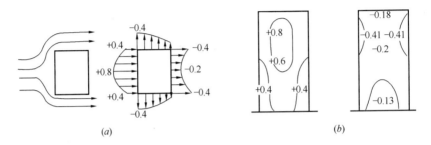

图 3-5　风压分布

（a）空气流经建筑物时风压对建筑物的作用（平面）；（b）迎风面风压分布系数（左），
背风面风压分布系统（右）

风压随高度而变化，风速在地面处为零，沿高度按曲线逐渐增大，直到距地面某高度处达到最大值（约 400～450m），上层风速受地面影响小，风速较稳定。风压随高度变化与地面的粗糙度（指地貌、树木、房屋等）有关，其实际上形成了地表摩擦层。由于地表摩擦层，使越接近地表的风速越小；同时，地面的粗糙度越大，对气流的干扰也越厉害，所以不同的地面粗糙度，同一高度的风速、风压也不完全相同。为了反映风压随高度而变化的特征，引入了风压高度变化系数 μ_z。

风对建筑物的作用是不规则的，风压随风速、风向的紊乱而不停地改变。通常将风作用的平均值看成平均风压，实际风压是在平均风压上下波动的（图 3-6），平均风压使建筑物产生一定的侧移，而波动风压使建筑物在该侧移附近左右振动。可见，风振是波动风压对结构所产生的动力现象。在波动风压作用下，也常会伴随着产生横风向振动，甚至还会出现扭转振动，但对多层和高层建筑结构的影响主要是顺风向振动。

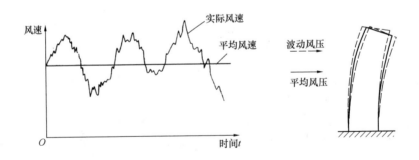

图 3-6　平均风压与波动风压

在波动风压作用下，结构的刚度越小，即结构基本自振周期 T_1 越长，波动风压对结构的影响也越大。波动风压产生的动力效应还与建筑物的高度、高宽比、跨度等有关。研究表明，当高度大于 30m 且高宽比大于 1.5 的房屋建筑，基本自振周期 T_1 大于 0.25s 的高耸结构，以及跨度在 36m 以上的柔性屋盖结构，应考虑波动风压的动力效应。为此，引入了风振系数 β_z 的概念。在设计时采用加大风荷载的方法，即在按规范求得的一般风荷载值基础上乘以一个大于 1 的风振系数 β_z。根据《工程结构通用规范》规定，所有建筑结构的风振系数 β_z 值不应小于 1.2。

可见，风荷载值与基本风压值 w_0、风荷载体型系数 μ_s、风压高度变化系数 μ_z，以及风振系数 β_z 有关。

作用在建筑物上的风荷载沿高度呈阶梯形分布（图 3-7a），在结构分析中，通常按基底弯矩相等的原则，把阶梯形分布的风荷载换算成等效均布荷载（图 3-7b）；在结构方案设计时，估算风荷载对结构受力的影响时，可近似简化为沿高度呈三角形分布线荷载（图 3-7c）。

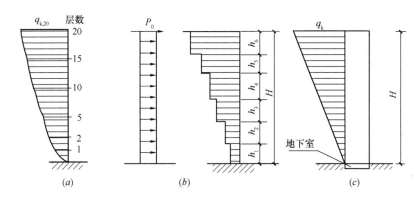

图 3-7　风荷载

2. 水平地震作用

地震是一种自然现象，地球每年平均发生 500 万次左右地震。地震可以划分为诱发地震和天然地震。前者指由于人类活动所引发的地震，如人工爆破引发的地震；后者又可分为构造地震和火山地震。其中，构造地震是地震工程的主要研究对象。由于地球由几大板块构成，由于板块的构造运动是构造地震产生的根本原因，即地球板块在运动过程中，板块之间的相互作用力会使地壳中的岩层发生变形，当这种变形积聚到超过岩石所能承受的程度时，该处岩体就会发生突然断裂或错动，从而引发地震。

（1）地震的基本概念

如图 3-8 所示，震源是指地球内部断层错动并引起周围介质振动的部位。震源正上方的地面位置称为震中。地面某处距震中的水平距离称为震中距。地震时，地下岩体断裂、错动产生振动，并以波的形式从震源向外四周传播，即地震波。地震波导致地面和设置在地面

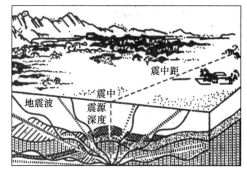

图 3-8　震源

上的所有建筑产生振动，通常称为地震动。建筑结构的地震破坏与地震动的峰值（最大幅值）、频谱和持续时间密切相关。在地震波中存在体波和面波，体波包括纵坡（其周期短、振幅小）和横波（其周期长、振幅大）；面波的周期长，振幅大。

地震震级是表示地震本身大小的一种度量，其数值是根据地震仪记录到的地震波图确定的。震级 M 与震源释放能量 E（单位为 erg，称为尔格）之间的关系为 $\log E = 1.5M + 11.8$，$1erg = 1 \times 10^{-7}J$，此时的震级 M 也称为里氏震级。大于 2.5 级的浅震，在震中附近的人有感受，称为有感地震；5 级以上的地震会造成明显的不同程度的破坏，称为破坏性地震。

地震烈度是指某一区域的地表和各类建筑物遭受某一次地震影响的平均强弱程度。一次地震，只有一个震级，但距震中的远近会出现多种不同的地震烈度。一般地，距震中近，地震烈度就高；距震中远，地震烈度也越低。震中区的烈度称为震中烈度。

基本烈度是指一个地区在一定时期（如我国为 50 年）内在一般场地条件下按一定的概率（如我国取 10%）可能遭遇到的最大地震烈度。基本烈度是一个地区进行抗震设防的依据。

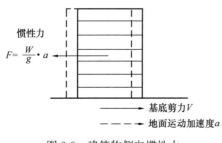

惯性力

$F = \dfrac{W}{g} \cdot a$

基底剪力 V
地面运动加速度 a

图 3-9　建筑物侧向惯性力

（2）在地震作用下结构的基本现象

随着建筑物的振动，在建筑结构中就会产生一种作用力，这种作用力实质是建筑物各质点抵抗这种运动倾向而产生的惯性力。因此，地震引起的地面运动施加给建筑结构的是内部侧向力（一般忽略竖向的地震作用）。如图 3-9 所示，假定该建筑物是绝对刚性的，根据牛顿第二定律，侧向惯性力 F 为建筑物质量与地面加速度 a 的乘积：$F = \dfrac{a}{g} \times W$，式中，$g$ 为重力加速度，W 为建筑物的重量。为了达到平衡，在该建筑物底部会产生一个剪力 V：$V = \dfrac{a}{g} \times W$，这也是该建筑结构必须承受的力。可见，地震运动中最为重要的因素是它所引起地面运动加速度的大小。

由于实际建筑结构是柔性的并非绝对刚性。在柔性结构中的地震作用大小不仅与地面运动加速度有关，还与结构自身的相对刚度及振动特性有关。如图 3-10 所示为一个简单结构，使其结构顶部有一位移并放松，该结构将自由振动起来。该结构具有固定振动周期 T 和

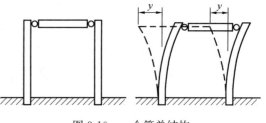

图 3-10　一个简单结构

固有频率 f（$=1/T$），由物理知识可知，其固有频率直接取决于该结构的质量及其立柱在水平力作用下的相对刚度。同时，该结构的振荡会随时间逐渐衰竭，这是因为结构中存在有阻尼机制，所有建筑结构都具有吸收能量的阻尼机制，正如图 3-10 中横梁和立柱之间铰接接头里的摩擦力就导致了阻尼的存在。

对于图 3-10，假若该结构底部像地震时那样连续地来回移动，显然，该结构自身

的质量（特别是横梁平面内的质量）就会因惯性而有着抗拒移动的倾向，导致该结构也会随地面运动而不断地连续振动。此时，该结构所发生的实际振动已不单纯是一种自由振动，而是一种在很大程度上受到地面运动特征影响的振动，特别是当地面运动的频率近似等于该结构自由振动时的固有频率时，会产生共振现象，此时地面和结构之间就会发生振幅大于地面移动幅度，即结构的振幅被放大。因此，为防止建筑物发生共振，在选择建筑物的质量和刚度时，应使建筑物固有振动周期远离其所在场地振动的周期。

（3）高层建筑地震作用的特点

高层建筑比低层建筑柔软，属柔性结构，其基本自振周期 T_1 相对较长〔如高层剪力墙结构，$T_i = (0.05 \sim 0.06)n$，20 层时，其 $T_1 = 1 \sim 1.2s$〕，在地震作用下的加速度反应比低层建筑小得多，但当高层建筑的基本自振周期接近地面振动周期时，其所承受的地震作用就会很大。一般地，最强的地震波往往发生在最初几秒钟，随后的时间里，长周期波的振动周期可能开始接近高层建筑的基本自振周期，此时地震的影响就会很严重。

地震观测表明，不同性质的场地土对地震波中各种频率成分的吸收和过滤效果不同。地震波在传播过程中，高频成分易被吸收，特别是在软土中更是如此。因此，在震中附近或在岩石等坚硬地层中，地震波短周期成分丰富，其周期可在 $0.1 \sim 0.3s$ 左右。在距震中很远的地方，或者冲积土层很厚、土层又较弱时，由于短周期成分被吸收而导致长周期成分为主，特征周期可能在 $1 \sim 2s$ 之间，这对具有较长周期的柔性高层建筑十分不利。

柔性高层建筑对水平地震作用的结构反应要采用能代表结构性能的力学模型——一个由弹簧和阻尼相互连接在一起的质量群，如图 3-11（a）所示，模型化为在每层楼板处有一个集中质量的竖向杆，典型的集中质量包括本层楼盖系统承受的重力荷载，附属于本层

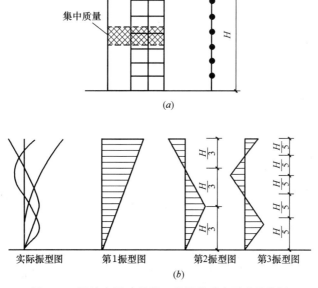

图 3-11　柔性高层建筑某一质量群受水平地震作用

的上下各半层墙体、竖柱的重力荷载。当该集中质量多自由系统受到地面激振时，可能产生许多不同形式的运动，每种运动都有不同的振型〔指反映体系自由振动形状的向量，用图形表示则称为振型图，如图3-11 (b)〕。这种结构体系就会有许多个自由度（或变形形式），其中每一种变形形式对应一个固有周期。研究表明，建筑结构的基本自振周期（亦称第一自振周期）对柔性高层建筑的地震反应产生的影响最大，对建筑结构的地震反应起到决定作用。

　　（4）建筑物的体型、平面布置与地震作用的关系

　　对于一个规则的矩形建筑物，即每层的质量和高度大致相等，在竖向和水平向上的几何形状、质量和刚度没有不规则的变化，由地面水平地震运动引起的侧向力可采用为三角形分布的等效地震作用，如图 3-12 (a)，而其他建筑体型由地震作用引起的等效地震作用分布，如图 3-12 (b)、图 3-12 (c)。

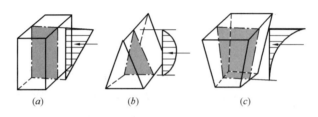

图 3-12　地震作用分布

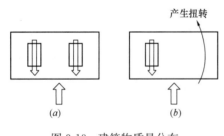

图 3-13　建筑物质量分布

　　建筑物的平面布置和竖向质量的分布所体现出的建筑形状和质量，决定了侧向地震作用的合力作用点；结构的抗侧力结构分体系的形状及其在建筑物内的布置，决定了地震作用的类型。若建筑物的质量中心同结构抗力中心不重合，就会使建筑物产生扭转（图 3-13）。

　　综上所述，施加于建筑结构上的水平地震作用，其大小取决于：

　　1）地面运动的强度和特征，即震源、震中距及其向建筑物的传递、场地条件。

　　2）建筑物的动力特征，即振型、自振周期和阻尼，它们与建筑物的质量和刚度有关，通常质量大、刚度大、周期短的建筑，其惯性力较大；刚度小、周期长的建筑，其位移较大。

　　地震作用大小的计算方法有反应谱法、时程分析法等。

3.3.2　水平作用的传递路线

　　现以高层建筑作为分析对象，水平作用（风荷载、水平地震作用）施加于高层建筑时，可将高层建筑视为一个从其自身地基上升起的竖向悬臂构件。在水平作用下，建筑物可能发生倾覆或滑移，其支承体系（如柱或墙）的某些部位被压屈、压碎或拉断，整体被水平剪断，侧向位移（弯曲侧移量、剪切侧移量）过大等（图 3-14）。因此，该竖向悬臂式建筑物必须有一个既能抗弯，又能抗剪切，并能使其基础和地基承受上部传来各种作用力的结构体系。同时，由于风荷载和水平地震作用对于高层建筑物都是动荷载，使得建筑结构抗弯曲和抗剪切都处于运动状态。

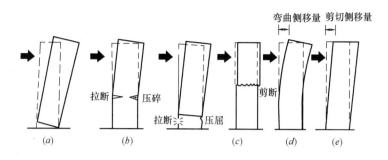

图 3-14　水平作用的破坏形式

（*a*）倾覆；（*b*）拉伸或压缩破坏；（*c*）剪切破坏；（*d*）弯曲变形；（*e*）剪切变形

水平作用力（亦称水平侧向力）传递给基础和地基的路线（图 3-15）：

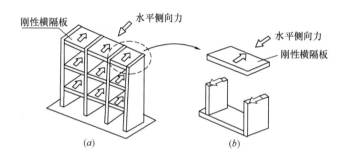

图 3-15　剪力墙结构传递水平侧向力

（1）水平分体系中的楼盖（或屋盖）将水平侧向力传递给竖向抗侧力分体系（如剪力墙、竖向支撑、刚节点框架）；

（2）竖向抗侧力分体系将分配到的侧向力向下传给基础和地基。

显然，楼盖、屋盖在水平侧向力传递过程中起关键作用，一般将楼（屋）盖视为刚性水平横隔板，如同一根水平超薄深梁构件。刚性横隔板的作用在于将内部无侧向承载能力的竖向面所承受的水平作用力传递给能承受侧向作用的剪切面上去（图 3-15*b*）。此外，在水平分体系与竖向抗侧力分体系之间应设有抗剪连接件，用于传递侧向力。

水平侧向力一旦分布到竖向抗侧力分体系的平面上，这些结构就如同竖向悬臂构件那样抵抗外力，并将其传递至基础与地基。图 3-16 中各类二维或三维结构体系表明了不同的由实体墙或框架组成的悬臂构件是怎样抵抗水平侧向力在建筑物底部产生的倾覆力矩的。如图 3-16（*b*）、图 3-16（*d*）、图 3-16（*e*），结构内部抵抗弯矩是直接通过拉杆、压杆产生力偶有效地抵抗倾覆力矩。同样，根据图 3-16（*k*）、图 3-16（*n*）三维结构体系，筒体结构体系的外柱对所有水平侧向力产生的倾覆力矩提供抵抗弯矩，其内柱设计成只承受竖向重力荷载。

此外，高宽比对建筑物抗倾覆会产生较大的影响。如图 3-17，在相同的结构体系下，图 3-17（*a*）高宽比大，其内部抗倾覆能力相对较弱，故其可能发生倾覆。

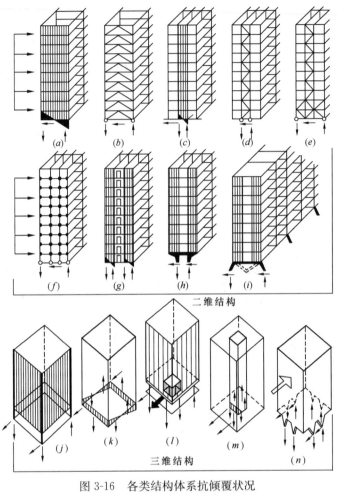

图 3-16   各类结构体系抗倾覆状况

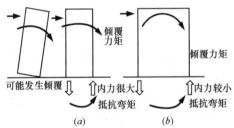

图 3-17   建筑物的抗倾覆能力

3.4 风荷载

3.4.1 单位面积上的风荷载标准值

风荷载的基本风压值 w_0 是用各地区空旷地面上离地 10m 高，统计 50 年重现期的 10min 平均最大风速 v_0 （m/s）计算得到的，即：$w_0 = v_0^2/1600$ （kN/m²），并且 w_0 不得

小于 0.3kN/m^2。对于特别重要或对风荷载比较敏感的高层建筑（即高度大于 60m 的建筑物），承载力设计时应按基本风压的 1.1 倍采用。需注意，基本风压值不是风对建筑物表面的压力。风对建筑物表面的压力应按下式计算，即垂直于建筑物表面的单位面积上的风荷载标准值 w_k（kN/m^2）为：

$$w_k = \beta_z \mu_z \mu_s w_0 \tag{3-2}$$

式中　w_k——基本风压值或风荷载标准值（kN/m^2）；

　　　μ_s——风荷载体型系数；

　　　μ_z——z 高度处的风压高度变化系数；

　　　β_z——z 高度处的风振系数，β_z 不应小于 1.2。

1. 风压高度变化系数 μ_z

风压高度变化系数 μ_z 与地面粗糙度、地形、离地平高度有关。地面粗糙度分为四类：

（1）A 类，指近海海面和海岛、海岸、湖岸及沙漠地区；

（2）B 类，指田野、乡村、丛林、丘陵以及房屋比较稀疏的乡镇；

（3）C 类，指有密集建筑群的城市市区；

（4）D 类，指有密集建筑群且房屋较高的城市市区。

我国规范规定了各类情况下的风压高度变化系数 μ_z。对于山区的建筑物，其风压高度变化系数 μ_z，还应考虑地形条件的影响。

2. 风荷载体型系数 μ_s

在计算风荷载对建筑物的整体作用时，是按各个表面的平均风压计算，这个表面的平均风压系数即为风荷载体型系数 μ_s。表面的风荷载体型系数 μ_s，可查《建筑结构荷载规范》得到，表 3-5 列出了部分 μ_s。

风荷载体型系数 μ_s　　　　　　　　　　　　　　　　　　表 3-5

项次	类　　别	体型及体型系数 μ_s		
1	封闭式落地双坡屋面		α	μ_s
			$0°$	0
			$30°$	$+0.2$
			$\geq 60°$	$+0.8$
			中间值按插入法计算	
2	封闭式双坡屋面		α	μ_s
			$\leq 15°$	-0.6
			$30°$	0
			$\geq 60°$	$+0.8$
			1. 中间值按插入法计算	
			2. μ_s 的绝对值不小于 0.1	

对于低层、多层建筑是按各表面的风荷载体型系数进行计算，并取正反面两个方向风荷载的绝对值的较大值作为风荷载设计值。

对于高层建筑，《高层建筑混凝土结构技术规程》规定的风荷载体型系数 μ_s 是按综合风压力、风吸力后的总体型系数，如：圆形平面建筑取 0.8；正多边形及截角三角形平面建筑：$\mu_s = 0.8 + 1.2/\sqrt{n}$，式中 n 为多边形的边数。此外，重要且体型复杂的建筑的风荷载体型系数应由风洞试验确定。

3. 风振系数 β_z

高层建筑当高度大于 30m 且高宽比大于 1.5，且可忽略扭转影响时，可仅考虑第一振型影响，其在 z 高度处的风振系数 β_z 按下式计算：

$$\beta_z = 1 + 2gI_{10}B_z\sqrt{1+R^2} \geqslant 1.2 \tag{3-3}$$

式中　　g——峰值因子，可取 2.5；

　　　　I_{10}——10m 高度名义湍流强度；

　　　　R——脉动风荷载的共振分量因子；

　　　　B_z——脉动风荷载的背景分量因子。

3.4.2　总风荷载

总风荷载是指建筑物各个表面承受风力的合力，它是沿建筑物高度变化的线荷载（kN/m），通常按 x、y 两个互相垂直的方向分别计算总风荷载，在高度 z 处的总风荷载标准值（kN/m）按下式计算：

$$W_z = \beta_z\mu_zw_0(\mu_{s1}B_1\cos\alpha_1 + \mu_{s2}B_2\cos\alpha_2 + \cdots + \mu_{sn}B_n\cos\alpha_n) \tag{3-4}$$

式中　　　　　　n——建筑物外围表面数目（每一个平面作为一个表面）；

　B_1，B_2，$\cdots$，B_n——n 个表面的宽度；

　μ_{s1}，μ_{s2}，$\cdots$，μ_{sn}——n 个表面的平均风载体型系数；

　α_1，α_2，$\cdots$，α_n——n 个表面法线与风作用方向的夹角。

需注意，要区别风压力、风吸力以便作矢量相加。风压力、风吸力均垂直于各建筑物表面，各表面风荷载的合力作用点即总风荷载作用点。

当计算集中在楼层位置的风荷载时，取上、下楼层之间的一半风荷载集中到该楼层，特别地，当计算顶层时，只取顶层层高的一半风荷载集中到屋盖处。

3.5　地震作用

3.5.1　建筑抗震设计的基本概念

1. 抗震设防标准

建筑物按其使用功能的重要性、地震灾害后果划分为如下四类：

（1）特殊设防类（简称甲类），指使用上有特殊设施，涉及国家公共安全的重大建筑工程和地震时可能发生严重次生灾害等特别重大灾害后果，需要进行特殊设防的建筑。如三级医院中承担特别重要医疗任务的门诊、住院用房。

（2）重点设防类（简称乙类），指地震时使用功能不能中断或需尽快恢复的生命线相关建筑，以及地震时可能导致大量人员伤亡等重大灾害后果，需要提高设防标准的建筑。如特大型的体育场；大型的电影院、剧场、图书馆；人流密集的大型商场（其一个区段人流 5000 人以上）；大型博物馆、展览馆；一个区段内经常使用人数超过 8000 人的高层建筑。幼儿园、小学、中学的教学用房应不低于重点设防类。

（3）标准设防类（简称丙类），指大量的除（1）、（2）、（4）类以外按标准要求进行设防的建筑。如居住建筑。

（4）适度设防类（简称丁类），指使用上人员稀少且震损不致产生次生灾害，允许在一定条件下适度降低的建筑。如一般的储存物品的单层仓库建筑。

需注意，我国高层建筑只包括甲类、乙类和丙类建筑。

我国《建筑与市政工程抗震通用规范》和《建筑抗震设计规范》规定，抗震设防烈度为 6 度及以上地区的建筑，必须进行抗震设计。各类建筑的抗震设防标准如下：

（1）甲类，应按高于本地区抗震设防烈度提高一度的要求加强其抗震措施；但抗震设防烈度为 9 度时应按比 9 度更高的要求采取抗震措施。同时，应按批准的地震安全性评价的结果且高于本地区抗震设防烈度的要求确定其地震作用。

（2）乙类，应按高于本地区抗震设防烈度一度的要求加强其抗震措施；但抗震设防烈度为 9 度时应按比 9 度更高的要求采取抗震措施；同时，应按本地区抗震设防烈度确定其地震作用。

（3）丙类，应按本地区抗震设防烈度确定其抗震措施和地震作用，达到在遭遇高于当地抗震设防烈度的预估罕遇地震影响时不致倒塌或发生危及生命安全的严重破坏的抗震设防目标。

（4）丁类，允许比本地区抗震设防烈度的要求适当降低其抗震措施，但抗震设防烈度为 6 度时不应降低。一般情况下，仍应按本地区抗震设防烈度确定其地震作用。

根据上述建筑抗震设防标准，抗震设计包括"抗震计算"和"抗震措施"。其中，抗震计算是指计算地震作用标准值及其相应的地震作用效应、结构构件的截面承载力计算等。抗震措施是指除地震作用计算和抗力计算以外的抗震设计内容，它包括了建筑场地、结构选型、结构体系和抗震构造措施等，故其内容比抗震构造措施更广泛。抗震措施的具体内容见第 5 章。可见，我国建筑抗震设防标准不是采用提高结构的地震作用，而是通过提高结构的抗震措施来提高抗震能力。这与我国经济发展水平是相适应的，既经济又安全。

2. 抗震设防的目标——三水准抗震目标

抗震设防的三水准抗震目标可简单概括为：小震不坏、中震可修、大震不倒。

（1）第一水准——小震不坏，指当遭受低于本地区抗震设防烈度的多遇地震（亦称小震）影响时，一般不受损坏或不需修理可继续使用。这时，结构尚处于弹性状态下的受力阶段，建筑物也处在正常使用状态，计算可采用弹性反应谱理论进行弹性分析。

（2）第二水准——中震可修，指当遭受相当于本地区抗震设防烈度的地震（亦称中震）影响时，可能损坏，经一般修理或不需修理仍可继续使用。这时，结构已进入非弹性工作阶段，要求这时的结构体系损坏或非弹性变形应控制在可修复的范围内。

（3）第三水准——大震不倒，指当遭受高于本地区抗震设防烈度预估的罕遇地震（亦称大震）影响时，不致倒塌或发生危及生命的严重破坏。这时，结构将出现较大的非弹性变形，但要求变形控制在建筑结构免于倒塌的允许范围内。

我国对小震、中震、大震规定了具体的概率水准，我国地震烈度的概率分布基本上符合极值Ⅲ型分布，其概率密度函数曲线的基本形状如图 3-18 所示，其具体形状参数取决于设定的分析年限和具体地点。从概率意义上讲，当分析年限取 50 年时，小震烈度（多遇地震）所对应的被超越概率为 63.2%；中震烈度（基本烈度）所对应的被超越概率一般为 10%；大震烈度（罕遇地震）所对应的被超越概率为 2%～3%。通过统计分析得到：基本烈度较多遇地震烈度约高 1.55 度，而较罕遇地震烈度约低 1 度。

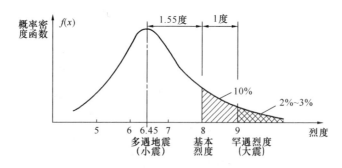

图 3-18 地震概率密度函数曲线的基本形状

在一般情况下，抗震设防烈度可采用中国地震动参数区划图的地震基本烈度，但对进行过抗震设防区划工作并经主管部门批准的城市，可按批准的抗震设防区划确定抗震设防烈度（或设计地震参数）。抗震设防烈度和设计基本地震加速度的对应关系，见表 3-6。对设计基本地震的加速度为 0.15g 和 0.30g 地区的建筑，一般应分别按抗震设防烈度 7 度和 8 度的要求进行抗震设计。

抗震设防烈度和设计基本地震加速度值的对应关系 　　　　　　表 3-6

抗震设防烈度	6	7	8	9
设计基本地震加速度值	0.05g	0.10（0.15）g	0.20（0.30）g	0.40g

注：g 为重力加速度。

3. 抗震设计的两阶段方法

为实现上述三水准抗震设防目标，抗震设计采用两阶段方法，同时，各阶段中体现了抗震概念设计、抗震计算和抗震措施。

抗震概念设计，是指一些在计算中或在规范中难以作出具体规定的问题，必须运用"概念"进行分析，作出判断，并采用相应的措施。如地震作用下结构破坏机理的概念、力学概念，以及由震害、试验现象等总结提供的各种经验等。这些概念、经验要贯穿在结构方案确定、结构布置过程中，也要体现在计算简图或计算结果的处理中，也体现在某些结构薄弱环节的配筋构造中。

（1）第一阶段为结构设计阶段，包括承载力和使用状态下变形验算

此时，按小震烈度（多遇地震）进行抗震计算，建筑处于使用阶段，其结构为弹性体系，采用反应谱理论计算地震作用，用弹性方法计算内力和位移，进行荷载与地震作用的地震组合，然后按极限状态方法设计结构构件，并满足相应的抗震措施要求。这样的设计

不仅满足了第一水准"小震不坏"，也满足了第二水准"中震可修"的目标。对多数建筑（含高层建筑），只需要进行第一阶段设计即可，而通过抗震概念设计和抗震措施来满足第三水准"大震不倒"的要求。

（2）第二阶段为弹塑性变形验算

对特殊重要的建筑、地震特别敏感建筑、有明显薄弱层的不规则建筑要进行罕遇地震作用下结构薄弱部位的弹塑性层间变形验算，并采取相应的抗震措施，使其弹塑性变形满足变形要求，实现第三水准"大震不倒"的目标。

抗震设计的两阶段设计方法的流程，见图 3-19。

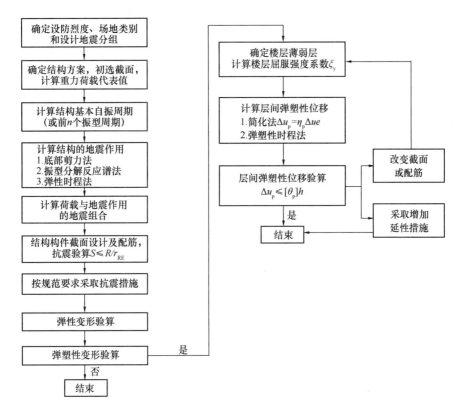

图 3-19　两阶段设计方法的流程

3.5.2　水平地震作用计算和地震效应的组合

1. 反应谱方法与地震影响系数 α

反应谱方法是一种拟静力方法。它是动力方法计算质点体系地震反应，建立反应谱；然后用加速度反应谱计算结构的最大惯性力作为结构的等效地震力；再按静力方法进行结构计算及设计的方法。

我国《建筑抗震设计规范》是根据大量的地震加速度记录经计算得到的反应谱曲线，经过处理后得到的标准反应谱——地震影响系数 α，作为设计反应谱，见图 3-20。

建筑结构的地震影响系数 α，应根据烈度、场地类别、设计地震分组和结构自振周期以及阻尼比确定，按图 3-20 采用，其水平地震影响系数最大值 $\alpha_{\max}$ 应按表 3-7 采用。

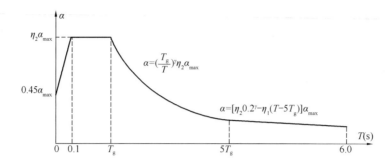

图 3-20　地震影响系数（设计反应谱）曲线

α—地震影响系数；α_{max}—地震影响系数最大值；T—结构自振周期；T_g—特征周期；

γ—曲线下降段衰减指数；η_1—直线下降段下降斜率调整系数；η_2—阻尼调整系数

水平地震影响系数最大值 α_{max} 　　　　　　　　　　　　　　　　表 3-7

地震影响	6 度	7 度	8 度	9 度
多遇地震	0.04	0.08 (0.12)	0.16 (0.24)	0.32
罕遇地震	0.28	0.50 (0.72)	0.90 (1.20)	1.40

注：括号内数值分别用于设计基本地震加速度为 $0.15g$ 和 $0.30g$ 的地区。

设计特征周期 T_g（简称特征周期），反映了地震震级、震中距和场地类别等因素的下降段起始点的周期值（图 3-20）。特征周期 T_g 应根据场地类别和设计地震分组按表 3-8 采用，罕遇地震作用时，特征周期应增加 0.05s。

场地类别根据土层等效剪切波速和场地覆盖层厚度划分为四类：Ⅰ类（细分为 I_0 和 I_1）、Ⅱ类、Ⅲ类、Ⅳ类。建筑工程的设计地震分组分为三组：第一组、第二组和第三组，分别反映近、中、远震的不同影响。

设计特征周期 T_g（s）　　　　　　　　　　　　　　　　　　　　表 3-8

设计地震分组 ＼ 场地类别	I_0	I_1	Ⅱ	Ⅲ	Ⅳ
第一组	0.20	0.25	0.35	0.45	0.65
第二组	0.25	0.30	0.40	0.55	0.75
第三组	0.30	0.35	0.45	0.65	0.90

建筑结构的地震影响系数曲线（图 3-20）的阻尼调整和形状参数应符合下列要求：

（1）除有专门规定外，建筑结构的阻尼比应取 0.05，地震影响系数曲线的阻尼系数应按 1.0 采用，形状参数应符合下列规定：

1）直线上升段，周期小于 0.1s 的区段；

2）水平段，自 0.1s 至特征周期区段，应取最大值 α_{max}；

3）曲线下降段，自特征周期至 5 倍特征周期区段，衰减指数应取 0.9；

4）直线下降段，自 5 倍特征周期至 6s 区段，下降斜率调整系数应取 0.02。

需注意，对于钢筋混凝土结构、砌体结构，其阻尼比取 0.05，但对钢结构，在多遇地震下，对高度不超过 50m 的，其阻尼比可取 0.04；高度在 50～200m，其阻尼比采用 0.03。

（2）当建筑结构的阻尼比按有关规定不等于 0.05 时，地震影响系数曲线的阻尼调整系数和形状参数应符合下列规定：

1）曲线下降段的衰减指数应按下式确定：

$$\gamma = 0.9 + \frac{0.05 - \zeta}{0.3 + 6\zeta}$$

式中　γ——曲线下降段的衰减指数；

　　　ζ——阻尼比。

2）直线下降段的下降斜率调整系数应按下式确定：

$$\eta_1 = 0.02 + \frac{0.05 - \zeta}{4 + 32\zeta}$$

式中　η_1——直线下降段的下降斜率调整系数，小于 0 时取 0。

3）阻尼调整系数应按下式确定：

$$\eta_2 = 1 + \frac{0.05 - \zeta}{0.08 + 1.6\zeta}$$

式中　η_2——阻尼调整系数，当小于 0.55 时，应取 0.55。

2. 地震作用计算原则与计算方法

建筑结构地震作用的计算原则是：

（1）一般情况下，应至少在建筑结构的两个主轴方向分别计算水平地震作用并进行抗震验算。

（2）有斜交抗侧力构件的结构，当相交角度大于 15°时，应分别计算各抗侧力构件方向的水平地震作用。

（3）质量和刚度分布明显不对称的，应计入双向水平地震作用下的扭转影响；其他情况，应允许采用调整地震作用效应的方法计入扭转影响。

（4）高层建筑中，7 度（0.15g）、8、9 度时的大跨度和长悬臂结构以及 9 度时的高层建筑，应计算竖向地震作用。大跨度和长悬臂结构的界定，见表 3-9。

大跨度和长悬臂结构　　　　　　　　　　　　　　　　表 3-9

设防烈度	大跨度（m）	长悬臂（m）
8 度	≥24	≥2.0
9 度	≥18	≥1.5

建筑结构地震作用的计算方法如下：

（1）高度不超过 40m，以剪切变形为主且质量和刚度沿高度分布比较均匀的结构，以及近似于单质点体系的结构（如单层建筑），可采用底部剪力法。

（2）除（1）外的建筑结构，宜采用振型分解反应谱法。

（3）竖向不规则结构、甲类高层建筑等，应采用弹性时程法补充计算。

3. 重力荷载代表值

计算结构上的地震作用时，要采用重力荷载代表值。它是指地震发生时永久荷载与其他重力荷载可能遇合的结果。重力荷载代表值 G_E 应取结构及结构构件自重标准值和各可变荷载组合值之和。各可变荷载的组合值系数，应按表 3-10 采用。

组合值系数   表 3-10

可变荷载种类	组合值系数	可变荷载种类		组合值系数
雪荷载	0.5	按等效均布荷载计算的楼面活荷载	藏书库、档案库	0.8
屋面积灰荷载	0.5		其他民用建筑	0.5
屋面活荷载	不计入	吊车悬吊物重力	硬钩吊车	0.3
按实际情况计算的楼面活荷载	1.0		无钩吊车	不计入

注：硬钩吊车的吊重较大时，组合值系数应按实际情况采用。

4. 底部剪力法

底部剪力法适用于手算。如图 3-21 所示建筑结构，其底部水平地震剪力标准值 F_{Ek} 为：

$$F_{Ek} = \alpha_1 G_{eq} \tag{3-5}$$

当建筑为 n 层时，各楼层处水平地震作用标准值为 F_i。当结构有高振型影响时，顶部位移及惯性力加大，采用顶部附加水平作用 ΔF_n 近似考虑高振型影响，则顶层处等效地震作用力为 $F_n + \Delta F_n$，其具体计算如下：

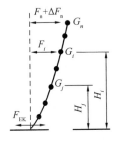

图 3-21 建筑结构

顶部附加地震作用系数 δ_n 表 3-11

T_g (s)	$T_1 > 1.4 T_g$	$T_1 \leqslant 1.4 T_g$
$\leqslant 0.35$	$0.08 T_1 + 0.07$	
$> 0.35 \sim 0.55$	$0.08 T_1 + 0.01$	0
> 0.55	$0.08 T_1 + 0.02$	

注：T_1 为结构基本自振周期。

$$F_i = \frac{G_i H_i}{\sum_{j=1}^{n} G_j H_j} F_{Ek}(1 - \delta_n) \quad (i = 1, 2, \cdots, n) \tag{3-6}$$

$$\Delta F_n = \delta_n F_{Ek} \tag{3-7}$$

式中　G_{eq}——结构等效总重力荷载，单质点应取总重力荷载代表值，多质点可取总重力荷载代表值的 85%；

　　G_i、G_j——分别为集中于质点 i、j 的重力荷载代表性；

　　α_1——相应于结构基本自振周期的水平地震影响系数；多层砌体房屋、底部框架砌体房屋，宜取水平地震影响系数最大值；

　　H_i，H_j——分别为质点 i、j 的计算高度；

　　δ_n——顶部附加地震作用系数，多层钢筋混凝土结构和钢结构房屋可按表 3-11 采用；其他房屋可采用 0。

需注意的是，水平地震影响系数 α_1 的取值，对多层砌体房屋、底部框架砌体房屋，由于它们自身刚度大、周期短，故取 $\alpha_1 = \alpha_{max}$。

采用底部剪力法时，突出屋面的屋顶间、女儿墙、烟囱等，由于该部分结构的质量和刚度突然变小，将产生鞭梢效应，其地震作用效应宜乘以增大系数 3，此增大部分不应往下传递，但与该突出部分相连的构件应予计入。

振型分解反应谱法、弹性时程法可由结构设计软件实现。

5. 荷载与地震作用的地震组合

建筑结构构件抗震计算的组合内力设计值应采用地震作用效应和其他作用效应的地震组合值，并应符合下式规定：

$$S = \gamma_G S_{GE} + \gamma_{Eh} S_{Ehk} + \gamma_{Ev} S_{Evk} + \Sigma \psi_i \gamma_i S_{ik} \qquad (3-8)$$

式中　S——结构构件地震作用组合的内力设计值，包括组合的弯矩设计值、轴向力设计值和剪力设计值等；

γ_G——重力荷载分项系数，按表 3-12 采用；

γ_{Eh}、γ_{Ev}——分别为水平、竖向地震作用分项系数，其取值不应低于表 3-13 的规定；

γ_i——不包括在重力荷载内的第 i 个可变荷载的分项系数，不应小于 1.5；

S_{GE}——重力荷载代表值的效应，有吊车时，尚应包括悬吊物重力标准值的效应；

S_{Ehk}——水平地震作用标准值的效应；

S_{Evk}——竖向地震作用标准值的效应；

S_{ik}——不包括在重力荷载内的第 i 个可变荷载标准值的效应；

ψ_i——不包括在重力荷载内的第 i 个可变荷载的组合值系数，应按表 3-12 采用。

各荷载分项系数及组合系数　　　　　　　　　　　　表 3-12

荷载类别、分项系数、组合值系数		对承载力不利	对承载力有利	适用对象
重力荷载	γ_G	$\geqslant 1.3$	$\leqslant 1.0$	所有工程
风荷载	ψ_w	0.0		一般的建筑结构
		0.2		风荷载起控制作用的建筑结构

地震作用分项系数　　　　　　　　　　　　表 3-13

地震作用	γ_{Eh}	γ_{Ev}
仅计算水平地震作用	1.4	0.0
仅计算竖向地震作用	0.0	1.4
同时计算水平与竖向地震作用（水平地震为主）	1.4	0.5
同时计算水平与竖向地震作用（竖向地震为主）	0.5	1.4

思考题

1. 建筑结构上的竖向荷载有哪些？
2. 竖向荷载的传递线路是如何进行的？
3. 梁的荷载从属面积是如何计算的？
4. 影响风压的因素有哪些？什么是风载体型系数？如何计算建筑物的风载体型系数？
5. 风荷载沿建筑高度的变化规律是什么？
6. 建筑结构的地震破坏主要与地震的哪几个因素有关？
7. 什么是地震震级？什么是地震烈度和基本烈度？
8. 高层建筑地震作用的特点有哪些？
9. 施加于建筑结构上的水平地震作用的大小主要取决于什么？
10. 水平作用在建筑结构中是如何传递给基础与地基的？
11. 水平作用对高层建筑结构可能会产生哪些破坏形式？

12. 建筑物的高宽比是如何影响建筑侧向稳定的？

13. 建筑物的抗震设防分类包括哪几类？

14. 各类建筑物的抗震设防标准有哪些内容？

15. 建筑抗震设防的三水准抗震目标是指什么？

16. 我国对多遇地震烈度、基本地震烈度、罕遇地震烈度所对应的被超越概率是多少？

17. 建筑抗震设计的两阶段方法是指什么？

18. 什么是地震反应谱法？地震反应谱法存在哪些不足？

19. 建筑结构的地震作用计算原则包括哪些？

20. 建筑结构的地震作用计算方法有哪些？各自适用哪些范围？

21. 什么是重力荷载代表值？

22. 运用底部剪力法时，如何考虑屋面突出部分的鞭梢效应？

第二篇
各类建筑结构

4.1 概述

4.1.1 混凝土结构的基本概念

以混凝土为主要材料制作的结构称为混凝土结构，它主要包括素混凝土结构、钢筋混凝土结构和预应力混凝土结构等。

（1）由无筋或不配置受力钢筋的混凝土制成的结构称为素混凝土结构。

（2）由配置受力的普通钢筋、钢筋网或钢筋骨架的混凝土制成的结构称为钢筋混凝土结构。

（3）由配置受力的预应力钢筋通过张拉或其他方法建立预加应力的混凝土制成的结构称为预应力混凝土结构。

与钢结构、砌体结构等相比，钢筋混凝土结构具有以下优点：

（1）取材容易：混凝土所用的砂、石一般易于就地取材。另外，还可有效利用矿渣、粉煤灰等工业废料。

（2）合理用材：钢筋混凝土结构合理地发挥了钢筋和混凝土两种材料的性能，与钢结构相比，可以降低造价。

（3）耐久性较好：密实的混凝土有较高的强度，同时由于钢筋被混凝土包裹，不易锈蚀，维修费用也很少，所以钢筋混凝土结构的耐久性比较好。

（4）耐火性好：混凝土包裹在钢筋外面，火灾时钢筋不会很快达到软化温度而导致结构整体破坏。与裸露的钢结构、木结构相比耐火性要好。

（5）可模性好：根据需要，可以较容易地浇筑成各种形状和尺寸的钢筋混凝土结构。

（6）整体性好：整浇或装配整体式钢筋混凝土结构有很好的整体性，有利于抗震、抵抗振动和爆炸冲击波。

钢筋混凝土结构也存在一些缺点，主要有：自重较大，这对大跨度结构、高层建筑结构抗震不利，也给运输和施工吊装带来困难。还有，钢筋混凝土结构抗裂性较差，受拉和受弯等构件在正常使用时往往带裂缝工作。当不允许出现裂缝或对裂缝宽度有严格限制时就要采用预应力混凝土结构。此外，钢筋混凝土结构的施工复杂、工序多，需要耗用大量人工，隔热隔声性能也较差。

尽管钢筋混凝土结构存在一些缺点，但其优点远多于缺点，它已经在建筑工程中得到广泛应用。并且随着对钢筋混凝土研究的不断深入，其缺点已经或正在逐步加以改善。例如，目前国内外均大力研究轻质、高性能混凝土以减轻混凝土的自重，克服钢筋混凝土自重大的缺点；采用预应力混凝土以减小构件尺寸和提高结构的抗裂性能，克服普通钢筋混凝土容易开裂的缺点；采用预制装配构件，以节约模板加快施工速度；采用工业化的现浇施工方法，以简化施工等。

4.1.2　钢筋

钢筋混凝土结构是由钢筋和混凝土材料制作而成的，为了合理地进行混凝土结构设计和施工，必须了解钢筋和混凝土的力学性能、相互作用机理和共同工作基础。

1. 钢筋的种类

我国的建筑钢筋产品分为热轧钢筋、中高强钢丝和钢绞线以及冷加工钢筋三大系列。《混凝土结构设计规范》GB 50010—2010 及局部修订的规定，用于钢筋混凝土结构的国产普通钢筋可采用热轧钢筋，用于预应力混凝土结构的国产预应力钢筋宜采用预应力钢绞线、消除应力钢丝，也可以采用预应力螺纹钢筋。

（1）热轧钢筋

热轧钢筋是低碳钢、普通低合金钢在高温状态下轧制而成的。其常用的种类、代表符号和直径范围如表 4-1 所示。

常用热轧钢筋的种类、代表符号和直径范围　　　　　表 4-1

强度等级代号	符　　号	直径范围（mm）
HPB300	Φ	6～14
HRB335	Φ	6～14
HRB400	Φ	6～50
RRB400	ΦR	6～50
HRB500	Φ	6～50

表 4-1 中，HPB300 级钢筋为热轧光圆钢筋（Hot Rolled Plain Steel Bars），强度最低，HRB335 级钢筋、HRB400 级钢筋和 HRB500 级钢筋为是热轧带肋钢筋（Hot Rolled Ribbed Steel Bars），HRB500 级、HRB400 级钢筋的强度比 HRB335 级钢筋的高。RRB400 级钢筋是余热处理钢筋。目前，钢筋混凝土结构中的纵向受力钢筋大多优先采用 HRB500 级钢筋。

钢筋混凝土的直径范围并不代表任何直径的钢筋都生产。钢厂提供的钢筋直径为 6mm、6.5mm、8mm、10mm、12mm、14mm、16mm、18mm、20mm、22mm、25mm、28mm、32mm、36mm、40mm、50mm。

为了使钢筋的强度能够得到充分地利用，强度越高的钢筋要求与混凝土粘结的强度越大。提高粘结强度的办法是将钢筋表面轧成有规律的凸出花纹，成为带肋钢筋。HPB300 级钢筋的强度比较低，表面做成光圆，如图 4-1（a）所示，其余级别的钢筋强度较高，表面均应做成带肋的形式，即为带肋钢筋，包括螺旋纹、人字纹和月牙纹等，如图 4-1（b）、图 4-1（c）、图 4-1（d）所示。

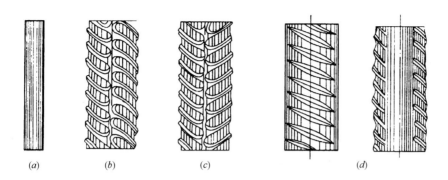

图 4-1　钢筋表面的形状

（*a*）光圆钢筋；（*b*）螺旋纹钢筋；（*c*）人字纹钢筋；（*d*）月牙纹钢筋

（2）中高强预应力钢丝和钢绞线

中高强预应力钢丝的直径为 5mm、7mm、9mm，捻制成钢绞线后也不超过 17.8mm。钢丝外形有光面、刻痕、月牙肋及螺旋肋几种，而钢绞线则为绳子状，由 2 股、3 股或 7 股钢丝捻制而成，均可盘成卷状。刻痕钢丝、螺旋肋钢丝和绳状钢绞线的形状如图 4-2 所示。

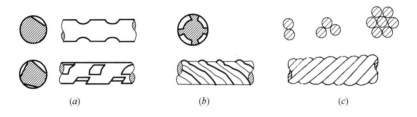

图 4-2　刻痕钢丝、螺旋肋钢丝和绳状钢绞线的形状

（3）冷加工钢筋

在常温下，采用某种工艺对热轧钢筋进行加工得到的钢筋就是冷加工钢筋。常用的加工工艺有冷拉、冷拔、冷轧和冷轧扭四种。其目的都是为了提高钢筋的强度，以节约钢材。经冷加工后的钢筋在强度提高的同时，伸长率显著降低，除冷拉钢筋仍具有明显的屈服点外，其余冷加工钢筋均无明显屈服点和屈服台阶。

2. 钢筋的性能（强度、变形和疲劳）

钢筋的强度和变形性能可以用拉伸试验得到的应力—应变曲线来说明。钢筋的应力—应变曲线，有的有明显的流幅，例如由热轧低碳钢和普通热轧低合金钢所制成的钢筋；有的则没有明显的流幅，例如由高碳钢制成的钢筋。

图 4-3 是有明显流幅的钢筋的应力—应变曲线。从图中可以看到，从开始受拉到拉断，经历了四个阶段：弹性阶段（*OA*）、屈服阶段（*AC*）、强化阶段（*CD*）和颈缩阶段（*DE*）。

应力值在 P 点以前，应力与应变成比例变化，与 P 点对应的应力称为比例极限 σ_P。过 P 点后，PA 段

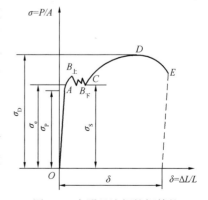

图 4-3　有明显流幅的钢筋的
应力—应变曲线

的应力与应变关系不再成比例，但仍为弹性变形，A 点所对应的应力称为弹性极限 σ_e。过 A 点以后，应变较应力增长为快，到达 $B_{上}$ 点后钢筋开始塑流，$B_{上}$ 点称为屈服上限，它与加载速度、截面形式、试件表面光洁度等因素有关，通常 B 点是不稳定的。待 $B_{上}$ 点降到屈服下限 $B_{下}$ 点，这时应力基本不增加而应变急剧增加，曲线接近水平线。曲线延伸至 C 点，B 点到 C 点的水平距离的大小称为流幅或屈服台阶。有明显流幅的热轧钢筋屈服强度是按屈服下限确定的。过 C 点以后，应力又继续上升，说明钢筋的抗拉能力又有所提高。随着曲线上升到最高点 D，相应的应力称为钢筋的极限强度，CD 段称为钢筋的强化阶段。试验表明。过了 D 点，试件薄弱处的截面将会突然显著缩小，发生局部颈缩，变形迅速增加，应力随之下降，达到 E 点时试件被拉断。

由于构件中钢筋的应力达屈服点后会产生很大的塑性变形，使钢筋混凝土构件出现很大的变形和过宽的裂缝，以致不能使用，所以对有明显流幅的钢筋，在计算承载力时以下屈服点作为钢筋强度限值。

钢筋的强度用标准值和设计值表示。根据可靠度要求，《混凝土结构设计规范》取具有 95% 以上的保证率的屈服强度作为钢筋强度标准值 f_{yk}。钢筋强度的设计值 f_y 等于钢筋强度标准值除以材料分项系数 γ_s。HRB500 级钢筋，取 γ_s 为 1.15，其他热轧钢筋，取 γ_s 为 1.10。普通钢筋强度标准值和强度设计值，见附录一。

另外，钢筋除了要有足够的强度外，还应具有一定的塑性变形能力。通常用最大力总延伸率和冷弯性能两个指标衡量钢筋的塑性。最大力总延伸率 δ_{gt} 是指钢筋在最大力作用下原始标距的总延伸率，其不受断口-颈缩区域局部变形的影响，也称为均匀伸长率其公式表达为：

$$\delta_{gt} = \left(\frac{L - L_0}{L_0} + \frac{\sigma_b}{E} \right) \times 100\% \tag{4-1}$$

式中　δ_{gt}——最大力总延伸率（%）；

　　　L——断裂后标记间的距离（mm）；

　　　L_0——试验前的原始标记间的距离（mm），不包含颈缩区，一般取为 100mm；

　　　σ_b——抗拉强度实测值（MPa）；

　　　E——钢筋的弹性模量（MPa）。

δ_{gt} 越大，钢筋塑性越好。

冷弯是将直径为 d 的钢筋绕直径为 D 的弯芯弯曲到规定的角度后无裂纹断裂及起层现象，则表示合格。弯芯的直径 D 越小，弯转角越大，说明钢筋的塑性越好。

国家标准规定了各种钢筋所必须达到的最大力总延伸率 δ_{gt} 的最小值以及冷弯时相应的弯芯直径及弯转角的要求，有关参数可参照相应的国家标准。

中、高强钢丝和钢绞线均无明显的屈服点和屈服台阶，其抗拉强度很高；中强钢丝的抗拉强度为 800～1270MPa，高强钢丝、钢绞线的抗拉强度为 1470～1860MPa。伸长率则很小，$\delta_{100} = 3.5\% \sim 4\%$。中、高强钢丝和钢绞线的应力—应变特征如图 4-4 所示。

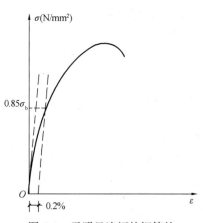

图 4-4　无明显流幅的钢筋的应力—应变曲线

对没有明显流幅或屈服点的预应力钢丝、钢绞线和预应力螺纹钢筋，为了与国家标准相一致，《混凝土结构设计规范》中也规定在构件承载力设计时，取极限抗拉强度 σ_b 的85％作为条件屈服点，如图 4-4 所示。

中、高强钢丝和钢绞线的强度标准值取具有 95％ 以上保证率的抗拉强度值。设计值取条件屈服点除以材料分项系数 γ_s，取 γ_s 为 1.20。

在进行钢筋混凝土构件截面承载力计算时，对于流幅较长的低强度钢筋，常用的钢筋应力—应变关系曲线模型为双直线模型，即忽略从比例极限到屈服点之间钢筋微小的塑性应变，假设钢筋应力不大于屈服点时应力—应变关系一直服从胡克定律，处于理想弹性阶段；不利用应力强化阶段，假设钢筋混凝土构件截面达到破坏时，钢筋拉应力保持为屈服点应力，应变则处于流幅以内。经上述简化后，热轧钢筋的应力—应变关系可简化为图 4-5 所示的曲线。

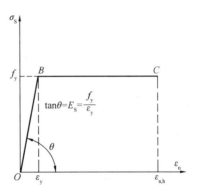

图 4-5　钢筋应力—应变
关系的数学模型

钢材的弹性模量反映了钢材受力时抵抗弹性变形的能力。

钢筋的疲劳是指钢筋在承受重复、周期性的动荷载作用下，经过一定次数后，突然脆性断裂的现象。吊车梁、桥面板、轨枕等承受重复荷载的钢筋混凝土构件在正常使用期间会由于疲劳发生破坏。

钢材的疲劳破坏是由于材料内部损伤不断积累的结果，一般把钢材承受 $10^6 \sim 10^7$ 次反复荷载时发生破坏的最大应力称为疲劳强度。

3. 混凝土结构对钢筋性能的要求

用于混凝土结构中的钢筋应具有强度高、塑性好、可焊性好，与混凝土的粘结力强等性能。

在钢筋混凝土结构中，构件承受的拉力主要由钢筋来承受，因此钢筋性能直接影响到钢筋混凝土构件的受力性能。根据《混凝土结构通用规范》规定，淘汰 HRB335 钢筋。建筑工程中对钢筋选用的规定如下：

（1）纵向受力普通钢筋可采用 HRB400、HRB500、HRBF400、HRBF500、RRB400、HPB300 钢筋；梁、柱和斜撑构件的纵向受力普通钢筋宜采用 HRB400、HRB500、HRBF400、HRBF500 钢筋。

（2）箍筋宜采用 HRB400、HRBF400、HPB300、HRB500、HRBF500 钢筋。

（3）预应力钢筋宜采用预应力钢绞线、钢丝，也可以采用预应力螺纹钢筋。除此之外，还可以采用冷拉钢筋和强度级别较高的冷拔低碳钢丝和冷轧扭钢筋。

4.1.3　混凝土

混凝土是由水泥、水、粗骨料和细骨料经过人工搅拌、入模、捣实、养护和硬化后形成的人工石。混凝土各组成成分的比例对混凝土的强度和变形性能有重要的影响；而混凝土在加工制作过程中的搅拌、捣实和养护都会直接影响混凝土最终的物理力学性能。

1. 混凝土的强度

（1）混凝土的抗压强度

混凝土的抗压强度是混凝土力学性能中最重要的指标,它是评定混凝土强度等级的标准,也是施工中控制混凝土质量的重要依据。在钢筋混凝土结构中,主要利用的就是混凝土抗压强度,混凝土其他力学性能都与抗压强度建立了联系,因而可以通过抗压强度推断出混凝土其他力学指标。根据混凝土试件的不同,有两种不同的抗压强度指标:立方体抗压强度和棱柱体抗压强度。

1)立方体抗压强度

《混凝土结构设计规范》规定:混凝土强度等级应按立方体抗压强度标准值确定。立方体抗压强度标准值指按照标准方法制作养护的边长 150mm 的立方体试件,在 $20\pm2℃$ 的温度和相对湿度在 95% 以上的标准养护室中养护 28d 或设计规定龄期,用标准试验方法测得的具有 95% 保证率的抗压强度,用符号 $f_{cu,k}$ 表示。

混凝土立方体试件除了采用边长 150mm 外,还可以采用边长为 100mm 和 200mm 的两种立方体试件。当采用不同的立方体试件时,应乘以修正系数来换算成标准尺寸的立方体强度,一般边长 100mm 和 200mm 的试件分别乘以 0.95 和 1.05 的系数。

混凝土强度等级一般可划分为:C15、C20、C25、C30、C35、C40、C45、C50、C55、C60、C65、C70、C75、C80。C 代表混凝土,C 后的数字即为混凝土立方体抗压强度的标准值,其单位为 N/mm²,例如 C60 表示混凝土的立方体抗压强度标准值为 $f_{cu,k}=60$N/mm²。

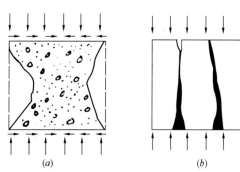

图 4-6   混凝土立方体试块的破坏情况

不同的试验方法对混凝土的 $f_{cu,k}$ 值有较大影响。试件在试验机上受压时,纵向会压缩,横向会膨胀,由于混凝土与压力机垫板弹性模量与横向变形的差异,压力机垫板的横向变形明显小于混凝土的横向变形。当试件承压接触面上不涂润滑剂时,混凝土的横向变形受到摩擦力的约束,形成"套箍"作用。在"套箍"的作用下,试件与垫板的接触面局部混凝土处于三向受压应力状态,试件破坏时形成两个对顶的角锥形破坏应力状态,如图 4-6（a）所示。如果在试件承压面上涂一些润滑剂,这时试件与压力机垫板间的摩擦力就大大减小,试件沿着力的作用方向平行地产生几条裂缝而破坏,所测得的抗压极限强度较低,如图 4-6（b）所示。标准试验方法,不加润滑剂。

2)轴心抗压强度 f_{ck}

由于实际结构和构件往往不是立方体,而是棱柱体,因此采用棱柱体试件能更好地反映混凝土的实际抗压能力,可以用棱柱体测得的抗压强度作为轴心抗压强度,又称为棱柱体抗压强度,用 f_{ck} 表示。

《混凝土物理力学性能试验方法标准》规定,采用 150mm×150mm×300mm 的棱柱体作为标准试件,按照标准试验方法测得的强度,称为混凝土轴心抗压强度。一般用此值代表混凝土的均匀、单轴抗压强度。

(2)混凝土的抗拉强度 f_{tk}

混凝土的抗拉强度是混凝土的基本力学性能指标之一。混凝土的抗拉强度很低,只有抗压强度的 1/20～1/8 之间,并且不与抗压强度成比例增大,$f_{cu,k}$ 越大,$f_{tk}/f_{cu,k}$ 值越小。

实际结构中，除了少数有特殊功能要求的构件和预应力混凝土，很少有直接利用抗拉强度的。但钢筋混凝土构件的抗裂性、抗剪、抗冲切和抗扭均与混凝土的抗拉强度有关；在混凝土多轴应力状态理论中，混凝土抗拉强度也是一个重要的参数。

目前，混凝土抗拉强度试验方法主要有直接拉伸试验、劈裂试验和弯曲抗折试验三种。在直接拉伸试验中所得到的抗拉强度即为轴心抗拉强度 f_{tk}。

混凝土抗压强度设计值等于混凝土抗压强度标准值除以材料分项系数 γ_c，取 γ_c 为 1.40；混凝土抗拉强度设计值等于混凝土抗拉强度标准值除以材料分项系数 γ_c，取 γ_c 为 1.40。

（3）混凝土在复合应力作用下的强度

混凝土结构构件实际上大多处于复合应力状态，例如框架梁要承受弯矩和剪力的作用；框架柱除了承受弯矩和剪力外还要承受轴向力。框架节点区混凝土的受力状态就更复杂。由于混凝土非均质材料的特点，在复合应力作用下的强度至今尚未建立起完善的强度理论，目前仍只有借助有限的试验资料建立起来的经验公式。

在两个平面作用着法向应力 σ_1 和 σ_2，第三个平面上应力为零的双向应力状态下，混凝土的破坏包络图如图 4-7 所示，图中 σ_0 是单轴向受力状态下的混凝土强度。一旦超出包络线，就意味着材料发生破坏。图中，第一象限为双向受拉区，σ_1 和 σ_2 相互影响不大，不同应力比值 σ_1/σ_2 下的双向受拉强度均接近于单向受拉强度。第三象限为双向受压区，大体上一方向的强度随另一方向压力的增加而增加，混凝土双向受压强度比单向受压强度最多可提高 27%。第二、四象限为拉—压应力状态，此时混凝土的强度均低于单向抗拉伸或单向抗压时的强度。

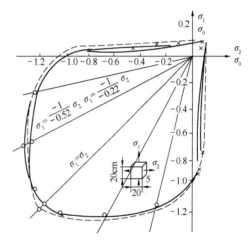

图 4-7　双向应力状态下混凝土
的破坏包络图

混凝土在三向受压的情况下，各个方向的抗压强度都有所提高。这种情况下混凝土强度提高的原因通常用侧向约束的概念来说明。在实际工程中，常常采用横向钢筋约束混凝土的办法提高混凝土的抗压强度，例如，采用密排螺旋钢筋、钢管混凝土柱，相应的构件延性（即承受变形的能力）也有所提高。

2. 混凝土的变形

混凝土的变形可以分为两类：一类为混凝土的受力变形，包括一次短期荷载下的变形、长期荷载下的变形和多次重复荷载下的变形；另一类为混凝土的非受力变形，如体积收缩、膨胀及温度变化而产生的变形。

（1）混凝土的受力变形

1）混凝土的应力—应变曲线

混凝土的应力—应变曲线也称作本构关系，它是钢筋混凝土构件应力分析、建立强度和变形计算理论必不可少的依据。图 4-8 为混凝土棱柱体受压应力—应变曲线，该曲线反映出混凝土在一次性加载时具有如下变形特点。

线性段（OA 段），此段很短，线性极限应力 $\sigma = (0.3 \sim 0.4) f_{ck}$，A 点称为比例极限

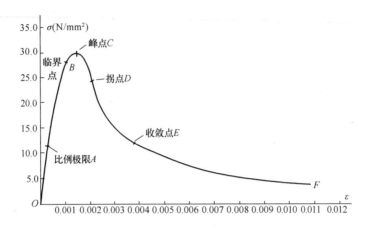

图 4-8   混凝土棱柱体受压应力—应变曲线

点。超过 A 点后，进入稳定裂缝扩展阶段，随着荷载的增加，应变增长明显快于应力的增长，混凝土表现出塑性特点，加载至临界点 B，临界点 B 相对应的应力可作为长期受压强度的依据（一般取为 $0.8f_{ck}$）。之后形成裂缝快速发展的不稳定状态直至 C 点，应力达到的最高点为 f_{ck}，f_{ck} 相对应的应变称为峰值应变 ε_0，一般 $\varepsilon_0 = 0.0015 \sim 0.0025$，平均取 $\varepsilon_0 = 0.002$。CDE 段为下降段，D 点和 E 点为两个反弯点。一般达到 D 点时，试件在宏观上已经完全破坏，因此可以取 D 点的应变为极限压应变 ε_u，极限压应变的试验结果为 $0.003 \sim 0.006$。《混凝土结构设计规范》取 0.0033。在拐点 D 之后的 σ-ε 曲线中曲率最大点 E 称为"收敛点"。E 点以后主裂缝已很宽，试件的承载力极低，承载力主要由破碎混凝土内部机械咬合力与摩擦力提供。

混凝土的受拉应力—应变曲线与受压应力—应变曲线十分相似，但是极限拉应力很低，只有极限压应力的 $1/20 \sim 1/8$，极限拉应变也只有极限压应变的 $1/20$ 左右，而且曲线只有上升段。

2）混凝土的弹性模量

由结构力学知识可知，在计算构件的截面应力及变形，以及计算由于温度变化或支座

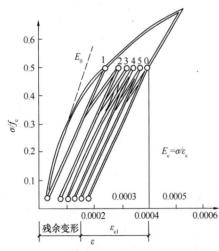

图 4-9   混凝土弹性模量 E_c 的测定方法

沉降产生的内力时，需要利用构件的弹性模量。对于混凝土构件而言，由于一般情况下受压混凝土的 σ-ε 曲线是非线性的，应力和应变的关系并不是常数，这导致"模量"的取值方法问题。目前我国规范中弹性模量 E_c 值是用下列方法确定的：采用棱柱体试件，取应力上限为 $0.5f_c$ 重复加载 $5 \sim 10$ 次。由于混凝土的塑性性质，每次卸载为零时，存在有残余变形。但随荷载多次重复，残余变形逐渐减小，重复加荷 $5 \sim 10$ 次后，变形趋于稳定，混凝土的 σ-ε 曲线接近于直线（图 4-9），自原点至 σ-ε 曲线上 $\sigma = 0.5f_c$ 对应点的连线斜率为混凝土的弹性模量。

混凝土的泊松比（横向应变与纵向应变之比）

$\nu_c = 0.2$。混凝土的切变模量 $G_c = 0.4E_c$。

3）混凝土的徐变

混凝土在长期不变荷载作用下，沿作用力方向随时间而产生的塑性变形称为混凝土的徐变。混凝土产生徐变的原因是：在长期荷载作用下，水泥石中的凝胶体产生黏性流动，向毛细管内迁移，或者凝胶体中的吸附水或结晶水向内部毛细孔迁移渗透所致。

在荷载作用初期或混凝土硬化初期，由于未填满的毛细孔较多，凝胶体的迁移较容易，故徐变增长较快。以后由于内部移动和水泥水化的进展，毛细孔逐渐减小，徐变速度越来越慢，经过一定时间后，徐变趋于稳定。徐变应变值约为瞬时弹性应变的 1～4 倍。两年后卸载，试件瞬间恢复的应变 ε'_e 略小于瞬时应变 ε_e。卸载后经过一段时间测量，发现混凝土并不处于静止状态，而是经历着逐渐恢复的过程，这种恢复变形称为弹性后效 ε'_{ac}。弹性后效的恢复时间为 20d 左右，其值约为徐变变形的 1/12，最后剩下的大部分不可恢复变形为 ε'_{cr}，如图 4-10 所示。

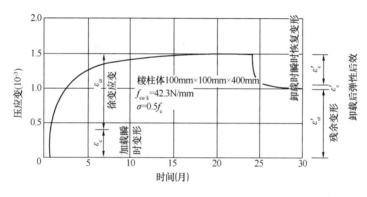

图 4-10 混凝土的徐变

混凝土的徐变对混凝土构件的受力性能有很大影响，主要体现在：①对普通钢筋混凝土结构，徐变使试件在长期荷载作用下的变形增加；②使柱的偏心距增大；③引起试件或结构内部的应力重分布；④对于预应力钢筋混凝土结构，徐变是引起预应力损失的重要原因。

混凝土的徐变和许多因素有关，其中主要影响因素有：水胶比、混凝土龄期、温度和湿度、材料配比等。水胶比较小或混凝土在水中养护时，同龄期的水泥石中未填满的孔隙较少，故徐变较小。养护时温度高、湿度大、水泥水化作用充分，徐变就小。水胶比相同的混凝土，水泥用量越多，即水泥石相对含量越大，其徐变越大。受荷后构件所处环境的温度越高、湿度越低，则徐变越大。混凝土所用集料弹性模量较大时，徐变较小。此外，徐变与混凝土的弹性模量也有密切关系。一般弹性模量大者，徐变小。混凝土徐变大小还与集料级配、粗集料最大粒径、养护条件、承受的荷载种类、试件尺寸及试验时的温度等有关。

混凝土的应力条件是影响徐变非常重要的因素。加荷时混凝土的龄期越长，徐变越小；混凝土的应力越大，徐变越大。随着混凝土应力的增加，徐变将发生不同的情况。试验表明，当应力较小时（$\sigma \le 0.5f_c$），徐变与初应力成正比，这种情况称为线性徐变，一般的解释认为是水泥胶体的黏性流动所致。当施加于混凝土的应力 $\sigma = (0.5 \sim 0.8)f_c$ 时，徐变与应力不成正比，徐变比应力增长较快。这种情况称为非线性徐变，一般认为发生这种现象的原因，是水泥胶体的黏性流动的增长速度已比较稳定，而应力集中引起的微裂缝开展则随应力的增大而发展。

（2）混凝土的非受力变形

1）混凝土的收缩与膨胀

混凝土在空气中硬化时体积减小的现象称为混凝土的收缩。混凝土在水中或处于饱和湿度情况下硬结时体积增大的现象称为膨胀。一般情况下，混凝土的收缩值比膨胀值大很多，所以，分析研究收缩和膨胀的现象以收缩为主。

混凝土收缩的原因主要有两个：化学收缩和干湿变形。混凝土在硬化过程中，由于水泥水化产物的体积小于反应物（水泥与水）的体积，导致混凝土在硬化时产生收缩，称为化学收缩。混凝土的化学收缩是不可恢复的，收缩量随混凝土的硬化龄期的延长而增加，一般在 120d 内逐渐趋向稳定。混凝土在空气中硬化时通常产生干缩，混凝土的干缩与所用水泥的品种、水胶比、骨料类型和养护条件有直接关系。

混凝土的自由收缩只会引起混凝土体积的减小，不会产生应力和裂缝。但是当收缩受到约束时，混凝土内部将产生拉应力，甚至开裂。

2）混凝土的温度变形

当温度变化时，混凝土的体积同样也有热胀冷缩的性质。混凝土的温度线膨胀系数一般为 $(1.0 \sim 1.5) \times 10^{-5}/℃$。

对大体积混凝土工程，在凝结硬化初期，由于水泥水化放出的水化热不易散发而聚集在内部，造成混凝土内外温差很大，有时可达 $40 \sim 50℃$ 以上，因此产生极大的温度应力，导致混凝土表面开裂。混凝土在正常使用条件下也会随温度的变化而产生热胀冷缩变形，从而在结构内部产生一定的温度应力。

在施工过程中，加强养护、减小水泥用量、控制水胶比、采用坚硬的骨料以及良好的级配、恰当的水泥品种都可以减小混凝土的温度应力。此外，还可以采用分层分段浇筑混凝土、预留后浇带等施工措施减小混凝土的温度应力对结构或构件的不利影响。

3. 混凝土的选用原则

素混凝土结构的混凝土强度等级不应低于 C20；钢筋混凝土结构的混凝土强度等级不应低于 C25。

预应力混凝土楼板结构的混凝土强度等级不应低于 C30，其他预应力混凝土结构构件的混凝土强度等级不应低于 C40。钢筋混凝土组合结构构件的混凝土强度等级不应低于 C30。承受重复荷载的钢筋混凝土构件，混凝土强度等级不应低于 C30。

采用 500MPa 及以上等级钢筋的钢筋混凝土结构构件，混凝土强度等级不应低于 C30。

4.1.4　钢筋与混凝土间的粘结与锚固

钢筋和混凝土这两种材料能够结合在一起共同工作，除了两者具有相近的线膨胀系数外，更主要的是由于混凝土硬化后，迅速与混凝土之间产生了良好的粘结力。为了保证钢筋不被从混凝土中拔出或压出，与混凝土更好地共同工作，还要求在钢筋的末端有良好的锚固。粘结和锚固是钢筋和混凝土形成整体、共同工作的基础。

（1）粘结力的组成

光圆钢筋与带肋钢筋具有不同的粘结机理。

光圆钢筋与混凝土的粘结作用主要由以下三部分组成：

1）钢筋与混凝土接触面上的胶结力。这种胶结力来自水泥浆体对钢筋表面氧化层的渗透以及水化过程中水泥晶体的生长和硬化。这种胶结力一般很小，仅在受力阶段的局部无滑移区域起作用，当接触面发生相对滑移时即消失。

2）混凝土收缩握裹钢筋而产生摩阻力。混凝土凝固时收缩，对钢筋产生垂直于摩擦面的压应力。这种压应力越大，接触面的粗糙程度越大，摩阻力就越大。

3）钢筋表面凹凸不平与混凝土之间产生的机械咬合力。对于光圆钢筋这种咬合力来自表面的粗糙不平。

对于带肋钢筋，咬合力是由于变形钢筋肋间嵌入混凝土而产生的。虽然也存在胶结力和摩擦力，但带肋钢筋的粘结力主要来自钢筋表面凸出的肋与混凝土的机械咬合作用。带肋钢筋的横肋对混凝土的挤压如同一个楔，会产生很大的机械咬合力。带肋钢筋与混凝土之间的这种机械咬合作用，改变了钢筋与混凝土间相互作用的方式，显著提高了粘结强度。

可见，光圆钢筋的粘结机理与带肋钢筋的主要差别是，光圆钢筋的粘结力主要来自胶结力和摩阻力，而带肋钢筋的粘结力主要来自机械咬合作用。这种差别可用类似于钉入木料中的普通钉与螺丝钉的差别来理解。

（2）钢筋的锚固

为保证钢筋和混凝土的粘结强度，需要在保护层的厚度、钢筋的锚固和钢筋的连接三个方面采取措施。

1）保护层的厚度

普通钢筋及预应力钢筋的混凝土保护层厚度（混凝土保护层厚度是指最外层钢筋如箍筋、构造筋、分布筋等的外边缘到构件表面范围用于保护钢筋的混凝土厚度）不能太小，见本书附录表 1-9。

混凝土保护层有三个作用：①防止钢筋锈蚀；②在火灾等情况下，使钢筋的温度上升缓慢；③使纵向受力钢筋与混凝土有较好的粘结。

某一根框架梁，其截面配筋如图 4-11 所示，环境类别为一类，梁底部纵筋采用 HRB400 级钢筋，配置 3 Φ 28；梁顶部纵筋采用 HRB400 级钢筋，配置 3 Φ 32，箍筋采用 HPB300 级钢筋，配置 Φ 10@100。

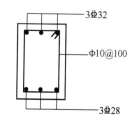

图 4-11 梁

查本书附录表 1-9，梁箍筋的混凝土保护层厚度 $c=20\text{mm}$，则梁底部纵筋的 c 值为：$c=20+10=30\text{mm}$，并且大于钢筋公称直径 28mm，故梁底部纵筋的 $c=30\text{mm}$。同理，梁顶部纵筋的 c 值为：$c=20+10=30\text{mm}<d=32\text{mm}$，取梁顶部纵筋的 $c=32\text{mm}$。

2）钢筋的锚固

为了保证钢筋与混凝土之间有可靠的粘结，钢筋必须有一定的锚固长度。钢筋的基本锚固长度取决于钢筋强度及混凝土的抗拉强度，并与钢筋的外形有关。当计算中充分利用钢筋的强度时，其基本锚固长度 l_{ab} 按下列公式计算：

普通钢筋：

$$l_{ab} = \alpha \frac{f_y}{f_t} d \tag{4-2}$$

式中 l_{ab}——受拉钢筋锚固长度；

f_y——分别为普通钢筋的抗拉强度设计值；

f_t——混凝土轴心抗拉强度设计值，当混凝土强度等级高于 C60 时，按 C60 取值；

d——钢筋的公称直径；

α——钢筋的外形系数，按表 4-2 采用。

钢 筋 外 形 系 数　　　　　　　　　表 4-2

钢筋类型	光圆钢筋	带肋钢筋	螺旋肋钢丝	三股钢绞线	七股钢绞线
α	0.16	0.14	0.13	0.16	0.17

受拉钢筋的锚固长度 l_a 应对基本锚固长度 l_{ab} 进行修正，即：

$$l_a = \xi_a l_{ab} \geqslant 200\mathrm{mm} \tag{4-3}$$

式中　ξ_a——锚固长度修正系数，如：当带肋钢筋的公称直径 d 大于 25mm 时取 1.0；环氧树脂涂层带肋钢筋取 1.25；施工过程中易受扰动的钢筋取 1.10 等，当多于一项时，可按连乘计算，但不应小于 0.6。对预应力筋，可取 1.0。

抗震设计时，钢筋的锚固长度还与抗震等级有关，具体数值应按规范规定计算确定。

3）钢筋的连接

钢筋的连接有绑扎连接、机械连接或焊接等。

实际工程中，由于材料的供应条件和施工条件的限制，钢筋常常需要绑扎连接，钢筋绑扎连接要有一定搭接长度才能满足粘结强度的要求。钢筋的搭接长度与混凝土的强度等级、钢筋的强度等级、抗震等级和钢筋直径等因素有关。纵向受拉钢筋绑扎搭接接头的搭接长度应根据位于同一连接区段内的钢筋搭接接头面积百分率按下式计算。

$$l_l = \zeta_l l_a \geqslant 300\mathrm{mm} \tag{4-4}$$

式中　l_l——纵向受拉钢筋的搭接长度；

l_a——纵向受拉钢筋的锚固长度；

ζ_l——纵向受拉钢筋搭接长度修正系数，按表 4-3 采用。

纵向受拉钢筋的搭接长度修正系数　　　　　表 4-3

纵向钢筋搭接接头面积百分率（%）	≤25	50	100
ζ_l	1.2	1.4	1.6

纵向受压钢筋绑扎搭接长度为受拉钢筋绑扎搭接长度的 0.7 倍，且不应小于 200mm。

此外，规范对钢筋的连接位置和在同一截面上的钢筋连接比例均作了规定。

4.2　钢筋混凝土受弯构件

受弯构件是指截面上通常有弯矩和剪力共同作用而轴力可忽略不计的构件。梁和板是典型的受弯构件。

受弯构件常用的截面形式如图 4-12 所示。

受弯构件在荷载等因素的作用下，截面有可能发生破坏：一种是沿弯矩最大截面的破坏见图 4-13（a），另一种是沿剪力最大或弯矩和剪力都较大的截面破坏，见图 4-13（b）。当受弯构件沿弯矩最大的截面破坏时，破坏截面与构件的轴线垂直，故称为沿正截面破坏；当受弯构件沿剪力最大或弯矩和剪力都较大的截面破坏时，破坏截面与构件的轴线斜交，称为沿斜截面破坏。

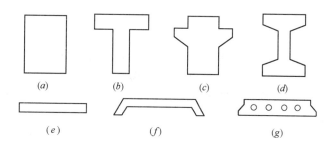

图 4-12　工程中受弯构件的截面形式

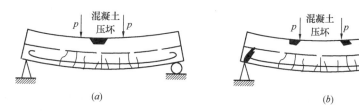

图 4-13　受弯构件的破坏形式
(a) 正截面破坏；(b) 斜截面破坏

4.2.1　受弯构件正截面的受力特性

1. 配筋率对构件破坏特征的影响

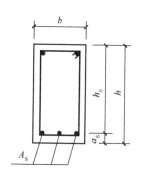

图 4-14　单筋矩形
截面示意图

对一截面宽度为 b，截面高度为 h 的矩形截面受弯构件，假定在受拉区配置了钢筋截面面积为 A_s 的纵向受力钢筋，设从受压边缘至纵向受力钢筋截面重心的距离 h_0 为截面的有效高度，截面宽度与截面有效高度的乘积 bh_0 为截面的有效面积（图 4-14），纵向受力钢筋截面重心到受拉边缘距离计为 a_s。构件的截面配筋率是指纵向受力钢筋截面面积与截面有效面积的百分比，即 $\rho = A_s / (bh_0)$。

构件的破坏特征取决于配筋率、混凝土的强度等级、截面形式等诸多因素，但是以配筋率对构件破坏特征的影响最为明显。试验表明，随着配筋率的改变，构件的破坏特征将发生质的变化。

以图 4-15 所示承受一个集中荷载的矩形截面简支梁为例，说明配筋率对构件破坏特征的影响。

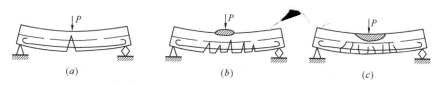

图 4-15　不同配筋率构件的破坏特征
(a) 少筋梁；(b) 适筋梁；(c) 超筋梁

（1）当构件的配筋率低于某一定值时，构件不但承载能力很低，而且只要一开裂，裂缝就急速开展，裂缝截面处的拉力全部由钢筋承受，钢筋由于突然增大的应力而导致屈服，构件立即发生破坏，见图 4-15（a），可以说是"一裂就破"。这种破坏称为少筋破坏。

（2）当构件的配筋率不过低也不过高时，构件的破坏首先是由于受拉区纵向受力钢筋屈服，然后受压区混凝土被压碎，钢筋和混凝土的强度都得到充分利用。这种破坏称为适筋破坏。适筋破坏在构件破坏前有明显的塑性变形和裂缝预兆，破坏不是突然发生的，呈塑性性质，见图 4-15（b）。

（3）当构件的配筋率超过某一定值时，构件的破坏特征又发生质的变化。构件的破坏是由于受压区的混凝土被压碎而引起，受拉区纵向受力钢筋不屈服，这种称为超筋破坏。超筋破坏在破坏前虽然也有一定的变形和裂缝预兆，但不像适筋破坏那样明显，而且当混凝土压碎时，破坏突然发生，钢筋的强度得不到充分利用，破坏带有脆性性质，见图 4-15（c）。

由上述可见，少筋破坏和超筋破坏都具有脆性性质，破坏前无明显预兆，材料的强度得不到充分利用。因此应避免将受弯构件设计成少筋构件和超筋构件，只允许设计成适筋构件。

2. 适筋受弯构件截面受力的三个阶段

试验表明，对于配筋量适中的受弯构件，从开始加载到正截面破坏，截面的受力状态可以分为三个大的阶段，如图 4-16 所示。

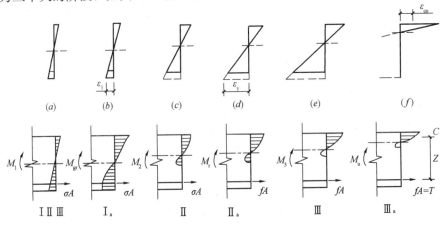

图 4-16 梁在各受力阶段的应力、应变图
C—受压区合力；T—受拉区合力

（1）第一阶段——截面开裂前的阶段

当荷载很小时，截面上的内力很小，应力与应变成正比，截面的应力分布为直线，见图 4-16（a），这种受力阶段称为第Ⅰ阶段。

当荷载不断增大时，截面上的内力也不断增大，由于受拉区混凝土出现塑性变形，受拉区的应力图形呈曲线。当荷载增大到某一数值时，受拉区边缘的混凝土可达其实际的抗拉强度和抗拉极限应变值。截面处于开裂前的临界状态，见图 4-16（b），这种受力状态称为第Ⅰ_a 阶段。

（2）第二阶段——从截面开裂到受拉区纵向受力钢筋开始屈服的阶段

截面受力达Ⅰ_a 阶段后，荷载只要稍许增加，截面立即开裂，截面上应力发生重分布，裂缝处混凝土不再承受拉应力，钢筋的拉应力突然增大，受压区混凝土出现明显的塑性变形，应力图形呈曲线，见图 4-16（c），这种受力阶段称为第 II 阶段。

荷载继续增加，裂缝进一步开展，钢筋和混凝土的应力不断增大。当荷载增加到某一数值时，受拉区纵向受力钢筋开始屈服，钢筋应力达到其屈服强度，见图 4-16（d），这种特定的受力状态称为第 II_a 阶段。

（3）第三阶段——破坏阶段

受拉区纵向受力钢筋屈服后，截面的承载能力无明显的增加，但塑性变形急速发展，裂缝迅速开展，并向受压区延伸，受压区面积减小，受压区混凝土压力迅速增大，这是截面受力的第 III 阶段，见图 4-16（e）。

在荷载几乎保持不变的情况下，裂缝进一步急剧开展，受压区混凝土出现纵向裂缝，混凝土被完全压碎，截面发生破坏，见图 4-16（f），这种特定的受力状态称为第 III_a 阶段。

试验同时表明，从开始加载到构件破坏的整个受力过程中，变形前后仍保持平面。

通过对受弯构件截面受力阶段的分析，可以详细地了解截面受力的全过程，而且为裂缝、变形以及承载能力的计算提供了依据。在以后的有关内容中，截面抗裂验算是建立在第 I_a 阶段的基础上，构件使用阶段的变形和裂缝宽度验算是建立在第 II 阶段之上，而截面的承载能力计算则是建立在第 III_a 阶段的基础上的。

4.2.2 单筋矩形截面受弯构件正截面受弯承载力计算

1. 基本假定

根据《混凝土结构设计规范》，包括受弯构件在内的各种混凝土构件的正截面承载力计算应按照如下几个基本假定：

（1）截面应变在变形前后仍保持平面；

（2）不考虑混凝土的抗拉强度；

（3）混凝土受压的应力—应变关系按下列规定取用（图 4-17）：

当 $\varepsilon_c \leqslant \varepsilon_0$ 时（上升段），$\sigma_c = f_c \left[1 - \left(1 - \dfrac{\varepsilon_c}{\varepsilon_0} \right)^n \right]$

（4-5-1）

当 $\varepsilon_0 \leqslant \varepsilon_c \leqslant \varepsilon_{cu}$ 时（水平段），$\varepsilon_c = f_c$ （4-5-2）

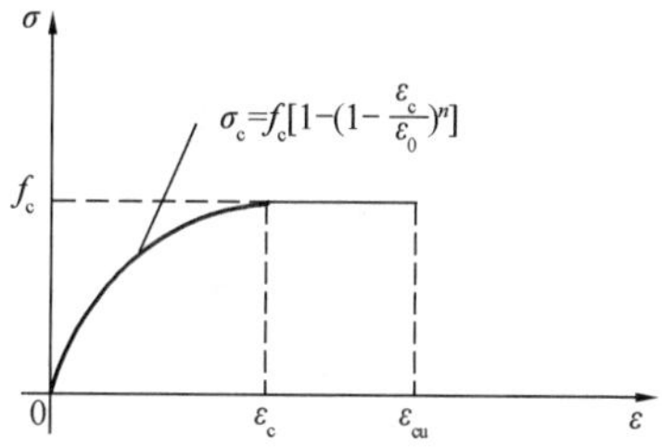

式中，参数 n、ε_0、ε_{cu} 的取值如下：

图 4-17 混凝土受压的应力—
应变关系曲线

$$n = 2 - \frac{1}{60}(f_{cu,k} - 50) \leqslant 2.0 \tag{4-5-3}$$

$$\varepsilon_0 = 0.002 + 0.5 \times (f_{cu,k} - 50) \times 10^5 \geqslant 0.002 \tag{4-5-4}$$

$$\varepsilon_{cu} = 0.0033 - (f_{cu,k} - 50) \times 10^5 \leqslant 0.0033 \tag{4-5-5}$$

式中 σ_c——对应于混凝土应变为 ε_c 时的混凝土压应力；

ε_0——对应于混凝土压应力刚好达到 f_c 时的混凝土压应变，当计算值小于 0.002 时应取为 0.002；

ε_{cu}——正截面处于非均匀受压时的混凝土极限压应变，当计算值大于 0.0033 时应取为 0.0033；当处于轴心受压时取为 ε_0；

$f_{cu,k}$——混凝土立方体抗压强度标准值；

n——系数，当计算值大于 2.0 时，应取为 2.0。

2. 单筋矩形截面与双筋矩形截面

单筋矩形截面梁通常是这样配筋的：在正截面的受拉区配置纵向受拉钢筋，在受压区配置纵向架立筋，再用箍筋把它们一起绑扎成钢筋骨架。其中，受压区内的纵向架立钢筋虽然受压，但对正截面受弯承载力的贡献很小，所以只在构造上起架立钢筋的作用，在计算中是不考虑的。如果在受压区配置的纵向受压钢筋数量比较多，纵向受压钢筋不仅起架立筋的作用，而且在正截面受弯承载力的计算中必须考虑它的作用，这样配筋的截面称为双筋截面。双筋截面只适用于以下情况：

（1）弯矩很大，按单筋矩形截面计算所得的 ξ 大于 ξ_b，而梁截面尺寸受到限制，混凝土强度等级又不能提高；

（2）在不同的荷载组合情况下，梁截面承受异号弯矩。

纵向受压钢筋对截面延性、抗裂性、变形等是有利的。

3. 单筋矩形截面承载力计算

（1）计算简图

根据以上基本假定，可得如图 4-18 所示的单筋矩形截面计算简图。

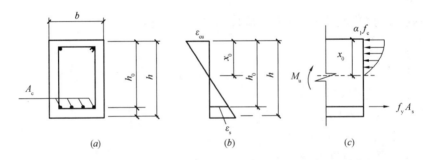

图 4-18　单筋矩形截面计算简图

为了简化计算，可将受压区混凝土的压应力图形用一个等效的矩形应力图形代替。矩形应力图的应力取为 $\alpha_1 f_c$（图 4-19a），f_c 为混凝土轴心抗压强度设计值。所谓"等效"，是指这两个图不但压应力合力的大小相等，而且合力的作用位置完全相同。

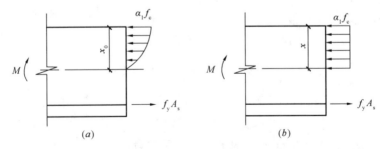

图 4-19　单筋矩形截面受压区混凝土等效应力图

按照以上等效原则可求得等效矩形应力图形的受压区高度 x 与按平截面假定确定的受压区高度 x_0 之间的关系为：$x = \beta_1 x_0$，系数 α_1 和 β_1 的取值见表 4-4。

系数 α_1 和 β_1 的取值   表 4-4

	≤C50	C55	C60	C65	C70	C75	C80
α_1	1.00	0.99	0.98	0.97	0.96	0.95	0.94
β_1	0.80	0.79	0.78	0.77	0.76	0.75	0.74

（2）基本计算公式

对于图 4-19（b）的受力状态，可建立两个静力平衡方程：一个是所有各力水平方向上的合力为零，即：

$$\alpha_1 f_c bx = f_y A_s \tag{4-6-1}$$

式中 b——矩形截面宽度；

A_s——受拉区纵向受力钢筋的截面面积。

另一个是所有各力对截面上任何一点的合力矩为零，当对受拉区纵向受力钢筋的合力作用点取矩时，有：

$$M \leqslant \alpha_1 f_c bx \left(h_0 - \frac{x}{2} \right) \tag{4-6-2}$$

当对受压区混凝土压应力合力的作用点取矩时，有：

$$M \leqslant f_y A_s \left(h_0 - \frac{x}{2} \right) \tag{4-6-3}$$

式中 M——荷载在该截面上产生的弯矩设计值；

h_0——截面的有效高度，$h_0 = h - a_s$，h 为截面高度；a_s 为受拉区边缘到受拉钢筋合力作用点的距离。

按构造要求，考虑混凝土保护层厚度，当环境类别为一类时，截面的有效高度在构件设计时一般可按下面方法估算（图 4-20）：

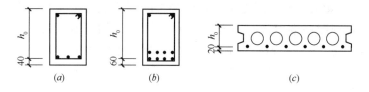

图 4-20   梁、板有效高度的确定方法（mm）

梁的纵向受力钢筋按一排布置时，$h_0 = h - 40mm$；

梁的纵向受力钢筋按两排布置时，$h_0 = h - 60mm$；

板的截面有效高度 $h_0 = h - 20mm$。

（3）基本计算公式的适用条件

式（4-6-1）、式（4-6-2）、式（4-6-3）是根据适筋构件的破坏简图推导出的静力平衡方程式。它们只适用于适筋构件计算，不适用于少筋构件和超筋构件计算。所以设计的受弯构件必须满足下列两个适用条件。

1）为了防止构件发生少筋破坏，要求构件的配筋率不得低于其最小配筋。最小配筋率是少筋构件与适筋构件的界限配筋率，它是根据受弯构件的截面破坏弯矩等于其开裂弯矩确定的。受弯构件的最小配筋率 ρ_{min} 按构件全截面面积扣除位于受压边的翼缘面积后的截面面积计算的。需注意，计算 ρ_{min} 时，采用全截面面积（bh）；计算 ρ 时，采用有效截面面积（bh_0）。

受弯构件的最小配筋率取 0.2% 和 $0.45f_t/f_y$ 中的较大值，其中，f_t、f_y 分别为混凝土的轴心抗拉强度设计值、钢筋强度设计值。

板类受弯构件（不包括悬臂板、柱支承板）的最小配筋率，当采用 HRB500 级钢筋时，可取 0.15% 和 $0.45f_t/f_y$ 中的较大值。

2）为了防止构件发生超筋破坏，要求构件截面的相对受压区高度 ξ 不得超过其相对界限受压区高度 ξ_b，即 $\xi \leqslant \xi_b$。

相对界限受压区高度 ξ_b（x_b/h_0）是适筋构件与超筋构件相对受压区高度的界限值，它可根据截面平面变形假定求出，见表 4-5。

受弯构件有屈服点钢筋配筋时的 ξ_b 值   表 4-5

	≤C50	C55	C60	C65	C70	C75	C80
HPB300	0.576	0.566	0.557	0.547	0.537	0.528	0.518
HRB400	0.518	0.511	0.504	0.497	0.491	0.484	0.477
HRB500	0.482	0.476	0.470	0.463	0.457	0.451	0.444

受弯构件设计中，通常会遇见下列两类问题。一类是构件设计问题，即假定构件的截面尺寸、混凝土的强度等级、钢筋的品种以及构件上作用的荷载，要求计算受拉区纵向受力钢筋所需的截面面积，并且参照构造要求，选择钢筋的根数和直径。另一类是承载能力校核问题，即构件的尺寸、混凝土的强度等级、钢筋的品种、数量和配筋方式等都已确定，要求计算截面是否能够承受某一已知的荷载或内力设计值。利用式（4-6-1）～式（4-6-3）以及它们的适用条件，便可以求得上述两类问题的答案，计算步骤见以下各计算例题。

【例 4-1】   某宿舍的内廊为现浇简支在砖墙上的钢筋混凝土实心楼板（图 4-21a），楼板上作用的均布活荷载标准值为 $q_k = 2.5\text{kN/m}$。水磨石地面及细石混凝土垫层共 30mm 厚（重度为 22kN/m³），板底粉刷白灰砂浆 12mm 厚（重度为 17kN/m³）。混凝土强度等级选用 C25，纵向受拉钢筋采用 HRB400 钢筋。环境类别为一类，安全等级为二级。

试问：确定楼板厚度和受拉钢筋截面面积。

【解】

（1）计算单元选取与截面有效高度计算

对板的计算，考虑到板上的荷载沿短边传递，故沿纵向取出 1m 宽板作为计算单元，其余板按此配筋。取板厚 $h = 80\text{mm}$，见图 4-21（b）。环境类别为一类，查附表 1-9，板底部纵向受力钢筋 A_s 的混凝土保护层厚 15mm，假定纵向受力钢筋直径为 $\phi 8$，取 $a_s = 15 + 8/2 = 19\text{mm}$，则 $h_0 = h - a_s = 80 - 19 = 61\text{mm}$。

（2）求计算跨度单跨度板的计算跨度等于板的净跨加板的厚度：

$$l_0 = l_n + h = 2260 + 80 = 2340\text{mm}$$

（3）荷载设计值

恒载标准值：水磨石地面 $0.03 \times 22 = 0.66\text{kN/m}$

钢筋混凝土板自重（重度为 25kN/m³） $0.08 \times 25 = 2.0\text{kN/m}$

白灰砂浆粉刷 $0.012 \times 17 = 0.204\text{kN/m}$

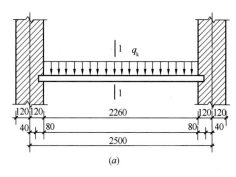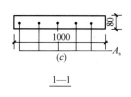

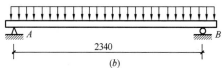

图 4-21 某钢筋混凝土平板（mm）

$$g_k = 0.66 + 2.0 + 0.204 = 2.864 \text{kN/m}$$

活荷载标准值：$q_k = 2.5 \text{kN/m}$

恒荷载的分项系数 $\gamma_G = 1.3$，活荷载分项系数 $\gamma_Q = 1.5$。

恒载设计值：$g = \gamma_G g_k = 1.3 \times 2.864 = 3.723 \text{kN/m}$

活荷载设计值：$q = r_Q q_k = 1.5 \times 2.5 = 3.75 \text{kN/m}$

（4）基本组合弯矩设计值 M

$$\gamma_0 M = \gamma_0 \frac{1}{8}(g+q)l_0^2 = 1 \times \frac{1}{8} \times 7.473 \times 2.34^2 = 5.115 \text{kN} \cdot \text{m}$$

（5）查钢筋和混凝土强度设计值

由混凝土和钢筋的设计强度表可以查得：

C25 混凝土：$f_c = 11.9 \text{N/mm}^2$，$\alpha_1 = 1.00$

HRB400 钢筋：$f_y = 360 \text{N/mm}^2$

（6）求 x 及 A_s 值

由式（4-6-1）和式（4-6-2）可得：

$$x = h_0\left[1 - \sqrt{1 - \frac{2\gamma_0 M}{\alpha_1 f_c b h_0^2}}\right] = 61 \times \left[1 - \sqrt{1 - \frac{2 \times 5115000}{1 \times 11.9 \times 1000 \times 61^2}}\right]$$

$$= 7.5 \text{mm} < \xi_b h_0 = 0.518 \times 61 = 32 \text{mm}$$

$$A_s = \frac{\alpha_1 f_c b x}{f_y} = \frac{1.0 \times 11.9 \times 1000 \times 7.5}{360} = 248 \text{mm}^2$$

（7）验算最小配筋率

$$\rho_{min} = \max(0.15\%, 0.45 f_t/f_y) = \max(0.15\%, 0.45 \times 1.27/360) = 0.159\%$$

$$\frac{A_s}{bh} = \frac{248}{1000 \times 80} = 0.31\% > \rho_{min} = 0.159\%，满足要求。$$

（8）选用钢筋及绘配筋图

查钢筋计算面积表，选用Φ8@150mm（A_s＝337mm²），配筋见图4-22。

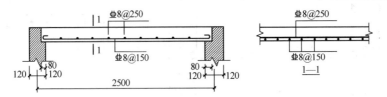

图4-22 例4-1的配筋图

【例4-2】 某宿舍一预制钢筋混凝土走道板，计算跨长 l_0＝1820mm，板宽 480mm，板厚 80mm，混凝土的强度等级为 C25，受拉区配有 4 根直径为 8mm 的 HRB400 钢筋，板的使用荷载及板自重在跨中产生的基本组合弯矩设计值为 M＝2.1kN·m，环境类别为一类，安全等级为二级。试复核该正截面受弯承载力是否满足。

【解】

（1）求 x

由混凝土和钢筋的设计强度表，可以查得：

$$f_c＝11.9\text{N/mm}^2，\ \alpha_1＝1.0$$

$$f_y＝360\text{N/mm}^2$$

$$h_0＝h-\left(c+\frac{d}{2}\right)＝80-\left(15+\frac{8}{2}\right)＝61\text{mm}$$

$$b＝480\text{mm}，\ A_s＝201\text{mm}^2$$

由式（4-6-1）求得受压区计算高度为

$$x＝\frac{f_y A_s}{\alpha_1 f_c b}＝\frac{360\times201}{1\times11.9\times480}＝12.7\text{mm}<\xi_b h_0＝0.518\times61＝31.6\text{mm}$$

（2）求 M_u

$$M_u＝\alpha_1 f_c bx\left(h_0-\frac{x}{2}\right)＝1\times11.9\times480\times12.7\times\left(61-\frac{12.7}{2}\right)$$

$$＝3.96\text{kN}\cdot\text{m}$$

（3）复核截面承载力是否满足

$$M_u>\gamma_0 M＝1\times2.1＝2.1\text{kN}\cdot\text{m}$$

故受弯承载力满足。

思考： 上述板的纵向受力钢筋计算中，由于纵向受力钢筋在最外侧，故计算 a_s 时，直接按 $a_s＝c+d_纵/2$；当计算梁的纵向受力钢筋时，由于 c 按箍筋外缘计算，故梁纵筋的 $a_s＝c+d_箍+\dfrac{d_纵}{2}$。

4.2.3 T形截面受弯构件正截面受弯承载力计算

1. 概述

在矩形截面构件受弯承载力计算中，由于其受拉区混凝土允许开裂，不考虑参加受拉工作，如果把受拉区两侧的混凝土挖去一部分，余下的部分只要能够布置受拉钢筋就可以了（图 4-23），这样就成为 T 形截面。它和原来的矩形截面相比，其承载力计算值与原有矩形截面完全相同，但节省了混凝土用量，减轻了自重。

对于翼缘在受拉区的倒 T 形截面梁，当受拉区开裂以后，翼缘就不起作用了。因此在计算时应按 $b \times h$ 的矩形截面梁考虑（图 4-24）。

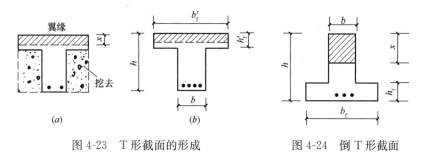

图 4-23　T 形截面的形成　　　　图 4-24　倒 T 形截面

在工程中采用 T 形截面受弯构件的有吊车梁、屋面大梁、槽形板、空心板等，T 形截面一般为单筋截面（图 4-25）。

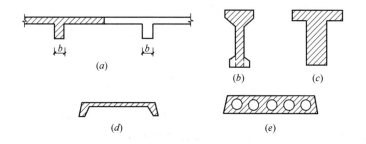

图 4-25　T 形截面梁板形式
（a）现浇肋形梁板结构；（b）薄腹屋面梁；（c）吊车梁；（d）槽形板；（e）空心板

试验和理论分析表明，T 形截面受弯构件翼缘的纵向压应力沿宽度方向的分布是不均匀的，离开肋越远，压应力越小，有时远离肋的部分翼缘还会因发生压屈失稳而退出工作，因此 T 形截面的翼缘宽度在计算中应有所限制。在设计时取其一定范围内的翼缘宽度作为翼缘的计算宽度，即认为截面翼缘在这一宽度范围内的压应力是均匀分布的，其合力大小大致与实际不均匀分布的压应力图形等效，翼缘与肋部亦能很好地整体工作。

对于 T 形截面翼缘计算宽度 b'_f 的取值，规范有明确的规定，见本书附表 1-11。

2. 计算公式及计算条件

计算 T 形截面梁时，按中和轴位置的不同，可分为两种类型：

（1）第一种类型中和轴在翼缘内，即 $x \leqslant h'_f$；

（2）第二种类型中和轴在梁肋内，即 $x > h'_f$。

为了鉴别 T 形截面属于哪一种类型，首先分析一下图 4-26 所示的特殊情况，即 $x = h'_f$。由力的平衡条件，可得：

$$\alpha_1 f_c b'_f h'_f = f_y A_s$$

由力矩平衡条件，可得：

$$M_u = \alpha_1 f_c b'_f h'_f \left(h_0 - \frac{h'_f}{2}\right)$$

式中 b'_f——T 形截面受弯构件受压区的翼缘宽度；

　　　 h'_f——T 形截面受弯构件受压区的翼缘高度。

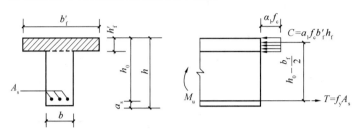

图 4-26 $x = h'_f$ 的 T 形截面梁

显然，当

$$f_y A_s \leqslant \alpha_1 f_c b'_f h'_f，或 M \leqslant \alpha_1 f_c b'_f h'_f \left(h_0 - \frac{h'_f}{2}\right)$$

则 $x \leqslant h'_f$，即属于第一种类型。反之，当

$$f_y A_s > \alpha_1 f_c b'_f h'_f，或 M > \alpha_1 f_c b'_f h'_f \left(h_0 - \frac{h'_f}{2}\right)$$

则 $x > h'_f$，即属于第二种类型。

（1）第一种类型的计算公式及适用条件

由图 4-27 可见，这种类型与梁宽为 b'_f 的矩形梁完全相同。这是因为受压区面积仍为矩形，而受拉区形状与承载力计算无关，故计算公式为：

$$\alpha_1 f_c b'_f x = f_y A_s \tag{4-7}$$

$$M \leqslant \alpha_1 f_c b'_f x \left(h_0 - \frac{x}{2}\right) \tag{4-8}$$

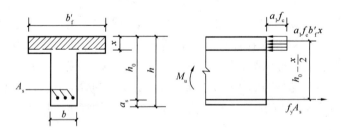

图 4-27   第一种类型的 T 形截面梁

适用条件：

1）$x \leqslant \xi_b h_0$，因为 $\xi = x/h_0 \leqslant h'_f/h_0$，一般 h'_f/h_0 均较小，故通常均可满足 $\xi \leqslant \xi_b$ 的条件，不必验算；

2）$A_s \geqslant \rho_{min} bh$。

（2）第二种类型的计算公式及适用条件

根据图 4-28，由平衡条件可得：

$$\alpha_1 f_c (b'_f - b) h'_f + \alpha_1 f_c bx = f_y A_s \tag{4-9}$$

$$M \leqslant \alpha_1 f_c (b'_f - b) h'_f \left(h_0 - \frac{h'_f}{2} \right) + \alpha_1 f_c bx \left(h_0 - \frac{x}{2} \right) \qquad (4\text{-}10)$$

适用条件：

1）$x \leqslant \xi_b h_0$；

2）$A_s \geqslant \rho_{min} bh$，一般均能满足，不必验算。

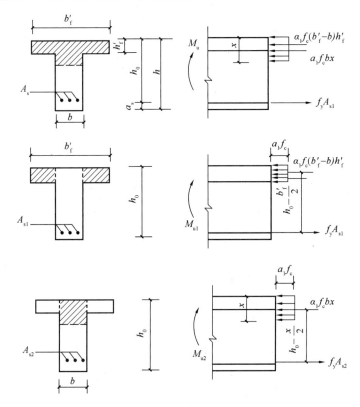

图 4-28　第二种类型的 T 形截面梁

（3）应用

已知截面尺寸、荷载的基本组合下的弯矩设计值 M、钢筋级别、混凝土的强度等级，计算受拉钢筋截面面积。

【例 4-3】 已知一 T 形截面梁截面尺寸 $b'_f = 600\text{mm}$、$h'_f = 120\text{mm}$、$b = 250\text{mm}$、$h = 650\text{mm}$，混凝土强度等级 C30，采用 HRB400 钢筋，梁所承受在荷载的基本组合下的弯矩设计值 $M = 614\text{kN} \cdot \text{m}$。安全等级为二级。双排，取 $a_s = 70\text{mm}$。试求所需受拉钢筋截面面积 A_s。

【解】

（1）已知条件，可得：

混凝土强度等级 C30，$\alpha_1 = 1.0$，$f_c = 14.3\text{N/mm}^2$；HRB400 级钢筋，$f_y = 360\text{N/mm}^2$，$\xi_b = 0.518$。

考虑布置两排钢筋 $a_s = 70\text{mm}$，$h_0 = h - a_s = 650 - 70 = 580\text{mm}$。

（2）判别截面类型：

$$\alpha_1 f_c b'_f h'_f \left(h_0 - \frac{h'_f}{2} \right) = 1 \times 14.3 \times 600 \times 120 \times \left(580 - \frac{120}{2} \right)$$

$$=5.35 \times 10^8 \mathrm{N} \cdot \mathrm{mm} = 535 \mathrm{kN} \cdot \mathrm{m} < M = 614 \mathrm{kN} \cdot \mathrm{m}$$

故属第二类 T 形截面。

（3）计算 x：

由式（4-10）得：

$$x = h_0 \left\{ 1 - \sqrt{1 - \frac{2\left[\gamma_0 M - \alpha_1 f_c (b'_f - b) h'_f (h_0 - h'_f/2)\right]}{a_1 f_c b h_0^2}} \right\}$$

$$= 580 \left\{ 1 - \sqrt{1 - \frac{2 \times \left[1 \times 414 \times 10^6 - 1 \times 14.3 \times (600 - 250) \times 120 \times \left(580 - \frac{120}{2}\right)\right]}{1 \times 14.3 \times 250 \times 580^2}} \right\}$$

$$= 171 \mathrm{mm} < \xi_b h_0 = 0.518 \times 580 = 300 \mathrm{mm}$$

（4）计算 A_s：

将 x 代入式（4-9）得：

$$A_s = \frac{\alpha_1 f_c (b'_f - b) h'_f + a_1 f_c b x}{f_y}$$

$$= \frac{1 \times 14.3 \times (600 - 250) \times 120 + 14.3 \times 250 \times 171}{360} = 3366 \mathrm{mm}^2$$

（5）选用钢筋

选用 6 $\underline{\Phi}$ 28（$A_s = 3695 \mathrm{mm}^2$）。

4.2.4　受弯构件斜截面受力性能

1. 斜截面开裂前后受力分析

图 4-29 所示的矩形截面简支梁，在对称集中荷载作用下，当忽略梁的自重时，CD 段为纯弯区段，AC 及 DB 段有弯矩和剪力的共同作用。构件在跨中正截面抗弯承载力有保证的情况下，有可能在剪力和弯矩的共同作用下，在支座附近的区段发生斜截面破坏。

我们首先按材料力学的方法绘出该梁在荷载作用下的主应力迹线，见图 4-30（其中实线为主拉应力迹线，虚线为主压应力迹线）。

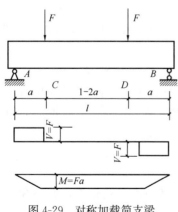

图 4-29　对称加载简支梁

从截面 1-1 的中和轴、受压区和受拉区各取出一个微元体，其编号为 1、2、3，它们处于不同的受力状态：位于中和轴处的微元体 1，其正应力为零，剪应力最大，主拉应力 σ_{tp} 和主压应力 σ_{cp} 与梁轴线成 45°角；位于受压区的微元体 2，由于压应力的存在，主拉应力 σ_{tp} 减少，主压应力 σ_{cp} 增大，主拉应力与梁轴线夹角大于 45°；位于受拉区的微元体 3，由于拉应力的存在，主拉应力 σ_{tp} 增大，主压应力 σ_{cp} 减小，主拉应力与梁轴线夹角小于 45°。对于匀质弹性体的梁来说，当主拉应力或主压应力达到材料的抗拉或抗压强度时，将引起构件截面的破坏。

对于钢筋混凝土梁，由于混凝土的抗拉强度很低，因此随着荷载的增加，当主拉应力值超过混凝土复合受力下的抗拉强度时，将首先在达到该强度的部位产生裂缝，其裂缝走向与主拉应力的方向垂直，故是斜裂缝。在通常情况下，斜裂缝往往是由梁底的弯曲裂缝发展而成的，称为弯剪型斜裂缝（图 4-30c）；当梁的腹板很薄或集中荷载至支座距离很小时，斜裂缝可能首先在梁腹部出现，称为腹剪型斜裂缝（图 4-30d），斜裂缝的出现和发展使梁内应力的分布和数值发生变化，最终导致不同部位的混凝土被压碎或被斜向拉坏而丧失承载能力，即发生斜截面破坏。

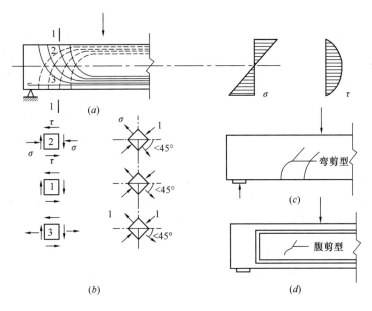

图 4-30　梁的应力状态和斜裂缝形态
(a) 主应力迹线；(b) 单元体应力；(c) 弯剪型斜裂缝；(d) 腹剪型斜裂缝

2. 无腹筋梁受力及破坏分析

腹筋是箍筋和弯起钢筋（图 4-31）的总称。无腹筋梁是指不配箍筋和弯起钢筋的梁。实际工程中的梁一般都要配箍筋，有时还配有弯起钢筋。讨论无腹筋梁的受力及破坏，主要是因为无腹筋梁较简单，影响斜截面破坏的因素较少，从而为有腹筋梁的受力及破坏分析奠定基础。

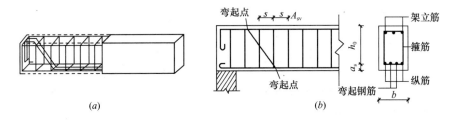

图 4-31　梁的箍筋和弯起钢筋

试验表明，裂缝尚未出现时，可将钢筋混凝土梁视为匀质弹性材料的梁，其特点可用材料力学方法分析。随着荷载增加，梁在剪跨内出现斜裂缝。现以图 4-32 中的隔离体为分析对象，取斜裂缝 CB 为界，其中 C 为斜裂缝起点，B 为该裂缝端点，斜裂缝上端截面 AB 称为剪压区（有剪力 V_c 和压力 D 的共同作用）。

与剪力 V 平衡的力有：AB 面上的混凝土剪应力合力 V_c；由于开裂面 BC 两侧凹凸不平产生的骨料咬合力 V_a 的竖向分力；穿过斜裂缝的纵向钢筋在斜裂缝相交处的销栓

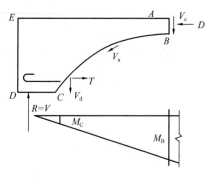

图 4-32　隔离体受力图

力 V_d。

与弯矩 M 平衡的力矩主要是由纵向钢筋拉力 T 和 AB 面上混凝土压应力合力 D 组成的内力矩。

由于斜裂缝的出现，梁在剪弯段内的应力状态将发生很大变化，主要表现在：

（1）开裂前的剪力是全截面承担的，开裂后则主要由剪压区承担，混凝土剪应力大大增加。

（2）混凝土剪压区面积因斜裂缝的出现和发展而减小，剪压区内的混凝土压应力将大大增加。

（3）与斜裂缝相交处的纵向钢筋应力由于斜裂缝的出现而突然增大。因为该处的纵向钢筋拉力 T 在斜裂缝出现前是由截面 C 处弯矩 M_C 决定的（图 4-32），而在斜裂缝出现后，根据力矩平衡的概念，纵向钢筋的拉力 T 则是由斜裂缝端点处截面 AB 的弯矩决定，M_B 比 M_C 要大很多。

（4）纵向钢筋拉应力的增大导致钢筋与混凝土间粘结应力增大，有可能出现沿纵向钢筋的粘结裂缝（图 4-33a）或撕裂裂缝（图 4-33b）。

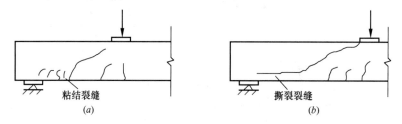

图 4-33　粘结裂缝和撕裂裂缝

当荷载继续增加后，随着斜裂缝条数的增多和裂缝宽度变大，骨料咬合力下降，斜裂缝中的一条发展成了主要斜裂缝，称为临界斜裂缝。无腹筋梁此时如同拱结构（图 4-34），纵向钢筋成为拱的拉杆。一种较常见的破坏情形是：临界斜裂缝的发展导致混凝土剪压区高度的不断减小，最后在剪应力和压应力的共同作用下，剪压区混凝土被压碎（拱顶破坏），梁发生破坏。

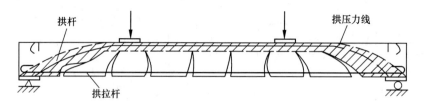

图 4-34　无腹筋梁的拱体受力机制

3. 有腹筋梁受力及破坏分析

配置箍筋可以有效地提高梁的斜截面受剪承载力。箍筋最有效的布置方式是与梁腹中的主拉应力方向（图 4-30）一致，但为了施工方便，一般和梁轴线成 90°布置。

在斜裂缝出现前，箍筋的应力很小，主要由混凝土传递剪力；斜裂缝出现后，与斜裂缝相交的箍筋应力增大。此时，箍筋和混凝土斜压杆分别成为桁架的受拉腹杆和受压腹杆，纵向受拉钢筋成为桁架的受拉弦杆，剪压区混凝土则成为桁架的受压弦杆（图 4-35）。

当将纵向受力钢筋在梁端部弯起时，弯起钢筋起着和箍筋相似的作用，可以提高梁斜截面受剪承载力（图 4-36）。

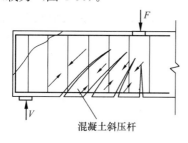

图 4-35　有腹筋梁的剪力传递

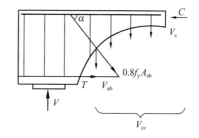

图 4-36　抗剪计算模式

4. 影响斜截面承载力的主要因素

（1）剪跨比和跨高比

对承受集中荷载作用的梁而言，剪跨比是影响其斜截面受力性能的主要因素之一。如果以 λ 表示剪跨比，集中荷载作用下梁的某一截面的剪跨比等于该截面的弯矩值与截面的剪力值和有效高度乘积之比，即：$\lambda = M/（Vh_0）$。

对于图 4-29 所示承受两个对称集中荷载的梁，截面 C 和截面 D 的剪跨比为：

$$\lambda = \frac{M}{Vh_0} = \frac{Fa}{Fh_0} = \frac{a}{h_0}$$

即等于集中荷载作用点至支座或节点边缘的距离 a 与截面有效高度 h_0 之比。

试验表明，对于承受集中荷载的梁，随着剪跨比的增大，受剪承载力下降。对于承受均布荷载作用的梁而言，构件跨度与截面高度之比（简称跨高比）l_0/h 是影响受剪承载力的主要因素。随着跨高比的增大，受剪承载力降低。

（2）腹筋的数量

箍筋和弯起钢筋可以有效地提高斜截面的承载力。因此，腹筋的数量增多时，斜截面的承载能力增大。

（3）混凝土强度等级

从斜截面剪切破坏的几种主要形态可知，斜拉破坏主要取决于混凝土的抗拉强度，剪压破坏和斜压破坏则主要取决于混凝土的抗压强度。因此，在剪跨比和其他条件相同时，斜截面受剪承载力随混凝土强度 f_{cu} 的提高而增大。

（4）纵筋配筋率

纵向钢筋率越大，斜截面承载力也越大。试验表明，两者也大致呈线性关系。这是因为，纵筋配筋率越大则破坏时的剪压区高度越大，从而提高了混凝土的抗剪能力；同时，纵筋可以抑制斜裂缝的开展，增大斜裂面间的骨料咬合作用；纵筋本身的横截面也能承受少量剪力（即销栓力）。

4.2.5　受弯构件斜截面承载力计算

一般受弯构件斜截面的抗剪需要通过计算加以控制，斜截面抗弯则一般不用计算而是通过构造措施来控制。

1. 不配置箍筋和弯起钢筋的一般板类受弯构件

板类构件通常承受的荷载不大，剪力较小，因此，一般不必进行斜截面承载力的计算，也不配箍筋和弯起钢筋。但是，当板上承受的荷载较大时，需要对其斜截面承载力进行计算。

不配置箍筋和弯起钢筋的一般板类受弯构件，其斜截面的受剪承载力应按下列公式计算：

$$V \leqslant 0.7\beta_h f_t b h_0 \tag{4-11}$$

$$\beta_h = \left(\frac{800}{h_0}\right)^{1/4} \tag{4-12}$$

式中 V——构件斜截面上的最大剪力设计值；

   β_h——截面高度影响系数：当 h_0 小于 800mm 时，取 h_0 等于 800mm；当 h_0 不小于 2000mm 时，取 h_0 等于 2000mm；

   f_t——混凝土轴心抗拉强度设计值。

2. 矩形、T 形和工字形截面的一般受弯构件

（1）计算公式

在进行斜截面抗剪计算时，构件斜截面上的受剪承载力应满足下列公式要求。

当仅配置箍筋时：$V \leqslant V_{cs}$

当配置箍筋和弯起钢筋时：$V \leqslant V_{cs} + V_{sb}$

式中 V_{cs}——混凝土和箍筋共同作用所能够承受的剪力；

   V_{sb}——弯起钢筋所能够承受的剪力。

对于矩形、T 形和工字形截面的一般受弯构件 V_{cs} 应按下述公式计算：

$$V_{cs} = 0.7 f_t b h_0 + f_{yv} \frac{A_{sv}}{s} h_0 \tag{4-13}$$

式中 f_t——混凝土抗拉强度设计值；

   b——矩形截面宽度，T 形截面或工形截面的腹板宽度；

   h_0——截面有效高度；

   f_{yv}——箍筋抗拉强度设计值，其数值大于 360N/mm² 时，应取 360N/mm²；

   A_{sv}——配置在同一截面内箍筋各肢的全部截面面积，等于 nA_{sv1}，其中，n 为在同一截面内箍筋的肢数，A_{sv1} 为单肢箍筋的截面面积；

   s——沿构件长度方向箍筋的间距。

上式用于矩形截面梁承受均布荷载作用的情况，也适应于 T 形截面梁和工字形截面梁承受多种荷载作用的情况。

对集中荷载作用下的矩形截面独立梁（包括作用有多种荷载，其中集中荷载对支座截面或节点边缘所产生的剪力值占总剪力值的 75% 以上的情况），应考虑剪跨比的影响。此时

$$V_{cs} = \frac{1.75}{\lambda + 1.0} f_t b h_0 + f_{yv} \frac{A_{sv}}{s} h_0 \tag{4-14}$$

式中 λ 为计算截面的剪跨比，由前述知 $\lambda = a/h_0$，当 $\lambda < 1.5$ 时，取 $\lambda = 1.5$；当 $\lambda > 3$

时，取 $\lambda=3$。集中荷载作用点至支座之间的箍筋，应均匀配置。

弯起钢筋能够承受的剪力按下式计算：

$$V_{sb} = 0.8 f_y A_{sb} \sin \alpha_s \qquad (4\text{-}15)$$

式中　V_{sb}——与斜裂缝相交的弯起钢筋受剪承载力设计值；

　　　f_y——弯起钢筋的抗拉强度设计值；

　　　A_{sb}——弯起钢筋的截面面积；

　　　α_s——弯起钢筋与梁轴线夹角，一般取 $45°$，当梁高 $h>800\mathrm{mm}$ 时，取 $60°$；

　　　0.8——应力不均匀系数，用来考虑靠近剪压区的弯起钢筋在斜截面破坏时，可能达不到钢筋抗拉强度设计值。

（2）计算公式的适用范围

上述梁的斜截面受剪承载力计算式仅适用于剪压破坏情况。为防止斜压破坏和斜拉破坏，还应规定其上、下限值。

①上限值——最小截面尺寸

当发生斜压破坏时，梁腹的混凝土被压碎、箍筋不屈服，其受剪承载力主要取决于构件的腹板宽度、梁截面高度及混凝土强度。因此，只要保证构件截面尺寸不太小，就可防止斜压破坏的发生。受弯构件的最小截面尺寸应满足下列要求：

当 $\dfrac{h_w}{b} \leqslant 4$ 时

$$V \leqslant 0.25 \beta_c f_c b h_0 \qquad (4\text{-}16\text{-}1)$$

当 $\dfrac{h_w}{b} \geqslant 6$ 时

$$V \leqslant 0.2 \beta_c f_c b h_0 \qquad (4\text{-}16\text{-}2)$$

当 $4 < \dfrac{h_w}{b} < 6$ 时，按线性内插法计算。

式中　V——构件斜截面上的最大剪力设计值；

　　　β_c——混凝土强度影响系数，当混凝土强度等级不超过 C50 时，取 $\beta_c=1.0$；当混凝土强度等级为 C80 时，取 $\beta_c=0.8$；其间按线性内插法取用；

　　　b——矩形截面的宽度，T 形截面或工字形截面的腹板宽度；

　　　h_w——截面的腹板高度；矩形截面取有效高度 h_0，T 形截面取有效高度减去翼缘高度，工字形截面取腹板净高（图 4-37）。

在设计中，如果不满足式（4-16-1）、式（4-16-2）的条件，应加大构件截面尺寸或提高混凝土强度等级，直到满足为止。

②下限值——最小配箍率和箍筋最大间距

试验表明，若箍筋的配筋率过小或箍筋间距过大，在剪跨比 λ 较大时一旦出现斜裂缝，可能使箍筋迅速屈服甚至拉断，斜裂缝急剧开展，导致发生斜拉破坏。此外，若箍筋直径过小，也不能保证钢筋骨架的刚度。

为了防止斜拉破坏，梁中箍筋间距不宜大于表 4-6 的规定，直径不宜小于表 4-7 的规

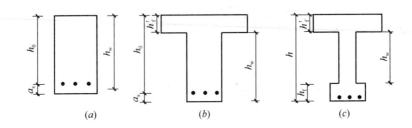

图 4-37　梁的腹板高度

(a) $h_\mathrm{w}=h_0$；(b) $h_\mathrm{w}=h_0-h'_\mathrm{f}$；(c) $h_\mathrm{w}=h-h_\mathrm{f}-h'_\mathrm{f}$

定，也不应小于 $d/4$（d 为纵向受压钢筋的最大直径）。

梁中箍筋最大间距 s_max（mm）　　　　　表 4-6

梁高 h	$V>0.7f_\mathrm{t}bh_0$	$V\leqslant0.7f_\mathrm{t}bh_0$	梁高 h	$V>0.7f_\mathrm{t}bh_0$	$V\leqslant0.7f_\mathrm{t}bh_0$
$150<h\leqslant300$	150	200	$500<h\leqslant800$	250	350
$300<h\leqslant500$	200	300	$h>800$	300	500

梁中箍筋最小直径（mm）　　　　　表 4-7

梁高 h	箍筋直径	梁高 h	箍筋直径
$\leqslant800$	6	>800	8

当 $V>0.7f_\mathrm{t}bh_0$ 时，配箍率尚应满足最小配箍率要求，即：

$$\rho_\mathrm{sv}=\frac{A_\mathrm{sv}}{bs}\geqslant\rho_\mathrm{sv,min}=0.24f_\mathrm{t}/f_\mathrm{yv}$$

3. 斜截面受剪承载力的计算位置

位置的选用主要是由计算公式组成部分相应的截面抗剪承载力贡献而定的，其计算位置应按下列规定采用（图 4-38）。

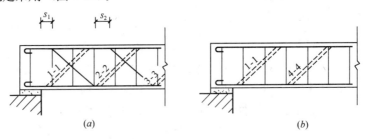

图 4-38　斜截面受剪承载力计算位置

（a）弯起钢筋；（b）箍筋

（1）支座边缘处截面（图 4-38 中 1-1 截面）。该截面承受的剪力值最大。计算该截面剪力设计值时，跨度取净跨长 l_n（即算至支座内边缘处）。用支座边缘的剪力设计值确定第一排弯起钢筋和 1-1 截面的箍筋。

（2）受拉区弯起钢筋弯起点处截面（图 4-38 中 2-2 截面和 3-3 截面）。

（3）箍筋截面面积或间距改变处截面（图 4-38 中 4-4 截面）。

（4）腹板宽度改变处截面。

在设计时，弯起钢筋距支座边缘距离 s_1 及弯起钢筋之间的距离 s_2（图 4-38）均不应大于箍筋最大间距 s_{max}（表 4-6），以保证可能出现的斜裂缝与弯起钢筋相交。

4. 斜截面受剪承载力的计算步骤

一般先由梁的高跨比、高宽比等构造要求及正截面受弯承载力计算确定截面尺寸、混凝土强度等级及纵向钢筋用量，然后进行斜截面受剪承载力设计计算。其步骤为：

（1）截面尺寸验算；

（2）可否仅按构造配箍筋；

（3）按计算和（或）构造选择腹筋；

（4）当不能仅按构造配置箍筋时，按计算确定所需腹筋数量；

（5）绘出配筋图。

5. 斜截面受剪承载力的计算例题

梁斜截面受剪承载力设计计算中遇到的是截面选择和承载力校核两类问题。

【**例 4-4**】 某钢筋混凝土矩形截面简支梁，两端支承在砖墙上，净跨度 $l_n=3660$mm（图 4-39）；截面尺寸 $b×h=200$mm×500mm。该梁承受均布荷载，其中恒荷载标准值 $g_k=25$kN/m（包括自重），荷载分项系数 $\gamma_G=1.3$，活荷载标准值 $q_k=45$kN/m，荷载分项系数 $\gamma_Q=1.5$；混凝土强度等级为 C25（$f_c=11.9$N/mm²，$f_t=1.27$N/mm²），箍筋为 HPB300 级钢筋（$f_{yv}=270$N/mm²），按

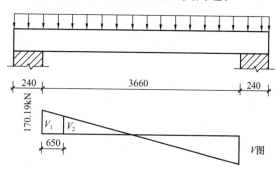

图 4-39 某钢筋混凝土矩形截面简支梁（mm）

正截面受弯承载力计算已选配 HRB400 级钢筋为纵向受力钢筋（$f_y=360$N/mm²）。环境类别为一类，安全等级为二级。试根据斜截面受剪承载力要求确定腹筋。取 $a_s=35$mm。

【**解**】

$$h_0=h-a_s=500-35=465\text{mm}$$

（1）计算截面的剪力设计值

支座边缘处剪力最大，故应选择该截面进行抗剪配筋计算。$\gamma_G=1.3$，$\gamma_Q=1.5$，该截面的剪力设计值为：

$$V_1=\frac{1}{2}(\gamma_G g_k+\gamma_Q q_k)l_n=\frac{1}{2}×(1.3×25+1.5×45)×3.66=183\text{kN}$$

（2）复核梁截面尺寸

$$h_w=h_0=465\text{mm}$$

$$h_w/b=465/200=2.3<4,\text{属一般梁}。$$

$$0.25\beta_c f_c bh_0=0.25×1×11.9×200×465=276.7\text{kN}>170.19\text{kN}$$

截面尺寸满足要求。

（3）验算可否按构造配筋

$$0.7f_t bh_0=0.7×1.27×200×465=82.7\text{kN}<183\text{kN}$$

应按计算配置腹筋，且应满足 $\rho_{sv}\geqslant\rho_{sv,min}$。

(4) 所需腹筋计算

配置腹筋有两种办法：一种是只配箍筋，另一种是配置箍筋和弯起钢筋。一般都是优先选择只配置箍筋方案。分述如下：

1) 仅配箍筋

由 $V \leqslant 0.7 f_t b h_0 + f_{sv} \dfrac{A_{sv}}{s} h_0$ 得：

$$\frac{n A_{sv1}}{s} \geqslant \frac{183000 - 82700}{270 \times 465} = 0.799 \text{mm}^2/\text{mm}$$

选用双肢箍筋Φ8@100，则

$$\frac{n A_{sv1}}{s} = \frac{2 \times 50.3}{100} = 1.006 \text{mm}^2/\text{mm}$$

满足计算要求及表 4-6、表 4-7 的构造要求。

也可这样计算：选用双肢箍筋Φ8，则 $A_{sv1} = 50.3 \text{mm}^2$，可求得：

$$s \leqslant \frac{2 \times 50.3}{0.799} = 125 \text{mm}$$

取 $s = 100\text{mm}$，箍筋沿梁长均匀布置，如图 4-40 (a) 所示。

2) 配置箍筋和弯起钢筋

按构造要求，选Φ8@200 双肢箍筋，则

$$\rho_{sv} = \frac{A_{sv}}{bs} = \frac{2 \times 50.3}{200 \times 200} = 0.252\% > \rho_{sv,\min} = 0.24 \frac{f_t}{f_{yv}}$$

$$= 0.24 \times \frac{1.27}{270} = 0.113\%$$

$$V_{cs} = 0.7 f_t b h_0 + f_{yv} \frac{A_{sv}}{s} h_0$$

$$= 82700 + 270 \times \frac{2 \times 50.3}{200} \times 465 = 145.85 \text{kN}$$

由式 (4-13) 及式 (4-15)，取 $\alpha_s = 45°$

$$V - V_{cs} \leqslant 0.8 \frac{A_{sb}}{s} f_y \sin \alpha_s$$

$V = V_1$，则有：

$$A_{sb} \geqslant \frac{V_1 - V_{cs}}{0.8 f_y \sin \alpha_s} = \frac{183000 - 145850}{0.8 \times 360 \times \sin 45°} = 182.4 \text{mm}^2$$

选用 1⏀16 纵筋作弯起钢筋，$A_{sb} = 201 \text{mm}^2$，满足计算要求。

按图 4-38 的规定，核算是否需要第二排弯起钢筋：

取 $s_1 = 200\text{mm}$，弯起钢筋水平投影长度 $s_b = h - 50 = 450\text{mm}$，则截面 2-2 的剪力可由相似三角形关系求得：

$$V_2 = V_1 \left(1 - \frac{200 + 450}{0.5 \times 3660}\right) = 98.18 \text{kN} < 145.85 \text{kN}$$

故不需要第二排弯起钢筋，其配筋如图 4-40 (b) 所示。

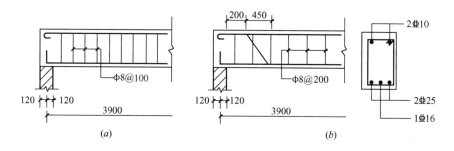

图 4-40　例 4-4 梁配筋图（mm）

（a）仅配箍筋；（b）配箍筋和弯起钢筋

【例 4-5】 某钢筋混凝土矩形截面独立的简支梁承受在荷载的基本组合下的设计值如图 4-41 所示，集中荷载设计值 $F=105\text{kN}$，均布荷载设计值 $g+q=7.5\text{kN/m}$（包括自重）。梁截面尺寸 $b\times h=250\text{mm}\times600\text{mm}$，纵筋采用 HRB400 钢筋，配有 4 Φ 25，混凝土强度等级为 C25，箍筋为 HPB300 钢筋。环境类别为一类，安全等级为二级。试求所需箍筋数量并绘配筋图。

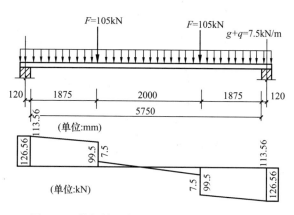

图 4-41　某钢筋混凝土矩形截面简支梁受力图

【解】

（1）已知条件：

混凝土 C25：$f_c=11.9\text{N/mm}^2$，$f_t=1.27\text{N/mm}^2$

HPB300 箍筋：$f_{yv}=270\text{N/mm}^2$

取 $a_s=40\text{mm}$，$h_0=h-a_s=600-40=560\text{mm}$

（2）确定计算截面和剪力设计值

对于图 4-41 所示简支梁，支座处剪力最大，应选此截面进行抗剪计算，剪力设计值为：

$$V=\frac{1}{2}(g+q)l_n+F=\frac{1}{2}\times7.5\times5.75+105=126.56\text{kN}$$

集中荷载对支座截面产生剪力 $V_F=105\text{kN}$，则有 $105/126.56=83\%>75\%$，故对该矩形截面简支梁应考虑剪跨比的影响，$a=1875+120=1995\text{mm}$。

$$\lambda=\frac{a}{h_0}=\frac{1.995}{0.56}=3.56>3.0\text{，取}\ \lambda=3.0$$

（3）复核截面尺寸

$$h_w=h_0=560\text{mm}$$

$$h_w/b=560/250=2.24<4\text{，属一般梁。}$$

$$0.25\beta_cf_cbh_0=0.25\times1\times11.9\times250\times560=416.5\text{kN}>126.56\text{kN}$$

截面尺寸符合要求。

（4）箍筋数量计算

选用双肢Φ8箍筋，由钢筋截面积表查得：

$$A_s = 2 \times 50.3 = 101 \mathrm{mm}^2$$

由式（4-14）可得所需箍筋间距为

$$s \leqslant \frac{f_{yv} A_{sv} h_0}{V - \frac{1.75}{\lambda + 1.0} f_t b h_0} = \frac{270 \times 101 \times 560}{126560 - \frac{1.75}{3 + 1} \times 1.27 \times 250 \times 560} = 313 \mathrm{mm}$$

选 $s = 250 \mathrm{mm}$，符合表 4-6 的要求。

（5）最小配箍率验算

$$\frac{n A_{sv1}}{bs} = \frac{2 \times 50.3}{250 \times 150} = 0.268\% > 0.24 \frac{f_t}{f_{yv}} = 0.24 \times \frac{1.27}{270} = 0.113\%$$

满足要求。箍筋沿梁全长均匀布置，其配筋如图 4-42 所示。

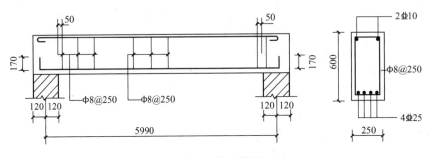

图 4-42 例 4-5 梁配筋图（mm）

4.2.6 纵向钢筋的弯起、截断及锚固

前面讲述了梁斜截面受剪承载力的计算问题。试验表明，在弯剪区段，梁除发生斜截面破坏外，还可能发生因斜截面受弯承载力不够及锚固不足的破坏，因此在考虑纵向钢筋弯起、截断及钢筋锚固时，还需在构造上采取措施，保证梁的斜截面受弯承载力及钢筋的锚固可靠。

1. 正截面受弯承载力图（材料图）的概念

所谓正截面受弯承载力图，是指按实际配置的纵向钢筋绘制的梁上各正截面所能承受的实际弯矩图。它反映了沿梁长正截面上材料的抗力，故简称为材料图。材料的正截面受弯承载力设计值 M_u，简称为抵抗弯矩。

（1）材料图的做法

按梁正截面承载力计算的纵向受力钢筋是以同符号弯矩区段的最大弯矩为依据求得的，该最大弯矩处的截面称为控制截面。

在控制截面，各钢筋按其面积的大小（不同规格的钢筋按 $f_y A_s$ 的大小）分担弯矩，在其余截面，当钢筋面积减小时（如弯起或截断部分钢筋），抵抗弯矩可假定按钢筋面积比例减少。下面具体说明材料图的做法。由于纵向钢筋的配置方式不同，材料图有三种情况。

1）纵向受拉钢筋全部伸入支座

显然，各截面 M_u 相同，此时的材料图为矩形图。

全部纵筋伸入支座时的材料图为图 4-43 中 $oaebo'$ 与 oo' 形成的矩形图。

2）部分纵向受拉钢筋弯起

假定弯起钢筋与梁轴线的交点处，钢筋的抗弯承载力为零，确定抗剪的箍筋和弯筋时，考虑某根钢筋在离支座的 C 点弯起；该钢筋弯起后，其内力臂逐渐减小，因而其抵

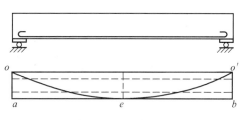

图 4-43　全部纵向钢筋伸入支座的材料图

抗弯矩变小直至等于零。该钢筋弯起后与梁轴线（取 1/2 梁高位置）的交点为 D，故过 D 点后不再考虑该钢筋承受弯矩，即 CD 段的材料图为斜直线 cd（图 4-44）。

3）部分纵向受拉钢筋截断

在图 4-45 中，假定纵筋①抵抗控制截面 I 的部分弯矩（图中纵坐标 ef），I 为①号筋强度充分利用的截面，II 和 III 截面为按计算不需要该钢筋的截面，也称理论截断点，则在截面 II 和 III 处①号筋的材料图即图中的矩形阴影部分 $abcd$ 为可靠锚固。①号筋的实际截断点尚需延伸一段长度，此截断点称作实际切断点。

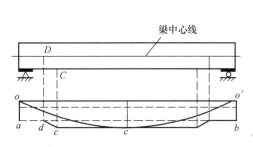

图 4-44　部分纵向钢筋弯起的材料图

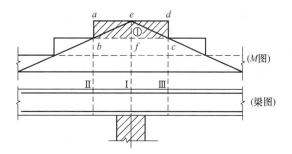

图 4-45　部分纵向钢筋截断的材料图

（2）材料图的作用

1）反映材料利用的程度

显然，材料图越贴近弯矩图，表示材料利用程度越高。

2）确定纵向钢筋的弯起数量和位置

设计中，将跨中部分纵向钢筋弯起的目的有两个：一是用于斜截面抗剪，其数量和位置由受剪承载力计算确定；二是抵抗支座负弯矩。只有当材料图全部覆盖住弯矩图，各正截面受弯承载力才有保证；而要满足截面受弯承载力的要求，也必须通过作材料图才能确定弯起钢筋的数量和位置。

3）确定纵向钢筋的截断位置

通过绘制材料图还可确定纵向钢筋的理论截断点及其延伸长度，从而确定纵向钢筋的实际截断位置。

2. 满足斜截面受弯承载力的纵向钢筋弯起位置

图 4-46 表示弯起钢筋弯起点与弯矩图形的关系。钢筋①在受拉区的弯起点为 1，按正截面受弯承载力计算不需要该钢筋的截面位置为 2，该钢筋强度充分利用的截面为 3，它所承担的弯矩为图中阴影部分。可以证明，当弯起点与按计算充分利用该钢筋的截面之间的距离不小于 $h_0/2$ 时，可以满足斜截面受弯承载力的要求（保证斜截面的受弯承载力不

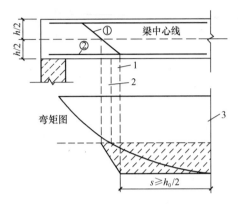

图 4-46 弯起钢筋弯起点的位置
1—弯起点截面；2—按正截面承载力计算不需要
该钢筋的位置；3—钢筋强度充分利用的截面位置

低于正截面受弯承载力）。自然，钢筋弯起后与梁中心线的交点应在该钢筋正截面抗弯的不需要点之外。

总之，若利用弯起钢筋抗剪，则钢筋弯起点的位置应同时满足抗剪位置（由抗剪计算确定）、正截面抗弯（材料图覆盖弯矩图）及斜截面抗弯（$s \geqslant h_0/2$）三项要求。

3. 纵向受力钢筋的截断位置

在混凝土梁中，根据内力分析所得的弯矩图沿梁纵长方向是变化的，从节省材料的角度出发，所配的纵向受力钢筋截面面积也应沿梁纵长方向有所变化。变化的方式可采取弯起钢筋的形，但在工程中应用得更多的是将纵向受力钢筋根据弯矩图的变化而在适当的位置切断，所以任何一根纵向受力钢筋在结构中要发挥其承载受力的作用，应从其"强度充分利用截面"外伸一定的长度 l_{d1}，依靠这段长度与混凝土的粘结锚固作用为钢筋提供足够的抗力。同时，当一根钢筋由于弯矩图变化而不考虑其抗力而切断时，从按正截面承载力计算"不需要该钢筋的截面"也须外伸一定的长度 l_{d2}，作为受力钢筋的构造措施。在结构设计中，应从上述两个条件中确定较长外伸长度作为纵向受力钢筋的实际延伸长度 l_d，作为其真正的切断点（图 4-47）。

钢筋混凝土连续梁、框架梁支座

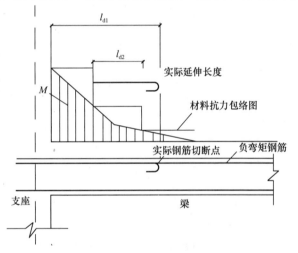

图 4-47 钢筋的延伸长度和切断点

截面的负弯矩纵向钢筋不宜在受拉区截断。如必须截断时，其延伸长度可按表 4-8 中的 l_{d1} 和 l_{d2} 取其较长者确定。其中 l_{d1} 是从"充分利用该钢筋强度的截面"延伸出的长度；而 l_{d2} 是从"按正截面承载力计算不需要该钢筋的截面"延伸出的长度。

负弯矩钢筋的延伸长度 l_d 表 4-8

截面条件	充分利用截面伸出 l_{d1}	计算不需要截面伸出 l_{d2}
$V \leqslant 0.7bh_0 f_t$	$1.2l_a$	$20d$
$V > 0.7bh_0 f_t$	$1.2l_a + h_0$	$20d$ 且 $\geqslant h_0$
$V > 0.7bh_0 f_t$，且断点仍在负弯矩受拉区内	$1.2l_a + 1.7h_0$	$20d$ 且 $\geqslant 1.3h_0$

4. 纵向钢筋在支座处的锚固

支座附近的剪力较大，在出现斜裂缝后，由于与斜裂缝相交的纵筋应力会突然增大，若纵筋伸入支座的锚固长度不够，将使纵筋滑移，甚至从混凝土中被拔出而导致锚固破坏。

为了防止这种破坏，纵向钢筋伸入支座的长度和数量应该满足下列要求。

（1）伸入梁支座的纵向受力钢筋根数

当梁宽不小于150mm时，不应少于2根；当梁宽小于150mm时，可为1根。

（2）简支梁

简支梁下部纵筋伸入支座的锚固长度 l_{as}（图4-48）应满足表4-9的规定。

简支梁纵筋锚固长度 l_{as}　　　　　　　　　　　　表4-9

$V \leqslant 0.7bh_0 f_t$	$V > 0.7bh_0 f_t$
$\geqslant 5d$	带肋钢筋不小于12d，光圆钢筋不小于15d

当纵筋伸入支座的锚固长度不符合表4-9的规定时，应采取下述专门锚固措施，但伸入支座的水平长度不应小于$5d$。

1）在梁端将纵向受力钢筋上弯，并将弯折后长度计入 l_{as} 内（图4-49）。

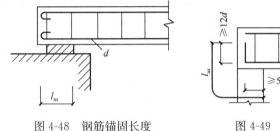

图4-48　钢筋锚固长度　　　　图4-49　纵筋向上弯折

2）在纵筋端部加焊横向锚固钢筋或锚固钢板（图4-50）。

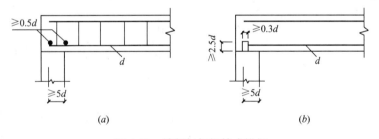

(a)　　　　　　　　　　　(b)

图4-50　端部加焊钢筋或锚板

3）将钢筋端部焊接在梁端的预埋件上（图4-51）。

（3）连续梁及框架梁

在连续梁、框架梁的中间支座或中间节点处，纵筋伸入支座的长度应满足下列要求（图4-52）：

1）上部纵向钢筋应贯穿中间支座或中间节点范围。

2）下部纵向钢筋根据其受力情况，分别采用不同锚固长度。

①当计算中不利用其强度时，对光面钢筋取 $l_a \geqslant 15d$，对带肋钢筋取 $l_a \geqslant 12d$，并在满足上述条件的前提下，一般均伸至支座中心线；

②当计算中充分利用钢筋的抗拉强度时（支座受正弯矩作用），其伸入支座的锚固长度不应小于 l_a；

③当计算中充分利用钢筋的抗压强度时（支座受负弯矩按双筋截面梁计算配筋时），其伸入支座的锚固长度不应小于 $0.7l_a$。

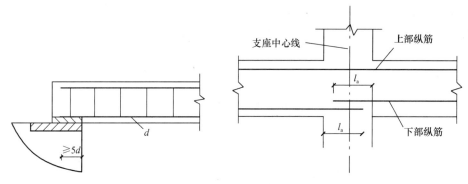

图 4-51　纵筋与预埋件焊接　　　　　图 4-52　梁纵筋在中间支座锚固

5. 箍筋的构造要求

梁中的箍筋对抑制斜裂缝的开展及传递剪力等有积极作用，前述梁的箍筋间距、直径和最小配筋率是箍筋最基本的构造要求，在设计中应予遵守。

箍筋一般采用 135°弯钩的封闭式箍筋。当 T 形截面梁翼缘顶面另有横向受压筋时，也可采用开口式箍筋（图 4-53）。

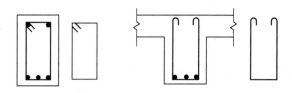

图 4-53　箍筋的形式

梁内一般采用双肢箍筋（$n=2$）。当梁的宽度大于 400mm，且一层内的纵向受压钢筋多于 3 根时，设置复合箍筋（如四肢箍）；当梁宽度很小时，也可采用单肢箍筋（图 4-54）。

当梁中配有计算需要的纵向受压钢筋（如双筋梁）时，箍筋应为封闭式，其间距不应大于 15d，并不应大于 400mm，d 为纵向受压钢筋中的最小直径。当一层内的纵向受压钢筋多于 5 根且直径大于 18mm 时，箍筋间距不应大于 10d。

图 4-54　箍筋的肢数

在绑扎搭接接头长度范围内，对梁、柱构件，其箍筋间距 $s\leqslant5d$ 且不应大于 100mm；对板、墙构件，箍筋间距 $s\leqslant10d$ 且不应大于 100mm，d 为搭接钢筋中的最小直径。

4.2.7　梁平法施工图制图规则

具体见本书附录三。

4.3 钢筋混凝土受压构件

4.3.1 受压构件的分类

以承受轴向压力为主的构件属于受压构件。例如，单层厂房柱、拱、屋架的上弦杆、多层和高层建筑中的框架柱、剪力墙、筒体、烟囱的筒壁、桥梁结构中的桥墩、桩等均属于受压构件。受压构件按其纵向压力作用的位置不同可分为，轴心受压构件、单向偏心受压构件和双向偏心受压构件。

对于单一匀质材料的构件，当轴向压力的作用线与构件截面形心轴线重合时为轴心受压，不重合时为偏心受压。钢筋混凝土构件由两种材料组成，混凝土是非匀质材料，钢筋可不对称布置，但为了方便，不考虑混凝土的不匀质性及钢筋不对称布置的影响，近似地用轴向压力的作用点与构件正截面形心的相对位置来划分受压构件的类型。当轴向压力的作用点位于构件正截面形心时，为轴心受压构件。当轴向压力的作用点只对构件正截面的一个主轴有偏心距时，为单向偏心受压构件，如图 4-55 所示。当轴向压力的作用点对构件正截面的两个主轴都有偏心距时，为双向偏心受压构件，如图 4-56 所示。

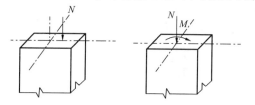
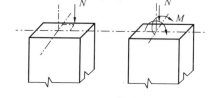

图 4-55　单向偏心受压构件力的作用位置　　　图 4-56　双向偏心受压构件力的作用位置

在实际工程结构中，由于混凝土材料的非匀质性，纵向钢筋的不对称布置，荷载作用位置的不准确及施工时不可避免的尺寸误差等原因，使得真正的轴心受压构件几乎不存在。但在设计以承受恒荷载为主的多层房屋的内柱及桁架的受压腹杆等构件时，可近似地按轴心受压构件计算。

4.3.2 轴心受压构件的受力分析及破坏形态

轴心受压构件内配有纵向钢筋和箍筋。轴心受压构件的纵向钢筋除了与混凝土共同承担轴向压力外，还能承担由于初始偏心或其他偶然因素引起的附加弯矩在构件中产生的拉力。在配置普通箍筋的轴心受压构件中，箍筋可以固定纵向受力钢筋的位置，防止纵向钢筋在混凝土压碎之前压屈，保证纵筋与混凝土共同受力直到构件破坏。

根据构件的长细比（构件的计算长度 l_0 与构件的截面回转半径 i 之比）的不同，轴心受压构件可分为短构件（对一般截面 $l_0/i \leqslant 28$；对矩形截面 $l_0/b \leqslant 8$，b 为截面宽度）和中长构件。习惯上，将前者称为短柱，后者称为长柱。

钢筋混凝土轴心受压短柱的试验表明：在整个加载过程中，可能的初始偏心对构件承载力无明显影响。由于钢筋和混凝土之间存在着粘结力，两者压应变相等。当达到极限荷载时，钢筋混凝土短柱的极限压应变大致与混凝土棱柱体受压破坏时的压应变相同；混凝

图 4-57　短柱破坏特征

土的应力达到棱柱体抗压强度 f_{ck}。若钢筋的屈服压应变小于混凝土破坏时的压应变，则钢筋将首先达到抗压屈服强度 f'_{yk}，随后钢筋承担的压力维持不变，而继续增加的荷载全部由混凝土承担，直到混凝土被压碎。在这类构件中，钢筋和混凝土的抗压强度都得到充分利用。

对于高强度钢筋，在构件破坏时可能达不到屈服，当混凝土的强度等级不大于 C50 时，钢筋应力为 $\sigma'_s = 0.002E_s = 400\text{N/mm}^2$，钢材的强度不能被充分利用，此时，只能取 400N/mm^2。轴心受压短柱中，不论受压钢筋在构件破坏时是否屈服，构件的最终承载力都是由混凝土压碎来控制。在临近破坏时，短柱四周出现明显的纵向裂缝，箍筋间的纵向钢筋发生压曲外鼓，呈灯笼状（图 4-57），最终以混凝土压碎而破坏。

对于钢筋混凝土轴心受压长柱，试验表明，加荷时由于种种因素形成的初始偏心距对试验结果影响较大。它将使构件产生附加弯矩和弯曲变形，如图 4-58 所示。对长细比很大的构件来说，则有可能在应力尚未达到材料强度前即由于构件丧失稳定而引起破坏（图 4-59）。

图 4-58　弯曲变形

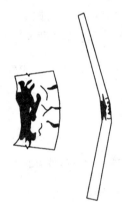

图 4-59　细长轴心受压构件的破坏

试验结果也表明，长柱的承载力低于相同条件短柱的承载力。可采用引入稳定系数 φ 来考虑长柱纵向挠曲的不利影响，φ 值小于 1.0 且随着长细比的增大而减小，具体见表 4-10。

钢筋混凝土轴心受压构件的稳定系数 φ　　　　　　表 4-10

l_0/b	l_0/d	l_0/i	φ	l_0/b	l_0/d	l_0/i	φ
$\leqslant 8$	$\leqslant 7$	$\leqslant 28$	1.0	30	26	104	0.52
10	8.5	35	0.98	32	28	111	0.48
12	10.5	42	0.95	34	29.5	118	0.44
14	12	48	0.92	36	31	125	0.40
16	14	55	0.87	38	33	132	0.36
18	15.5	62	0.81	40	34.5	139	0.32
20	17	69	0.75	42	36.5	146	0.29
22	19	76	0.70	44	38	153	0.26
24	21	83	0.65	46	40	160	0.23
26	22.5	90	0.60	48	41.5	167	0.21
28	24	97	0.56	50	43	174	0.19

注：表中 l_0 为构件计算长度，见表 4-11；b 为矩形截面的短边尺寸；d 为圆形截面直径；i 为截面最小回转半径。

框架结构各层柱段计算长度 表 4-11

楼盖类型	柱段	计算长度 l_0	楼盖类型	柱段	计算长度 l_0
现浇楼盖	底层柱段	1.0H	装配式楼盖	底层柱段	1.25H
	其余各层柱段	1.25H		其余各层柱段	1.5H

注：表中 H 对底层柱为从基础顶面到一层楼盖顶面的高度；对其余各层柱为上、下两层楼盖顶面之间的高度。

4.3.3 配置普通箍筋的轴心受压构件正截面承载力计算

在轴向力设计值 N 作用下，轴心受压构件的计算简图如图 4-60 所示，由静力平衡条件并考虑长细比等因素的影响后，承载力可按下式计算：

$$N \leqslant 0.9\varphi(f'_y A'_s + f_c A) \qquad (4\text{-}17)$$

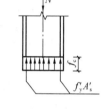

式中　φ——钢筋混凝土构件的稳定系数，按表 4-10 取用；

N——轴向力设计值；

f'_y——钢筋抗压强度设计值，轴心受压时，其数值大于 400N/mm^2 时，应采取 400N/mm^2；

f_c——混凝土轴心抗压强度设计值；

A'_s——全部纵向受压钢筋截面面积；

A——构件截面面积，当纵向钢筋配筋率大于 3% 时，A 改用 $(A-A'_s)$ 代替；

图 4-60　轴心受压柱的计算图

0.9——为了保持与偏心受压构件正截面承载力计算具有相近的可靠度而引入的系数。

【**例 4-6**】　某轴心受压柱，在荷载的基本组合下的轴心压力设计值 $N=2680\text{kN}$，计算高度为 $l_0=6.2\text{m}$，混凝土强度等级为 C25，纵筋采用 HRB400 级钢筋，环境类别一类，安全等级为二级。试求柱截面尺寸，并配置受力钢筋。

【**解**】

（1）初步估算截面尺寸

C25 混凝土的 $f_c=11.9\text{N/mm}^2$；HRB400 钢筋的 $f'_y=360\text{N/mm}^2$。假定 $\varphi=1.0$，$\rho'=1\%$，由式（4-17）可得：

$$A = \frac{N}{0.9\varphi(f_c + f'_y\rho')} = \frac{2680 \times 10^3}{0.9 \times 1 \times (11.9 + 360 \times 0.01)} = 192.2 \times 10^3 \text{mm}^2$$

（2）若采用方柱，$h=b=\sqrt{A}=438\text{mm}$，取 $b \times h = 450\text{mm} \times 450\text{mm}$，$l_0/b=6.2/0.45=13.78$，查表 4-10，得 $\varphi=0.923$，由式（4-17）可求得：

$$A'_s = \frac{N - 0.9\varphi f_c A}{0.9\varphi f'_y} = \frac{2680 \times 10^3 - 0.9 \times 0.923 \times 11.9 \times 450 \times 450}{0.9 \times 0.923 \times 360} = 2268\text{mm}^2$$

选配 8 Φ 20（$A'_s=2513\text{mm}^2$）

$$\rho' = \frac{2513}{450 \times 450} = 1.24\% < \rho = 3\%$$

因此配筋满足。

4.3.4 矩形截面偏心受压构件破坏形态

钢筋混凝土偏心受压构件是实际工程中广泛应用的受力构件之一。构件同时收到轴向

压力 N 及弯矩 M 的作用，等效于对截面形心的偏心距为 $e_0=M/N$ 的偏心压力作用。钢筋混凝土偏心受压构件的受力性能、破坏形态介于受弯构件与轴心受压构件之间。

1. 破坏类型

钢筋混凝土偏心受压构件也有长柱和短柱之分。以工程中常用的截面两侧对称配置纵向受力钢筋（$A_s=A_s'$）的偏心受压短柱为例，说明其破坏形态和破坏特征。随轴向力 N 在截面上的偏心距 e_0 大小的不同和纵向钢筋配筋率（$\rho=A_s/bh_0$）的不同，偏心受压构件的破坏形态有两种：

（1）受拉破坏——大偏心受压破坏

受拉区混凝土较早地出现横向裂缝，由于配筋率不高，受拉钢筋（A_s）应力增长较快，首先达到屈服。随着裂缝的开展，受压区高度减小，最后受压钢筋（A_s'）屈服，受压区混凝土压碎。其破坏形态与适筋梁相似（图 4-61）。

因为这种偏心受压构件的破坏是由于受拉钢筋首先达到屈服而导致的压区混凝土压坏，其承载力主要取决于受拉钢筋，故称为受拉破坏。这种破坏有明显的预兆，横向裂缝显著开展，变形急剧增大，具有塑性破坏的性质。形成这种破坏的条件是：偏心距 e_0 较大，且纵筋配筋率不高，故称为大偏心受压破坏。

（2）受压破坏——小偏心受压破坏

当轴向力 N 的偏心距较小，或当偏心距较大但纵筋率很高时，构件的截面可能部分受压、部分受拉（图 4-62a），也可能全截面受压（图 4-62b）。它们的特点是：构件的破坏是由于受压区混凝土到达其抗压强度，距轴力较远一侧的钢筋，无论受拉或受压，一般均未达到屈服，但近纵向力一侧的钢筋一般均能达到屈服，构件承载力主要取决于受压区混凝土，故称为受压破坏。这种破坏缺乏明显的预兆，具有脆性破坏的性质。

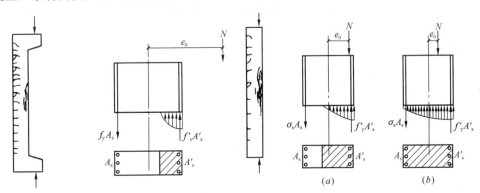

图 4-61　大偏心受压构件的
破坏形态及受力简图

图 4-62　小偏心受压构件的
破坏形态及受力简图

2. 两类偏心受压破坏的界限

从以上两类偏心受压破坏的特征可以看出，两类破坏的本质区别就在于破坏时远离纵向力一侧的钢筋能否达到屈服。若远离纵向力一侧的钢筋屈服，然后是受压区混凝土压碎即为受拉破坏；若远离纵向力一侧的钢筋无论受拉还是受压均未屈服，则为受压破坏。两类破坏的界限应该是当受拉钢筋屈服的同时，受压区混凝土达到极限压应变。从图 4-61 可以看出，其界限与受弯构件中的适筋破坏与超筋破坏的界限完全相同。因而其相对界限受压区高度 ξ_b 的计算式与受弯构件公式相同。当 $\xi\leqslant\xi_b$ 时，受拉钢筋先屈服，然后混凝土压碎，破坏为受拉破坏——大偏心受压破坏；否则，为受压破坏——小偏心受压破坏。

3. 偏心受压构件的 $M-N$ 相关曲线

对于给定截面、配筋及材料强度的偏心受压构件，到达承载能力极限状态时，截面承受的内力设计值 N、M 并不是独立的，而是相关的。也就是说，当给定轴力 N 时，有其唯一对应的弯矩 M，或者说构件可以在不同的 N 和 M 的组合下达到其极限承载力。下面以对称配筋截面（$A_s=A_s'$，$f_y'=f_y$，$a_s'=a_s$）为例说明轴向力 N 与弯矩 M 的对应关系。

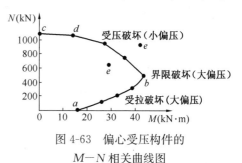

如图 4-63 所示，ab 段表示大偏心受压时的 $M-N$ 相关曲线，为二次抛物线。随着轴向压力 N 的增大，截面能承担的弯矩也相应提高。b 点为受拉钢筋与受压混凝土同时达到其强度值的界限状态。此时偏心受压构件承受的弯矩 M 最大。bc 段表示小偏心受压时的 $M-N$ 曲线，是一条接近于直线的二次函数曲线。由曲线趋向可以看出，在小偏心受压情况下，随着

图 4-63　偏心受压构件的 $M-N$ 相关曲线图

轴向压力的增大，截面所能承担的弯矩反而降低。图中 a 点表示受弯构件的情况，c 点代表轴心受压构件的情况。曲线上任一点 d 的坐标代表截面承载力的一种 M 和 N 的组合。如任一点 e 位于图中曲线的内侧，说明截面在该点左边给出的内力组合下未达到承载能力极限状态，是安全的；若 e 点位于图中曲线的外侧，则表明截面的承载力不足。

4. 附加偏心距 e_a

如前所述，由于荷载不可避免地偏心、混凝土的非均质性及施工偏差等原因，都可能产生附加偏心距。按 $e_0=M/N$ 求得偏心距，实际上有可能增大或减小。在偏心受压构件的正截面承载力计算中，应考虑轴向压力在偏心方向存在的附加偏心距 e_a，其值取 20mm 和偏心方向截面尺寸的 1/30 两者中的较大值。截面的初始偏心距 e_i 等于 e_0 加上附加偏心距 e_a，即：

$$e_i = e_0 + e_a \tag{4-18}$$

5. 结构侧移和构件挠曲引起的附加内力

钢筋混凝土偏心受压构件中的轴向力在结构发生层间位移和挠曲变形时会引起附加内力，即二阶效应。如在有侧移框架中，二阶效应主要是指竖向荷载在产生了侧移的框架中引起的附加内力，即通常称为 $P-\Delta$ 效应；在无侧移框架中，二阶效应是指轴向力在产生了挠曲变形的柱段中引起的附加内力，通常称为 $P-\delta$ 效应。

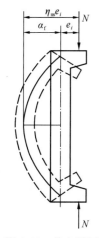

图 4-64　偏心受压构件受力图

对于无侧移钢筋混凝土柱在偏心压力作用下将产生挠曲变形，计为侧向挠度 a_f（图 4-64）。侧向挠度引起附加弯矩 Na_f。当柱的长细比较大时，挠曲的影响不容忽视，计算中须考虑侧向挠度引起的附加弯矩对构件承载力的影响。

按长细比的不同，钢筋混凝土偏心受压柱可分为短柱、中长柱和细长柱。不同长细比的柱，附加弯矩的影响是不同的。

（1）短柱

当柱的长细比较小时，侧向挠度 a_f 与初始偏心距 e_i 相比很小，可略去不计，这种柱称为短柱。当构件长细比 $l_0/h \leqslant 5$ 或 $l_0/d \leqslant 5$ 或

$l_0/i \leqslant 17.5$ 时（l_0 为构件计算长度，h 为截面高度，d 为圆形截面直径，i 为截面的回转半径），可不考虑挠度对偏心距的影响。短柱的 N 与 M 为线性关系（图 4-65），荷载增大直线与 $M-N$ 相关曲线交于 B 点，到达承载能力极限状态，属于材料破坏。

（2）中长柱

当柱的长细比较大时，侧向挠度 α_f 与初始偏心距 e_i 相比已不能忽略，长柱是在 α_f 引起的附加弯矩作用下发生的材料破坏。图 4-65 中 OC 是长柱的 $M-N$ 增长曲线，由于 α_f 随 N 的增大而增大，故 $M=N(\alpha_f+e_i)$ 较 N 增长更快。当构件的截面尺寸、配筋、材料强度及初始偏心距 e_i 相同时，柱的长细比 l_0/h 越大，中长柱的承载力较短柱承载力降低得就越多，但仍然是材料破坏。当 $5<l_0/h \leqslant 30$ 时，属于中长柱的范围。

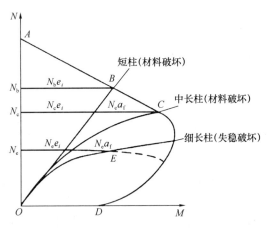

图 4-65   截面承载力 $N-M$ 相关曲线

（3）细长柱

当柱的长细比很大时，在内力增长曲线 OE 与截面承载力 $M-N$ 相关曲线相交以前，轴力已达到其最大值 N_e，这时混凝土及钢筋的应变均未达到其极限值，材料强度并未耗尽，但侧向挠度已出现不收敛的增长，这种破坏为失稳破坏。

如图 4-65 所示，在初始偏心距 e_i 相同的情况下，随着柱的长细比的增大，其承载力依次降低，$N_e<N_c<N_b$。

实际结构中最常见的是中长柱，其最终破坏属于材料破坏，但在计算中应考虑由于构件的侧向挠度而引起的二阶弯矩的影响。

根据大量的理论分析及试验研究，我国规范规定弯矩增大系数 η_{ns} 的计算公式为：

$$\eta_{ns}=1+\frac{1}{1300(M_2/N+e_a)h_0}\left(\frac{l_c}{h}\right)^2\xi_c \qquad (4\text{-}19\text{-}1)$$

$$\xi_c=\frac{0.5f_cA}{N} \qquad (4\text{-}19\text{-}2)$$

式中　N——与弯矩设计值 M_2 相应的轴向压力设计值；

　　　ξ_c——截面曲率修正系数，当计算值大于 1.0 时取 1.0；

　　　l_c——构件的计算长度，可近似取偏心受压构件相应主轴方向上下支撑点之间的距离；

　　　h——截面高度；对环形截面，取外直径；对圆形截面，取直径；

　　　A——构件截面面积。

偏心受压构件（不包含排架结构柱）考虑 $P\text{-}\delta$ 效应后控制截面的弯矩设计值按下式计算：

$$M=C_m\eta_{ns}M_2 \qquad (4\text{-}19\text{-}3)$$

$$C_m=0.7+0.3\frac{M_1}{M_2} \qquad (4\text{-}19\text{-}4)$$

当 $C_m\eta_{ns}$ 小于 1.0 时取 1.0；对剪力墙及核心筒墙，可取 $C_m\eta_{ns}=1.0$。

式中　C_m——构件端截面偏心距调节系数，当小于 0.7 时取 0.7；

M_1、M_2——分别为已考虑 $P\text{-}\Delta$ 效应的偏压构件两端截面按弹性分析确定的对同一主轴的基本组合弯矩设计值，绝对值较大端为 M_2。

需注意，对于弯矩作用平面内截面对称的偏压构件，当同一主轴方向的杆端弯矩比 M_1/M_2 不大于 0.9，并且轴压比不大于 0.9 时，若构件的长细比满足以下式（4-19-5）的要求时，可不考虑轴向压力在该方向杆件自身挠曲产生的 $P\text{-}\delta$ 效应的影响。

$$l_c/i \leqslant 34 - 12\frac{M_1}{M_2} \tag{4-19-5}$$

式中　i——偏心方向构件截面的回转半径；

M_1、M_2——绝对值较大端为 M_2，当构件按单曲率弯曲时（图 4-66a、b），M_1/M_2 取正值，否则取负值。

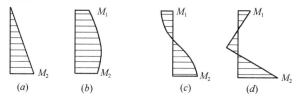

图 4-66　单曲率弯曲和反向曲率弯曲

（a）（b）单曲率弯曲；（c）（d）反向曲率弯曲

4.3.5　对称配筋矩形截面偏心受压构件正截面承载力计算

承载力的计算又可分为截面设计和截面复核两种情况，分述如下。

1. 截面设计

（1）基本计算公式

偏心受压构件采用与受弯构件相同的基本假定。根据偏心受压构件破坏时的应力状态和基本假定，可得图 4-67 所示的计算简图。

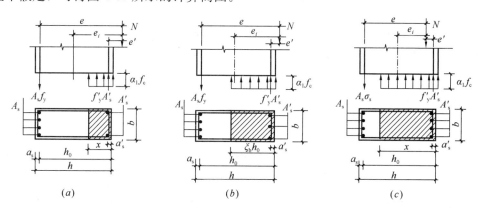

图 4-67　矩形截面偏心受压构件正截面承载力计算图式

（a）大偏心受压；（b）界限偏心受压；（c）小偏心受压

1）大偏心受压（$\xi \leqslant \xi_b$）

大偏心受压时受拉钢筋应力 $\sigma_s = f_y$，轴力和弯矩的平衡方程（图 4-67a）为：

$$N = \alpha_1 f_c bx + f_y' A_s' - f_y A_s \tag{4-20}$$

$$Ne = \alpha_1 f_c bx \left(h_0 - \frac{x}{2}\right) + f_y' A_s' (h_0 - a_s') \tag{4-21}$$

式中，e 为轴向力 N 至钢筋 A_s 合力中心的距离：

$$e = e_i + \frac{h}{2} - a_s \tag{4-22}$$

为了保证受压钢筋（A_s'）应力达到 f_y' 及受拉钢筋应力达到 f_y，上式适用条件为：

$$x \geqslant 2a_s'$$

$$x \leqslant \xi_b h_0$$

式（4-21）中，取 $x = \xi_b h_0$，可求出界限情况下的轴向力 N_b、弯矩 M_b 为：

$$N_b = \alpha_1 f_c \xi_b b h_0 + f_y' A_s' - f_y A_s$$

$$M_b = \frac{1}{2} \left[\alpha_1 f_c \xi_b b h_0 (h - \xi_b h_0) + (f_y' A_s' + f_y A_s)(h_0 - a_s') \right]$$

2）小偏心受压（$\xi > \xi_b$）

距纵向力较远一侧纵筋（A_s）中应力 $\sigma_s < f_y$（图 4-67c），这时平衡方程为：

$$N = \alpha_1 f_c bx + f_y' A_s' - \sigma_s A_s \tag{4-23}$$

$$Ne = \alpha_1 f_c bx \left(h_0 - \frac{x}{2}\right) + f_y' A_s' (h_0 - a_s') \tag{4-24}$$

（2）对称矩形截面配筋计算

工程设计中，当构件承受变号弯矩作用，或为了构造简单、便于施工时，常采用对称配筋截面，即 $A_s = A_s'$，$f_y = f_y'$，且 $a_s = a_s'$。此时 $f_y A_s = f_y' A_s'$。

1）大偏心受压，

当 $x < 2a_s'$，取 $x = 2a_s'$，规范规定，按下式计算：

$$A_s' = A_s = \frac{N(e_i - h/2 + a_s')}{f_y'(h_0 - a_s')} \tag{4-25}$$

2）小偏心受压时，远离纵向力一侧的钢筋不屈服。规范规定，可按下列近似公式计算纵向钢筋截面面积：

$$A_s' = \frac{Ne - \xi(1 - 0.5\xi)\alpha_1 f_c b h_0^2}{f_y'(h_0 - a_s')} \tag{4-26}$$

上式中，ξ 值可按下式计算：

$$\xi = \frac{N - \xi_b \alpha_1 f_c b h_0}{\dfrac{Ne - 0.43\alpha_1 f_c b h_0^2}{(\beta_1 - \xi_b)(h_0 - a_s')} + \alpha_1 f_c b h_0} + \xi_b \tag{4-27}$$

（3）偏心受压情况的判别

正如前面所述，当 $\xi \leqslant \xi_b$ 属于大偏心受压情况，$\xi > \xi_b$ 属于小偏心受压情况，但是在进行截面配筋计算时，A_s' 及 A_s 为未知，故无法利用前述基本公式来计算相对受压区高度 ξ，所以就不能依据 ξ 与 ξ_b 的比较来判别。为此，引入最小相对界限偏心距 $(e_{ib}/h_0)_{\min}$ 的概念。

根据前述 N_b、M_b 的计算公式，且 $M_b = N_b e_{ib}$，可得：

$$\frac{e_{ib}}{h_0} = \frac{\alpha_1 f_c \xi_b b h_0 (h - \xi_b h_0) + (f_y' A_s' + f_y' A_s)(h_0 - a_s')}{2(\alpha_1 f_c \xi_b b h_0 + f_y' A_s' - f_y A_s) h_0} \quad (4-28)$$

由上式可知，当截面尺寸（b、h、h_0 及 a_s'）和材料强度（$\alpha_1 f_c$、f_y'、f_y 及 ξ_b）为已知时，式中 e_{ib} 的大小与 A_s'、A_s 有关。显然 A_s 越小，e_{ib} 就越小。当 A_s、A_s' 分别取设计允许的最小值，即《混凝土结构设计规范》规定的最小配筋率确定的纵向钢筋截面面积时，式（4-28）得出的 e_{ib} 将为最小值，规范规定受压构件一侧纵向钢筋（A_s 或 A_s'），按构件全截面面积计算的最小配筋率为 0.2%，故取 $A_s = A_s' = 0.2\% bh$，同时，取 $h/h_0 = 1.075$，$a_s'/h_0 = 0.075$，代入式（4-28）可得最小相对界限偏心距 $(e_{ib}/h_0)_{min}$ 的值，见表 4-12。

最小相对界限偏心距 $(e_{ib}/h_0)_{min}$　　　　　　表 4-12

混凝土强度等级	C25	C30	C40	C50	C60	C70	C80
HRB400	0.395	0.375	0.351	0.338	0.341	0.346	0.352
HRB500	0.447	0.422	0.390	0.374	—	—	—

注：$h/h_0 = 1.075$，$a_s'/h_0 = 0.075$。

因此，当进行截面配筋计算时，两种偏心受压判别条件，见表 4-13。

各类计算配筋情况下的大、小偏心受压判别条件　　　　表 4-13

配　筋	计 算 要 求	判　别　条　件
对称配筋 $A_s = A_s'$	求 $A_s = A_s'$	① $e_i > (e_{ib})_{min}$，且 $N \leq N_b$，大偏心受压 ② $e_i > (e_{ib})_{min}$，且 $N > N_b$，小偏心受压 ③ $e_i \leq (e_{ib})_{min}$，小偏心受压
非对称配筋 $A_s \neq A_s'$	第一类：求 A_s' 及 A_s 第二类：已知 A_s' 求 A_s	① $e_i > (e_{ib})_{min}$，按大偏心受压计算 ② $e_i \leq (e_{ib})_{min}$，小偏心受压

【例 4-7】　一矩形截面受压构件 $b \times h = 300\text{mm} \times 500\text{mm}$，荷载基本组合下的截面轴向力设计值 $N = 150\text{kN}$，已考虑 $P\text{-}\Delta$ 效应后的端部弯矩设计值 $M_2 = 240\text{kN} \cdot \text{m}$，$M_1 = 200\text{kN} \cdot \text{m}$，偏心方向沿 h 方向。混凝土强度等级为 C30（$f_c = 14.3\text{N/mm}^2$，$\alpha_1 = 1.0$），纵向受力钢筋为 HRB400 级（$f_y' = f_y = 360\text{N/mm}^2$，$\xi_b = 0.518$），构件的计算长度 $l_c = 6\text{m}$。已知 M_1、M_2 为单曲率弯曲。采用对称配筋 $A_s = A_s'$，环境类别为一类，安全等级为二级。取 $a_s = a_s' = 40\text{mm}$。试问，当考虑挠曲二阶效应（$P\text{-}\delta$ 效应）后，受拉钢筋 A_s 截面面积为多少？

【解】　设 $a_s = a_s' = 40\text{mm}$，$h_0 = h - 40 = 500 - 40 = 460\text{mm}$

$$e_a = \max\left(20, \frac{500}{30}\right) = 20\text{mm}$$

$$\xi_c = \frac{0.5 f_c A}{N} = \frac{0.5 \times 14.3 \times 300 \times 500}{150 \times 10^3} = 7.15 > 1.0$$

故取 $\xi_c = 1.0$

$$\eta_{ns} = 1 + \frac{1}{1300(M_2/N + e_a)h_0}\left(\frac{l_c}{h}\right)^2 \xi_c$$

$$=1+\frac{1}{1300\left(\frac{240\times10^3}{150}+20\right)/460}\cdot\left(\frac{6000}{500}\right)^2\times1$$

$$=1.031$$

$$C_m=0.7+0.3\frac{M_1}{M_2}=0.7+0.3\times\frac{200}{240}=0.95$$

$$C_m\eta_{ns}=0.95\times1.031=0.979<1.0,\ 故取\ C_m\eta_{ns}=1.0$$

$$M=C_m\eta_{ns}M_2=1.0\times240=240\text{kN}\cdot\text{m}$$

$$e_i=e_0+e_a=\frac{240\times10^3}{150}+20=1620\text{mm}$$

查表 4-12 计算 $(e_{ib})_{min}$ 值，则

$(e_{ib})_{min}=0.375\times h_0=0.375\times460=172.5\text{mm}<e_i=1620\text{mm}$,

$N_b=\alpha_1f_c\xi_bh_0=1.0\times14.3\times300\times0.518\times460=1022.2\text{kN}>N=150\text{kN}$

根据表 4-13 可知，属大偏心受压。

$$x=\frac{N}{\alpha_1f_cb}=\frac{150000}{1.0\times14.3\times300}=35\text{mm}$$

$x<2a_s'=2\times40=80\text{mm}$，取 $x=2a_s'$，则由式（4-25）

$$A_s'=A_s=\frac{N(e_i-h/2+a_s')}{f_y'(h_0-a_s')}=\frac{150000\times(1620-250+40)}{360\times(460-40)}=1399\text{mm}^2$$

最后选用 4 Φ 22（$A_s=1520\text{mm}^2$），截面配筋如图 4-68 所示。

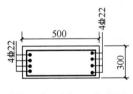

图 4-68   例 4-7 配筋图

2. 截面承载力复核

当构件的截面尺寸、配筋面积 A_s 及 A_s'、材料强度及计算长度均为已知，要求根据给定的轴力设计值 N（或偏心距 e_0）确定构件所能承受的弯矩设计值 M（或轴向力 N）时，属于截面承载力复核问题。一般情况下，单向偏心受压构件应进行两个平面内的承载力计算：弯矩作用平面内承载力计算及垂直于弯矩作用平面的承载力计算。

4.3.6 受压构件一般构造要求

1. 混凝土强度等级、计算长度及截面尺寸

（1）混凝土强度等级

受压构件的承载力主要取决于混凝土，因此采用较高强度等级的混凝土是经济合理的。

（2）截面尺寸

为了充分利用材料强度，使构件的承载力不致因长细比过大而降低过多，柱截面尺寸不宜过小，矩形截面的最小尺寸不宜小于 300mm，同时截面的长边 h 与短边 b 的比值常选用为 $h/b=1.5\sim3.0$。一般截面应控制在 $l_0/b\leqslant30$ 及 $l_0/h\leqslant25$（b 为矩形截面的短边，h 为长边）。当柱截面的边长在 800mm 以下时，截面尺寸以 50mm 为模数；边长在 800mm 以上时，以 100 为模数。

2. 纵向钢筋及箍筋

（1）纵向钢筋

纵向钢筋配筋率过小时，接近于素混凝土柱，纵筋将起不到防止脆性破坏的缓冲作用。轴心受压构件全部纵向钢筋的配筋率 $\rho = A_s/(bh)$ 不得小于 0.55%（HRB400 级）；0.50%（HRB500 级）。偏心受压构件中的受拉钢筋的最小配筋率要求与受弯构件相同，受压钢筋的最小配筋率为 0.2%。如截面承受变号弯矩作用，则均应按受压钢筋考虑。从经济和施工方面考虑，为了不使截面配筋过于拥挤，全部纵向钢筋配筋率不宜超过 5%。

纵向受力钢筋一般选用 HRB500、HRB400，纵向受力钢筋直径 d 不宜小于 12mm，一般直径为 12~40mm。柱中纵筋宜选用根数较少、直径较粗的钢筋，但根数不得少于 4 根。圆柱中纵向钢筋应沿周边均匀布置，根数不宜少于 8 根，且不应少于 6 根。当柱为竖向浇筑混凝土时，纵筋的净距不应小于 50mm，也不应大于 300mm，配置于垂直于弯矩作用平面的纵向受力钢筋的间距不应大于 300mm。对水平浇筑的预制柱，其纵筋间距的要求与梁同。

当偏心受压柱的 $h \geqslant 600$mm 时，在侧面应设置直径不小于 10mm 的纵向构造钢筋，并相应地设置复合箍筋或拉筋。

（2）箍筋

受压构造中的箍筋应为封闭式的。箍筋一般采用 HPB300 级钢筋，其直径不应小于 $d/4$，且不应小于 6mm。此处，d 为纵向钢筋的最大直径。

箍筋间距不应大于 400mm，且不应大于构件截面的短边尺寸；同时，不应大于 $15d$，d 为纵向钢筋的最小直径。

当柱中全部纵向钢筋的配筋率超过 3% 时，箍筋直径不宜小于 8mm，且应焊成封闭式，或在箍筋末端做不小于 135° 的弯钩，弯钩末端平直段的长度不应小于 10 倍箍筋直径。其间距不应大于 $10d$（d 为箍筋的直径），且不应大于 200mm。

当柱截面短边尺寸大于 400mm 且各边纵筋多于 3 根时，或当柱的短边不大于 400mm，但各边纵向钢筋多余 4 根时，应设置复合箍筋（图 4-69）。

柱内纵向钢筋搭接长度范围内的箍筋间距应符合梁中搭接长度范围内的相应规定。

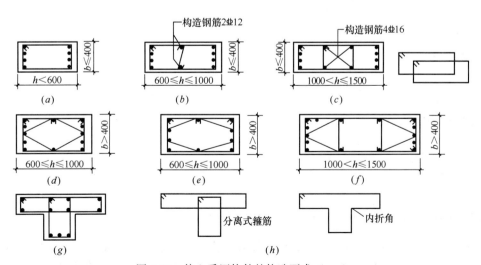

图 4-69　偏心受压构件的构造要求（mm）

工字形柱的翼缘厚度不宜小于 120mm，腹板厚度不宜小于 100mm。当腹板开有孔洞时，在孔洞周边宜设置 2～3 根直径不小于 8mm 的封闭钢筋。

3. 上、下层柱的接头

在多层和高层现浇钢筋混凝土结构中，一般在楼盖顶面设置施工缝，上下柱须做成接头。通常是将下层柱的纵筋伸出楼面一段距离，其长度为纵筋的搭接长度 l_1，与上层柱纵筋相搭接。当上、下层柱截面尺寸不同时，可在梁高范围内将下层柱的纵筋弯折一倾斜角，然后伸入上层柱，也可采用附加短筋与上层柱纵筋搭接。

4.3.7   柱平法施工图制图规则

具体见本书附录三。

4.4   钢筋混凝土其他构件

4.4.1   轴心受拉构件正截面受拉承载力计算

与适筋梁相似，轴心受拉构件从加载开始到破坏为止，其受力全过程也可分为三个受力阶段。第 Ⅰ 阶段为从加载到混凝土受拉开裂前。第 Ⅱ 阶段为混凝土开裂后至钢筋即将屈服。第 Ⅲ 阶段为受拉钢筋开始屈服到全部受拉钢筋达到屈服；此时，混凝土裂缝开展很大，可认为构件达到了破坏状态，即达到极限荷载 N_u。

轴心受拉构件破坏时，混凝土早已被拉裂，全部拉力由钢筋来承受，直到钢筋受拉屈服。因此，轴心受拉构件正截面承载力计算公式如下：

$$\gamma_0 N \leqslant f_y A_s \tag{4-29}$$

式中 N——轴向拉力设计值；

f_y——钢筋的抗拉强度设计值；

A_s——受拉钢筋的全部截面面积。

【例 4-8】 已知某钢筋混凝土屋架下弦，截面尺寸 $b \times h = 200\text{mm} \times 150\text{mm}$，其所受的荷载基本组合下的轴心拉力设计值为 345.6kN，混凝土强度等级 C30，钢筋为 HRB400。安全等级为二级。求截面配筋。

【解】 HRB400 级钢筋，$f_y = 360\text{N/mm}^2$，则：

$$A_s = \gamma_0 N / f_y = 1 \times 345.6 \times 10^3 / 360 = 960\text{mm}^2$$

选用 $4\Phi18$，$A_s = 1017\text{mm}^2$

复核最小配筋率：

$$\rho_{min} = \max(0.2\%, 0.45 f_t / f_y) = \max(0.2\%, 0.45 \times 1.43 / 360) = 0.2\%$$

$$A_{s,min} = \rho_{min} bh = 0.2\% \times 200 \times 150 = 60\text{mm}^2 < A_s = 1017\text{mm}^2$$

故满足。

4.4.2   偏心受拉构件正截面受拉承载力计算

偏心受拉构件正截面的承载力计算，按纵向拉力 N 的位置不同，可分为大偏心受拉与小偏心受拉两种情况：当纵向拉力 N 作用在钢筋 A_s 合力点及 A'_s 的合力点范围以外时，属于大偏心受拉的情况；当纵向拉力 N 作用在钢筋 A_s 合力点及 A_s' 合力点范围以内时，属于小偏心受拉的情况。

1. 大偏心受拉构件正截面的承载力计算

当轴向拉力作用在 A_s 合力点及 A_s' 合力点以外时，截面虽开裂，但还有受压区，否则拉力 N 得不到平衡。既然还有受压区，界面不会裂通，这种情况称为大偏心受拉。

图 4-70 表示矩形截面大偏心受拉构件的计算简图。构件破坏时，钢筋 A_s 及 A_s' 的应力都达到屈服强度，受压区混凝土强度达到 $\alpha_1 f_c$。

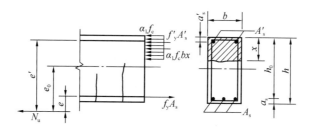

图 4-70 大偏心受拉构件截面计算简图

基本公式如下：

$$N_u = f_y A_s - f_y' A_s' - \alpha_1 f_c b x \tag{4-30-1}$$

$$N_u e = \alpha_1 f_c b x \left(h_0 - \frac{x}{2} \right) + f_y' A_s' (h_0 - a_s') \tag{4-30-2}$$

$$e = e_0 - \frac{h}{2} + a_s \tag{4-30-3}$$

受压区的高度应当符合 $x \leqslant x_b = \xi_b h_0$ 的条件，计算中考虑受压钢筋时，还要符合 $x \geqslant 2a_s'$ 的条件。

设计时，为了使钢筋总用量 $(A_s + A_s')$ 最少，同偏心受压构件一样，应取 $x = x_b$。

对称配筋时，由于 $A_s = A_s'$ 和 $f_y = f_y'$，将其代入基本公式（4-30-1）后，必然会求得 x 为负值，即属于 $x < 2a_s'$ 的情况。这时候，可按偏心受压的相应情况类似处理，即取 $x = 2a_s'$，并对 A_s' 取矩和取 $A_s' = 0$ 分别计算 A_s 值，最后按所得较小值配筋。

2. 小偏心受拉构件正截面的承载力计算

在小偏心拉力作用下，临破坏前一般情况是截面全部裂通，拉力完全由钢筋承担，其计算简图如图 4-71 所示。

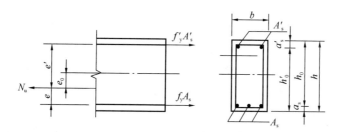

图 4-71 小偏心受拉构件截面计算简图

在这种情况下，不考虑混凝土的受拉工作。设计时，可假定构件破坏时钢筋 A_s 及 A_s' 的应力都可达到屈服强度。根据内外力分别对钢筋 A_s 及 A_s' 的合力点取矩的平衡条件，可得：

$$N_u e = f_y A'_s (h_0 - a'_s) \tag{4-31-1}$$

$$N_u e' = f_y A_s (h'_0 - a_s) \tag{4-31-2}$$

$$e = -e_0 + \frac{h}{2} - a'_s \tag{4-31-3}$$

$$e' = e_0 + \frac{h}{2} - a'_s \tag{4-31-4}$$

对称配筋的矩形截面偏心受拉构件，不论大、小偏心受拉情况，均可按式（4-31-2）计算。

4.4.3 受扭构件的扭曲截面承载力

工程结构中，处于纯扭矩作用的情况是很少的，绝大多数都是处于弯矩、剪力、扭矩共同作用下的复合受扭情况。例如，图 4-72 所示的吊车梁、框架结构的边框架梁，以及雨篷梁、曲梁、槽形墙板等，都属于弯、剪、扭复合受扭构件。

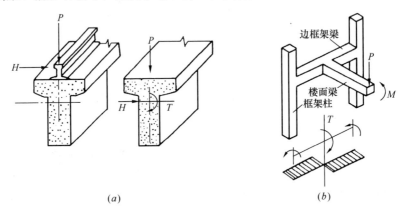

图 4-72 平衡扭转与协调扭转图例
（a）吊车梁；（b）边梁

静定的受扭构件，由荷载产生的扭矩是由构件的静力平衡条件确定而与受扭构件的扭转刚度无关的，称为平衡扭转。例如，图 4-72（a）所示的吊车梁，吊车横向水平制动力和轮压的偏心对吊车梁截面产生的扭矩 T 就属于平衡扭转。对于超静定受扭构件，作用在构件上的扭矩除了静力平衡条件以外，还必须由与相邻构件的变形协调条件才能确定，称为协调扭转。例如，图 4-72（b）所示的边框架梁，该梁承受的扭矩 T 就是由楼面梁的支座负弯矩、楼面梁支承点处的转角与该处边框架梁扭转角的变形协调条件所决定。当边框架梁和楼面梁开裂后，由于楼面梁的弯曲刚度特别是边框架梁的扭转刚度发生了显著的变化，楼面梁和边框架梁都产生内力重分布，此时边框架梁的扭转角急剧增大，从而作用于边框架梁的扭矩迅速减小。

纯扭构件的扭曲截面承载力计算，首先需要计算构件的开裂扭矩。如果构件实际承受的扭矩大于构件的开裂扭矩，则还要按计算配置受扭纵筋和受扭箍筋，以满足构件的承载力要求。

处于弯矩、剪力和扭矩共同作用下的钢筋混凝土构件，其受力状态是十分复杂的，构件的破坏特征及其承载力，与荷载条件及构件的内在因素有关。构件的内在因素是构件的截面尺寸、配筋及材料强度。

受扭构件的计算较复杂，在此不作介绍。

4.5 钢筋混凝土正常使用状态验算

设计任何建筑物和构筑物时，必须满足安全、适用和耐久的要求，它是结构可靠的标志，总称为结构的可靠性。

前面谈到的是极限状态中的承载能力极限状态，本节要谈的是极限状态中的正常使用极限状态，主要是挠度和裂缝问题。对钢筋混凝土构件进行正常使用极限状态的验算时，按照荷载的准永久组合进行验算，以保证变形、裂缝和应力等计算值不超过相应的规定限值。

要注意的是，这里将要讲的挠度和裂缝宽度验算与前面讲的截面承载力计算有以下区别。

（1）极限状态不同

截面承载力计算是为了满足承载能力极限状态要求的；挠度和裂缝宽度验算则是为了满足正常使用极限状态的。

（2）要求不同

当结构构件不满足正常使用极限状态时，其对生命财产的危害程度要比不满足承载能力极限状态的危害程度小，因此，对满足正常使用极限状态的要求可以放宽些，所以，对挠度和裂缝宽度进行"验算"而不是"计算"，并在验算时对于钢筋混凝土构件采用由荷载的准永久组合下产生的内力设计值以及材料强度的标准值，而不是像截面承载力计算时采用由荷载基本组合下产生的内力设计值以及材料强度的设计值。

（3）受力阶段不同

前面讲过，三个受力阶段是钢筋混凝土结构的基本属性。截面承载力以破坏阶段为计算的依据；第Ⅱ阶段是构件正常使用时的受力状态，它是挠度和裂缝宽度验算的依据。

4.5.1 钢筋混凝土受弯构件的挠度验算

进行受弯构件的挠度验算时，要求满足下面的条件：

$$a_{f,max} \leqslant a_{f,lim} \tag{4-32}$$

式中 $a_{f,max}$——受弯构件按荷载的准永久组合并考虑荷载长期作用影响计算的挠度最大值；

$a_{f,lim}$——受弯构件的挠度限值，受弯构件的挠度取值见附表1-7。

（1）钢筋混凝土受弯构件挠度计算的特点

钢筋混凝土梁的挠度与弯矩的关系是非线性的，因为梁的截面刚度不仅随弯矩变化，而且随荷载持续作用的时间变化，因此不能用 EI 这个常量来表示。通常用 B_s 表示钢筋混凝土梁在荷载短期作用下的截面抗弯刚度，简称短期刚度。而用 B 表示考虑荷载长期作用影响的截面抗弯刚度，简称长期刚度。由于在钢筋混凝土受弯构件中可采用平截面假定，故在变形计算中可以直接引用材料力学中的计算公式。不同的是，钢筋混凝土受弯构件的抗弯刚度不再是常量 EI，而是变量 B。

（2）短期刚度 B_s 的计算

在混凝土未裂之前，通常可偏安全地取钢筋混凝土构件的短期刚度为：

$$B_s = 0.85E_cI_0 \tag{4-33}$$

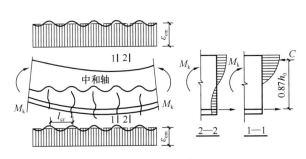

图 4-73   构件中混凝土和钢筋应变分析

构件受拉区混凝土开裂后，由于裂缝截面受拉区混凝土逐步退出工作，截面抗弯刚度比弹性阶段明显下降。钢筋混凝土受弯构件一般允许带裂缝工作，因此，其变形（刚度）计算就以第 Ⅱ 阶段的应力应变状态为根据。

图 4-73 为适筋构件纯弯段应变及内力分布图，我们以此为对象，分析刚度的计算方法。

在荷载准永久组合作用下，该区段内裂缝基本稳定，裂缝分布实际上并不十分均匀，但可理想化为图示均匀分布状态，其间距 l_{cr} 可视为平均裂缝间距。

裂缝出现后，受压混凝土和受拉钢筋的应变沿构件长度方向的分布是不均匀的（图 4-73），中和轴呈波浪状，曲率分布也是不均匀的。裂缝截面曲率最大，裂缝中间截面曲率最小。为简化计算，截面上的应变、中和轴位置、曲率均采用平均值。

矩形、T 形、倒 T 形、工字形截面受弯构件短期刚度的公式为：

$$B_s = \frac{E_sA_sh_0^2}{1.15\psi + 0.2 + \dfrac{6\alpha_E\rho}{1 + 3.5\gamma_f'}} \tag{4-34-1}$$

$$\psi = 1.1 - 0.65\frac{f_{tk}}{\rho_{te}\sigma_{sq}} \tag{4-34-2}$$

$$\rho_{te} = \frac{A_s}{A_{te}} \tag{4-34-3}$$

式中　ρ——纵向受拉钢筋配筋率。

γ_f'——T 形、工字形截面压翼缘面积与腹板有效面积之比。计算公式为 $\gamma_f' = \dfrac{(b_f' - b)h_f'}{bh_0}$，$b_f'$、$h_f'$ 分别为截面受压翼缘的宽度和高度，当 $h_f' > 0.2h_0$ 时，取 $h_f' = 0.2h_0$；矩形截面，取 $\gamma_f' = 0$。

ψ——为裂缝间纵向受拉钢筋应力不均匀系数，它反映了钢筋与混凝土之间的粘结性能的好坏，当 $\psi < 0.2$ 时，取 $\psi = 0.2$；当 $\psi > 1.0$ 时，取 $\psi = 1.0$。

ρ_{te}——按有效受拉混凝土截面面积计算的纵向受拉钢筋配筋率。

A_{te}——有效受拉混凝土截面面积：对轴心受拉构件，取构件截面面积；对其他情况，取 $A_{te} = 0.5bh + (b_f - b)h_f$，此处，$b_f$、$h_f$ 为受拉翼缘的宽度、高度。

（3）长期刚度 B 的计算

钢筋混凝土构件的长期刚度 B 按下式计算：

$$B = \frac{B_s}{\theta} \tag{4-35}$$

根据试验结果，对于荷载长期作用下对挠度增大的影响系数 θ，可按下式计算：

$$\theta = 2.0 - 0.4\rho'/\rho \tag{4-36}$$

式中，$\rho = A_s/(bh_0)$ 和 $\rho' = A_s'/(bh_0)$ 分别为纵向受拉钢筋和纵向受压钢筋的配筋率。当 $\rho'/\rho > 1$ 时，取 $\rho'/\rho = 1$。由于受压钢筋能够阻碍受压混凝土的徐变，因而可以减少长期挠度，上式的 ρ'/ρ 反映了受压钢筋的这一有利影响。此外，根据国内试验结果，翼缘在受拉区的倒 T 形截面的 θ 值比配筋率相同的矩形截面的 θ 值大，故规范规定，对翼缘在受拉区的倒 T 形截面，θ 值应在式（4-36）的基础上增大 20%。

（4）受弯构件挠度的计算

钢筋混凝土受弯构件截面的抗弯刚度随弯矩增大而减小。因此，即使对于等截面梁，由于各截面的弯矩并不相同，故其抗弯刚度都不相等。例如，承受均布荷载的简支梁，当中间部分开裂后，其抗弯刚度分布情况如图 4-74（a）所示。按照这样的变刚度来计算梁的挠度显然是十分繁琐的。在实用计算中，考虑到支座附近弯矩较小区段虽然刚度较大，但它对全梁变形的影响不大，故一般取同号弯矩区段内弯矩最大截面的抗弯刚度作为该区段的抗弯刚度。对于简支梁即取最大正弯矩截面按式（4-35）计算的截面刚度，并以此作为全梁的抗弯刚度（图 4-74b）。对于带悬挑的简支梁、连续梁或框架梁，则取最大正弯矩截面和最小负弯矩截面的刚度，分别作为相应弯矩区段的刚度。这就是挠度计算中通称的"最小刚度原则"，据此可很方便地确定构件的刚度分布。例如，受均匀荷载作用的带悬挑的等截面简支梁，其弯矩如图 4-75（a）所示，而截面刚度分布如图 4-75（b）所示。

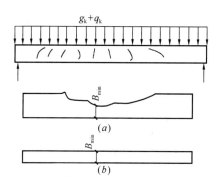

图 4-74　简支梁抗弯刚度分布图
（a）实际抗弯刚度分布图；
（b）计算抗弯刚度分布图

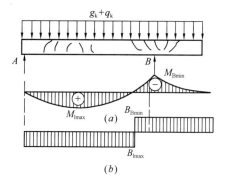

图 4-75　带悬挑简支梁抗弯刚度分布图
（a）弯矩分布图；（b）计算抗弯刚度分布图

构件刚度分布图确定后，即可按结构力学的方法计算钢筋混凝土受弯构件的挠度。

受弯构件挠度除弯曲变形外，还受剪切变形的影响。一般情况下，这种剪切变形的影响很小，可忽略不计。

按荷载的准永久组合并考虑荷载长期效应影响的长期刚度 B 计算所得的长期挠度 a_f，应不大于规定的允许挠度 $a_{f,lim}$，亦即满足正常使用极限状态式（4-32）的要求。当该要求不能满足时，从短期刚度及长期刚度公式（4-34-1）和式（4-35）可知：最有效的措施是增加截面高度；当设计构件截面尺寸不能加大时，可考虑增加纵向受拉钢筋截面面积或提高混凝土强度等级；对某些构件还可以充分利用纵向受压钢筋对长期刚度的有利影响，在构件受压区配置一定数量的受压钢筋。此外，采用预应力混凝土构件也是提高构件刚度的有效措施。

【例 4-9】　矩形截面简支梁的截面尺寸 $b \times h = 250\text{mm} \times 600\text{mm}$，混凝土强度等级为 C30，配置 HRB400 钢筋，4 ⌀ 18 受拉钢筋，受拉钢筋混凝土保护层厚度为 25mm，承受均布荷载，按荷载的准永久组合计算的跨中弯矩设计值 $M_q = 135\text{kN} \cdot \text{m}$，梁的计算跨度 $l_0 = 6.5\text{m}$，$\sigma_{sq} = \dfrac{M_q}{0.87 h_0 A_s}$，挠度允许值为 $\dfrac{l_0}{250}$。未配置受压钢筋。试验算其挠度是否满足要求。

【解】

$f_{tk} = 2.01\text{N/mm}^2$，$E_s = 200 \times 10^3\text{N/mm}^2$，$E_c = 3 \times 10^4\text{N/mm}^2$，

$\alpha_E = \dfrac{E_s}{E_c} = 6.67$，$h_0 = 600 - \left(25 + \dfrac{18}{2}\right) = 566\text{mm}$，$A_s = 1017\text{mm}^2$

$$\rho = \frac{A_s}{bh_0} = \frac{1017}{250 \times 566} = 0.00719$$

$$\rho_{te} = \frac{A_s}{0.5bh} = \frac{1017}{0.5 \times 250 \times 600} = 0.0136$$

$$\sigma_{sq} = \frac{M_q}{0.87 h_0 A_s} = \frac{135 \times 10^6}{0.87 \times 566 \times 1017} = 270\text{N/mm}^2$$

$$\psi = 1.1 - 0.65 \frac{f_{tk}}{\rho_{te}\sigma_{sq}} = 1.1 - \frac{0.65 \times 2.01}{0.0136 \times 270} = 0.744$$

矩形截面，取 $\gamma'_f = 0$。

$$B_s = \frac{E_s A_s h_0^2}{1.15\psi + 0.2 + \dfrac{6\alpha_E\rho}{1 + 3.5\gamma'_f}}$$

$$= \frac{200 \times 10^3 \times 1017 \times 566^2}{1.15 \times 0.744 + 0.2 + \dfrac{6 \times 6.67 \times 0.00719}{1 + 3.5 \times 0}} = 4.85 \times 10^{13}\text{N} \cdot \text{mm}^2$$

$$\beta = \frac{B_s}{\theta} = \frac{4.85 \times 10^{13}}{2}$$

$$= 2.425 \times 10^{13}\text{N} \cdot \text{mm}^2$$

$$f_f = \frac{5}{48} \frac{M_q l_0^2}{B} = \frac{5}{48} \times \frac{135 \times 10^6 \times 6500^2}{2.425 \times 10^{13}} = 24.5\text{mm} < \frac{l_0}{250} = 26\text{mm}$$

满足要求。

4.5.2　钢筋混凝土构件的裂缝宽度验算

钢筋混凝土中的裂缝按形成原因可分为两大类：第一类是由荷载引起的裂缝；第二类是由变形因素（非荷载）引起的裂缝，如由材料收缩、温度变化、混凝土碳化（钢筋锈蚀

膨胀)以及地基不均匀沉降等原因引起的裂缝,很多裂缝往往是几种因素共同作用的结果。调查表明,工程实践中结构物的裂缝大多数属于变形因素引起,属于荷载为主引起的约占20%。对非荷载引起的裂缝主要是通过构造措施如加强配筋、设变形缝等进行控制。此处要讨论的是由荷载引起的正截面裂缝验算。

1. 验算公式

根据正常使用阶段对结构构件裂缝的不同要求,将裂缝的控制等级分为三级;正常使用阶段严格要求不出现裂缝的构件,裂缝控制等级属一级;正常使用阶段一般要求不出现裂缝的构件,裂缝控制等级属二级;正常使用阶段允许出现裂缝但要控制其宽度的构件,裂缝控制等级属三级。

钢筋混凝土结构构件由于混凝土的抗拉强度低,在正常使用阶段常带裂缝工作,因此,其裂缝控制等级属于三级。若要使结构构件的裂缝达到一级或二级要求,必须对其施加预应力,将结构构件做成预应力混凝土结构构件。

试验和工程实践表明,在一般环境情况下,只要将钢筋混凝土结构构件的裂缝宽度限制在一定的范围以内,结构构件内的钢筋并不会锈蚀,对结构构件的耐久性也不会构成威胁。因此,对于钢筋混凝土构件,裂缝宽度的验算可以按下面的公式进行:

$$w_{max} \leqslant w_{lim} \tag{4-37}$$

式中　　w_{max}——按荷载的准永久组合并考虑长期作用影响计算的最大裂缝宽度;

　　　　w_{lim}——最大裂缝宽度限值。

2. w_{max} 的计算方法

《混凝土结构设计规范》采用平均裂缝宽度乘以扩大系数的方法确定最大裂缝宽度 w_{max}。

(1) 裂缝截面钢筋应力 σ_{sk}

在荷载的准永久组合作用下,构件裂缝截面处纵向受拉钢筋的应力 σ_{sq},根据使用阶段(Ⅱ阶段)的应力状态,可按下列公式计算(图4-76):

1) 轴心受拉

$$\sigma_{sq} = \frac{N_q}{A_s} \tag{4-38-1}$$

2) 偏心受拉

$$\sigma_{sq} = \frac{N_q e'}{A_s(h_0 - a'_s)} \tag{4-38-2}$$

3) 受弯

$$\sigma_{sq} = \frac{M_q}{0.87 h_0 A_s} \tag{4-38-3}$$

式中　A_s——受拉区纵向钢筋截面面积,对轴心受拉构件,取全部纵向钢筋截面面积;对偏心受拉构件,取受拉较大边的纵向钢筋截面面积;对受弯构件和偏心受压构件,取受拉区纵向钢筋截面面积;

　　　e'——轴向拉力作用点至受压区或受拉较小边纵向钢筋合力点的距离;

N_q、M_q——分别按荷载准永久组合计算的轴向力和弯矩值。

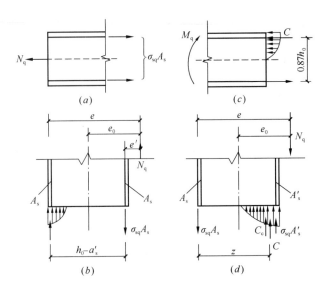

图 4-76　构件使用阶段的截面应力状态

(a) 轴心受拉；(b) 偏心受拉；(c) 受弯；(d) 偏心受压

C—受压区总压应力合力；C_c—受压区混凝土压应力合力

（2）最大裂缝宽度 w_{max}

最大裂缝宽度 w_{max} 的计算公式为：

$$w_{max} = \alpha_{cr} \psi \frac{\sigma_{sq}}{E_s} \left(1.9 c_s + 0.08 \frac{d_{eq}}{\rho_{te}} \right) \tag{4-39}$$

式中　α_{cr}——构件受力特征系数，对轴心受拉构件 $\alpha_{cr}=2.7$；对偏心受拉构件 $\alpha_{cr}=2.4$；对受弯和偏心受压构件 $\alpha_{cr}=1.9$。

ψ——裂缝间纵向受拉钢筋应变不均匀系数，见式（4-34-2）。

c_s——最外层纵向受拉钢筋外边缘至受拉区底边的距离（mm）。

d_{eq}——受拉区纵向钢筋等效直径（mm），$d_{eq}=\dfrac{\sum n_i d_i^2}{\sum n_i v_i d_i}$，$n_i$ 为受拉区第 i 种纵向钢筋根数，d_i 为受拉区第 i 种钢筋的公称直径；v_i 为纵向受拉钢筋相对粘结特征系数，对光圆钢筋取 $v_i=0.7$，对带肋钢筋取 $v_i=1.0$。

ρ_{te}——纵向受拉钢筋配筋率。

在计算最大裂缝宽度时，若算得的 $\rho_{te}<0.01$ 时，规定应取 $\rho_{te}=0.01$。这一规定是基于目前对低配筋构件的试验和理论研究尚不充分的缘故。

对 $e_0/h_0 \leqslant 0.55$ 的偏心受压构件，可不作裂缝宽度验算。

按式（4-39）算得的最大裂缝宽度 w_{max} 不应超过规范规定的最大裂缝宽度允许值 w_{lim}。

在验算裂缝宽度时，构件的材料、截面尺寸及配筋、按荷载准永久组合计算的钢筋应力、ψ、E_s、σ_{sq}、ρ_{te} 均为已知，而 c_s 值按构造一般变化很小，故 w_{max} 主要取决于 d_i、v_i 这两个参数。因此，当计算得出 $w_{max}>w_{lim}$ 时，宜选择较细直径的带肋钢筋，以增大钢筋与混凝土接触的表面积，提高钢筋与混凝土的粘结强度。但钢筋直径的选择也要考虑施工方便。

如采用上述措施不能满足要求时，也可增加钢筋截面面积 A_s，加大有效配筋率，从而减小钢筋应力和裂缝间距，达到式（4-37）的要求。改变截面形式和尺寸，提高混凝土强度等级，效果甚差，一般不宜采用。

【例 4-10】 矩形截面简支梁的截面尺寸 $b \times h = 200mm \times 500mm$，混凝土强度等级为 C25，配置 4$\oplus$16 的 HRB400 级钢筋，受拉钢筋的混凝土保护层厚度为 25mm，按荷载的准永久组合计算的跨中弯矩 $M_q = 90kN \cdot m$，最大裂缝宽度限值 0.3mm。试验算其最大裂缝宽度是否符合要求。

【解】

$$f_{tk} = 1.78N/mm^2，E_s = 2 \times 10^5 N/mm^2$$

$$d_{eq} = 16mm；a_s = 25 + \frac{16}{2} = 33mm$$

$$h_0 = 500 - 33 = 467mm$$

$$\rho_{te} = \frac{A_s}{0.5bh} = \frac{804}{0.5 \times 200 \times 500} = 0.0161 > 0.01，取 \rho_{te} = 0.0161$$

$$\sigma_{sq} = \frac{M_q}{0.87h_0 A_s} = \frac{90 \times 10^6}{0.87 \times 467 \times 804} = 275.52N/mm^2$$

$$\psi = 1.1 - \frac{0.65 f_{tk}}{\rho_{te}\sigma_{sq}} = 1.1 - \frac{0.65 \times 1.78}{0.0161 \times 275.52} = 0.839 > 0.2，取 \psi = 0.839$$

$$w_{max} = \alpha_{cr}\psi\frac{\sigma_{sq}}{E_s}\left(1.9c_s + 0.08\frac{d_{eq}}{\rho_{te}}\right)$$

$$= 1.9 \times 0.839 \times \frac{275.52}{2 \times 10^5} \times \left(1.9 \times 25 + 0.08 \times \frac{16}{0.0161}\right)$$

$$= 0.28mm < 0.3mm$$

满足要求。

4.6 钢筋混凝土平面楼盖

4.6.1 楼盖的结构形式

楼盖按其结构形式，可分为单向板肋梁楼盖、双向板肋梁楼盖、井式楼盖、密肋楼盖和无梁楼盖等（图 4-77）；按预应力情况，可以分为钢筋混凝土楼盖和预应力混凝土楼盖。

按施工方法，楼盖可分为现浇式、装配式和装配整体式楼盖。其中，现浇楼盖刚度大、整体性好、抗震和抗冲击性能好，且结构布置灵活，开洞方便，其缺点是：模板消耗量大、施工工期长。在高层建筑中，楼板宜现浇；按抗震设计的建筑，当其高度大于 50m 时，楼盖应采用现浇；当高度小于 50m，但在房屋的顶层、结构转换层、平面较复杂或开洞过大的楼层，也应采用现浇楼盖。

装配式楼盖包括预制板、预制梁（图 4-78），其主要用在多层房屋，特别是多层住宅中。装配整体式楼盖是在预制板（梁）上现浇一叠合层而成为一个整体如图 4-79 所示，它集现

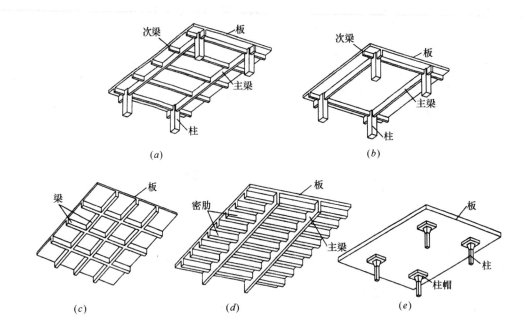

图 4-77 楼盖的结构形式

（*a*）单向板肋梁楼盖；（*b*）双向板肋梁楼盖；（*c*）井式楼盖；（*d*）密肋楼盖；（*e*）无梁楼盖

浇楼盖和装配式楼盖的优点于一身，提高了装配式楼盖的刚度、整体性和抗震性能。

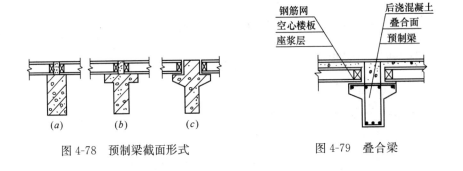

图 4-78 预制梁截面形式

图 4-79 叠合梁

4.6.2 现浇单向板肋梁楼盖的设计与计算

1. 结构布置与计算单元

现浇单向板肋梁楼盖是最常用的一种结构形式，它一般由板、次梁和主梁构成。板四周支承于次梁（或墙、主梁）上、次梁支承于主梁上。当板的长边边长 l_1 与短边边长 l_2 之比 $l_1/l_2>2$（按弹性理论计算）或 $l_1/l_2>3$（按塑性理论计算）时，称之为单向板。其传力特点是：板上荷载绝大部分沿短边方向传递，很少部分沿长边方向传递。工程中常将沿长边方向传递的荷载忽略不计，仅配筋上配置一定的构造配筋。

（1）结构平面布置

结构平面布置包括柱网、梁格及板布置。柱网要尽可能的大，在满足建筑物使用的前提条件下，柱网和梁格的划分应尽可能规整，结构布置力求简单、整齐，梁尽可能连续贯通，避免楼板直接承受集中荷载。

梁的跨度不宜过大，主梁跨度在 5～8m 为宜，次梁跨度在 4～6m 为宜。板的混凝土用量占整个楼盖的混凝土用量高达 70%，故板应尽可能的薄，现浇钢筋混凝土实心楼板的厚度不应小于 80mm，但因刚度要求，板厚不小于跨度的 1/40。板的跨度一般在 2m 左右为宜。

构件跨度以等跨为宜，考虑到边支座为铰支座，为减少边跨的内力，可使板、次梁及主梁的边跨跨度略小于内跨跨度（10% 以内为佳）。

为提高房屋的横向刚度，一般将主梁横向布置，次梁纵向布置。

（2）荷载及计算单元

作用于楼（屋）盖上的荷载可分永久荷载（即恒载）和活荷载。其中，永久荷载包括结构自重、地面及顶棚抹灰、隔墙和永久性设备等荷载；活荷载包括人群、货物，以及屋面积灰荷载、雪荷载和施工荷载等。单向板肋形楼盖的荷载计算与荷载计算单元按下述方法确定（图 4-80）：

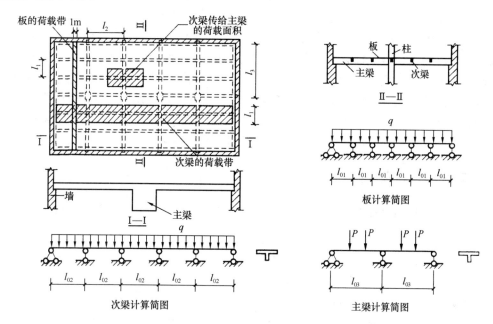

图 4-80　单向肋梁板的计算简图

单向板：除承受构件自重、抹灰荷载外，还要承受作用于其上的活荷载。通常取 1m 宽的板带作为荷载计算单元。

次梁：除承受构件自重、抹灰荷载外，还要承受板传来的荷载，为简化计算通常将连续板视为简支板。取宽度为板跨度 l_c（两次梁中线的距离）的负荷载板带作为荷载计算单元。

主梁：除承受构件自重、抹灰荷载外，还要承受次梁传来的集中荷载。同样，为简化计算不考虑次梁的连续性而把它视为简支梁，将次梁的支座反力作为主梁的集中荷载。此外，还将主梁结构自重和抹灰荷载简化成集中荷载，以简化主梁的计算。

（3）结构的计算简图

结构的计算简图包括：支承条件与折算荷载；计算跨度与跨数。

1）支承条件与折算荷载

当边支座为墙砖时，通常板、梁在砖墙内的支承长度不长，墙对板或梁转角的约束作用很小，为了简化计算，假设为铰支座。考虑到可能出现的负弯矩，应配置一定数量的承受负弯矩的构造钢筋。中间支座为砖墙时，同样也假设为不动铰支座。

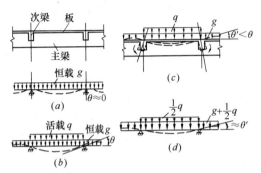

图 4-81　梁抗扭刚度的影响

当边支座为梁时，计算上也可以近似假设为铰支座，至于梁的抗扭刚度影响，则可采用在边支座设置承受负弯矩的构造钢筋处理。中间支座为梁时，内力计算中也视为不动铰支座如图 4-81(a) 所示。如果支承梁的线刚度较大，其垂直位移可忽略不计，但支承梁的抗扭刚度对内力的影响有时是不可忽略的。当次梁两侧等跨板上荷载相等（如只有永久荷载），板在支座处的转角很小（$\theta \approx 0$）时，次梁的抗扭刚度对板的内力影响很小，而计算活荷载下板跨中最大弯矩时，次梁仅一侧板上有活荷载，计算时不考虑次梁的抗扭刚度将使板的支座转角 θ 比实际转角 θ' 大，从而使板支座的负弯矩计算值偏小，跨中正弯矩计算值偏大。为了修正这一误差，设计计算中采用折算荷载代替实际荷载的方法，即人为地将活荷载 q 值降低为 q' 值，永久荷载 g 值提高为 g'，而荷载总值保持不变。这样，由于次梁仅一侧板上有活荷载而产生的板的支座转角 θ 减小到 θ'，相当于考虑次梁抗扭刚度的影响。

对板，可取折算荷载：$g' = g + \dfrac{1}{2}q,\ q' = \dfrac{1}{2}q$

对次梁，可取折算荷载：

$$g' = g + \frac{1}{4}q,\quad q' = \frac{3}{4}q$$

2）计算跨度和跨数

计算跨度是在计算内力时所采用的跨间长度，也是支座反力合力作用点之间的距离，其值与支座长度、构件刚度有关，精确计算较为复杂，当按弹性理论计算时（图 4-82），计算跨度可按表 4-14 采用。

梁、板的计算跨度　　　　　　　　　　　　　　表 4-14

单　跨	两端搁置于砖墙	$l_0 = l_n + a$，且 $l_0 \leqslant l_n + h$（板） $l_0 \leqslant 1.05 l_n$（梁）	多　跨	边跨	$l_0 = l_n + a/2 + b/2$，且 $l_0 \leqslant l_n + h/2 + b/2$（板） $l_0 \leqslant 1.025 l_n + b/2$（梁）
	一段搁置于砖墙，一端现浇	$l_0 = l_n + a$，且 $l_0 \leqslant l_n + h/2$（板） $l_0 \leqslant 1.025 l_n$（梁）		中间跨	$l_0 = l_c$，且 $l_0 \leqslant 1.1 l_n$（板） $l_0 \leqslant 1.05 l_n$（梁）
	两端整浇	$l_0 = l_n$			

注：l_0 为梁、板的计算跨度；l_c 为支座中心线间的距离；l_n 为梁、板的净跨度；h 为板厚；a 为梁、板端的支承长度；b 为梁、板中间的支座宽度。

对于连续梁、板的跨数小于 5 时，按实际跨数计算；对跨数超过五跨的连续梁、板，若各跨荷载相同且跨度相差不超过 10％时，且截面尺寸和荷载相同时，可按五跨的等跨连续梁、板进行计算，中间跨的内力按第 3 跨的采用；当跨度、刚度、荷载及支承条件不同的多跨连续梁、板，应按实际跨数计算。

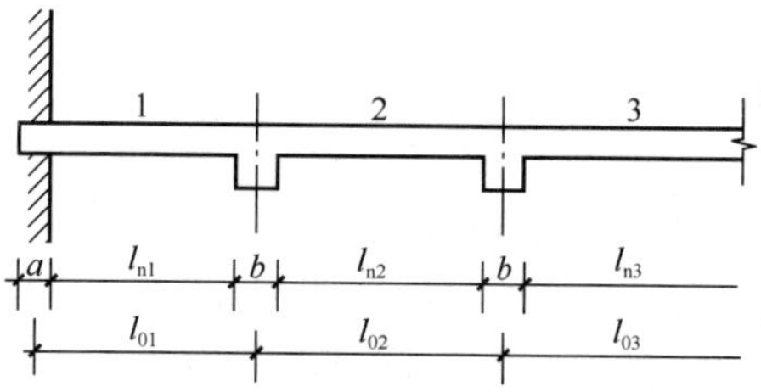

图 4-82　按弹性理论计算时的计算跨度示意图

2. 现浇单向板肋梁楼盖按弹性理论计算

（1）结构的控制截面

控制截面就是指按此截面内力设计配筋后，能保证构件在各种荷载作用下的安全。一个构件很多个截面，但控制截面不多。对等截面连续梁板而言，梁板的各支座截面和各跨的跨中截面为控制截面。

（2）荷载的最不利组合

结构的内力是在永久荷载和活荷载共同作用下产生的。永久荷载的作用位置是不变的，因此在结构中产生的内力也是不变的；而活荷载的作用位置是可变的，产生的内力也是可以变化的，要获得结构控制截面产生的最危险的内力，就必须研究活荷载的最不利组合。以 5 跨等跨连续梁为例，阐述确定活荷载的最不利布置原则。由结构力学知识，可以得到见图 4-83 的变形图，根据此变形图，就容易求取控制截面的最不利荷载组合：

1）若求结构某跨跨内截面最大正弯矩时，除永久荷载作用外，应在该跨布置活荷载，然后向两侧隔跨布置。如求第一跨跨中弯矩，活荷载布置见图 4-83（a）。

2）若求结构某支座截面最大负弯矩（绝对值）时，除永久荷载作用外，应在该支座相邻两跨布置活荷载，然后向两侧隔跨布置。如求 B 支座最大负弯矩，活荷载布置见图 4-83（c）。

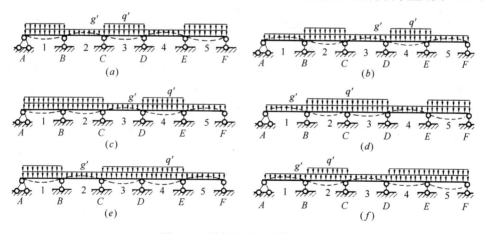

图 4-83　结构的最不利荷载组合

3）若求结构某跨跨内截面最大负弯矩（绝对值）时，除永久荷载作用外，不应在该跨布置活荷载，而在相邻两跨布置活荷载，然后向两侧隔跨布置。如求第三跨跨中最大负弯矩，活荷载布置见图 4-83（b）。

4）若求结构边支座截面最大剪力时，除永久荷载作用外，其活荷载布置与求该跨跨中截面最大正弯矩时活荷载布置相同。如求 A 支座最大剪力，活荷载布置见图 4-83（a）。

5）若求结构中间跨支座截面最大剪力时，其活荷载布置与求该支座截面最大负弯矩（绝对值）时的活荷载布置相同。如求 B 支座最大剪力，活荷载布置见图 4-83（c）。

（3）内力包络图

将同一结构在各种荷载作用下的内力图（弯矩图、剪力图）叠画在同一张图上，其外包线所形成的图形称为内力包络图，它反映了各截面可能产生的最大内力值，是设计时选择截面和布置钢筋的依据。图 4-84 所示为上述承受均布荷载的五跨连续梁的弯矩包络图和剪力包络图。

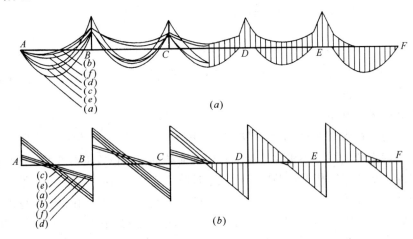

图 4-84   均布荷载作用下五跨连续梁的内力包络图
（a）弯矩包络图；（b）剪力包络图

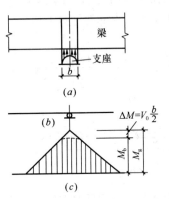

图 4-85   支座宽度的影响
（a）实际结构；（b）计算图形；
（c）M 图

（4）支座宽度影响——支座内力（弯矩及剪力）的确定

通常在按弹性理论计算连续梁、板内力时，中间跨的计算跨度取支座中心线的距离，这样求得的支座反力都是支座中心处的值，当支座跨度较小或者支座不是整体时，计算简图与实际情况基本相符。但是，支座有一定的宽度，且节点是整体连接。为了使梁、板结构的设计更加合理，应取支座边缘截面作为计算控制截面（图 4-85），其弯矩和剪力按以下公式计算。

弯矩：

$$M_b = M - V_0 \frac{b}{2} \tag{4-40-1}$$

均布荷载：

$$V_b = V - (g+q) \frac{b}{2} \tag{4-40-2}$$

集中荷载：$V_b = V$

$$\tag{4-40-3}$$

式中 M_b、V_b——分别为支座边缘处的弯矩设计值和剪力设计值；

V_0——按简支梁计算的支座中心处的剪力设计值，其中 $V_0 = \frac{1}{2}(g+q)l_0$；

b ——支座宽度；

M、V——分别为支座中心处的弯矩和剪力设计值；

　　　　g、q——分别为作用于结构上的永久荷载、活荷载的设计值。

3. 按塑性理论的计算方法

　　按弹性理论计算钢筋混凝土连续梁内力的前提是假定它为匀质弹性体，荷载与内力为线性关系。这在受荷较小，混凝土开裂的初始阶段是适用的。但是随着荷载的增加，由于混凝土受拉裂缝的出现和开展，受压区混凝土的塑性变形，特别是受拉钢筋屈服后的塑性变形，钢筋混凝土连续梁的内力与荷载的关系已不再是线性的，而是非线性的。钢筋混凝土连续梁内塑性铰的形成，是结构破坏初始阶段内力的主要原因。因此，首先介绍塑性铰的概念，然后分析塑性铰与内力重分布的关系，再讨论塑性内力充分重分布的条件，最后论述考虑塑性内力重分布计算的原则和方法。

　　（1）钢筋混凝土梁的塑性铰

　　以跨中作用集中荷载的简支梁为例（图 4-86），说明塑性铰的形成。梁内受拉纵筋为热轧钢筋，为适筋梁。当加载到受拉钢筋屈服（图 4-86c 中的 A 点），弯矩为 M_y，相应的曲率为 φ_y。此后，若荷载少许增加，则受拉钢筋屈服伸长，裂缝继续向上开展，截面受压区高度小，内力臂增加，从而截面弯矩略有增加，但截面曲率增加较大，梁跨中塑性变形较集中的区域犹如一个能够转动的"铰"，称之为塑性铰。可以认为，这是钢筋混凝土受弯构件的受弯屈服现象。

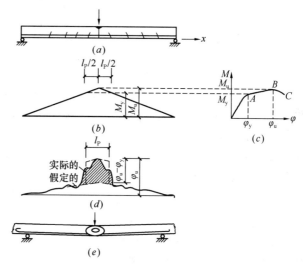

图 4-86　塑性铰长度及曲率分布图
(a) 构件；(b) 弯矩；(c) $M-\varphi$ 曲线；(d) 曲率；(e) 塑性铰

　　弯矩图上相应于 $M>M_y$ 的部分为塑性铰的范围，相应的长度 l_p 称为塑性铰长度（图 4-86b）。图 4-86 （d）中实线为曲率的实际分布，虚线为简化后假定的曲率分布，将曲率分为弹性部分 φ_y 和塑性部分 φ_p（图中的阴影部分）。跨中截面全部塑性转动的曲率可由曲率差（$\varphi_u-\varphi_y$）表示，其值越大，表示截面的延伸性越好。

　　塑性铰的特点是：塑性铰能承受弯矩；塑性铰是单向铰，只沿弯矩作用方向旋转；塑性铰转动有限度，从钢筋屈服到混凝土压坏。

　　由上述可知，塑性铰与普通铰相比，有以下两点区别：

　　①普通铰截面可以任意转动，不承受弯矩，而塑性铰截面在承受相当于截面塑性承载力的弯矩后，可以转动，但不再承受新增加的弯矩；

　　②普通铰截面的转动幅度不受限制，而塑性铰截面的转动幅度不能过大，否则会引起结构过大的变形和挠度，影响正常使用。

　　（2）塑性铰与内力重分布

　　图 4-87 为一个二跨连续梁，其从受力到破坏的全过程中，跨中截面和支座截面的弯矩—荷载的发展过程（即 $M-P$ 曲线）如图 4-88 所示，现对这一曲线作一讨论。

　　加载初期，混凝土出现裂缝之前，结构基本上为弹性体系，梁的内力符合按弹性体系

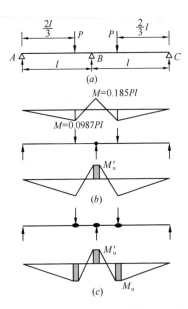

图 4-87　连续梁的弯矩重分布

(a) 弹性理论弯矩图；(b) 第一个
塑性铰形成时；(c) 破坏机构形成时

理论的计算结果，其 $M-P$ 关系分别按图 4-88 中直线 1、2 变化。

加载至中间支座 B 处梁截面受拉区混凝土开裂，而跨中截面尚未出现裂缝。由于中间支座处梁截面刚度有所降低，使该处梁截面弯矩的增长率低于弹性分析结果（$M-P$ 关系不再沿直线 1 变化），而跨中截面弯矩的增长率大于弹性分析结果（$M-P$ 关系在直线 2 之上）。这时梁中已发生了内力重分布。随着荷载继续增大，梁跨中也出现裂缝，结构又一次发生内力重分布。此阶段开始于支座截面出现裂缝，结束于支座截面即将出现塑性铰，其 $M-P$ 关系见图 4-88 中的"弹塑性阶段"。

继续加载，直到梁跨中截面开始出现塑性铰，设其荷载增值为 ΔP，这一过程中中间支座 B 处梁截面弯矩保持不变为 M_u（图 4-88 中的水平线），由各跨荷载增加值 ΔP 所引起的弯矩，则由左、右两个简支梁各自分别分担，中间支座 B 处塑性铰发生转动，跨中截面弯矩分别达到 M_u。在这最后阶段，结构已成为机动体系，如图 4-87（c）所示。梁的最终承载能力为 $P+\Delta P$，其最后弯矩图见图 4-87（c）。

上述内力重分布现象可概括为两个过程：第一过程发生于裂缝出现至塑性铰形成以前的阶段，主要是由于裂缝形成和开展，使构件刚度变化而引起的内力重分布；第二过程发生于塑性铰形成以后，内力重分布由于塑性铰的转动而引起。一般第二过程内力重分布较第一过程显著。由于塑性铰的出现使超静定结构的破坏不是某一截面达到其极限承载力，而是一个从由多余联系的几何不变体系，经历陆续出现截面塑性铰而达到几何可变体系的过程。在

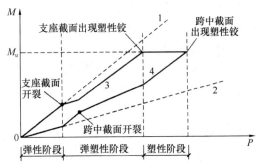

图 4-88　两跨连续梁内力变化图

1、2—支座、跨中截面弯矩、弹性计算值；
3、4—支座、跨中截面弯矩实测值

这个过程中，可以继续增加整个结构所承受的荷载，因而提高承载力。

按塑性内力重分布计算连续梁的内力，就是先按弹性计算方法求出弯矩包络图，然后人为地调整某截面的弯矩，再由平衡条件计算其他截面相应的弯矩。需注意，由于超静定结构的塑性内力重分布在一定程度上可以由设计者通过改变各截面的极限弯矩 M_u（即调整配筋数量）来控制，因此，其解答不是唯一的，其控制截面的弯矩值可以由设计者在一定程度内自行指定。

（3）塑性铰内力充分重分布的条件

钢筋混凝土连续梁在荷载作用下能够按预期的顺序出现塑性铰，并按选定的调幅值，达到预计的极限荷载，这称为塑性铰内力充分重分布。为实现塑性铰内力充分重分布，应

满足如下条件：

1）调幅值越大则该截面形成塑性铰相对也越早，内力重分布的过程越长。调幅值过大，就有可能在使用荷载下该截面已接近屈服，裂缝有过大的开展，影响使用。通过试验研究表明，为满足使用荷载下裂缝宽度的要求，下调的幅度应不大于 25%，即 $M_{塑} \geqslant 0.75 M_{弹}$。

2）调幅越大要求截面具有的塑性转动能力也越大，而钢筋混凝土受弯构件的塑性转动能力随着配筋率 ρ 提高而降低。如果所要求的该截面产生的塑性转动能力超过了该截面可能提供的塑性转动能力，则该截面压区混凝土将过早压坏从而不能实现塑性内力的充分重分布。为保证设计允许的最大调幅值 25%，要相应地限制配筋率 ρ，或含钢特征值 ξ。试验表明，当 $\xi = \dfrac{x}{h_0} \leqslant 0.35$ 时，截面的塑性转动能力一般能满足调幅 25% 的要求。

3）构件在塑性内力重分布的过程中不发生其他脆性破坏，如斜截面受剪破坏，锚固破坏等，这是保证塑性内力充分重分布的必要条件。

（4）考虑塑性内力重分布的计算方法——弯矩调幅法

钢筋混凝土连续梁、板考虑塑性内力重分布的计算中，应用较多的是弯矩调幅法。弯矩调幅法，是先按弹性分析求出结构的截面弯矩，然后将结构中一些截面绝对值最大的弯矩（多数为支座弯矩）进行调整，最后确定支座剪力。这有利于节约钢筋，还可以改善配筋过于拥挤的现象，便于施工。

对均布荷载下等跨连续板、梁考虑塑性内力重分布的弯矩和剪力的计算。

板、次梁的跨中弯矩及支座弯矩：

$$M = \alpha_m (g + q) l_0^2 \tag{4-41-1}$$

式中　g、q——分别为作用在梁、板上的均布永久荷载和活荷载设计值；

　　　l_0——板、梁的计算跨度，按表 4-15 采用；

　　　α_m——弯矩系数，按表 4-16 采用。

按塑性理论计算时梁、板的计算跨度　　　　　　　表 4-15

两端搁置于砖墙	$l_0 = l_n + a$，且 $l_0 \leqslant l_n + h$（板） $l_0 \leqslant 1.05 l_n$（梁）	一端搁置于砖墙， 一端现浇	$l_0 = l_n + a/2$，且 $l_0 \leqslant l_n + h/2$（板） $l_0 \leqslant 1.025 l_n$（梁）
		两端整浇	$l_0 = l_n$

注：l_0 为梁、板的计算跨度；l_n 为梁、板的净跨度；h 为板厚；a 为梁、板端的支承长度。

弯　矩　系　数　　　　　　　表 4-16

支承情况		截　面　位　置					
		端支座	边跨跨中	离端第 二支座	离端第 二跨跨中	中间支座	中间跨跨中
		A	Ⅰ	B	Ⅱ	C	Ⅲ
梁、板搁置在墙上		0	1/11	二跨连续	1/16	−1/14	1/16
板	与梁整	−1/16	1/14	−1/10			
梁	浇连接	−1/24		三跨以上连续			
梁与柱整浇连接		−1/16		−1/11			

注：上述弯矩系数是在 $q/g = 3$、跨数为 5 的条件下，考虑支承结构抗扭刚度对荷载进行调整之后求得的。对 q/g 在 1/3～5 之间的情况同样适用。当超过此值时，要按其原理自行计算。

板、次梁的支座剪力：

$$V = \alpha_{\text{v}}(g+q)l_{\text{n}} \qquad (4\text{-}41\text{-}2)$$

式中 l_{n}——板、梁的净跨度；

  α_{v}——剪力系数，按表 4-17 采用。

结构按塑性内力重分布方法进行设计时，结构承载能力的可靠度低于按弹性理论设计的结构；结构的变形及塑性铰出现的混凝土裂缝宽度随着弯矩调整幅度的增加而增大，因此，对于直接承受动力荷载的结构；对于承载力、刚度和裂缝控制有较高要求的结构，不应采用塑性内力重分布的设计方法。所以，单向板肋梁楼盖中主梁的设计采用弹性理论计算，而单向板肋梁楼盖中板、次梁的设计才采用塑性理论计算。

剪 力 系 数 表 4-17

支承情况	截 面 位 置				
	端支座内侧 A_{in}	离端第二支座		中间支座	
		外侧 B_{ex}	内侧 B_{in}	外侧 C_{ex}	内侧 C_{in}
搁置在墙上	0.45	0.60	0.55	0.55	0.55
与梁或柱整浇连接	0.50	0.55			

4. 梁与板的计算、配筋与构造要求

（1）单向板的计算、配筋与构造要求

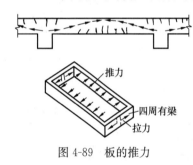

图 4-89 板的推力

1）板的计算：板受到的剪力较小，混凝土足以承担相应的剪力，一般不必进行斜截面承载力计算，也不必配置腹筋。板受荷进入极限状态时，支座处在上部开裂，而跨中在下部开裂，这就使板的实际轴线变成拱线（图 4-89），在竖向荷载作用下，板将有如拱的作用产生推力，而四周有梁围住的板在梁中将产生与推力平衡的拉力。该推力可减少板中各计算截面的弯矩，其减少程度则视板的边长及边界条件而异。对四周与梁整体连接的单向板，其中间跨的跨中截面及中间支座截面的计算弯矩减少 20%，其他截面则不予降低。

根据弯矩算出各控制截面的钢筋截面面积之后，为使跨数较多的内跨钢筋与计算值可能一致，同时使支座截面尽可能利用跨中弯起钢筋，应按先内跨后外跨、先跨中后支座的程序选择钢筋的直径和间距。

2）板的构造要求：板的最小厚度按前述采用。板的支承长度应满足其受力钢筋在支座锚固的要求，且一般不小于板厚。当搁置在砖墙上时，不小于 120mm。

板的受力钢筋直径通常采用 8mm、10mm。支座截面的负弯矩受力筋，为方便架立，宜采用较大直径钢筋。板受力钢筋的间距一般不小于 70mm；当板厚 $h \leqslant 150$mm 时，不宜大于 200mm；当板厚 $h > 150$mm 时，不宜大于 $1.5h$，且每米宽度不得少于 3 根。伸入支座的下部钢筋，其间距不应大于 400mm，其截面面积不小于跨中受力钢筋截面面积的 1/3。当支座是简支座时，下部钢筋伸入支座不小于 $5d$，且末端设置弯钩。

连续板受力钢筋有弯起式和分离式两种（图 4-90）。弯起式整体性较好，且可节约钢

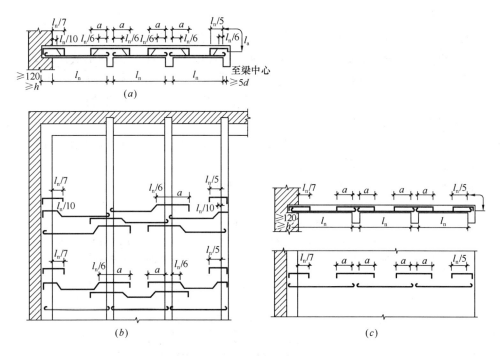

图 4-90 等跨连续板的钢筋布置图
(a) 一端弯起；(b) 两端弯起；(c) 分离式

材，但施工较复杂，工程应用较少。后者整体性稍差，用钢量稍高，但设计和施工方便。弯起式配筋可先按跨中正弯矩确定其钢筋直径和间距。然后，在支座附近将跨中钢筋按需要弯起 1/2（隔一弯一）以承受负弯矩，但最多不超过 2/3（隔一弯二）。如弯起钢筋的截面面积不够，可另加直钢筋。弯起钢筋弯起的角度一般采用 30°；当板厚 $h>120$mm 时，可用 45°。弯起式配筋，钢筋直径种类不宜过多，以利施工。

确定连续板钢筋的弯起点和切断点，一般不必绘弯矩包络图，可按图 4-90 所示的构造要求处理。当 $q/g<3$ 时，取 $a=l_n/4$；当 $q/g>3$ 时，取 $a=l_n/3$，g、q、l_n 分别为永久荷载、活荷载设计值和板净跨度。如板的相邻跨跨度相差超过 20% 或各跨荷载相差较大时，应绘弯矩包络图以确定钢筋的弯起点和切断点。

板的分布钢筋，除沿受力方向布置受力钢筋外，尚应在垂直受力方向布置，每米宽度内不少于 4 根，直径不宜小于 6mm，单向板单位长度上的分布钢筋截面面积不应小于单位长度上板受力钢筋截面面积的 15%；在受力钢筋的弯折处也应布置分布钢筋；对无防寒或隔热措施的外露结构和集中荷载较大的情况，分布钢筋的截面面积应适当增加，其间距不宜大于 200mm。

垂直于主梁的板面构造钢筋的直径不宜小于 8mm，并且单位宽度内的总截面面积应不小于板跨中单位长度受力钢筋截面面积的1/3，伸出主梁梁边的长度不小于 $l_0/4$，l_0 为板的计算跨度，如图 4-91 所示。此外，对嵌入墙内的板应配置板面附加钢筋。

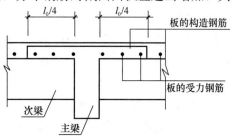

图 4-91 垂直于主梁的板面构造钢筋

（2）次梁的计算、配筋与构造要求

1）次梁的计算：按正截面抗弯承载力确定纵向受拉钢筋时，通常跨中处按 T 形截面计算，其翼缘计算宽度 b_f 按规范采用；支座处因翼缘位于受拉区，按矩形截面计算。按斜截面抗剪承载力确定横向钢筋（箍筋、弯起钢筋），当荷载、跨度较小时，一般只利用箍筋抗剪。截面尺寸满足前述高跨比为 1/18～1/12 和宽高比为 1/3～1/2 的要求时，一般不必作使用阶段的挠度和裂缝宽度验算。

2）次梁的配筋与构造要求：次梁伸入墙内的长度一般不应小于 240mm。当次梁相邻跨度相差不超过 20%，且均布永久荷载与活荷载设计值之比 $q/g \leqslant 3$ 时，其纵向受力钢筋的弯起和切断可按图 4-92 进行；否则，应按弯矩包络图确定。

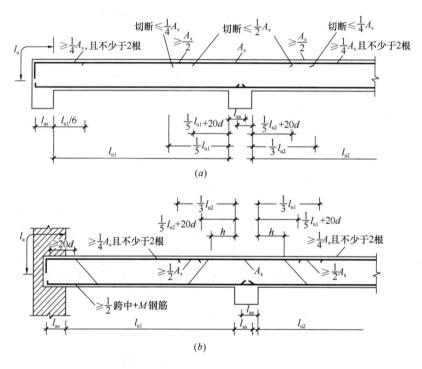

图 4-92　次梁纵向受力钢筋的弯起和切断
（a）无弯起钢筋；（b）有弯起钢筋

（3）主梁的计算、配筋与构造要求

1）主梁的计算：主梁截面尺寸满足前述高跨比为 1/14～1/8 和宽高比为 1/3～1/2 的要求时，一般不必作使用阶段的挠度和裂缝宽度验算。主梁正截面的抗弯计算与次梁相同，通常跨中处按 T 形截面计算，支座处按矩形截面计算。当跨中出现负弯矩时，跨中也应按矩形截面计算。由于支座处板、次梁、主梁的钢筋重叠交错，其主梁的负筋位于次梁和板的负筋之下（图 4-93），故截面有效高度在支座处有所减少。当钢筋单排布置时，$h_0 = h - (55 \sim 60)$ mm；当双排布置时，$h_0 = h - (80 \sim 90)$ mm。

2）主梁的配筋与构造要求：主梁伸入墙内的长度一般不小于 370mm。主梁纵向受力钢筋的弯起与切断，应使其抗弯材料图覆盖弯矩包络图，并应满足有关构造的要求。如对于主梁需要弯起钢筋抗剪的区段，弯起钢筋的上部弯点离支座边缘的距离一般不大于

50mm；通过前一道弯起钢筋的弯起点和后一道弯起钢筋的弯终点垂直截面之间的距离应不大于箍筋最大距离 s_{max}；通过最后一道弯起钢筋弯起点的垂直截面到集中力作用点的距离也应不大于 s_{max}。若该处下部钢筋抗拉强度已经充分利用，则还要求弯起钢筋下部弯点离开该钢筋强度充分利用点的距离不小于 $h_0/2$（h_0 为主梁截面有效高度）。

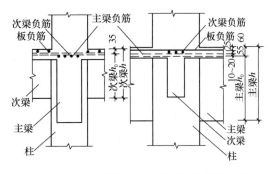

图 4-93 板、次梁、主梁交汇处的钢筋布置

在次梁和主梁相交处，次梁在支座负弯矩作用下，其顶面将出现裂缝如图4-94（a）所示。这样，次梁主要通过其支座截面剪压区将集中力传给主梁梁腹。试验表明，当梁腹有集中力作用时，将产生垂直于梁轴线的局部应力，作用点以上的梁腹内为拉应力，以下为压应力。该局部应力在荷载两侧的 $0.5\sim0.65$ 倍梁高范围内逐渐消失。由该局部应力和梁下部的法向拉应力引起的主拉应力将在梁腹引起斜裂缝。为防止这种斜裂缝引起局部破坏，应在主梁承受次梁传来的集中力处设置附加横向钢筋（箍筋或吊筋），宜优先采用附加箍筋。规范规定，附加箍筋应布置在长度 $s=2h_1+3b$ 的范围内；第一道附加箍筋离次梁边50mm（图4-94）。

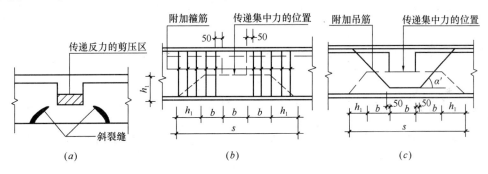

图 4-94 次梁和主梁相交处应力（单位：mm）

附加横向钢筋所需的总截面面积应按下式计算：

$$A_{sv} \geq \frac{F}{f_{yv}\sin\alpha} \qquad (4\text{-}42)$$

式中　A_{sv}——承受集中荷载所需的附加横向钢筋总截面面积；当采用附加吊筋时，A_{sv} 应为左、右弯起段截面面积之和；

　　　F——作用在梁的下部或梁截面高度范围内的集中荷载设计值；

　　　α——附加横向钢筋与梁轴线间的夹角。

4.6.3　现浇双向板肋梁楼盖的设计与计算

双向板肋梁楼盖也是常见的楼盖形式。在这种楼盖中，板的长边与短边之比 $l_1/l_2\leq2$（按弹性计算）或 $l_1/l_2\leq3$（按塑性计算），作用于板上的荷载同时向两个方向传递到边梁上。双向板肋梁楼盖受力性能较好，可以跨越较大跨度，顶棚整齐、美观，当梁格尺寸较大时，它比单向板肋梁楼盖经济，双向板也有两种计算方法：弹性理论和塑性理论计算方法。

双向板的厚度一般不宜小于 80mm。双向板的变形和裂缝一般不作验算，因而应具有足够的厚度。对于简支板，$h \geqslant l_0/45$；对于连续板，$h \geqslant l_0/50$，l_0 为板的较小计算跨度。

通常，双向板的受力钢筋沿纵横两个方向布置，当同一部位（如跨中）两方向的弯矩同号时，纵横钢筋必然重叠。这时应将较大弯矩方向的受力钢筋设置在远离中和轴的外层，另一方向的钢筋至于内层。

双向板配筋方式也有弯起式和分离式两种。为简化施工，在工程中多采用分离式配筋；但是对于跨度及荷载均较大的楼盖板为提高刚度和节约钢材宜采用弯起式。

当双向板的内力按弹性理论计算时，所求得的弯矩是中间板带的最大弯矩。至于靠近支座的边缘板带，其弯矩已大为减少，故配筋也可减少，因此，通常将每个区格板按纵横两个方向划分为两个宽均为 $l_x/4$（l_x 为短跨）的边缘板带和一个中间板带。边缘板带单位宽度上的配筋量为中间板带宽度上配筋量的 50%。

双向板按塑性理论计算的方法很多，最常用的方法是塑性铰线法。塑性铰线与塑性铰的概念是相仿的，塑性铰出现在杆系结构中，而板式结构则形成塑性铰线。两者都是因受拉钢筋屈服所致。塑性铰线计算双向板的两个步骤是：首先，假定板的破坏机构，即由一些塑性铰线把板分割成由若干刚性板所构成的破坏机构；然后，利用虚功原理，建立外荷载与作用在塑性铰线上的弯矩之间的关系，从而求出各塑性铰线的弯矩，以此作为各截面的弯矩设计值进行配筋设计。有关塑性铰线法的详细内容，此处略。

4.7　预应力混凝土结构基础

4.7.1　预应力混凝土的概念和特点

由于混凝土的极限拉应变很小，构件的抗裂能力很低，很容易产生裂缝。由于自重太大，构件所能承受的自重以外的有效荷载较小，因而不太适用于大跨度、重荷载的结构。另外，提高混凝土强度等级和钢筋强度对改善构件的抗裂和变形性能效果也不大，这是因为采用高强度等级的混凝土，其抗拉强度提高的幅度有限。对于使用时允许裂缝宽度为 0.2~0.3mm 的构件，受拉钢筋应力只能达到 150~250MPa 左右，这与各种热轧钢筋的正常工作应力相近，即在钢筋混凝土结构中采用高强度的钢筋（强度设计值超过 1000MPa）是不能充分发挥作用的。

由上可见，钢筋混凝土结构存在的主要问题是裂缝问题。为了能有效地利用高强度钢材，进一步扩大构件的应用范围，更好地保证构件的质量，必须要设法提高构件的抗裂性能。预应力混凝土是改善构件抗裂性能的有效途径。预应力混凝土结构就是在混凝土构件承受外荷载之前，对其受拉区预先施加压应力。

现以图 4-95 所示顶应力混凝土简支梁为例，说明预应力混凝土的概念。

在荷载作用之前，预先在梁的受拉区施加偏心压力 N，使梁截面下边缘混凝土产生预压应力 σ_c，梁上边缘产生预拉应力 σ_{ct}，见图 4-95（a）。当荷载 q（包括梁自重）作用时，如果梁跨中截面下边缘产生拉应力 σ_{ct}，梁上边缘产生压应力 σ_c，见图 4-95（b）。这样，在预压力 N 和荷载 q 的共同作用下，梁的下边缘拉应力将减小至 $\sigma_{ct} - \sigma_c$；梁上边缘

应力为 $\sigma_c - \sigma_{ct}$，一般为压应力，但也有可能为拉应力，见图 4-95（c）。如果增大预压力 N，则在荷载作用下梁下边缘的拉应力还可减小，甚至变成压应力。由此可见，预应力混凝土构件可延缓混凝土构件的开裂，提高构件的抗裂度和刚度。高强度钢筋和高强度混凝土的应用，可取得节约钢筋、减轻构件自重的效果，克服了钢筋混凝土的主要缺点。

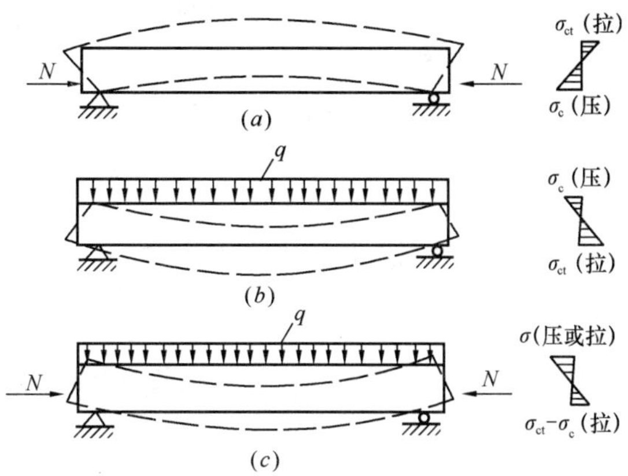

图 4-95　预应力混凝土简支梁
（a）预压力作用下；（b）外荷载作用下；
（c）预压力与外荷载共同作用下

预应力混凝土构件具有很多优点，下列结构物宜优先采用预应力混凝土。

（1）要求裂缝控制等级较高的结构构件；

（2）大跨度或受力很大的结构构件；

（3）对构件的刚度和变形控制要求较高的结构构件，如工业厂房中的吊车梁、码头和桥梁中的大跨度梁式构件等。

预应力混凝土与钢筋混凝土的主要区别就在于：后者仅仅将钢筋和混凝土结合在一起，由它们自然的共同工作；而前者则能将高强度钢材与高强度混凝土更有效地结合在一起，通过预加应力可以使钢材在高应力下工作。同时，还能将部分混凝土从受拉状态转化为受压状态，从而更充分地发挥这两种材料各自的力学性能。它是两种现代化材料的理想结合，把钢筋混凝土的应用推向了新的水平，这对钢筋混凝土构件的发展无疑具有重大的意义。

预应力混凝土与普通钢筋混凝土相比，有如下特点：

（1）提高了构件的抗裂能力

因为承受外荷载之前预应力混凝土结构构件的受拉区已有预压应力存在，所以在外荷载作用下，只有当混凝土的预压应力被全部抵消转而受拉且拉应变超过混凝土的极限拉应变时，结构构件才会开裂。

（2）增大了结构构件的刚度

因为预应力混凝土构件正常使用时，在荷载的标准组合下可能不开裂或只有很小的裂缝，混凝土基本上处于弹性阶段工作，因而结构构件的刚度比普通钢筋混凝土构件有所增大。

（3）充分利用高强度材料

如前所述，钢筋混凝土构件不能充分利用高强度材料。而预应力混凝土构件中，预应力钢筋先被预拉，而后在外荷载作用下钢筋拉应力进一步增大，因而始终处于高拉应力状态，即能够有效利用高强度钢筋。而且钢筋的强度高，可以减小所需要的钢筋截面积，节约钢材。与此同时，应尽可能采用高强度等级的混凝土，以便与高强度钢筋相配合，获得较经济的构件截面尺寸。

（4）扩大了构件的应用范围

由于预应力混凝土改善了构件的抗裂性能，因而可用于有防水、抗渗透及抗腐蚀要求的环境。它采用了高强度材料，结构轻巧、刚度大、变形小，可用于大跨度、重荷载及承受反复荷载的结构。

如上所述，预应力混凝土构件有很多优点，但它也存在一定的局限性，主要是构造、施工和计算均较钢筋混凝土构件复杂，且延性也差些。因而并不能完全代替钢筋混凝土构件。预应力混凝土具有施工工序多、对施工技术要求高，且需要张拉设备、锚夹具及劳动力费用高等特点，因此特别适用于钢筋混凝土构件不能达到要求的情形（如大跨度及重荷载结构）。

4.7.2　预应力混凝土材料和构件的尺寸形状

1. 材料

（1）预应力钢筋

预应力混凝土结构中的钢筋包括预应力钢筋和非预应力钢筋。非预应力钢筋的选用与钢筋混凝土结构中的钢筋相同。预应力钢筋宜采用预应力钢丝、钢绞线和预应力螺纹钢筋。此外，预应力钢筋还应具有一定的塑性、良好的可焊性以及用于先张法构件时与混凝土有足够的粘结力。

（2）混凝土

预应力混凝土结构中，混凝土强度等级越高，能够承受的预压应力也越高。同时，采用高强度等级的混凝土与高强钢筋配合，可以获得较经济的构件截面尺寸。另外，高强度等级的混凝土与钢筋的粘结力也高，这一点对依靠粘结传递预应力的先张法构件尤为重要。因此，预应力混凝土结构的混凝土强度等级不应低于 C30。

2. 尺寸形状

设计任何结构或构件时，应选择几何特性良好，惯性矩较大的截面形式。预应力混凝土轴心受拉构件通常采用正方形或矩形截面。预应力混凝土受弯构件可采用 T 形、I 形及箱形等截面形式，这是因为它们有较大的受压翼缘，节省了腹部混凝土，减少了构件的自重。

由于预应力混凝土构件的抗裂度和刚度较大，其截面尺寸可比普通钢筋混凝土构件小一些。对于预应力混凝土受弯构件，其截面高度 $h = (1/20 \sim 1/14) l$，最小可为 $l/35$（l 为跨度），大致可取普通钢筋混凝土梁高的 70% 左右。翼缘宽度一般可取 $b = (1/3 \sim 1/2) h$，翼缘厚度可取 $(1/10 \sim 1/6) h$，腹板宽度尽可能薄一些，可取 $(1/15 \sim 1/8) h$。

确定截面尺寸时，既要考虑构件承载能力，又要考虑抗裂度和刚度的需要，而且还必须考虑施工时的模板制作、钢筋种类、锚具布置等要求。

思考题

1. 什么是混凝土结构？什么是素混凝土结构、钢筋混凝土结构、预应力钢筋混凝土结构？
2. 钢筋和混凝土两种材料为什么能结合在一起共同工作？
3. 混凝土结构对钢筋的要求有哪些？
4. 混凝土的强度指标有哪些？
5. 混凝土的变形有哪些？

6. 混凝土的收缩和徐变有什么区别与联系？这两种变形对混凝土结构和预应力混凝土结构有什么影响？

7. 受弯构件中适筋梁从加载到破坏要经历哪几个阶段？各个阶段的主要特征是什么？

8. 梁和板中混凝土保护层的作用是什么？其最小值是多少？

9. 什么是剪跨比？它对梁的斜截面抗剪有什么影响？

10. 影响梁斜截面抗剪承载力的主要因素有哪些？

11. 在梁中弯起一部分钢筋用于斜截面抗剪时应该注意哪些问题？

12. 轴心受压构件中纵向钢筋的作用是什么？

13. 大偏心受压和小偏心受压的破坏特征有什么区别？其分界条件是什么？

14. 钢筋混凝土受压构件配置箍筋有什么作用？

15. 何谓预应力混凝土？与普通钢筋混凝土相比，预应力混凝土有何特点？

16. 预应力混凝土的方法有哪几种？其区别和特点是什么？

习题

4.1 某钢筋混凝土矩形梁的截面尺寸为 $b \times h = 250mm \times 550mm$，为单筋梁，混凝土强度等级为 C30，HRB400 级钢筋。荷载基本组合弯矩设计值 $M = 125kN \cdot m$，取 $a_s = 40mm$。安全等级为二级。试确定受拉钢筋截面面积。

4.2 某简支板计算跨度 2.1m，板厚 100mm，板宽 1000mm，承受荷载基本组合下的均布荷载设计值 $6.4kN/m^2$，混凝土强度等级为 C25，HPB300 级钢筋。取 $a_s = 20mm$。安全等级为二级。试确定板所需纵筋截面面积，并选配钢筋。

4.3 某钢筋混凝土矩形截面梁的尺寸为 $b \times h = 300mm \times 500mm$，混凝土强度等级为 C25，钢筋为 HRB400 级，配置 4ϕ22（$A_s = 1520mm^2$）。取 $a_s = 40mm$。安全等级为二级。当梁截面上承受荷载基本组合下弯矩设计值 175kN·m 时，该梁是否安全？

4.4 某 T 形截面梁的翼缘计算宽度 1200mm，翼缘高度为 80mm，$b = 200mm$，$h = 600mm$，混凝土强度等级为 C30，采用 HRB400 级钢筋配置 4ϕ22，承受荷载基本组合下弯矩设计值 $M = 290kN \cdot m$。安全等级为二级。试复核梁正截面受弯承载力是否安全。

4.5 某承受均布荷载的矩形截面梁截面尺寸为 $b \times h = 250mm \times 600mm$，采用 C30 混凝土，箍筋采用 HPB300 级，若已知荷载基本组合下的剪力设计值 $V = 213kN$，取 $a_s = 35mm$。安全等级为二级。试确定采用ϕ8 双肢箍的箍筋间距。

4.6 某钢筋混凝土矩形截面简支梁承受均布线荷载设计值 q（kN/m），计算跨度为 6000mm，净跨 5760mm，截面尺寸为 $b \times h = 250mm \times 600mm$，采用 C25 混凝土，HRB400 级纵向钢筋和 HPB300 级箍筋。若已知梁的纵向受力钢筋 4ϕ22。取 $a_s = 40mm$。安全等级为二级。试问，当采用双肢箍筋ϕ8@200 时，梁斜截面抗剪所能承受的荷载基本组合下的 q 为多少？

4.7 已知矩形截面柱 $b \times h = 300mm \times 400mm$，计算长度为 3m，荷载基本组合下的轴向力设计值为 400kN，弯矩设计值为 150kN·m。采用 C30 混凝土，钢筋为 HRB400 级，对称配筋（$A_s = A_s'$）。计算取 $a_s = a_s' = 40mm$。安全等级为二级。试确定其配筋截面面积 A_s' 为多少？

5.1 概述

5.1.1 高层建筑的结构类型与受力特点

1. 高层建筑的结构类型

高层建筑结构的结构类型繁多，按材料来分有钢筋混凝土结构、钢结构和钢—混凝土混合结构等。其中，钢筋混凝土结构强度较高、抗震性能较好，并且具有良好的可塑性，造价较低，其缺点是构件断面大，自重大；钢结构强度较高、自重较轻，具有良好的延性和抗震性能，并能适应建筑上大跨度、大空间的要求，特别适用于一些地基软弱或抗震要求高而高度又较高的高层建筑，缺点是用钢量大；钢—混凝土混合结构一般是钢框架与钢筋混凝土筒体的结合，在结构体系的层次上将两者的优点结合起来。

由于钢筋混凝土结构的优点，因此，在发展中国家大都采用钢筋混凝土结构建造高层建筑，采用混合结构建造超高层建筑。本章主要介绍多层和高层钢筋混凝土结构。

2. 高层建筑的受力特点

高层建筑结构要同时承受竖向荷载和水平作用（即风荷载、水平地震作用）。在低层建筑结构中，水平作用产生的荷载效应（内力和位移）很小，通常可以忽略；在多层建筑结构中，水平作用产生的荷载效应逐渐增大；而在高层建筑结构中，水平作用将成为控制因素。建筑物高度与荷载效应的关系如图 5-1 所示，可见，随着房屋高度增加，位移增加最快，弯矩次之。

高层建筑结构设计不仅需要较大的承载能力，而且需要较大的刚度，使水平作用产生的侧向变形限制在一定范围内，这是因为：

（1）过大的侧向变形会使人不舒服，影响正常使用。这主要是指在风荷载作用下，必须保证人在建筑物内正常工作与生活。至于偶尔发生的地震，人的舒适感是次要的。

（2）过大的侧向变形会使填充墙或建筑装修出现裂缝或损坏，也会使电梯轨道变形。变形限制的大小与装修的

多层和高层钢筋混凝土结构

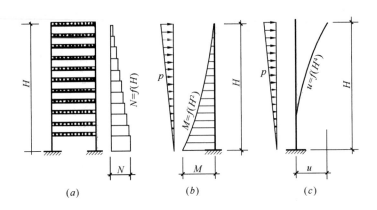

图 5-1　高层建筑结构的受力特点

（a）轴力与高度的关系；（b）弯矩与高度的关系；（c）侧向位移与高度的关系

材料以及构造做法有关。地震作用下，虽然可以比风荷载作用下适当放宽变形限制，但由于这些非结构性的损坏会使修复费用很高，且填充墙等倒塌也会威胁人的生命及设备安全，因此，对地震作用下产生的侧向变形也要加以限制。

（3）过大的侧向变形会使主体结构出现裂缝，甚至损坏。限制侧向变形也就是限制结构的裂缝宽度及破坏程度。

（4）过大的侧向变形会使结构产生附加内力，甚至引起倒塌。这是因为建筑物上的竖向荷载在侧向变形下将产生附加弯矩，通常被称为 $P\text{-}\Delta$ 效应（重力二阶效应）。

由于上述特点，高层建筑结构设计中，竖向抗侧力分体系的设计成为关键。欲使竖向抗侧力分体系具有足够的承载能力、刚度和延性，具有良好的抗震性能，并尽可能地提高材料利用率，降低材料消耗、节约造价等，则必须从结构材料的选用、结构体系、基础类型等各方面综合考虑，采用合理而可行的计算方法和设计方法，并且要重视构造、连接、锚固等细部处理。

5.1.2　高层建筑的结构体系及其适用的最大高度

1. 高层建筑的结构体系

高层建筑常见的钢筋混凝土结构体系有框架结构体系、剪力墙结构体系、框架—剪力墙结构体系和筒体结构体系等。

（1）框架结构体系

框架结构体系是由梁和柱通过节点构成承载结构。框架形成可灵活布置的建筑空间，使用较方便。钢筋混凝土框架按施工方法的不同，可分为现浇框架、装配式框架和装配整体式框架。其中，现浇框架是指梁、柱、楼板均为钢筋混凝土现场的，故其整体性、抗震性能好；装配式框架是指梁、柱、楼板均为预制，通过焊接拼装连接成整体的，故其整体性、抗震性能弱；装配式整体框架是指梁、柱、楼板均为预制，在构件吊装就位后，焊接或绑扎节点区钢筋，浇筑节点区混凝土，从而将梁、柱、楼板连成整体，故具有较好的整体性、抗震性能。

在框架结构中，框架即是竖向承重结构也是竖向抗侧力结构，框架抗侧刚度较小，其抗侧刚度主要取决于梁、柱的截面尺寸，在水平荷载作用下将产生较大的侧向位移。这是框架结构的主要缺点，也因此而限制了它的使用高度。在框架结构的侧向变形中（图5-2），一部分是弯曲变形，即框架结构产生整体弯曲，由柱子的拉伸和压缩所引起的水平位移；另一部分是剪切变形，即框架结构整体受剪，层间梁柱杆件发生弯曲而引起的水平位移。当高宽比 $H/B \leqslant$ 4 时，框架结构以剪切变形为主，弯曲变

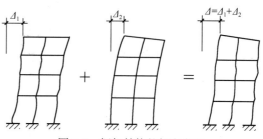

图 5-2　框架结构的侧向变形

形较小而可忽略，其整体位移曲线呈剪切型，其特点是结构层间位移随楼层增高而减小。

由于框架构件截面较小，抗侧刚度较小，在强震下结构整体位移和层间位移都较大，容易产生震害，并且非结构性破坏如填充墙、建筑装修和设备管道等破坏较严重，因此，其主要适用于高度不太高的建筑。

（2）剪力墙结构体系

剪力墙结构体系是由墙体承受全部竖向荷载和水平作用。根据施工方法的不同可分为全现浇的剪力墙、全部用预制墙板装配而成的剪力墙和内墙现浇、外墙为预制装配的剪力墙。在水平荷载作用下，剪力墙相当于一根下部嵌固的悬臂深梁。剪力墙的水平位移由弯曲变形和剪切变形两部分组成。在高层建筑剪力墙结构的侧向变形中（图5-3），以弯曲变形为主，其位移曲线呈弯曲形，其特点是结构层间位移随楼层增高而增加。

为满足布置门厅、餐厅、会议室、商店和公用设施等大空间的要求，可以在底部一层或数层取消部分剪力墙而代之以框架，形成框支剪力墙结构（图5-4）。

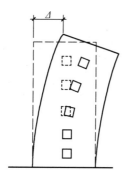
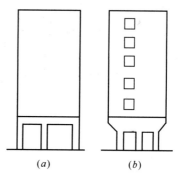

图 5-3　剪力墙结构的侧向变形　　　图 5-4　框支剪力墙结构

剪力墙结构比框架结构抗侧刚度大、空间整体性好，用钢量较省，结构顶点水平位移和层间位移通常较小，具有良好的抗震性能，因而广泛应用于高层住宅建筑和旅馆建筑。

（3）框架—剪力墙结构体系

框架—剪力墙结构体系是把框架和剪力墙两类抗侧力单元结合在一起形成的结构体系。房屋的竖向荷载由框架和剪力墙共同承担，水平荷载主要由抗侧刚度较大的剪力墙承担。这种结构体系既具有框架结构布置灵活、使用方便的特点，又有较大的抗侧刚度和较好的抗震性能，因而广泛应用于高层办公建筑和旅馆建筑。

框架自身在水平荷载作用下呈剪切型变形，而剪力墙则呈弯曲型变形。当两者通过楼

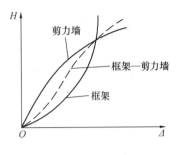

图 5-5　框架—剪力墙
结构的变形特征

板协同工作，共同抵抗水平荷载时，由于框架—剪力墙协同工作，变形必须协调，如图 5-5 所示，侧向变形将呈弯剪型，其上下各层层间变形趋于均匀，并减小了顶点侧移。

由于剪力墙承担了大部分的水平剪力，框架所承受的水平剪力减少且沿高度分布比较均匀，各层框架梁、柱截面尺寸和配筋也趋于均匀。因此，框架—剪力墙结构体系适用于建造较高的高层建筑。

2. 各种结构体系适用的最大高度

随着层数和高度的增加，水平作用对高层建筑结构的控制作用更加显著。高层建筑的承载能力、抗侧刚度、抗震性能、材料用量和造价高低，与其所采用的结构体系密切相关。不同的结构体系，适用于不同的层数、高度和功能。

《高层建筑混凝土结构技术规程》（以下简称《高层规程》）对各种结构体系的高层建筑适用的最大高度作出了规定，并将高层建筑分为两级：A 级和 B 级。A 级是指常规的高层建筑；B 级是指超限高层建筑，其最大适用高度可较 A 级适当放宽，其结构的抗震等级、有关的计算和构造措施应相应加严。

A 级高度钢筋混凝土乙类和丙类高层建筑的最大适用高度应符合表 5-1 的规定。框架—剪力墙结构、剪力墙结构和筒体结构高层建筑，其高度超过表 5-1 规定时为 B 级高度高层建筑。B 级高度钢筋混凝土乙类和丙类高层建筑的最大适用高度应符合表 5-2 的规定。

A 级高度钢筋混凝土高层建筑的最大适用高度（m）　　　　　　表 5-1

结构体系		非抗震设计	抗震设防烈度				
			6 度	7 度	8 度		9 度
					0.20g	0.30g	
框　架		70	60	50	40	35	—
框架—剪力墙		150	130	120	100	80	50
剪力墙	全部落地剪力墙	150	140	120	100	80	60
	部分框支剪力墙	130	120	100	80	50	不应采用
筒　体	框架—核芯筒	160	150	130	100	90	70
	筒　中　筒	200	180	150	120	100	80
板柱—剪力墙		110	80	70	55	40	不应采用

注：1. 房屋高度指室外地面至主要屋面高度，不包括局部突出屋面的电梯机房、水箱、构架等高度；

　　2. 表中框架不含异形柱框架结构；

　　3. 部分框支剪力墙结构指地面以上有部分框支剪力墙的剪力墙结构；

　　4. 平面和竖向均不规则的结构，最大适用高度应适当降低；

　　5. 甲类建筑，6、7、8 度时宜按本地区抗震设防烈度提高一度后符合本表的要求，9 度时应专门研究；

　　6. 9 度抗震设防，当房屋高度超过本表数值时，结构设计应有可靠依据并采取有效措施。

B 级高度钢筋混凝土高层建筑的最大适用高度（m）　　　表 5-2

结构体系		非抗震设计	抗震设防烈度			
			6 度	7 度	8 度	
					0.20g	0.30g
框架—剪力墙		170	160	140	120	100
剪力墙	全部落地剪力墙	180	170	150	130	110
	部分框支剪力墙	150	140	120	100	80
筒体	框架—核芯筒	220	210	180	140	120
	筒中筒	300	280	230	170	150

注：1. 房屋高度指室外地面至主要屋面高度，不包括局部突出屋面的电梯机房、水箱、构架等高度；

2. 部分框支剪力墙结构指地面以上有部分框支剪力墙的剪力墙结构；

3. 平面和竖向均不规则的建筑，表中数值应适当降低；

4. 甲类建筑，6、7 度时宜按本地区设防烈度提高一度后符合本表的要求，8 度时应专门研究；

5. 当房屋高度超过表中数值时，结构设计应有可靠依据，并采取有效措施。

5.1.3　高层建筑结构的抗震设计原则

为了使高层建筑满足抗震设防要求，应考虑下述的抗震设计基本原则：

（1）选择有利的场地，避开不利的场地，采取措施保证地基的稳定性。危险场地如地震时可能发生滑坡、崩塌、地陷、地裂、泥石流等，严禁建造甲、乙类的高层建筑；不利场地如场地冲积层过厚、液化土、软弱土等，应提出避开要求。当无法避开时应采取相应有效措施，以减轻震害。液化土是指饱和状态砂土或粉土，它们在一定强度的动荷载作用下出现类似液体性质而完全丧失承载力。

（2）保证地基基础的承载力、刚度，以及足够的抗滑移、抗倾覆能力，使整个高层建筑形成稳定的结构体系，防止在外荷载作用下产生过大的不均匀沉降、倾覆和局部开裂等。

（3）合理选择结构体系。对于钢筋混凝土结构，一般地，框架结构抗震能力较差；框架—剪力墙结构较好；剪力墙结构和筒体结构的抗震能力高。结构体系应符合下列要求：结构布置要受力明确，传力途径直接简单和有明确的计算简图；应避免因部分结构或构件破坏而导致整个结构丧失承载重力荷载或抗震能力；结构应有足够的变形能力及耗能能力，保证构件有足够的延性，以防止构件脆性破坏；对可能出现的薄弱部位，应采取措施提高抗震能力。

（4）结构平面布置力求简单、规则、对称，避免凹角和狭长的缩颈部位；避免在凹角和端部设置楼电梯间；避免楼电梯间偏置。结构竖向布置尽量避免外挑、内收，力求刚度均匀渐变。

（5）多道抗震设防能力，避免因局部结构或构件破坏而导致整个结构体系丧失抗震能力。如框架为强柱弱梁，梁屈服后柱仍能保持稳定；剪力墙结构的连梁先屈服，然后才是墙肢、框架破坏等。

（6）结构应有足够的刚度且具有均匀的刚度分布，以控制结构顶点总位移和层间位移，避免因局部突变和扭转效应而形成薄弱部位。

（7）减轻结构自重，最大限度降低地震的作用，积极采用轻质高强材料。

（8）合理设置防震缝。一般情况下，宜采取调整平面形状与尺寸，加强抗震措施，设置后浇带等方法，尽量不设缝或少设缝。设缝时，必须保证有足够的缝宽。

5.1.4　高层建筑结构的总体布置

1. 高层建筑结构的高宽比

A 级高度、B 级高度钢筋混凝土高层建筑结构的高宽比 H/B 不宜超过表 5-3 的数值。

钢筋混凝土高层建筑结构适用的最大高宽比　　　　　　　　表 5-3

结构体系	非抗震设计	抗震设防烈度		
		6度、7度	8度	9度
框架	5	4	3	—
框架—剪力墙	7	6	5	4
剪力墙	7	6	5	4
框架—核芯筒	8	7	6	4
筒中筒	8	8	7	5

2. 结构的平面布置

高层建筑结构的平面形状宜简单、规则、对称，刚度和承载力分布均匀，不应采用严重不规则的平面形状。平面不规则的类型见表 5-4。

平面不规则的类型　　　　　　　　表 5-4

不规则类型	定　义
扭转不规则	在考虑偶然偏心影响的规定水平地震力作用下，楼层竖向构件的最大弹性水平位移（或层间位移），大于该楼层两端弹性水平位移（或层间位移）平均值的 1.2 倍（图 5-6）
凹凸不规则	结构平面凹进的一侧尺寸，大于相应投影方向总尺寸的 30%
楼板局部不连续	楼板的尺寸和平面刚度急剧变化，例如，有效楼板宽度小于该层楼板典型宽度的 50%，或开洞面积大于该层楼面面积的 30%，或较大的楼层错层

（1）规定水平地震力的内涵与取值

"规定水平地震力"一般可采用水平地震作用在振型组合后的楼层地震剪力换算的水平作用力（图5-6）。水平作用力的换算原则：每一楼面处的水平作用力取该楼面上、下两个楼层的地震剪力差的绝对值，即：该楼层与其相邻上一层的地震剪力差的绝对值。

（2）偶然偏心的取值

高层建筑结构的每层质心沿垂直于水平地震作用方向的偶然偏值 $e_i = \pm 0.05 L_i$，其中，L_i 是指第 i 层垂直于水平地震作用方向的建筑物总长度。实际计算时，可将每层质心沿主轴的同一方向（正向或负向）偏移。即针对某一方向如 X 方向水平地震作用时，水平地震作用值可取为 3 种情况：无偏心的水平地震作用；$+0.05 L_i$

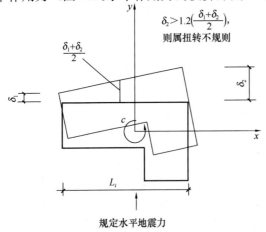

图 5-6　建筑结构平面的扭转不规则示例

的水平地震作用；$-0.05L_i$ 的水平地震作用。

当结构平面布置超过表 5-4 中一项及以上的不规则指标，则称为平面不规则。当超过表 5-4 中多项指标，或某一项超过规定指标较多，具有较明显的抗震薄弱部位，将会引起不良后果时，称为特别不规则。当结构体型复杂，多项不规则指标超过表 5-4 规定，或大大超过规定值，具有严重的抗震薄弱部位，将导致地震破坏等严重后果时，称为严重不规则。

高层建筑的开间、进深尺寸和构件类型应尽量减少规格，以利于建筑工业化。建筑平面的形状宜选用风压较小的形式，并应考虑邻近高层建筑对其风压分布的影响，还必须考虑有利于抵抗水平作用和竖向荷载，宜使结构平面形状和刚度均匀对称，减少扭转的影响。在地震作用下，建筑平面要力求简单规则。明显不对称的结构应考虑扭转对结构性能的不利影响。平面各部分尺寸（图 5-7）宜满足表 5-5 的要求。

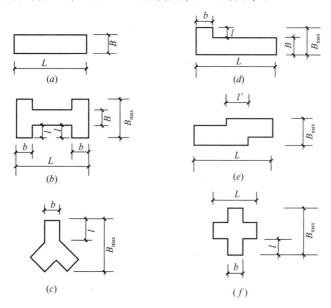

图 5-7　结构的平面布置

平面尺寸 L、l、l' 的限值　　　　　　　　　　表 5-5

抗震设防烈度	L/B	l/B_{max}	l/b	l'/B_{max}
6 度、7 度	≤6.0	≤0.35	≤2.0	≥1.0
8 度、9 度	≤5.0	≤0.30	≤1.5	≥1.0

在实际工程设计中，L/B 在 6、7 度抗震设计时最好不超过 4；在 8、9 度抗震设计时最好不超过 3。l/b 最好不超过 1.0。

在规则平面中，如果结构平面刚度不对称，仍然会产生扭转。所以，在布置竖向抗侧力分体系时，应使其均匀分布，使水平力作用线通过结构刚度中心，以减少扭转的影响。

3. 结构的竖向布置

抗震设防的建筑结构，其竖向布置应体形规则、均匀，避免有较大的外挑和内收，结构的承载力和刚度宜自下而上逐渐地减小，避免抗侧力分体系的侧向刚度和承载力突变。

竖向不规则性定义见表5-6。特别不规则和严重不规则的含义，可参见前述平面布置。

竖向不规则的类型 表5-6

不规则类型	定 义
侧向刚度不规则	1. 框架结构，楼层的侧向刚度小于相邻上一层的70%，或小于其上相邻三个楼层侧向刚度平均值的80%；除顶层或出屋面小建筑外，局部收进的水平向尺寸大于相邻下一层的25%； 2. 非框架结构，楼层的侧向刚度（考虑层高修正）小于相邻上一层的90%
竖向抗侧力构件不连续	竖向抗侧力构件（柱、抗震墙、抗震支撑）的内力由水平转换构件（梁、桁架等）向下传递
楼层承载力突变	楼层抗侧力结构的层间受剪承载力小于相邻上一楼层的80%

一般地，沿竖向分段改变构件截面尺寸和混凝土强度等级，这种改变使结构刚度自下而上递减。从施工的角度，分段改变不宜太多；但从结构受力的角度，分段改变却宜多而均匀。在实际工程设计中，一般沿竖向变化不超过4段；每次改变，梁、柱尺寸减少100～150mm；墙厚减少50mm；混凝土强度等级降低一个等级；且一般尺寸改变与强度改变错开楼层布置，避免楼层刚度产生较大突变。

抗震设计时，当结构上部楼层收进部位到室外地面的高度 H_1 与房屋高度 H 之比大于0.2时，上部楼层收进后的水平尺寸 B_1 不宜小于下部楼层水平尺寸 B 的0.75倍（图5-8a、图5-8b）；当上部结构楼层相对于下部楼层外挑时，下部楼层的水平尺寸 B 不宜小于上部楼层水平尺寸 B_1 的0.9倍，且水平外挑尺寸 a 不宜大于4m（图5-8c、图5-8d）。

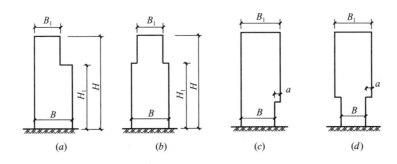

图5-8 结构的竖向收进和外挑

4. 伸缩缝、沉降缝和防震缝的设置与构造

为防止建筑结构因温度变化和混凝土干缩变形而产生裂缝，常隔一定距离设置温度伸缩缝；在结构平面狭长而立面有较大变化时，或地基基础有显著变化，或高层塔楼与低层裙房之间等，可能产生不均匀沉降时，可设置沉降缝；对于有抗震设防的建筑物，当其平面形状复杂而又无法调整其平面形状和结构布置，使之成为较规则结构时，宜设置防震缝。伸缩缝、沉降缝或防震缝（它们统称为变形缝）将高层建筑划分为若干独立的部分，从而消除温度应力、沉降差和体系复杂对结构的危害。

高层建筑结构设计和施工经验表明，高层建筑结构宜调整平面形状、尺寸和结构布置，采取构造措施、设计和施工措施，尽量不设缝、少设缝；当设缝时，则应将高层建筑结构划分为独立的结构单元，并设置必要的缝宽，以防止震害。

（1）伸缩缝

伸缩缝（亦称温度缝）可以释放建筑平面尺寸较大的房屋因温度变化和混凝土干缩产生的结构内力。高层建筑结构不仅平面尺度大，而且竖向高度也很大，温度变化和混凝土收缩不仅会产生水平方向的变形和内力，而且也会产生竖向的变形和内力。根据多年的施工经验和实践效果，高层建筑钢筋混凝土结构的温度（收缩）问题一般由构造措施来解决，即每隔一定的距离设置一道伸缩缝，使房屋分成相互独立的单元，各单元可随温度变化等自由变形。伸缩缝必须贯通基础以上的建筑高度。在未采取措施的情况下，伸缩缝的间距不宜超出表 5-7 的限制。当有充分依据、采取有效措施时，表中的数值可以放宽。

伸缩缝的最大间距 表 5-7

结构体系	施工方法	最大间距（m）
框架结构	现浇	55
剪力墙结构	现浇	45

注：1. 框架—剪力墙结构的伸缩缝间距可根据结构的具体布置情况取表中框架结构与剪力墙结构之间的数值；

2. 当屋面无保温或隔热措施、混凝土的收缩较大或室内结构因施工外露时间较长时，伸缩缝间距应适当减小；

3. 位于气候干燥地区、夏季炎热且暴雨频繁地区的结构，伸缩缝的间距宜适当减小。

当采取以下措施减少温度和收缩应力时，可适当增大伸缩缝的间距：

从布置及构造方面采取措施，如顶层加强保温隔热措施，或设置架空通风屋面，避免屋面结构温度梯度过大；在温度变化影响较大的顶层、底层、山墙、纵墙端开间等部位提高配筋率。

从局部设伸缩缝的措施，如结构的顶部或底部的温度应力较大，可采取在高层建筑的上面或底部几层局部设伸缩缝。

从施工方面采取措施，如施工中留后浇带。一般每隔 30～40m 设一道，后浇带宽 800～1000mm，带内钢筋采用搭接或直通加弯的做法（图 5-9），混凝土后浇。留出后浇带后，施工过程中混凝土可以自由收缩，从而大大减少了收缩应力，混凝土的抗拉强度可以大部分用来抵抗温度应力，提高结构抵抗温度变化的能力。

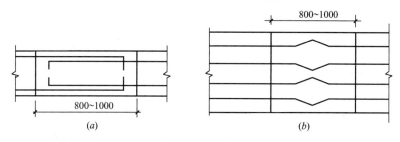

图 5-9 后浇带构造

(a) 搭接；(b) 直通加弯

上述温度后浇带的混凝土可在主体混凝土施工后 60d 浇筑，至少也不应少于 45d。后浇带混凝土浇筑时的温度宜低于主体混凝土浇筑时的温度。后浇带应贯通建筑物的整个横截面，将全部结构墙、梁和板分开，使得缝两边结构都可自由伸缩。后浇带可以选择对结构影响较小的部位曲线通过，不要在一个平面内，以免全部钢筋在同一个平面内。一般情况下，后浇带可设在框架梁和楼板的 1/3 跨处或剪力墙的连梁跨中和内外墙连接处。此外，后浇带的两侧结构长期处于悬臂状态，所以支撑模板暂时不能全部拆除。

（2）沉降缝

高层建筑应考虑设置沉降缝的情况有：高度差异或荷载差异较大处；上部不同结构体系或结构类型的相邻交界处；地基土的压缩性有显著的差异处；基础底面标高相差较大，或基础类型不一致处。

沉降缝不但应贯通上部结构，而且应贯通基础本身。设置沉降缝后，上部结构应在缝的两侧分别布置抗侧力结构，形成所谓双梁、双柱和双墙的现象，但这将导致其他问题，如建筑立面、地下室渗漏处理困难等。

一般地，对建筑物各部分不均匀沉降采取"放""抗""调"方法来处理。"放"，即设沉降缝，让各部分自由沉降，互不影响，避免出现由于不均匀沉降时产生的内力；"抗"，即采用端承桩或利用刚度很大的基础来抵抗沉降差；"调"，即在设计与施工中采取措施，调整各部分沉降，减少其差异，降低由沉降差产生的内力。

采用"放"的方法在结构设计时比较方便，但将导致建筑、设备、施工各方面的困难。采用"抗"的方法不设缝，基础材料用量多，不经济。采用"调"的方法，不设永久性沉降缝，采用介于前述两者之间的办法，调整各部分沉降差，在施工过程中留出后浇带作为临时沉降缝，待各部分结构沉降基本稳定后再连为整体。

在高层建筑中，通常处理不均匀沉降采取下列"调"的方法：

1）设计方面。如主楼和裙房采用不同的基础形式时（即：基础变刚度调平设计原则），调整地基土压力，使各部分沉降基本均匀一致，减少沉降差。

2）施工方面。如调整施工顺序，先主楼后裙房，主楼工期较长、沉降大，待主楼基本建成、沉降基本稳定后，再施工裙房，使后期沉降基本相近；预留沉降差，地基承载力较高、有较多的沉降观测资料、沉降值计算较为可靠时，主楼标高定得稍高，裙房标高定得稍低，预留两者沉降差，使最后两者实际标高一致。

有时需要综合运用上述措施处理结构的沉降问题。

（3）防震缝

抗震设防的高层建筑在下列情况下宜设防震缝（图 5-10）：

1）平面长度和突出部分尺寸超出表 5-5 的限值，而又没有采取加强措施时。

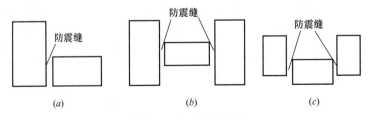

图 5-10　防震缝的设置

2）各部分结构刚度、荷载或质量相差悬殊，而又没有采取有效措施时。

3）房屋有较大错层时。

设置防震缝时，防震缝宽度应考虑由于基础不均匀沉降产生的转动对结构顶点位移的影响，应符合下列规定：

1）防震缝最小宽度要求

对于框架结构房屋，高度不超过 15m 的部分，可取 100mm；超过 15m 的部分，6度、7度、8度和9度相应每增加高度 5m、4m、3m 和 2m，宜加宽 20mm；

对于框架—剪力墙结构房屋可按框架结构房屋的 70% 采用；对于剪力墙结构房屋可按框架结构房屋的 50% 采用，但两者均不宜小于 100mm。

2）防震缝两侧结构体系不同时，防震缝宽度应按不利的结构类型确定；防震缝两侧的房屋高度不同时，防震缝宽度应按较低的房屋高度确定。

当相邻结构的基础存在较大沉降差时，宜增大防震缝的宽度。防震缝宜沿房屋全高设置；地下室、基础可不设防震缝，但在与上部防震缝对应处要加强构造和连接。结构单元之间或主楼与裙房之间如无可靠措施，不应采用牛腿托梁的做法设置防震缝。

5. 高层建筑的楼盖

高层建筑结构中各竖向抗侧力分体系（剪力墙、框架、支撑和筒体等）通过水平分体系即楼盖连为空间整体。风荷载或地震作用产生的水平力将通过楼板平面进行传递和分配，这要求楼板在自身平面内应有足够大的刚度。

房屋高度不超过 50m 时，6～7 度抗震设计时可采用装配整体式楼盖，即在预制楼板上设置现浇面层，现浇面层厚度不应小于 50mm，混凝土强度不应低于 C25，并应双向布置 $\phi6\sim\phi8$、间距 150～200mm 的钢筋网，钢筋应锚入梁或剪力墙内。在 8～9 度抗震设计时，宜采用现浇楼盖结构，现浇楼盖的混凝土强度等级不宜低于 C25。

50m 以下的高层建筑中，对于重要部分（如房屋的顶层、结构转换层、楼盖有大的开洞处），平面过于复杂，突出部分长度较大处，应采用现浇楼盖。

高度超过 50m 的建筑，剪力墙结构、框架结构宜采用现浇楼盖结构。框架—剪力墙结构、筒体结构、复杂高层建筑结构应采用现浇楼盖结构。

9 度抗震设防时，宜采用现浇楼盖。

6. 高层建筑的基础类型

高层建筑常用的基础类型有筏形基础、箱形基础和桩基础。与低层、多层建筑相比，高层建筑的基础埋置深度应大一些。基础埋置深度应符合下列要求：

（1）天然地基或复合地基，可取房屋高度的 1/15；

（2）桩基础，可取房屋高度的 1/18（桩长不计在内）。

5.2 高层建筑结构设计要求与计算假定

5.2.1 高层建筑的结构设计要求

在竖向荷载、风荷载作用下，高层建筑结构应处于弹性阶段或仅有微小的裂缝出现。结构应满足承载能力及限制侧向位移的要求。在地震作用下，按第 4 章两阶段设计方法，要求达到三水准目标。在第一阶段设计中，除要满足承载力及侧向位移限制要求外，还要满足延性要求。延性要求可通过采取一系列抗震措施来实现。在某些情况下，要求进行第二阶段验算，即罕遇地震作用下的计算，以满足弹塑性层间变形的限制要求，以防止结构倒塌。

1. 承载能力的验算

按极限状态设计的要求，各种构件承载力验算的一般表达式为：

不考虑地震作用的荷载基本组合时 $\gamma_0 S_d \leqslant R_d$

考虑地震作用的地震组合时 　　　$S_d \leqslant R_d / \gamma_{RE}$

式中　γ_0——结构重要性系数；

$\quad\quad S_d$——构件内力，即作用组合的效应设计值；

$\quad\quad R_d$——构件承载力设计值；

$\quad\quad \gamma_{RE}$——承载力抗震调整系数，按表 5-8 采用。

钢筋混凝土构件承载力抗震调整系数 γ_{RE}　　　　表 5-8

构件类别	梁	柱		剪力墙		各类构件	节点
		轴压比小于 0.15	轴压比不小于 0.15				
受力状态	受弯	偏压	偏压	偏压	局部承压	受剪偏拉	受剪
γ_{RE}	0.75	0.75	0.80	0.85	1.0	0.85	0.85

不考虑地震作用的荷载基本组合，当荷载与荷载效应按线性关系考虑时，其效应设计值应按下式确定：

$$S_d = \gamma_G S_{Gk} + \gamma_L \psi_Q \gamma_Q S_{Qk} + \psi_w \gamma_w S_{wk} \tag{5-1}$$

式中　S_d——荷载组合的效应设计值；

$\quad\quad \gamma_G$——永久荷载分项系数，其取值见第 2 章；

$\quad\quad \gamma_Q$——楼面活荷载分项系数，其取值见第 2 章；

$\quad\quad \gamma_w$——风荷载的分项系数，其取值见第 2 章；

$\quad\quad \gamma_L$——考虑结构设计使用年限的荷载调整系数，其取值见第 2 章；

$\quad\quad S_{Gk}$——永久荷载效应标准值；

$\quad\quad S_{Qk}$——楼面活荷载效应标准值；

$\quad\quad S_{wk}$——风荷载效应标准值；

$\quad\psi_Q$、ψ_w——分别为楼面活荷载组合值系数和风荷载组合值系数，应分别取 1.0 和 0.6 或 0.7 和 1.0。

注：对书库、档案库、储藏室、通风机房和电梯机房，楼面活荷载组合值系数取 0.7 的场合应取为 0.9。

考虑地震作用的地震组合，当作用与作用效应按线性关系考虑时，其效应设计值应按下式确定：

$$S_d = \gamma_G S_{GE} + \gamma_{Eh} S_{Ehk} + \gamma_{Ev} S_{Evk} + \Psi_w \gamma_w S_{wk} \tag{5-2}$$

式中　S_d——地震组合的效应设计值；

$\quad\quad S_{GE}$——重力荷载代表值的效应；

$\quad\quad S_{Ehk}$——水平地震作用标准值的效应，尚应乘以相应的增大系数、调整系数；

　　S_{Evk}——竖向地震作用标准值的效应，尚应乘以相应的增大系数、调整系数；

　　γ_G——重力荷载分项系数；

　　γ_w——风荷载分项系数；

　　γ_{Eh}——水平地震作用分项系数；

　　γ_{Ev}——竖向地震作用分项系数；

　　Ψ_w——风荷载的组合值系数，应取 0.2。

　　根据《建筑与市政工程抗震通用规范》规定，地震组合的分项系数应按表 5-9 采用。当重力荷载效应对结构的承载力有利时，表 5-9 中 γ_G 不应大于 1.0。

地震设计状况时荷载和作用的分项系数　　　　　表 5-9

参与组合的荷载和作用	γ_G	γ_{Eh}	γ_{Ev}	γ_w	说　明
重力荷载及水平地震作用	1.3	1.4	—	—	抗震设计的高层建筑结构均应考虑
重力荷载及竖向地震作用	1.3	—	1.4	—	9 度抗震设计时考虑；水平长悬臂和大跨度结构 7 度（0.15g）、8 度、9 度抗震设计时考虑
重力荷载、水平地震及竖向地震作用	1.3	1.4	0.5	—	9 度抗震设计时考虑；水平长悬臂和大跨度结构 7 度（0.15g）、8 度、9 度抗震设计时考虑
重力荷载、水平地震作用及风荷载	1.3	1.4	—	1.5	60m 以上的高层建筑考虑
重力荷载、水平地震作用、竖向地震作用及风荷载	1.3	1.4	0.5	1.5	60m 以上的高层建筑，9 度抗震设计时考虑；水平长悬臂和大跨度结构 7 度（0.15g）、8 度、9 度抗震设计时考虑
	1.3	0.5	1.4	1.5	水平长悬臂结构和大跨度结构，7 度（0.15g）、8 度、9 度抗震设计时考虑

　　注：1. g 为重力加速度；

　　　　2.“—”表示组合中不考虑该项荷载或作用效应。

　　非抗震设计时，按无地震作用的荷载基本组合进行计算；抗震设计时，应分别按无地震作用的荷载基本组合、有地震作用的地震组合分别进行计算，并取最不利情况，即包络设计原则。

　　2. 侧向位移限制和舒适度要求

　　在正常使用条件下，高层建筑处于弹性状态，并且应有足够的刚度，避免产生过大的位移而影响结构的承载力、稳定性和使用要求。正常使用条件下的结构水平位移，按风荷载标准值，或者多遇地震作用标准值作用下，用弹性方法计算。结构的水平位移（侧移）有顶点位移和层间位移（图 5-11）。

　　层间位移以楼层的水平位移差计算，不扣除整体弯曲变形。抗震设计，楼层位移计算可不考虑偶然偏心的影响。以弹性方法计算的楼层层间最大位移 Δu 与层高 h 之比作为限制条件，宜符合下列规定：

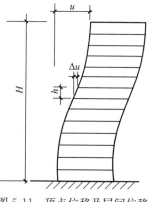

图 5-11　顶点位移及层间位移

（1）高度 150m 及 150m 以下的高层建筑，楼层层间最大位移与层高之比不宜大于表 5-10 给出的限值；

（2）高度为 250m 及 250m 以上的高层建筑，楼层层间最大位移与层高之比的限值为 1/500；

（3）高度在 150～250m 之间的高层建筑，楼层层间最大位移与层高之比的限值按线性插入取用。

楼层层间最大位移与层高之比的限值　　　　　　　　　　　表 5-10

结构类型	限值	结构类型	限值
框　架	1/550	筒中筒、剪力墙	1/1000
框架—剪力墙和框架—核心筒	1/800	除框架结构外的转换层	1/1000

高度超过 150m 的高层建筑结构应具有良好的使用条件，满足舒适度的要求，按《建筑结构荷载规范》规定的 10 年一遇的风荷载取值和专门风洞试验计算确定的顺风向与横风向结构顶点最大加速度 α_{max} 不应超过表 5-11 给出的限值。

结构顶点最大加速度限值　　　　　　　　　　　表 5-11

使用功能	α_{max}（m/s^2）	使用功能	α_{max}（m/s^2）
住宅、公寓	0.15	办公、旅馆	0.25

3. 高层建筑的抗震等级和抗震措施

在强震作用下，允许结构的某些部位进入屈服状态，形成塑性铰。这时结构进入弹塑性阶段，结构变形加大。在这个阶段，结构可以通过塑性变形耗散地震能量，但是必须保持结构的承载能力，使结构不遭破坏，这种性能称为延性。延性是反映结构塑性变形能力大小的一种性能。延性越好，抗震能力越强。影响构件延性的因素很多，主要是截面应力性质、构件材料及截面配筋量、配筋构造等。由于定量计算构件延性大小存在困难，因此在抗震设计中，延性要求体现为对结构和构件采取一系列抗震措施（它包含抗震构造措施），抗震措施分为五个等级，称为抗震等级。特一级要求最高，延性最好；一级要求高，延性好；二级、三级次之，四级要求最低。一般地，抗震设防烈度高、建筑物高度高，抗震等级也要求高。

在确定结构构件的抗震等级时，应根据设防烈度、结构类型和房屋高度采用不同的抗震等级。A 级高度丙类建筑钢筋混凝土结构的抗震等级应按表 5-12 确定。

A 级高度的高层建筑结构抗震等级　　　　　　　　表 5-12

结构类型		确定抗震措施时选用的烈度						
		6 度		7 度		8 度		9 度
框架结构	框　架	三		二		一		/
框架—剪力墙结构	高度（m）	≤60	>60	≤60	>60	≤60	>60	≤50
	框　架	四	三	三	二	二	一	一
	剪力墙	三		二		一		一

续表

结构类型		确定抗震措施时选用的烈度						
		6 度		7 度		8 度		9 度
		≤80	>80	≤80	>80	≤80	>80	≤60
剪力墙结构	高度（m）	≤80	>80	≤80	>80	≤80	>80	≤60
	剪力墙	四	三	三	二	二	一	一
框支剪力墙结构	非底部加强部位剪力墙	四	三	三	二	二	不应采用	不应采用
	底部加强部位剪力墙	三	二	二	一	一		
	框支框架	二	二	二	一	一		
简体结构	框架—核心筒　框架	三		二		一		一
	核心筒	二		二		一		一
	简中简　内简	三		二		一		一
	外简	三		二		一		一

注：B 级高度的高层建筑结构抗震等级，按《高层建筑混凝土结构技术规程》确定。

确定抗震等级时，应注意如下事项：

（1）应根据第 3 章 3.5.1 中建筑抗震设防标准的规定，确定抗震等级所选用的抗震设防烈度。

（2）建筑场地为 I 类（细分为 I₀ 类和 I₁ 类）时，甲、乙类建筑应允许仍按本地区抗震设防烈度的要求采取抗震构造措施；丙类建筑应允许仍按本地区抗震设防烈度降低 1 度的要求采取抗震构造措施，但抗震设防烈度为 6 度时仍应按本地区抗震设防烈度的要求采取抗震构造措施。

（3）建筑场地为 III、IV 类时，对设计基本地震加速度为 $0.15g$ 和 $0.30g$ 的地区，除另有规定外，宜分别按抗震设防烈度 8 度（$0.20g$）和 9 度（$0.40g$）时各类建筑的要求采取抗震构造措施。

（4）由上述（2）、（3）可知，抗震内力调整采用的抗震等级，与抗震构造措施采用的抗震等级，两者可能不相同。

（5）框架—剪力墙结构，在规定的水平地震力作用下（亦称规定的水平力），若底层框架部分承受的地震倾覆力矩大于结构总地震倾覆力矩的 50%，其框架部分的抗震等级应按框架结构确定。

（6）裙房与主楼相连，除应按裙房本身确定外，不应低于主楼的抗震等级；主楼结构在裙房顶层及相邻上下各一层应适当加强抗震构造措施。

【例 5-1】 某钢筋混凝土框架结构为乙类建筑，总高 $H=35m$，所处地区为 II 类场地，抗震设防烈度为 7 度，设计基本地震加速度为 $0.15g$。

试问： 确定采用的抗震等级。

【解】

（1）乙类建筑，总高 35m，查表 5-1 可知，属于 A 级高度高层建筑。

（2）乙类建筑，根据抗震设防标准，应提高 1 度考虑抗震措施，应按设防烈度 8 度考虑抗震措施所采用的抗震等级；查表 5-12 可知，该框架的抗震等级为一级。

【例 5-2】 某 18 层钢筋混凝土框架—剪力墙结构，房屋高度为 56m，丙类建筑，8 度设防烈度，场地为 I_1 类。

试问： 确定该框架、剪力墙的抗震等级。

【解】

（1）丙类建筑，高度 56m，查表 5-1 可知，属于 A 级高度高层建筑。

（2）丙类建筑，根据抗震设防标准，应按设防烈度 8 度考虑抗震措施。

（3）8 度，高度 56m，查表 5-12 可知：该框架的抗震等级为二级，剪力墙的抗震等级为一级。

【例 5-3】 某高层钢筋混凝土框架结构，丙类建筑，总高度为 36m，位于 7 度抗震设防烈度区，设计基本地震加速度为 $0.15g$，建筑场地为 Ⅳ 类。

试问： 确定采用的抗震等级。

【解】

（1）丙类建筑，总高 36m，查表 5-1 可知，属于 A 级高度建筑。

（2）丙类建筑，根据抗震设防标准，应按设防烈度 7 度确定抗震内力调整抗震措施所采用的抗震等级。查表 5-12 可知，该框架的内力调整抗震措施的抗震等级为二级。

（3）丙类建筑，7 度（$0.15g$）、Ⅳ类场地，应按设防烈度 8 度确定抗震构造措施所采用的抗震等级。查表 5-12 可知，该框架的抗震构造措施的抗震等级为一级。

4. 高层建筑带地下室时嵌固部位的确定

高层建筑结构整体计算中，当地下室顶板作为上部结构嵌固部位时，地下一层与首层侧向刚度比不宜小于 2。

需注意，此处楼层侧向刚度是按等效剪切刚度（G_iA_i/h_i）进行计算，其中，G_i 为楼层剪力墙、柱的混凝土剪变模量；A_i 为楼层的折算抗剪截面面积；h_i 为第 i 层的层高。采用等效剪切刚度方便手算。

5. 高层建筑结构的整体稳定和重力二阶效应（P-Δ 效应）

（1）整体稳定

高层建筑结构的整体稳定性应符合下列规定：

剪力墙结构、框架—剪力墙结构、筒体结构应符合下式要求：

$$EJ_d \geqslant 1.4H^2 \sum_{i=1}^{n} G_i \tag{5-3}$$

框架结构应符合下式要求：

$$D_i \geqslant 10 \sum_{j=i}^{n} G_j / h_i (i = 1, 2, \cdots, n) \tag{5-4}$$

式中　EJ_d——结构一个主轴方向的弹性等效侧向刚度，可按倒三角形分布荷载作用下结构顶点位移相等的原则，将结构的侧向刚度折算为竖向悬臂受弯构件的等效侧向刚度；

H——房屋高度；

G_i、G_j——分别为第 i、j 楼层重力荷载设计值；

h_i——第 i 楼层层高；

D_i——第 i 楼层的弹性等效侧向刚度，可取该层剪力与层间位移的比值；

n——结构计算总层数。

（2）重力二阶效应（P-Δ 效应）

当高层建筑结构满足下列规定时，弹性计算分析时可不考虑重力二阶效应的不利影响：

剪力墙结构、框架—剪力墙结构、板柱-剪力墙结构、筒体结构：

$$EJ_d \geqslant 2.7H^2 \sum_{i=1}^{n} G_i \tag{5-5}$$

框架结构：

$$D_i \geqslant 20 \sum_{j=i}^{n} G_j / h_i (i = 1, 2, \cdots, n) \tag{5-6}$$

当高层建筑结构不满足式（5-5）或式（5-6）时，结构弹性计算时应考虑重力二阶效应对水平力作用下结构内力和位移的不利影响。

6. 罕遇地震作用下的变形验算

要实现第三水准设计目标即"大震不倒"，一般情况下，经过小震地震作用计算后，采取若干抗震措施即可满足。但遇到下列情况，应进行罕遇地震作用下薄弱层（部位）的弹塑性变形验算：

（1）7～9 度时楼层屈服强度系数小于 0.5 的框架结构。

（2）甲类建筑和 9 度抗震设防的乙类建筑结构。

（3）采用隔震和消能减震技术的建筑结构。

在罕遇地震作用下，大多数结构都已进入弹塑性状态，变形较大，主要是验算结构层间变形是否超过限值。《高层规程》规定，结构薄弱层（部位）层间弹塑性位移应符合下式要求：

$$\Delta u_p \leqslant [\theta_p] h \tag{5-7}$$

式中　h——层高；

Δu_p——层间弹塑性位移；

$[\theta_p]$——层间弹塑性位移角限值，可按表 5-13 采用；对框架结构，当轴压比小于 0.40 时，可提高 10%；当柱子全高的箍筋构造采用比《高层规程》中框架柱箍筋最小配箍特征值大 30%时，可提高 20%，但累计不超过 25%。

层间弹塑性位移角限值 表 5-13

结　构　类　别	$[\theta_p]$	结　构　类　别	$[\theta_p]$
框架结构	1/50	剪力墙结构和筒中筒结构	1/120
框架—剪力墙结构、框架—核心筒结构	1/100	除框架结构外的转换层	1/120

5.2.2　高层建筑结构的计算假定

高层建筑是一个复杂的空间结构，不仅平面形状多变，立面体型也各种各样，而且结构单元和结构体系各不相同。高层建筑中，有框架、剪力墙、支撑和筒体等竖向抗侧力结构，又有水平放置的楼板将它们连为整体。对这种高次超静定、多种结构单元组合在一起的空间结构，要进行内力和位移计算，就必须进行计算模型的简化，引入一些计算假定，得到合理的计算图形。

1. 弹性工作状态假定

高层建筑结构的内力和位移按弹性方法进行计算。在非抗震设计时，在竖向荷载和风荷载作用下，结构应保持正常的使用状态，结构处于弹性阶段。所以，从结构整体来说，基本上处于弹性工作状态，按弹性方法进行计算。

由于属于弹性计算，故计算时可以利用叠加原理，不同荷载作用时，可以进行内力组合。但对于某些局部构件，由于按弹性计算所得的内力过大，将出现截面设计困难、配筋不合理的情况。因此，在某些情况下可以考虑局部构件的塑性内力重分布，对内力适当予以调整。如剪力墙结构中的连梁，允许考虑连梁的塑性变形来降低连梁刚度，但考虑到连梁的塑性变形能力十分有限，连梁刚度的折减系数不宜小于 0.50。

对于罕遇地震的第二阶段设计，绝大多数结构不要求进行内力与位移计算，"大震不倒"是通过构造措施来得到保证的。实际上由于在强震下结构已进入弹塑性阶段，多处开裂、破坏，构件刚度已难以确切给定，内力计算已无意义。

2. 刚性楼板假定下的整体共同工作

高层建筑结构的组成可分为两类：一类是由框架、剪力墙、支撑和筒体等竖向结构组成的竖向抗侧力分体系及竖向承重分体系；另一类是楼板水平分体系，并将竖向抗侧力分体系、竖向承重分体系连为整体。在满足前面结构平面布置要求下，在水平荷载作用下选取计算简图时，一般采用刚性楼板的假定。水平放置的楼板，在其自身平面内刚度很大，可以视为刚度无限大的深梁；但楼板平面外的刚度很小，可以忽略。刚性楼板将各平面抗侧力结构连接在一起，共同承受侧向水平作用。

5.3　框架结构

5.3.1　框架结构的布置

1. 柱网的布置

框架结构房屋的结构布置主要是确定柱网尺寸和层高。柱网的布置要求如下：

（1）应满足生产工艺的要求；

（2）应满足建筑平面布置的要求；

（3）要使结构受力合理；

（4）要考虑便于施工和节约造价。

2. 承重框架的布置

一般地，框架柱在两个方向均应有框架梁拉结，故实际的框架结构是一个空间受力体系。但为方便计算分析，可把实际的框架结构看成纵、横两个方向的平面框架。沿建筑物长向的称为纵向框架，沿建筑物短向的称为横向框架。纵向框架和横向框架分别承受各自方向上的水平力，而楼面竖向荷载则依楼盖结构布置方式的不同而按不同的方式传递，如现浇平板楼盖，则竖向荷载向距离较近的梁上传递；对预制板楼盖，则传至搁置预制板的梁上。一般，应在承受较大楼面竖向荷载的方向布置截面尺寸较大的承重框架梁，而另一方向则布置截面尺寸较小的框架梁。按楼面竖向荷载传递路线的不同，承重框架的布置方案有横向框架承重、纵向框架承重和纵横向框架混合承重等。

（1）横向框架承重方案

横向框架承重方案是在横向布置承重框架梁，楼面竖向荷载由横向承重框架梁传至柱，在纵向布置框架梁（图 5-12a）。横向框架往往跨数少，主梁沿横向布置有利于提高建筑物的抗侧刚度，而纵向框架则往往仅按构造要求布置较小的框架梁。这也有利于房屋室内的采光与通风。

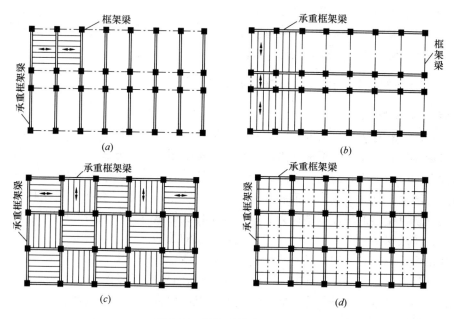

图 5-12　框架结构布置方案

（2）纵向框架承重方案

纵向框架承重方案是在纵向布置承重框架梁，在横向布置截面尺寸较小的框架梁（图 5-12b）。因为楼面荷载由纵向梁传至柱，所以横向梁高度较小，有利于设备管线的穿行；当在房屋开间方向需要较大空间时，可获得较高的室内净高；特别地，当地基土的物理力学性能在房屋纵向有明显差异时，可利用纵向框架的刚度来调整房屋的不均匀沉降。其缺点是：房屋的横向抗侧刚度较差。

（3）纵横向框架混合承重方案

纵横向框架混合承重方案是在两个方向均布置承重框架梁以承受楼面荷载。当采用预制板楼盖时，其布置如图 5-12（c）所示；当采用现浇板楼盖时，其布置如图 5-12（d）所示。当楼面上作用有较大荷载，或楼面有较大开洞，或当柱网布置为正方形或接近正方形时，常采用这种承重方案。纵横向框架混合承重方案具有较好的整体工作性能，对抗震有利。

需注意，框架结构中的框架既是竖向承重结构也是竖向抗侧力结构。由于风荷载或水平地震作用可能从任一方向作用，无论是纵向框架还是横向框架都是竖向抗侧力框架，竖向抗侧力框架必须做成刚接框架。因此，在高层框架结构中，纵、横两方向都是框架梁，截面都不能太小。

3. 其他要求

甲、乙类建筑，以及高度大于 24m 的丙类建筑，不应采用单跨框架结构。高度不大于 24m 的丙类建筑不宜采用单跨框架结构。

抗震设计时，框架结构的楼梯间应符合下列规定：

（1）楼梯间的布置应尽量减小其造成的结构平面不规则。

（2）宜采用现浇钢筋混凝土楼梯，楼梯结构应有足够的抗倒塌能力。

（3）宜采取措施减小楼梯对主体结构的影响。

（4）当钢筋混凝土楼梯与主体结构整体连接时，应考虑楼梯对地震作用及其效应的影响，并应对楼梯构件进行抗震承载力验算。

5.3.2　多层框架结构的内力与位移的近似计算方法

1. 框架结构的计算简图

框架结构一般有按空间结构分析和简化成平面结构分析两种方法。在计算机未普及的年代，实际为空间工作的框架常被简化成平面结构采用手算的方法进行分析。因此，一般采用结构力学中的力矩分配法、无剪力分配法、迭代法等精确的计算方法；多层框架结构也常采用分层法、反弯点法、D 值法等近似的计算方法。随着计算机和应用程序的普及，框架结构分析时更多的是根据结构力学中矩阵位移法的基本原理编制电算程序，按空间结构分析，直接求得结构的变形、内力，以及各截面的配筋。

在初步设计阶段，为快速地确定结构布置方案或估算构件截面尺寸，需要采用一些简单的近似计算方法来解决。近似的手算方法的概念明确，能够直观地反映结构的受力特点，故常利用手算的计算结果进行定性地校核、判断电算结果的合理性。

（1）计算单元的确定

一般情况下，框架结构是一个空间受力体系如图 5-13(*a*) 所示。若要分析图 5-13(*b*) 所示的纵向框架和横向框架，为简化分析，常忽略结构纵向和横向之间的空间联系，忽略各构

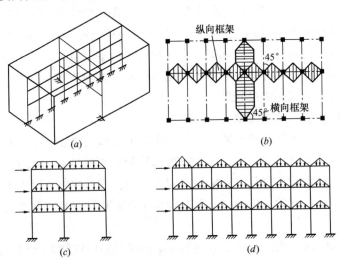

图 5-13　框架结构的计算单元和计算简图

（*a*）空间框架计算模型；（*b*）横向框架、纵向框架的荷载从属面积；

（*c*）横向框架计算简图；（*d*）纵向框架计算简图

件的抗扭作用，将纵向框架和横向框架分别按平面框架进行分析计算（图5-13c、图5-13d）。在分析图5-13所示的各榀平面框架时，由于通常横向框架的间距相同，作用于各横向框架上的荷载相同，框架的抗侧刚度相同，因此，除端部框架外，各榀横向框架都将产生相同的内力与变形，结构设计时一般取中间有代表性的一榀横向框架进行分析即可；但是作用于纵向框架上的荷载则各不相同，应分别进行计算。取出的平面框架所承受的竖向荷载与楼盖结构的布置情况有关。当采用现浇楼盖时，楼面分布荷载一般按角平分线传至相应两侧的梁上，而水平荷载则简化成节点集中力，如图5-13（c）、图5-13（d）所示。

（2）节点的简化

框架节点一般总是三向受力的，但当按平面框架进行结构分析时，则节点也相应地简化。框架节点可简化为刚接节点、铰接节点和半铰节点，这要根据施工方案和构造措施确定。在现浇框架结构中，梁和柱内的纵向受力钢筋都将穿过节点或锚入节点区（图5-14a），这时应简化为刚接节点。

装配式框架结构是在梁和柱的某些部位预埋钢板，安装就位再焊接起来（图5-14b），由于钢板在其自身平面外的刚度很小，同时焊接质量的随机性，难以保证结构受力后梁柱间没有相对转动，故常把这类节点简化成铰接节点或半铰节点。

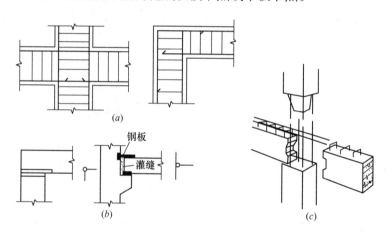

图5-14　框架节点

（a）现浇框架节点；（b）装配式框架节点；（c）装配整体式框架节点

装配整体式框架结构的梁柱节点处梁底的钢筋可为焊接、搭接或预埋钢板焊接，梁顶钢筋则必须为焊接或直通布置，并现场浇筑部分混凝土（图5-14c）。节点左右梁端均可有效地传递弯矩，因此可以认为是刚接节点，但其传递弯矩的能力不如现浇框架节点。

框架梁支座可分为固定支座和铰支座。当为现浇钢筋混凝土柱时，一般设计成固定支座。

（3）跨度与层高的确定

在结构计算简图中，杆件用其轴线来表示。框架梁的跨度取柱子轴线之间的距离，当上下层柱截面尺寸变化时，一般以最小截面的形心线来确定。框架的层高可取相应的建筑层高，即取本层楼面至上层楼面的高度；底层的层高则应取基础顶面到二层楼板顶面之间的距离。

（4）构件截面抗弯刚度的计算

在计算框架梁截面惯性矩 I 时应考虑到楼板的影响。在框架梁两端节点附近，梁受负弯矩，顶部的楼板受拉，楼板对梁的截面抗弯刚度影响较小；而在框架梁的跨中，梁受正弯矩，楼板处于受压区形成 T 形截面梁，楼板对梁的截面抗弯刚度影响较大。在工程设计中为简化计算，仍假定梁的截面惯性矩 I 沿轴线不变，对现浇楼盖，中框架梁取 $I=2I_0$，边框架梁取 $I=1.5I_0$；对装配整体式楼盖，中框架梁取 $I=1.5I_0$，边框架梁取 $I=1.2I_0$；对装配式楼盖，则取 $I=I_0$。这里，I_0 为矩形截面梁的截面惯性矩。

2. 竖向荷载作用下的内力近似计算

在竖向荷载作用下，多层规则框架结构的侧移很小，可近似认为侧移为零，对其内力计算作如下基本假定：

（1）框架的侧移极小，可忽略不计。由此假定，可用力矩分配法进行计算；

（2）每一层框架梁上的竖向荷载只对本层的梁及与本层梁相连的柱产生弯矩和剪力，忽略对其他各层梁、柱的影响。由此假定，可将多层框架分解为若干个单层框架来计算，然后再加以叠加，以求得内力。

在上述假定下，可把一个 n 层框架分解为 n 个框架，其中第 i 个框架仅包含第 i 层的梁以及与这些梁相连的柱，且这些柱的远端假定为固接，而原框架的弯矩和剪力即为这 n 个框架的弯矩和剪力的叠加，如图 5-15 给出了一个四层框架按分层法分解为各层的情况。

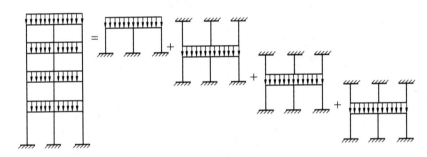

图 5-15　分层法计算框架分解示意图

实际上各层柱的远端除底层外并非如图 5-15 所示为固定的，而是处在介于铰支和固定之间的弹性约束状态。为反映这种情况，进一步引入下面两个假定：

（1）除底层柱外，其余各层柱的线刚度均乘 0.9 的折减系数；

（2）除底层柱外，其余各层柱的弯矩传递系数取为 1/3。

底层柱柱脚本身即为固定支座，故底层柱的线刚度不予折减，弯矩传递系数仍取为 1/2。

用分层法求得的弯矩图，在节点处弯矩会出现不平衡，为提高精度，可把不平衡弯矩再分配一次，但不传递。

3. 水平荷载作用下的内力近似计算

（1）反弯点法

在水平荷载作用下，根据精确法分析可知，框架结构在节点水平力作用下定性的弯矩图如图 5-16 （a）所示，各杆的弯矩图都呈直线形，且一般都有一个反弯点。若忽略梁的轴向变形，则框架结构在水平力作用下的变形图如图 5-16 （b）所示，同一层内的各节点具有相同的侧向位移，同一层内的各柱具有相同的层间位移。

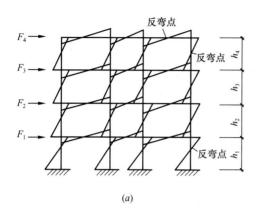 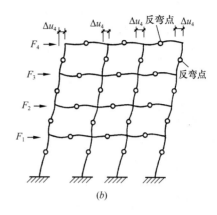

图 5-16 框架在水平力作用下的弯矩图和变形图

（*a*）弯矩图；（*b*）变形图

反弯点法的计算作了以下基本假定：

1）梁的线刚度为无穷大，即除底层柱外柱的反弯点位于柱中；

2）底层柱的反弯点在距基础 2/3 柱高处。

反弯点法适用于各层结构比较均匀（即各层层高变化不大、梁的线刚度变化不大）、节点梁柱线刚度比大于 3 的多层规则框架结构。

设框架共有 n 层，每层有 m 个柱子。第 j 层的总剪力 V_j 可根据平衡条件求出。设第 j 层各柱的剪力分别为 V_{j1}，V_{j2}，…，V_{jm}，则有：

$$V_j = \sum_{k=1}^{m} V_{jk} \tag{5-8-1}$$

设该层的层间水平位移为 Δ_j，由于各柱的两端只有水平位移而无转角，根据第 2 章建筑结构的刚度计算可知，此时第 j 层第 k 柱的侧移刚度为：$d_k = \dfrac{12 i_{jk}}{h_j^2}$，则第 j 层第 k 柱的剪力 V_{jk} 与水平位移的关系为：

$$V_{jk} = d_k \Delta_j = \frac{12 i_{jk}}{h_j^2} \Delta_j \tag{5-8-2}$$

式中 i_{jk}——第 j 层第 k 柱的线刚度；

h_j——第 j 层柱的高度。

将式（5-8-2）代入式（5-8-1），由于梁的刚度为无穷大，梁的轴向变形为零，从而第 j 层各柱的两端相对水平位移均相同，即均为 Δ_j，则有：

$$\Delta_j = \frac{V_j}{\sum\limits_{k=1}^{m} d_k} = \frac{V_j}{\sum\limits_{k=1}^{m} \dfrac{12 i_{jk}}{h_j^2}} \tag{5-8-3}$$

把上式代入式（5-8-2）后，得第 j 层第 k 柱的剪力为：

$$V_{jk} = \frac{i_{jk}}{\sum\limits_{k=1}^{m} i_{jk}} V_j = \mu_k V_j \tag{5-8-4}$$

式中 μ_k——剪力分配系数，$\mu_k = \dfrac{d_k}{\sum\limits_{k=1}^{m} d_k}$。

求出各柱的剪力后，根据已知各柱的反弯点位置，可求出各柱的弯矩，即：

上层柱：上下端弯矩相等

$$M_{k上} = M_{k下} = V_{jk} \cdot \frac{h}{2}$$

底层柱：

上端弯矩：

$$M_{k上} = V_{jk} \cdot \frac{h}{3}$$

下端弯矩：

$$M_{k下} = V_{jk} \cdot \frac{2h}{3}$$

求出所有柱的弯矩后，由各节点的力矩平衡，即梁端弯矩之和等于柱端弯矩之和，可求出梁端弯矩之和$\sum M_b$，再将$\sum M_b$按与该节点相连的梁的线刚度进行分配，就可求出该节点各梁的梁端弯矩，即：

对于边柱（图 5-17a）：

$$M_k = M_{k上} + M_{k下}$$

对于中柱（图 5-17b）：

$$M_{k左} = (M_{k上} + M_{k下}) \frac{i_{b左}}{i_{b左} + i_{b右}}$$

$$M_{k右} = (M_{k上} + M_{k下}) \frac{i_{b右}}{i_{b左} + i_{b右}}$$

式中 $i_{b左}$、$i_{b右}$ 分别为左边梁、右边梁的线刚度。

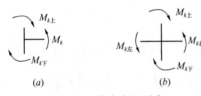

图 5-17 节点力矩平衡

进一步，由梁两端的弯矩，根据梁的平衡条件，可求得梁的剪力；由梁的剪力，根据节点的平衡条件，可求得柱的轴力。

（2）D 值法（亦称改进反弯点法）

反弯点法中的梁刚度为无穷大的假定，导致柱的反弯点位于柱中，这与实际情况不符合，故反弯点法的应用受到限制。在一般情况下，柱的抗侧刚度还与梁的线刚度有关，柱的反弯点高度也与梁柱线刚度比、上下层梁的线刚度比、上下层的层高变化等因素有关。在分析了上述影响因素的基础上，对反弯点法的柱抗侧刚度和反弯点高度进行了修正。修正后，柱抗侧刚度以 D 表示，故此法又称为"D 值法"。

修正后的柱抗侧刚度 D 可表示为：

$$D = \alpha \frac{12 i_c}{h^2} \tag{5-8-5}$$

式中 i_c、h——分别为柱的线刚度、高度；

α——考虑柱上、下端节点弹性约束的修正系数，按表 5-14 采用。

柱的抗侧刚度修正系数 α 表 5-14

位　置	简　图	K	α
一般层	$\begin{matrix} i_2 & i_2 & i_1 \\ i_c & i_c & \\ i_4 & i_3 & i_4 \end{matrix}$	$K = \dfrac{i_1 + i_2 + i_3 + i_4}{2i_c}$	$\alpha = \dfrac{K}{2+K}$

位　置		简　图	K	α
底层	固接		$K = \dfrac{i_1 + i_2}{i_c}$	$\alpha = \dfrac{0.5 + K}{2 + K}$
	铰接		$K = \dfrac{i_1 + i_2}{i_c}$	$\alpha = \dfrac{0.5K}{1 + 2K}$

注：边柱情况下，式中 i_1、i_3 取 0。

求得柱的抗侧刚度 D 值后，可按反弯点类似的方法，得出第 j 层第 k 柱的剪力为：

$$V_{jk} = \frac{D_{jk}}{\sum\limits_{k=1}^{m} D_{jk}} V_j \tag{5-8-6}$$

此时柱的反弯点高度 y：

$$y = (y_0 + y_1 + y_2 + y_3)h \tag{5-8-7}$$

式中　y——反弯点高度，即反弯点到柱下端的距离；

　　　h——柱高；

　　　y_0——标准反弯点高度比；

　　　y_1——考虑梁刚度不同的修正；

　y_2，y_3——考虑层高变化的修正。

求得各层柱的反弯点位置及柱的抗侧移刚度 D 后，框架在水平荷载作用下的内力计算与反弯点法完全相同。

各柱的反弯点高度与该柱上下端的转角有关。影响转角的因素有层数、柱子所在的层次、梁柱线刚度及上下层层高变化。

1）梁柱线刚度比、层数、层次对反弯点高度的影响

考虑梁柱线刚度比、层数、层次对反弯点高度的影响时，假定框架各层横梁的线刚度、框架柱的线刚度和层高沿框架高度不变。采用结构力学中的无剪力分配法，可以求得各层柱的反弯点高度 $y_0 h$，y_0 称为标准反弯点高度比，可由附表 1-13、附表 1-14 查得，其中，K 值可按表 5-14 计算。

2）上下横梁线刚度比对反弯点高度的影响

考虑上下横梁线刚度比对反弯点的影响，其计算简图如图 5-18（a）、图 5-18（b）所示，假定上层的横梁线刚度均为 i_2（如果是中柱，左右侧横梁分别为 i_1、i_2）；下层的横梁线刚度均为 i_4（如果是中柱，左右侧横梁分别为 i_3、i_4）。当上层横梁线刚度比下层小时，反弯点上移；反之下移。反弯点高度的变化值用 $y_1 h$ 表示，正号代表向上移动。y_1 可根据上下横梁线刚度比 I 和 K 查附表 1-15，其中 $I = \dfrac{i_1 + i_2}{i_3 + i_4}$，当 $I > 1$ 时，按 $1/I$ 查附表 1-15，并将查得的 y_1 加上负号。对于底层柱，不考虑修正值 y_1，即取 $y_1 = 0$。

3）层高变化对反弯点高度的影响

如果上下层层高与某柱所在的层高不同时，该柱的反弯点位置将不同于标准反弯点高

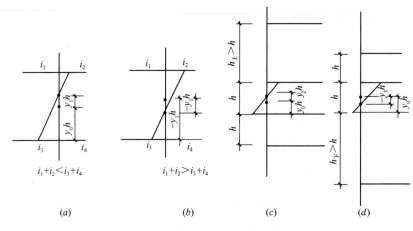

图 5-18　确定修正反弯点高度的计算简图

度。上层层高发生变化，反弯点位置的移动量用 y_2h 表示，计算简图见图 5-18（c）；下层层高发生变化，反弯点位置的移动量用 y_3h 表示，计算简图见图 5-18（d）。y_2 和 y_3 可查附表 1-16。对于顶层柱，不考虑修正值 y_2，取 $y_2=0$；对于底层柱，不考虑修正值 y_3，取 $y_3=0$。

4. 水平荷载作用下位移的近似计算

根据式（5-8-3）和 D 值法可知，第 j 层框架的层间位移 Δu_j 与层间剪力 V_j 之间的关系为：

$$\Delta u_j = \frac{V_j}{\sum_{k=1}^{m} D_{jk}} \tag{5-8-8}$$

由此而来，框架顶点的总位移 u 应为各层间位移之和，即：

$$u = \sum_{j=1}^{n} \Delta u_j \tag{5-8-9}$$

需注意，按上述方法求得的框架结构侧向位移只是由梁、柱弯曲变形所产生的变形量，而未考虑梁、柱的轴向变形和截面剪切变形所产生的结构侧移。但对一般的多层框架结构，按式（5-8-9）计算的框架侧移已能满足工程设计的精度要求。

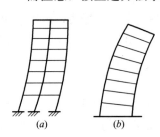

图 5-19　剪切型变形曲线
和弯曲型变形曲线
（a）剪切型；（b）弯曲型

此外，由式（5-8-8）可知，框架层间位移 Δu_j 与外荷载在该层所产生的层间剪力 V_j 成正比，当框架柱的抗侧刚度沿高度变化不大时，因层间剪力 V_j 是自顶层向下逐层累加的，所以层间位移 Δu_j 是自顶层向下逐层递增的，其位移曲线称为剪切型变形曲线（图 5-19a），它与弯曲型变形曲线（图 5-19b）有本质上的区别。

【例 5-4】已知框架如图 5-20（a）所示，圆圈内数字为相对线刚度。

试问：用反弯点法计算该框架并画出弯矩图。

【解】底层柱的反弯点在离底 2/3 柱高度处，其他各层柱的反弯点在柱高度中点。在反弯点处将柱切开，如图 5-20（b）所示。

根据式（5-8-4）可得柱剪力：$V_{jk} = \mu_k V_j = \dfrac{d_i}{\sum d_i} \cdot \sum F$

式中，$\sum F$ 表示某反弯点以上所有水平外力作用之和。

顶层柱剪力：
$$V_1 = \frac{1}{1+1} \times 2 = 1\text{kN}$$

第 3 层柱剪力：
$$V_2 = \frac{1}{1+2+2} \times (2+4) = 1.2\text{kN}$$

$$V_3 = \frac{2}{1+2+2} \times (2+4) = 2.4\text{kN}$$

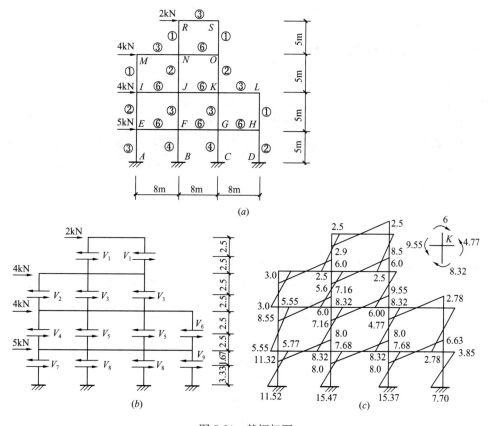

图 5-20　某框架图

第 2 层柱剪力：
$$V_4 = \frac{2}{2+3+3+1} \times (2+4+4) = 2.22\text{kN}$$

$$V_5 = \frac{3}{2+3+3+1} \times (2+4+4) = 3.33\text{kN}$$

$$V_6 = \frac{1}{2+3+3+1} \times (2+4+4) = 1.11\text{kN}$$

第 1 层柱剪力：
$$V_7 = \frac{3}{3+4+4+2} \times (2+4+4+5) = 3.46\text{kN}$$

$$V_8 = \frac{3}{3+4+4+2} \times 15 = 4.61\text{kN}$$

$$V_9 = \frac{2}{3+4+4+2} \times 15 = 2.31\text{kN}$$

以节点 K 为例，说明柱端和梁端弯矩的计算，见图 5-20 (c)。

柱： $M_{KO} = V_3 \times 2.5 = 2.4 \times 2.5 = 6\text{kN} \cdot \text{m}$

$M_{KG} = V_5 \times 2.5 = 3.33 \times 2.5 = 8.33\text{kN} \cdot \text{m}$

梁： $M_{kJ} = (M_{KO} + M_{FG}) \times \frac{6}{6+3} = (6+8.33) \times \frac{6}{6+3} = 9.55\text{kN} \cdot \text{m}$

$M_{KC} = (6+8.33) \times \frac{3}{6+3} = 4.77\text{kN} \cdot \text{m}$

5.3.3   框架内力组合及最不利内力

1. 控制截面及最不利内力类型

框架结构的承载力设计是按梁、柱、节点分别进行的。

框架梁一般取梁端和跨中作为梁承载力设计的控制截面。一般情况下，梁端为抵抗负弯矩和剪力的设计控制截面，但在有地震作用组合时，也要组合梁端的正弯矩。需注意，由于内力分析结果都是轴线位置处的梁的弯矩及剪力，因而在组合前应经过换算求得柱边截面的弯矩和剪力，见图 5-21。

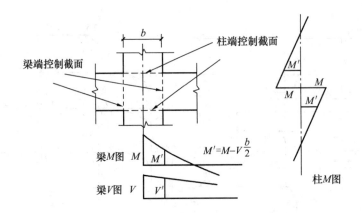

图 5-21   梁、柱端控制截面及内力

对于柱子，根据弯矩图可知，弯矩最大值在柱两端，柱的剪力和轴力沿柱高是线性变化的并且同一层内变化很小，因此可取各层柱的上、下端截面作为控制截面。需注意，在轴线处的计算内力也要换算到梁上、下边缘的柱截面内力，见图 5-21。考虑到柱内一般采用对称配筋，柱子弯矩和轴力组合要考虑下述几种情况：

（1）$|M_{\max}|$ 及相应的 N；

（2）$N_{\max}$ 及相应的 M；

（3）$N_{\min}$ 及相应的 M；

（4）$|M|$ 比较大（不是绝对最大），但 N 比较小或 N 比较大（不是绝对最小或绝对

最大）。这是大、小偏心受压的特点决定的。

此外，柱子还要组合最大剪力 V_{max}。

2. 竖向活荷载的最不利位置

作用于框架结构上的竖向荷载有永久荷载和活荷载两种。永久荷载对结构作用的位置和大小是不变的。

竖向活荷载的作用位置和大小是可变的，不同的活荷载布置方式会在结构内产生不同的内力。因此，应该根据不同的截面位置及内力要求，根据最不利的活荷载布置方式计算内力，方可获得竖向活荷载作用下的截面最不利内力，求竖向活荷载最不利布置内力的方法在手算时常采用"最不利荷载位置法"，即根据影响线直接确定某最不利内力的活荷载布置后求出结构内力；在电算时常采用"分跨计算组合法"，即将活荷载逐层逐跨单独地作用在结构上，逐次求出结构的内力，然后根据各控制截面的内力种类进行组合。

在高层建筑中，上述两种方法的计算工作量都很大。考虑到作为一般的民用及公共建筑的高层建筑，竖向活荷载标准值仅为 $1.5\sim2.5\mathrm{kN/m^2}$，竖向活荷载所产生的内力在组合后的截面内力中所占的比例很小，因此，在高层建筑结构的设计中可不考虑活荷载的不利布置，而按"满布活荷载"一次性计算出结构的内力。为安全计，可以把框架梁的跨中正弯矩乘以 $1.1\sim1.2$ 的放大系数。但在书库、贮藏室或其他有很重要使用荷载的结构中，各截面的内力仍应按不同的不利荷载计算。

3. 梁端弯矩调幅

按照框架结构的合理破坏形式，在梁端出现塑性铰是允许的；为了便于浇捣混凝土，也希望节点处梁的负钢筋少些；而对于装配式或装配整体式框架，节点并非绝对刚性，梁端实际弯矩将小于其弹性计算值。因此，在进行框架的结构设计时，一般均对梁端弯矩进行调幅，即人为地减小梁端负弯矩，减少节点附近梁顶面的配筋量。

设某框架梁 AB 在竖向荷载作用下，梁端最大负弯矩分别为 M_A、M_B，梁跨中最大正弯矩为 M_C，则调幅后梁端弯矩可取：$M_{A0}=\beta M_A$，$M_{B0}=\beta M_B$，其中 β 为弯矩调幅系数。对于现浇框架，可取 $\beta=0.8\sim0.9$；对于装配整体式框架，弯矩调幅系数允许取得低一些，一般取 $\beta=0.7\sim0.8$。

梁端弯矩调幅后，在相应荷载作用下的梁跨中正弯矩必将增加，调幅后梁跨中最大正弯矩值（即梁截面设计时所采用的跨中正弯矩值）为 M_{C0}，这时应校核梁的静力平衡条件，即调幅后梁端弯矩 M_{A0}、M_{B0} 的平均值与梁截面设计时所采用的跨中正弯矩 M_{C0} 之和应大于按简支梁计算的跨中弯矩值 M_0，同时，梁截面设计时所采用的跨中正弯矩 M_{C0} 不应小于按简支梁计算的跨中弯矩值 M_0 的一半，见图 5-22。

需注意，规范规定只对竖向荷载作用下的弯矩进行调幅，而水平作用（风荷载或水平地震作用）产生的弯矩不参与调幅，因此，弯矩调幅应在内力组合之前进行。

4. 内力组合

内力组合应按本章第二节规定进行。手算时，内力组合的步骤如下：

（1）恒载、活荷载、风荷载，及地震作用都分别按各自规律布置，进行内力分析；

（2）求出各个构件的控制截面内力，进行内力调整；

（3）根据本建筑物的具体情况选出本结构可能出现的若干组合，将各内力分别乘以相应的荷载分项系数 γ 及组合值系数 ψ；

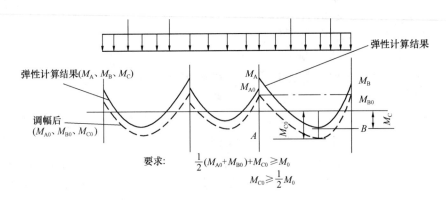

$$\frac{1}{2}(M_{A0}+M_{B0})+M_{C0}\geqslant M_0$$

$$M_{C0}\geqslant\frac{1}{2}M_0$$

图 5-22   支座弯矩调幅

（4）按照不利内力的要求分组叠加内力；

（5）在若干组不利内力中选取最不利内力作为构件截面的设计内力。有时需要通过试算才能找到哪组内力得到的配筋最大。

5.3.4   延性框架设计

1. 延性框架设计基本措施

根据国内外震害调查分析和结构试验研究，钢筋混凝土框架可以设计成具有较好塑性变形能力的延性框架，并且钢筋混凝土结构的"塑性铰控制"理论在抗震结构设计中发挥着越来越重要的作用。根据该理论及试验研究结果，钢筋混凝土延性框架的基本措施是：

（1）塑性铰应尽可能出在梁的两端，设计成强柱弱梁框架；

（2）避免梁、柱构件过早剪坏，在可能出现塑性铰的区段内，应设计成强剪弱弯；

（3）避免出现节点区破坏及钢筋的锚固破坏，要设计成强节点、强锚固。

2. 强柱弱梁设计原则

在地震作用下，框架中塑性铰可能出现在梁上或柱上，但是不允许在梁的跨中出现。这是因为在梁的跨中出现塑性铰（简称出铰）将导致局部破坏。在梁端和柱端的塑性铰都必须具有延性，这才能使结构在形成机构之前，结构可以抵抗外荷载并具有延性，见图 5-23。

在随机的地震作用下，目前对某个构件的延性大小进行定量存在困难，其影响因素很多，不确定性是首要原因。通过分

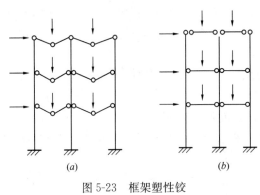

图 5-23   框架塑性铰

(a) 不允许；(b) 允许

析，并考虑到以下一些原因，延性框架要求设计成强柱弱梁型。

（1）塑性铰出现在梁端，不易形成破坏机构，可能出现的塑性铰数量多，耗能部位分散。图 5-24（a）是所有梁端都有塑性铰的理想情况，只要柱脚处不出铰，则结构不会形成机构。

（2）塑性铰出现在柱上，结构很容易形成机构。图5-24（b）是典型的出现软弱层的

情况。此时，塑性铰数量虽少，但该层已形成机构，建筑物上的竖向荷载在侧向变形下产生的附加弯矩将增大，即 $P\text{-}\Delta$ 效应增大，楼层可能倒塌。

（3）柱通常都承受较大轴力，在高轴压下，钢筋混凝土柱很难具有高延性性能，而梁是受弯构件，比较容易实现高延性比要求。

（4）柱是主要承重构件，出现较大的塑性变形后难于修

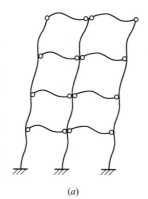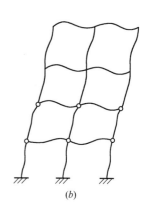

(a)   *(b)*

图 5-24　框架中塑性铰部位
(*a*) 梁端塑性铰；(*b*) 柱端塑性铰

复，柱子破坏可能引起整个结构倒塌。

因此，强柱弱梁型框架是指要使梁中的塑性铰先出、多出，尽量减少或推迟柱中出铰，特别是要避免在同一层各柱的两端都出铰，即避免软弱层。

要使梁端塑性铰先于柱端出铰，则应适当提高柱端截面配筋，使柱的相对强度大于梁的相对强度。

5.3.5　框架梁的设计和配筋构造

1. 梁的破坏形态

梁为钢筋混凝土受弯构件，其破坏有两种：弯曲破坏与剪切破坏。

由于纵筋配筋率的影响，可能发生三种弯曲破坏形态，见图 5-25 中所示实线。少筋梁在钢筋屈服之后立即被拉断，从而发生断裂破坏，这是一种脆性破坏形态。超筋梁由于受拉钢筋配置过多，在钢筋未屈服以前混凝土就被压碎而丧失了承载能力，这种破坏事先无预告，也是一种脆性破坏形态。只有适筋梁是在钢筋屈服以后，由钢筋流动形成塑性铰，在压区混凝土压碎之前，梁具有塑性变形能力，是具有延性的。

超筋梁与适筋梁的配筋率界限为平衡配筋率，以名义压区高度表示，即 $x < h_0 \xi_b$ 时为适筋梁。在适筋梁范围内，梁塑性变形能力主要与名义压区相对高度 x/h_0 有关，当 x/h_0 减小时，塑性变形能力加大。为此，规范作出了如下规定：

一级抗震等级　　　　　　　　　　　　$x \leqslant 0.25h_0$
二、三级抗震等级　　　　　　　　　　$x \leqslant 0.35h_0$

梁的剪切破坏形态是脆性的（剪拉破坏），或者延性很小（剪压破坏）。非抗震设计梁应当满足抗剪承载力验算，以抵抗外荷载产生的最大剪力。但抗震设计的延性框架，不仅应当要求框架梁在塑性铰出现之前不被剪坏，而且还要求在塑性铰出现之后也不要过早剪坏，图5-25中虚线表示剪切破坏情况。为此，要求延性梁的抗剪承载能力大于抗弯承载能力，即要求梁强剪弱弯。

2. 框架梁构造的要求

（1）材料强度

框架梁的混凝土强度等级，按一级、二级抗震等级设计时，不应低于 C30。

（2）截面尺寸

框架梁截面高度可按跨度的 $1/18\sim1/10$ 估算后确定，且不小于 400mm，也不宜大于梁净跨的 $1/4$。框架梁截面宽度可取梁截面高度的 $1/3\sim1/2$，且不应小于 200mm，截面高度和截面宽度的比值不宜大于 4，以保证梁平面外的稳定性。当梁的截面高度受到限制时，可采用梁宽大于梁高的扁梁，这时梁尚应满足刚度和裂缝的有关要求。在计算梁的挠度时，可扣除梁的合理起拱值；对于现浇梁板结构，宜考虑梁

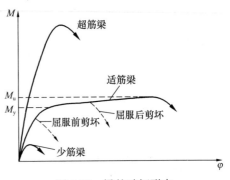

图 5-25　梁的破坏形态

受压翼缘的有利影响。扁梁的截面高度可取梁跨度的 $1/18\sim1/15$。当采用对框架梁施加预应力，此时梁高度可取跨度的 $1/20\sim1/15$。

（3）梁的纵向受力钢筋

框架梁纵向受拉钢筋的配筋率，不应小于表 5-15 的数值。抗震设计时，梁端纵向受拉钢筋的配筋率不宜大于 2.5%，不应大于 2.75%。梁顶面和底面均应有一定的钢筋贯通梁全长，对一、二级抗震等级，不应少于 $2\Phi14$，且不应少于梁端顶面和底面纵向钢筋中较大截面面积的 $1/4$；三、四级抗震等级和非抗震设计时不应少于 $2\Phi12$。一、二级抗震等级的框架梁内贯通中柱的每根纵向钢筋的直径，对矩形截面柱，不宜大于柱在该方向截面尺寸的 $1/20$；对圆形截面柱，不宜大于纵向钢筋所在位置柱截面弦长的 $1/20$。

框架梁纵向受拉钢筋最小配筋百分率（%）　　　　表 5-15

抗震等级	截面位置	
	支座（取较大值）	跨中（取较大值）
一　级	0.40 和 $80f_t/f_y$	0.30 和 $65f_t/f_y$
二　级	0.30 和 $65f_t/f_y$	0.25 和 $55f_t/f_y$
三、四级	0.25 和 $55f_t/f_y$	0.20 和 $45f_t/f_y$
非抗震设计	0.20 和 $45f_t/f_y$	0.20 和 $45f_t/f_y$

为提高框架梁的延性，梁端塑性铰区必须配置纵向受压钢筋 A'_s，且其配筋量应满足下列要求：

一级抗震等级　　　　　　　　$\dfrac{A'_s}{A_s}\geqslant0.5$

二、三级抗震等级　　　　　　$\dfrac{A'_s}{A_s}\geqslant0.3$

（4）梁的箍筋

框架梁按照强剪弱弯原则设计的箍筋主要配置在梁端塑性铰区，称为箍筋加密区。通过试验可知，箍筋加密区长度不得小于 $2h_b$（一级抗震）、$1.5h_b$（二、三、四级抗震），同时也不得小于 500mm。其中，h_b 为梁截面高度。

在塑性铰区，不仅有竖向裂缝，也有斜裂缝。在地震作用下，弯矩及剪力作用方向会改变，因而产生交叉斜裂缝，竖向弯曲裂缝也会贯通全截面，混凝土保护层可能脱落，混凝土的咬合作用会渐渐丧失，而主要依靠箍筋和纵向钢筋的销键作用以传递剪力

（图 5-26），这是十分不利的。加密箍筋可以起到约束混凝土的作用，防止混凝土过早破碎；箍筋还可以减少受压钢筋的自由长度，减少压屈现象。

因此，在箍筋加密区必须采取下列措施：

1）不能用弯起钢筋抗剪，第一个箍筋应设置在距支座边缘 50mm 处。

2）箍筋数量除满足承载力计算要求外，箍筋最小直径和最大间距应满足表 5-16 的要求。当纵向配筋率大于 2％时，箍筋最小直径应比表内要求增加 2mm。

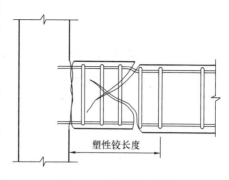

图 5-26　塑性铰区裂缝

框架梁梁端箍筋加密区的箍筋最大间距和最小直径　　　表 5-16

抗震等级	箍筋最大间距（取较小值）	箍筋最小直径
一	$h_b/4$，$6d$，100mm	10
二	$h_b/4$，$8d$，100mm	8
三	$h_b/4$，$8d$，150mm	8
四	$h_b/4$，$8d$，150mm	6

注：d 为纵筋直径；h_b 为梁截面高度。

3）箍筋必须做成封闭箍，加 135° 弯钩，弯钩端头直段长度应为 $10d$，且不小于 75mm。

4）箍筋肢距：一级抗震不宜大于 200mm 和 20 倍箍筋直径的较大值；二、三级抗震不宜大于 250mm 和 20 倍箍筋直径的较大值；四级抗震不应大于 300mm。

5）保证施工质量，使箍筋与纵筋贴紧，混凝土浇筑应当密实。

在塑性铰区之外，箍筋的配置不少于加密区箍筋数量的 50％并且满足规范规定，否则破坏可能转移到加密区之外。沿梁全长箍筋的面积配筋率 ρ_{sv} 应满足下列规定：

一级抗震等级　　　　　　　$\rho_{sv} \geqslant 0.30 f_t/f_y$

二级抗震等级　　　　　　　$\rho_{sv} \geqslant 0.28 f_t/f_y$

三、四级抗震等级　　　　　$\rho_{sv} \geqslant 0.26 f_t/f_y$

【例 5-5】　某根钢筋混凝土框架梁的配筋如图 5-27 所示，抗震设防烈度为 7 度，抗震等级为二级，混凝土采用 C35、纵筋采用 HRB400（Φ），箍筋采用 HPB300（Φ）。取 $a_s = 40mm$。

试问：确定梁端加密区箍筋的配置。

【解】

（1）梁的梁端纵向钢筋配筋率为：

$$\rho = \frac{942}{250 \times (600-40)} = 0.67\% < 2.0\%$$

箍筋最小直径 ϕ，查表 5-16，抗震二级，则：

$$\phi = \max\{8, d/4\} = \max\{8, 20/4\} = 8mm$$

（2）梁端箍筋的加密区长度 l，根据前述规定为：

$$l = \max\{1.5 h_b, 500\} = \max\{1.5 \times 600, 500\} = 900mm$$

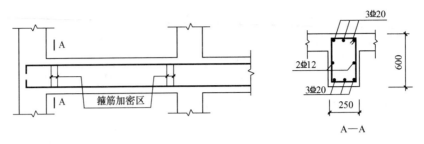

图 5-27   某根框架梁配筋图

（3）梁端箍筋最大间距，查表 5-16，抗震二级，则：
$$s = \min\{h_b/4, 8d, 100\} = \min\{600/4, 8 \times 20, 100\} = 100\text{mm}$$

（4）梁端箍筋加密区内的箍筋肢距，根据前述规定为：
$$\max\{250, 20d\} = \max\{250, 20 \times 8\} = 250\text{mm},满足。$$

（5）根据前述规定，设梁全长箍筋的面积配筋率为：$\rho_{sv} \geqslant 0.28 f_t/f_y = 0.28 \times 1.57/270 = 0.16\%$

现该梁的面积配筋率为：$\dfrac{2 \times 50.3}{250 \times 100} = 0.40\% > 0.16\%$，满足。

所以该梁梁端加密区箍筋为Φ8@100，$l = 900\text{mm}$。

5.3.6   框架柱的设计和配筋构造

框架设计应符合"强柱弱梁"的设计原则，尽可能使柱子处于弹性阶段，但是实际上地震作用具有不确定性，同时也不可能绝对防止在柱中出现塑性铰。为了使柱子具有安全贮备，还要保证柱子也有一定的延性。在国内外历次大地震中，由钢筋混凝土柱破坏造成的震害是很多的，房屋是否能够坏而不倒，很大程度上与柱的延性好坏有关。

1. 影响框架柱延性的几个重要参数

（1）剪跨比 λ

剪跨比是反映柱截面所承受的弯矩与剪力相对大小的一个参数，即：
$$\lambda = \frac{M}{Vh_0} \tag{5-9}$$

式中 M，V——分别指柱端部截面的弯矩和剪力；

h_0——柱截面的计算高度。

剪跨比是影响钢筋混凝土柱破坏形态的最重要的因素。剪跨比 λ 较小的柱子会出现斜裂缝而导致剪切破坏。通过试验研究得到：

剪跨比 λ>2 时，称为长柱，多数发生弯曲破坏，但仍然需要配置足够的抗剪箍筋。

剪跨比 λ≤2 时，称为短柱，多数会出现剪切破坏，但当提高混凝土等级并配有足够的抗剪箍筋后，可能出现稍有延性的剪切受压破坏。

剪跨比 λ<1.5 时，称为极短柱，一般都会发生剪切斜拉破坏，几乎没有延性。

考虑到框架柱中反弯点大都接近中点，为了设计方便，常用柱的长细比近似表示剪跨比的影响，令 $\lambda = M/(Vh_0) = H_0/(2h_0)$，其中 H_0 为柱净高，则可得：$H_0/h_0 > 4$，为长柱；$4 \geqslant H_0/h_0 \geqslant 3$，为短柱；$H_0/h_0 < 3$，为极短柱。

（2）轴压比 μ_N

轴压比 μ_N 是指柱考虑地震作用的轴压力设计值与柱全截面面积和混凝土轴心抗压强度设计值乘积的比值（不进行地震作用计算的结构，可取无地震作用组合的轴力设计值计算），即：

$$\mu_N = \frac{N}{f_c A} \leqslant [\mu_N] \tag{5-10}$$

式中　N——柱考虑地震作用的轴压力设计值；

　　　　A——柱全截面面积；

　　　　f_c——混凝土轴心抗压强度设计值；

　　　$[\mu_N]$——柱的轴压比限值，按表 5-17 采用。

轴压比是影响钢筋混凝土柱承载力、延性的另一个重要参数。大量试验表明，随着轴压比的增大，柱的极限抗弯承载力提高，但极限变形能力，耗散地震能量的能力都降低，特别是轴压比对短柱的影响更大。

2. 框架柱的构造要求

（1）材料强度

框架柱的混凝土强度等级，一级、二级抗震等级时不应低于 C30。同时，当抗震设防烈度为 9 度时不宜大于 C60，抗震设防烈度为 8 度时不宜大于 C70。

（2）截面尺寸

矩形截面框架柱的边长不应小于 300mm，圆柱的直径不应小于 350mm，柱截面高度与宽度的比值不宜大于 3，柱的剪跨比宜大于 2。为保证框架柱的延性，柱的轴压比不宜大于表 5-17 规定的限值。经过各项修正后的轴压比限值不宜大于 1.05。

（3）纵向受力钢筋

框架柱内纵向受力钢筋宜对称配置。柱中全部纵向受力钢筋的配筋率不应小于表 5-18 规定的数值，且柱截面每一侧纵向钢筋配筋率不应小于 0.2%；同时柱截面全部纵向钢筋的配筋率，非抗震设计时不宜大于 5%、不应大于 6%，抗震设计时不应大于 5%。

框架柱的轴压比限值 $[\mu_N]$　　　　　　　　　　表 5-17

结　构　类　型	抗　震　等　级			
	一级	二级	三级	四级
框架	0.65	0.75	0.85	—
板柱—剪力墙、框架—剪力墙、框架—核心筒、筒中筒	0.75	0.85	0.90	0.95
部分框支剪力墙	0.60	0.70	—	—

注：1. 表内数值适用于混凝土强度等级不高于 C60 的柱。当混凝土强度等级为 C65～C70 时，轴压比限值应比表中数值降低 0.05；当混凝土强度等级为 C75～C80 时，轴压比限值应比表中数值降低 0.10。

　　2. 表中数值适用于剪跨比大于 2 的柱。剪跨比不大于 2 但不小于 1.5 的柱，其轴压比限值应比表中数值减少 0.05；剪跨比小于 1.5 的柱，其轴压比限值应专门研究并采取特殊构造措施。

　　3. 当沿柱全高采用井字复合箍，箍筋间距不大于 100mm、肢距不大于 200mm、直径不小于 12mm 时，柱轴压比限值可增加 0.10；当沿柱全高采用复合螺旋箍，箍筋螺距不大于 100mm、肢距不大于 200mm、直径不小于 12mm 时，柱轴压比限值可增加 0.10；当沿柱全高采用连续复合螺旋箍，且螺距不大于 80mm、肢距不大于 200mm、直径不小于 12mm 时，轴压比限值可增加 0.10。

　　4. 当柱截面中部设置由附加纵向钢筋形成的芯柱，且附加纵向钢筋的纵向截面面积不小于柱截面面积的 0.8% 时，柱轴压比限值可增加 0.05。当本项措施与注 3 的措施共同采用时，柱轴压比限值可比表中数值增加 0.15，但箍筋的配筋特征值仍可按轴压比增加 0.10 的要求确定。

　　5. 调整后的柱轴压比限值不应大于 1.05。

框架柱纵向钢筋最小配筋百分率（％）　　　　表 5-18

柱类型	抗　震　等　级				非抗震
	一级	二级	三级	四级	
中柱、边柱	0.9 (1.0)	0.7 (0.8)	0.6 (0.7)	0.5 (0.6)	0.5
角　柱	1.1	0.9	0.8	0.7	0.5
框支柱	1.1	0.9	—	—	0.7

注：1. 表中括号内数值适用于框架结构；

　　2. Ⅳ类场地土上较高的高层建筑，按表中数值增加 0.1 采用；

　　3. 混凝土强度等级大于 C60 时，表中的数值应增加 0.1；

　　4. 当采用 HRB400 级钢筋时，应分别按表中数值增加 0.1 和 0.05 采用。

按一级抗震等级设计且剪跨比不大于 2 的短柱，其单侧纵向受拉钢筋配筋率不宜大于 1.2％，并应沿柱全长采用复合箍筋。

边柱、角柱当考虑地震作用组合产生小偏心受拉时，柱内侧纵筋总截面面积应比计算增加 25％。

为使柱截面核心区混凝土有较好的约束，非抗震设计时，柱的纵向受力钢筋的间距不应大于 350mm；抗震设计时，对截面边长大于 400mm 的柱，纵向钢筋间距不宜大于 200mm。同时，柱纵向受力钢筋的净距均不应小于 50mm。

（4）箍筋

框架柱内常用的箍筋形式如图 5-28 所示。框架柱箍筋的直径和间距应根据柱斜截面受剪承载力的公式计算，并沿柱高直通布置。为提高柱端塑性铰区的变形能力，在柱子的重要部位箍筋应加密，加密区箍筋最大间距和箍筋最小直径应按表 5-19 的规定取用，箍筋加密区一般位于各层柱的两端，加密区长度为矩形截面柱之长边尺寸（或圆形截面柱之直径）、柱净高之 1/6 和 500mm 三者的最大值。对于剪跨比不大于 2 的柱和因填充墙等形成柱净高与柱截面长边尺寸之比不大于 4 的柱、一级及二级抗震等级的框架角柱，以及其他需要提高变形能力的柱，应沿柱全高范围加密箍筋。底层柱在刚性地坪上、下各 500mm 范围内，底层柱柱根以上 1/3 柱净高的范围应按加密区要求配置箍筋。

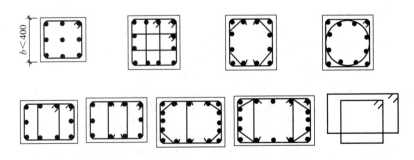

图 5-28　柱的箍筋形式

框架柱箍筋加密区的构造要求   表 5-19

抗震等级	箍筋最大间距（采用较小值）	箍筋最小直径
一 级	6d，100mm	10
二 级	8d，100mm	8
三 级	8d，150mm（柱根 100mm）	8
四 级	8d，150mm（柱根 100mm）	6（柱根 8）

注：d 为纵向钢筋直径；柱根是指框架柱底部嵌固部位。

二级框架柱箍筋直径不小于 10mm、肢距不大于 200mm 时，除柱根外最大间距应允许采用 150mm；三级框架柱的截面尺寸不大于 400mm 时，箍筋最小直径应允许采用 6mm；四级框架柱的剪跨比不大于 2 或柱中全部纵向钢筋的配筋率大于 3% 时，箍筋直径不应小于 8mm。剪跨比不大于 2 的柱，箍筋间距不应大于 100mm。

在柱箍筋加密区范围内，箍筋的体积配箍率应符合下式要求：

$$\rho_V \geqslant \lambda_v f_c / f_{yv} \tag{5-11}$$

式中　ρ_V——柱箍筋的体积配箍率；

　　　λ_v——柱最小配箍特征值，按表 5-20 采用；

　　　f_c——混凝土轴心抗压强度设计值。当柱混凝土强度等级低于 C35 时，应按 C35 计算；

　　　f_{yv}——柱箍筋或拉筋的抗拉强度设计值。

柱端箍筋加密区最小配箍特征值 λ_v   表 5-20

抗震等级	箍筋形式	柱 轴 压 比								
		≤0.30	0.40	0.50	0.60	0.70	0.80	0.90	1.00	1.05
一	普通箍、复合箍	0.10	0.11	0.13	0.15	0.17	0.20	0.23	—	—
	螺旋箍、复合或连续复合螺旋箍	0.08	0.09	0.11	0.13	0.15	0.18	0.21	—	—
二	普通箍、复合箍	0.08	0.09	0.11	0.13	0.15	0.17	0.19	0.22	0.24
	螺旋箍、复合或连续复合螺旋箍	0.06	0.07	0.09	0.11	0.13	0.15	0.17	0.20	0.22
三	普通箍、复合箍	0.06	0.07	0.09	0.11	0.13	0.15	0.17	0.20	0.22
	螺旋箍、复合或连续复合螺旋箍	0.05	0.06	0.07	0.09	0.11	0.13	0.15	0.18	0.20

注：普通箍指单个矩形或单个圆形箍；螺旋箍指单个连续螺旋箍筋；复合箍指由矩形、多边形、圆形箍或拉筋组成的箍筋；复合螺旋箍指由螺旋箍与矩形、多边形、圆形箍或拉筋组成的箍筋；连续复合螺旋箍指全部螺旋箍由同一根钢筋加工而成的箍筋。

对一、二、三、四级抗震框架柱，其箍筋加密区范围内箍筋的体积配箍率尚且分别不应小于 0.8%、0.6%、0.4% 和 0.4%。剪跨比不大于 2 的柱宜采用复合螺旋箍或井字复合箍，其体积配箍率不应小于 1.2%；设防烈度为 9 度时，不应小于 1.5%。计算复合箍筋的体积配箍率时，应扣除重叠部分的箍筋体积；计算复合螺旋箍筋的体积配箍率时，其非螺旋箍筋的体积应乘以换算系数 0.8。

抗震设计时，柱箍筋设置尚应符合下列要求：

1）箍筋应为封闭式，其末端应做成135°弯钩且弯钩末端平直段长度不应小于10倍的箍筋直径，且不应小于75mm。

2）箍筋加密区的箍筋肢距，一级不宜大于200mm，二、三级不宜大于250mm和20倍箍筋直径的较大值，四级不宜大于300mm。每隔一根纵向钢筋宜要两个方向有箍筋约束，采用拉筋组合箍时，拉筋宜紧靠纵向钢筋并勾住封闭箍。

3）柱非加密区的箍筋，其体积配箍率不宜小于加密区的一半；其箍筋间距，不应大于加密区箍筋间距的2倍，且一、二级不应大于10倍纵向钢筋直径，三、四级不应大于15倍纵向钢筋直径。

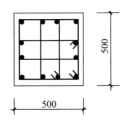

图5-29　某框架中柱纵向钢筋配筋图

【例5-6】　某现浇钢筋混凝土框架结构，抗震等级为一级，混凝土强度等级为C35，纵向受力钢筋采用HRB400(Φ)，箍筋采用HPB300（Φ）；中柱纵向钢筋的配置如图5-29所示，采用等直径纵向钢筋12根。

试问：按构造要求确定纵向受力钢筋配置。

【解】

根据表5-18及注4的规定，采用HRB400级钢筋，框架中柱，$\rho_{\min} = (1.0+0.05)\% = 1.05\%$，则：

$$A_{s,\min} = \rho_{\min} b h = 1.05\% \times 500 \times 500 = 2625 \text{mm}^2$$

12根纵向钢筋，则：$12 \times \dfrac{1}{4} \pi d^2 \geqslant 2625$

解之得：$d \geqslant 16.7\text{mm}$，故选12Φ18。

5.3.7　梁、柱钢筋锚固及搭接

1. 纵筋锚固要求

纵向钢筋的最小锚固长度应满足下列规定：

一、二级抗震等级　　　　　$l_{aE} = 1.15 l_a$

三级抗震等级　　　　　　　$l_{aE} = 1.05 l_a$

四级抗震等级　　　　　　　$l_{aE} = 1.0 l_a$

式中　l_a——非抗震设计时受拉钢筋的锚固长度。

2. 纵筋搭接要求

当钢筋材料长度不够需进行搭接时，钢筋接头位置宜避开梁端、柱端箍筋加密区。但如有可靠依据及措施时，也可将接头布置在加密区。当需要连接的钢筋数量较多时，不要在同一截面上做钢筋接头，应错开35d或500～600mm以上，再进行第二批钢筋的搭接。钢筋搭接方法有搭接接头、机械接头和焊接接头。

当采用搭接接头时，其搭接长度应满足下列规定：

$$L_{1E} = \zeta_l l_{aE}$$

式中　l_{aE}——纵向钢筋的最小锚固长度；

　　　ζ_l——钢筋接头面积百分率系数，即当同一连接范围内搭接钢筋面积百分率为

100%、50%、$\leqslant 25\%$，ζ 分别取为 1.60、1.40、1.20。

3. 节点区钢筋锚固

非抗震设计时，框架梁柱节点中梁中纵向钢筋的连接构造如图 5-30 所示。

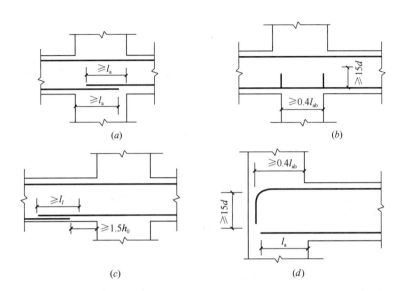

图 5-30　非抗震设计时框架梁柱节点中梁中纵向钢筋的连接构造

（a）梁下部纵向钢筋在节点中直线锚固；（b）梁下部纵向钢筋在节点中用 $90°$ 弯折端的锚固；

（c）梁下部纵向钢筋穿过节点以外的搭接；（d）梁上部纵向钢筋在中间层端节点内锚固

　　框架梁的上部纵向钢筋应贯穿中间节点。框架梁下部纵向钢筋可以切断并锚固于节点区内。梁下部钢筋伸入节点区的锚固长度应根据钢筋受力情况而定。当计算中不利用钢筋强度时，钢筋伸入节点区的锚固长度应不小于 $0.35l_{ab}$。当计算中充分利用钢筋的受拉强度时，下部纵向钢筋应锚固在节点内，可采用直线锚固形式（图 5-30a）；也可采用带 $90°$ 弯折的锚固形式（图 5-30b）；下部纵向钢筋也可贯穿节点，并在节点以外梁内弯矩较小部位设置搭接接头（图 5-30c）。边节点中梁上部钢筋应伸过中心线不小于 $5d$；当柱截面尺寸不足时，应伸至节点对边并向下弯折，其弯折前的水平投影长度不应小于 $0.4l_{ab}$，弯折后的垂直投影长度不应小于 $15d$（图 5-30d）。边节点中下部钢筋的锚固要求与中间节点下部钢筋的锚固要求相同。

　　非抗震设计时，框架梁柱节点中柱的纵向钢筋锚固及梁柱钢筋搭接构造如图 5-31 所示。

　　框架柱的纵向钢筋应贯穿中间层中间节点和中间层边节点，柱筋接头应设在节点区以外。顶层中间节点的柱筋及顶层端节点内侧柱筋可用直线方式锚入顶层节点，但必须伸至柱顶。当顶层节点处梁截面高度不足时，柱筋应伸至柱顶并向节点内水平弯折；当充分利用柱筋的受拉强度时，柱筋锚固段弯折前的竖直投影长度不应小于 $0.5l_{ab}$，弯折后的水平投影长度不小于 $12d$。当楼盖为现浇，且板的混凝土强度等级不低于 C25 时，柱筋水平段也可向外弯入框架梁和现浇板内，此时水平段端头伸出柱边尚不应小于 $12d$，见图 5-31（a）。

　　框架顶层端节点处，可将柱外侧纵向钢筋的相应部分弯入梁内作梁上部纵向钢筋使

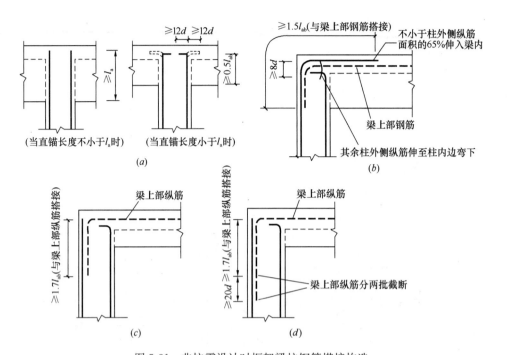

图 5-31 非抗震设计时框架梁柱钢筋搭接构造

（a）柱纵向钢筋在框架顶层中间节点的锚固；（b）位于节点外侧和梁端顶部的用 90°弯折搭接接头；

（c）、（d）位于柱顶外侧的直线搭接接头

用；也可将上部纵向钢筋和柱外侧纵向钢筋在顶层端节点及其邻近部位搭接见图 5-31
（b）、图 5-31（c）、图 5-31（d）。对图 5-31（b）需注意的是，搭接接头沿顶层端节点外侧
及梁端顶部布置，搭接长度不应小于 $1.5l_{ab}$，伸入梁内的外侧柱筋截面面积不宜小于外侧
柱筋全部截面面积的 65%；其中不能伸入梁内的外侧柱筋应沿节点顶部伸至柱内边，向
下弯折不少于 8d 后截断。对于图 5-31（d）需注意的是，当梁上部纵向钢筋的配筋率大
于 1.2%时，弯入柱外侧的梁上部纵向钢筋宜分两批截断，其截断点之间的距离不宜小于
20d（d 为梁上部纵筋的直径）。

　　抗震设计时，框架梁柱节点的钢筋搭接构造如图 5-32 所示，顶层边柱和角柱的纵向
钢筋构造如图 5-33 和图 5-34 所示。与非抗震设计时做法是类似的，图中 l_{aE} 是抗震设计时
的钢筋锚固长度，l_{abE} 是抗震设计时的钢筋基本锚固长度，$l_{abE}=\xi_{aE}l_{ab}$，抗震一、二级，取
$\xi_{aE}=1.15$；抗震三级，取 $\xi_{aE}=1.05$；抗震四级，取 $\xi_{aE}=1.0$。

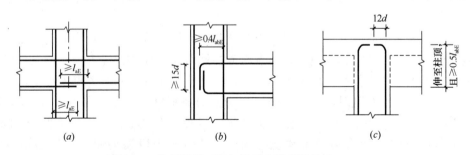

图 5-32 抗震设计时框架梁柱钢筋搭接构造（一）

（a）中间层节点；（b）中间层边节点；（c）顶层中节点

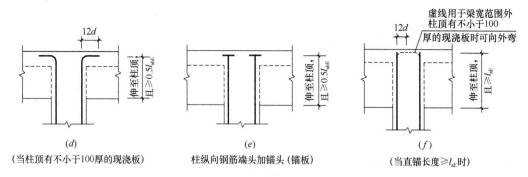

(d)
(当柱顶有不小于100厚的现浇板)

(e)
柱纵向钢筋端头加锚头（锚板）

(f)
(当直锚长度≥l_{aE}时)

图 5-32　抗震设计时框架梁柱钢筋搭接构造（二）

(d)、(e) 和 (f) 顶层中节点

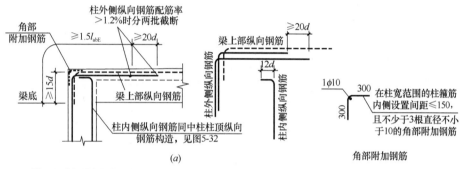

(a)

[伸入梁内柱纵向钢筋做法（从梁底算起1.5l_{abE}超过柱内侧边缘）]

角部附加钢筋

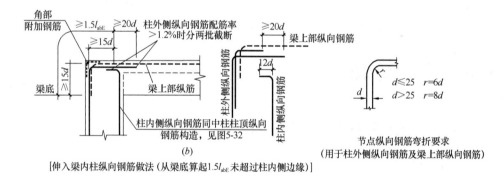

(b)

[伸入梁内柱纵向钢筋做法（从梁底算起1.5l_{abE}未超过柱内侧边缘）]

节点纵向钢筋弯折要求
（用于柱外侧纵向钢筋及梁上部纵向钢筋）

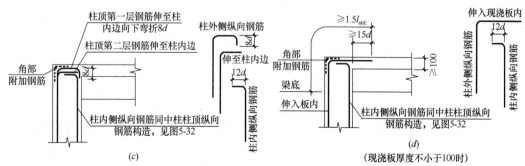

(c)

(d)
(现浇板厚度不小于100时)

注：梁宽范围内框架边柱和角柱柱顶纵向钢筋伸入梁内的柱外侧纵筋不宜少于柱外侧全部纵筋面积的65%。

图 5-33　柱外侧纵向钢筋和梁上部纵向钢筋在节点外侧弯折搭接构造

(a)、(b) 梁宽范围内钢筋；(c) 梁宽范围外钢筋在节点内锚固；(d) 梁宽范围外钢筋伸入现浇板内锚固

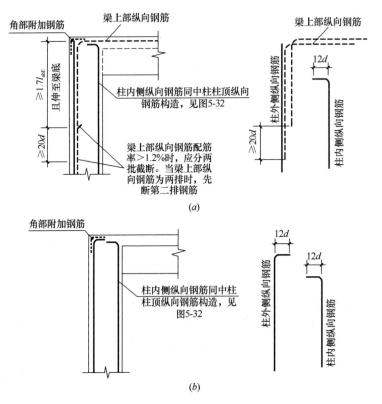

图 5-34 柱外侧纵向钢筋和梁上部钢筋在柱顶外侧直线搭接构造
(a) 梁宽范围内钢筋；(b) 梁宽范围外钢筋

5.4 剪力墙结构

5.4.1 剪力墙结构布置、分类与分析方法

1. 剪力墙结构布置

剪力墙是承受竖向荷载、风荷载和水平地震作用的主要受力构件。在剪力墙结构中，一般剪力墙是指墙肢截面高度与厚度之比大于 8 的剪力墙；短肢剪力墙是指截面厚度不大于 300mm，各墙肢截面高度与厚度之比为 4~8 的剪力墙。

剪力墙结构布置应符合下列要求：

(1) 在平面上，剪力墙宜沿主轴方向或其他方向双向布置，均匀对称、拉通对直；纵横墙宜相交成 Γ 形、T 形或 I 形；应避免结构在各方向上刚度差异过大。

(2) 为避免剪力墙发生脆性剪切破坏，应限制剪力墙长度。为此，对较长的剪力墙可采用楼板（无连梁）或弱连梁连接的洞口将其划分成较均匀的墙段（图 5-35）。各墙段的高宽比不宜小于 3。墙肢的截面高度不宜大于 8m。

(3) 剪力墙的门窗洞口宜上下对齐，成列布置，以形成明确的墙肢与连梁。不宜采用错洞墙（图 5-36）。布置孔洞时应避免各墙肢刚度差别过大。

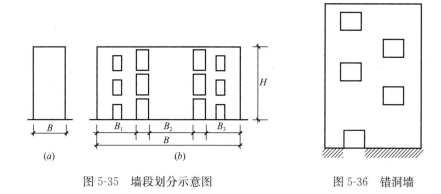

图 5-35　墙段划分示意图　　　　　图 5-36　错洞墙

（4）剪力墙间距取决于房间开间尺寸以及楼板跨度，一般为 3～8m。剪力墙间距过小，将导致结构重量、刚度过大，从而使结构所受地震作用增大。为适当减小结构刚度与重量，在可能的条件下，剪力墙间距可尽量取较大值。

（5）为避免结构竖向刚度突变，剪力墙宜上下连续，贯通到顶并逐渐减小厚度。剪力墙截面尺寸和混凝土强度等级不宜在同一高度处同时改变，一般宜相隔 2～3 层。混凝土强度等级沿结构竖向改变时，每次降低幅度宜控制在 5～10MPa 内。

（6）剪力墙与墙平面外的楼面梁相连时，为抵抗梁端弯矩对墙的不利影响，楼面梁下宜设扶壁柱；若不能设扶壁柱时，应在墙与梁相交处设暗柱。暗柱范围为梁宽及梁两侧各一倍的墙厚。扶壁柱与暗柱宜按计算确定其配筋；必要时，剪力墙内可设置型钢（图 5-37）。

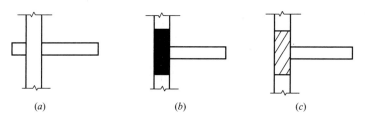

图 5-37　梁与墙平面外相交时的措施
（a）加墙垛；（b）加暗柱；（c）加型钢

（7）楼面主梁不宜支承在剪力墙的连梁上。

2. 剪力墙的分类

为满足使用要求，剪力墙常开有门窗洞口。理论分析与试验研究表明，剪力墙的受力特性与变形状态取决于剪力墙上的开洞情况。洞口是否存在，洞口的大小、形状及位置的不同将影响剪力墙的受力性能。剪力墙按受力特性的不同可分为整体墙、小开口整体墙、联肢墙及壁式框架等类型。不同类型的剪力墙，其截面应力分布也不相同，计算其内力和位移时则需采用相应的计算方法。

（1）整体剪力墙

无洞口的剪力墙或剪力墙上开有一定数量的洞口，但洞口的面积不超过墙体面积的 16%，且洞口至墙边的净距及洞口之间的净距大于洞孔长边尺寸时，可以忽略洞口对墙体的影响，这种墙体称为整体剪力墙（图 5-38a）。

（2）小开口整体墙

当剪力墙上所开洞口面积稍大，超过墙体面积的 16％时，在水平荷载作用下，这类剪力墙截面的正应力分布略偏离了直线分布的规律，变成了相当于在整体墙弯曲时的直线分布应力之上叠加了墙肢局部弯曲应力，当墙肢中的局部弯矩不超过墙体整体弯矩的 15％时，其截面变形仍接近于整体截面剪力墙，这种剪力墙称之为小开口整体墙（图 5-38b）。

（3）联肢剪力墙

当剪力墙沿竖向开有一列或多列较大的洞口时，由于洞口较大，剪力墙截面的整体性已被破坏，剪力墙的截面变形不再符合平截面假定。这时剪力墙成为由一系列连梁约束的墙肢所组成的联肢墙。开有一列洞口的联肢墙称为双肢墙，当开有多列洞口时称之为多肢墙（图 5-38c）。

（4）壁式框架

当剪力墙的洞口尺寸较大，墙肢宽度较小，连梁的线刚度接近于墙肢的线刚度时，剪力墙的受力性能已接近于框架，这种剪力墙称为壁式框架（图 5-38d）。

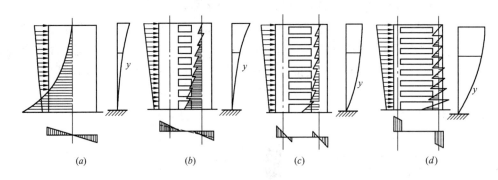

图 5-38　剪力墙计算类型

（a）整体墙；（b）小开口整体墙；（c）双肢墙；（d）壁式框架

3. 剪力墙的分析方法

（1）材料力学分析法。对于整体剪力墙，在水平力作用下截面保持平面，法向应力呈线性分布，可采用材料力学中有关公式计算内力及变形。对于小开口整体墙，其截面变形后基本保持平面，正应力大体呈直线分布，仍可采用材料力学中有关公式进行计算并进行局部弯曲修正。一般可将总力矩的 85％按材料力学方法计算墙肢弯矩及轴力，将总力矩的 15％按墙肢的刚度进行分配。

（2）连续化方法。将结构进行某些简化，进而得到比较简单的解析法。计算双肢墙和多肢墙的连续连杆法就属于这一类。此方法是将每一楼层的连梁假想为在层高内均布的一系列连续连杆，由连杆的位移协调条件建立墙的内力微分方程，从中解得内力。

（3）壁式框架分析法。此法是将一有较大洞口的剪力墙视为带刚域的框架，用 D 值法进行求解，也可以用杆件有限单元及矩阵位移法借助计算机进行求解。

（4）有限单元法和有限条带法。有限单元法是剪力墙应力分析中一种比较精确的方法，而且对各种复杂几何形状的墙体都适用。有限条带法是将剪力墙结构进行等效连续化处理后，取条带为计算单元，也是一种精度较高的计算方法。

5.4.2 延性悬臂剪力墙设计

悬臂剪力墙是剪力墙中的基本形式，它是只有一个墙肢的构件，其设计方法是其他各类剪力墙设计的基础。在抗震设计中，悬臂剪力墙应当设计成延性悬臂剪力墙。

1. 悬臂剪力墙的破坏形态和设计要求

悬臂剪力墙可能出现弯曲、剪切和滑移（剪切滑移或施工缝滑移）等多种破坏形态，如图 5-39 所示。

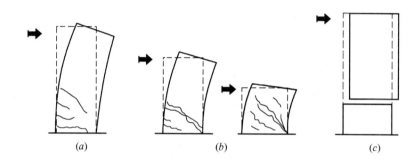

图 5-39　悬臂剪力墙的破坏形态
（a）弯曲破坏；（b）剪切破坏；（c）滑移破坏

悬臂剪力墙是静定结构，只要有一个截面达到极限承载力，构件就会丧失承载能力。在水平荷载作用下，悬臂剪力墙的弯矩和剪力都在基底部位最大，因此，基底截面是设计控制断面。沿高度方向，在剪力墙断面尺寸改变或配筋变化的部位，也是设计控制断面，也要进行承载力验算。

2. 抗震延性悬臂剪力墙的设计和构造要求

抗震设计时，悬臂剪力墙应当设计成延性剪力墙。要使悬臂剪力墙具有延性，设计应要求：控制塑性铰在某个合理的部位出现；在塑性铰区防止过早出现剪切破坏，即按强剪弱弯设计，并防止过早出现锚固破坏，实施强锚固；在塑性铰区改善抗弯及抗剪钢筋构造，控制斜裂缝开展，充分发挥弯曲作用下抗拉钢筋的延性作用。

悬臂剪力墙的塑性铰通常出现在底部截面，因此，悬臂剪力墙的底部加强区是塑性铰区，底部加强区的高度不应小于 $H/10$（H 为悬臂剪力墙总高度），也不小于底部两层层高。

（1）剪力墙的轴压比及边缘构件配筋要求

为保证在地震作用下剪力墙具有良好的延性，就需要限制剪力墙轴压比的大小。研究表明，剪力墙的边缘构件（暗柱、明柱、翼柱）配置横向钢筋，可约束混凝土而改善混凝土的受压性能，提高剪力墙的延性。因此，在剪力墙轴压比满足要求的情况下，还需对剪力墙边缘构件的设计作出规定。

在抗震设计时，一、二、三级抗震等级的剪力墙，在重力荷载代表值作用下墙肢的轴压比不宜超过表 5-21 的限值。

剪力墙轴压比限值   表 5-21

轴压比	一级（9度）	一级（6、7、8度）	二、三级
$N/(A \cdot f_c)$	0.4	0.5	0.6

注：N——重力荷载代表值作用下剪力墙墙肢的轴向压力设计值，其分项系数 $\gamma_G=1.3$；

　　A——剪力墙墙肢截面面积；

　　f_c——混凝土轴心抗压强度设计值。

截面受压区高度不仅与轴压力有关，而且与截面形状有关。在相同的轴压力作用下，带翼缘剪力墙受压区高度较小，延性相对较好，而一字形的矩形截面最为不利。因此，对截面形状为一字形的矩形剪力墙墙肢应从严控制其轴压比。

根据设计要求的不同，边缘构件分为两类：约束边缘构件和构造边缘构件。约束边缘构件的截面尺寸及配筋要求均比构造边缘构件要高。一、二、三级剪力墙底层墙肢底截面的轴压比大于表 5-22 的规定时，底部加强部位及其相邻的上一层应设置约束边缘构件。其他情况应设置构造边缘构件。

剪力墙可不设约束边缘构件的最大轴压比   表 5-22

等级或烈度	一级（9度）	一级（6、7、8度）	二、三级
轴压比	0.1	0.2	0.3

1）约束边缘构件的设计

约束边缘构件沿墙肢的长度 l_c 和箍筋配箍特征值 λ_v 应符合表 5-23 的要求，其体积配箍率 ρ_v 应按下式计算：

$$\rho_v \geqslant \lambda_v \frac{f_c}{f_{yv}} \tag{5-12}$$

式中　ρ_v——箍筋体积配箍率。可计入箍筋、拉筋以及符合构造要求的水平分布钢筋，计入的水平分布钢筋的体积配箍率不应大于总体积配箍率的30%；

　　　λ_v——约束边缘构件配箍特征值；

　　　f_c——混凝土轴心抗压强度设计值；混凝土强度等级低于C35时，应取C35的混凝土轴心抗压强度设计值；

　　　f_{yv}——箍筋、拉筋或水平分布钢筋的抗拉强度设计值。

约束边缘构件沿墙肢的长度 l_c 及其配箍特征值 λ_v 表 5-23

项　　目	一级（9度）		一级（6、7、8度）		二、三级	
	$\mu_N \leqslant 0.2$	$\mu_N > 0.2$	$\mu_N \leqslant 0.3$	$\mu_N > 0.3$	$\mu_N \leqslant 0.4$	$\mu_N > 0.4$
l_c（暗柱）	$0.20h_w$	$0.25h_w$	$0.15h_w$	$0.20h_w$	$0.15h_w$	$0.20h_w$
l_c（翼墙或端柱）	$0.15h_w$	$0.20h_w$	$0.10h_w$	$0.15h_w$	$0.10h_w$	$0.15h_w$
λ_v	0.12	0.20	0.12	0.20	0.12	0.20

注：1. μ_N 为墙肢在重力荷载代表值作用下的轴压比，h_w 为墙肢的长度；

　　2. 剪力墙的翼墙长度小于翼墙厚度的3倍或端柱截面边长小于2倍墙厚时，按无翼墙、无端柱查表；

　　3. l_c 为约束边缘构件沿墙肢的长度（图 5-40）。对暗柱不应小于墙厚和400mm的较大值；有翼墙或端柱时，不应小于翼墙厚度或端柱沿墙肢方向截面高度加300mm。

　　约束边缘构件纵向钢筋的配筋范围不应小于图 5-40 中的阴影面积，其纵向钢筋的最小截面面积，一、二、三级抗震设计时分别不应小于图中阴影面积的 1.2%、1.0% 和 1.0%，并分别不应小于 8 Φ 16、6 Φ 16 和 6 Φ 14。

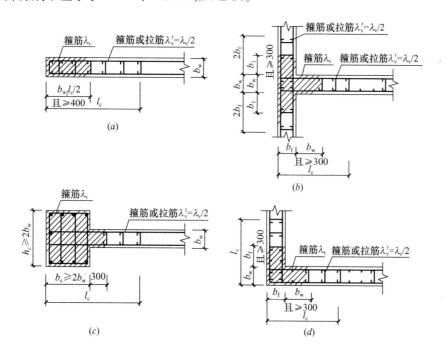

图 5-40　剪力墙的约束边缘构件

（a）暗柱；（b）有翼墙；（c）有端柱；（d）转角墙（L 形墙）

　　2）构造边缘构件的设计

　　构造边缘构件按构造要求设置，其范围和计算纵向钢筋用量的截面面积 A_c 取图 5-41 中的阴影部分。构造边缘构件的纵向钢筋应满足受弯承载力的要求，最小配筋率应满足表 5-24 的要求。箍筋的无支长度不应大于 300mm，拉筋的水平间距不应大于纵向钢筋间距的 2 倍。当剪力墙端部为端柱时，端柱中纵向钢筋及箍筋宜按框架柱的构造要求配置。

剪力墙构造边缘构件的配筋要求　　　　　　　　　　　　　　表 5-24

抗震等级	底部加强部位			其 他 部 位		
	纵向钢筋最小量（取较大值）	箍 筋		纵向钢筋最小量（取较大值）	箍筋或拉筋	
		最小直径（mm）	最大间距（mm）		最小直径（mm）	最大间距（mm）
一级	$0.010A_c$，6 Φ 16	8	100	$0.008A_c$，6 Φ 14	8	150
二级	$0.008A_c$，6 Φ 14	8	150	$0.006A_c$，6 Φ 12	8	200
三级	$0.005A_c$，4 Φ 12	6	150	$0.005A_c$，4 Φ 12	6	200
四级	$0.005A_c$，4 Φ 12	6	200	$0.004A_c$，4 Φ 12	6	250

　　注：对转角墙的暗柱，表中拉筋宜采用箍筋。

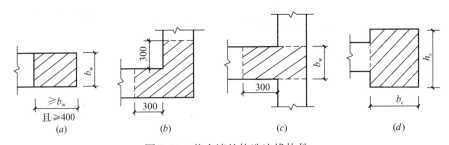

图 5-41   剪力墙的构造边缘构件

(a) 暗柱；(b) 转角墙；(c) 翼墙；(d) 端柱

（2）强剪切、强锚固

由于剪力墙截面高度较大，腹板厚度较小，对剪切变形比较敏感。首先，在塑性铰区必须按照强剪弱弯的设计原则，用截面达到屈服时的剪力进行截面抗剪验算，以保证在出现塑性铰之前，墙肢不剪坏。此外，墙肢很容易出现斜裂缝。截面屈服以后，在反复荷载作用下，斜裂缝扩展，会使腹板混凝土变酥从而破碎，剪力墙的塑性铰区会出现很大滑移，使构件丧失承载能力而延性减小。因此，在塑性铰区，限制剪压比应当更加严格，分布钢筋的数量应当适当增加，配筋形式亦可改进，以改善腹板混凝土的性能。

为保证塑性铰范围内不过早出现剪切破坏，一、二、三级抗震时，要使截面抗剪承载力超过抗弯承载力。为此，剪力墙底部加强区截面的剪力设计值在一、二、三级抗震时应调整，即乘以相应的剪力增大系数 η_{vw}，在四级抗震及无地震作用组合时剪力设计值可不调整。

由于剪力墙刚度、强度都比较大，故由水平荷载产生的倾覆力矩很大，当剪力墙本身设计得足够安全时，要注意校核基础的抗倾覆能力。基础承台要按剪力墙出现塑性铰时达到弯矩并考虑有可能超强进行设计。此外，还要注意剪力墙钢筋在基础中的锚固。

（3）水平施工缝截面抗滑移验算

由于施工工艺要求，在各层楼板标高处都存在施工缝。施工缝可能形成薄弱部位，出现剪切滑移，见图 5-39 (c)。特别是在地震作用时，施工缝容易开裂，开裂后主要依靠竖向钢筋和摩擦力抵抗滑移，而在竖向地震作用时，摩擦力将减小。因此，在一级抗震等级剪力墙中，水平施工缝应按下式进行抗滑移验算：

$$V_{wj} \leqslant \frac{1}{\gamma_{RE}}(0.6f_y A_s + 0.8N) \tag{5-13}$$

式中 V_{wj}——水平施工缝处考虑地震作用组合的剪力设计值；

N——水平施工缝处考虑地震作用组合的不利轴向力设计值，压力取正值，拉力取负值；

A_s——剪力墙水平施工缝处腹板竖向分布钢筋、竖向插筋和边缘构件（不包括两侧翼墙）纵向钢筋的总截面面积。

若验算不能满足时，可以配置抗滑移竖向附加筋，附加筋在施工缝上下均应满足锚固长度要求，其面积可计入 A_s。

【例 5-7】   某抗震设防烈度为 8 度、抗震等级为二级的剪力墙底部加强部位如图 5-42

所示，轴压比为 0.36，混凝土强度等级为 C40，端柱纵筋用 HRB400，分布钢筋为 HPB300。

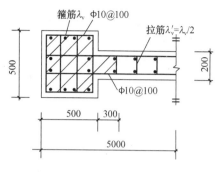

图 5-42　某剪力墙底部配筋图

试问：

（1）确定剪力墙约束边缘构件沿墙肢方向的长度 l_c。

（2）确定剪力墙约束边缘构件纵向钢筋的最小配筋面积 A_s。

（3）确定约束边缘构件的最小体积配箍率 ρ_v。

（4）假若约束边缘构件实配箍筋如图 5-42 所示，则确定其体积配箍率。

【解】（1）查表 5-23 及注 3 可知，约束边缘构件沿墙肢长度 l_c：

$$l_c = \max\{0.15h_w, b_w, 400\}$$
$$= \max\{0.15 \times 5000, 200, 400\} = 750\text{mm}$$

尚不应小于端柱沿墙肢方向截面高度加 300mm，

$$l_c \geq b_c + 300 = 500 + 300 = 800\text{mm}$$

上述值取最大值，l_c 取为 800mm。

（2）根据前述规定，纵向钢筋最小截面面积 A_s：

$$A_s \geq 1.0\%(b_c h_c + 300b_w) = 1.0\% \times (500 \times 500 + 300 \times 200) = 3100\text{mm}^2$$

并且 $A_s \geq 6\Phi16$（$A_s = 1206\text{mm}^2$），故取 $A_{s,min} = 3100\text{mm}^2$

（3）查表 5-23 可知，取配箍特征值 $\lambda_v = 0.12$，由式（5-11）可得：

$$\rho_v \geq \lambda_v f_c / f_{yv} = 0.12 \times 19.1/270 = 0.85\%$$

（4）实际体积配箍率 ρ_v，取箍筋的保护层厚度为 15mm，则：

$$\rho_v = \frac{6 \times (500 - 30 - 10) \times 113.1 + 2 \times (800 - 15 - 5) \times 113.1}{100 \times [450 \times 450 + (200 - 50) \times (300 + 15)]}$$

$$= \frac{488592}{249750} = 1.96\% > 0.85\%，满足。$$

注意，箍筋长度按箍筋直径中对中取值。

5.4.3　延性联肢墙设计

1. 联肢墙剪力墙的破坏形态

联肢剪力墙，简称联肢墙，是指由连梁和墙肢构件组成的开有较大规则洞口的剪力墙。

联肢剪力墙在水平荷载作用下的破坏形态与开洞的大小、连梁与墙肢的刚度及承载力等有很大的关系。当连梁的刚度及抗弯承载力大大小于墙肢的刚度和抗弯承载力，且连梁具有足够的延性时，则塑性铰先在连梁端部出现，待墙肢底部出现塑性铰以后，才能形成图 5-43（a）所示的机构。数量众多的连梁端部塑性铰在形成过程中既能吸收地震能量，又能继续传递弯矩与剪力，对墙肢形成的约束弯矩使剪力墙保持足够的刚度与承载力，墙肢底部的塑性铰也具有延性。这样的联肢剪力墙延性最好。

当连梁的刚度及承载力很大时，连梁不会屈服，这时开洞剪力墙与悬臂剪力墙类似，要靠底层出现塑性铰，如图 5-43（b）所示，然后才能破坏。只要墙肢不过早剪坏，则这种破坏仍然属于有延性的弯曲破坏，但是与图 5-43（a）相比，耗能集中在底层少数几个铰上。显然其抗震性能远不如前面的多铰机构。

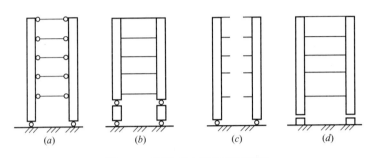

图 5-43 联肢剪力墙的破坏形态
(a) 连梁端出现塑性铰；(b) 墙肢出现塑性铰；(c) 连梁剪坏；(d) 墙肢剪坏

当连梁的抗剪承载力很小，首先受到剪切破坏时，会使墙肢失去约束而形成单独墙肢如图 5-43(c) 所示。与连梁不破坏的墙相比，墙肢中轴力减小，弯矩加大，墙的侧向刚度大大降低，但是，如果能保持墙肢处于良好的工作状态，那么结构仍可继续承载，直到墙肢截面屈服才会形成机构。只要墙肢塑性铰具有延性，这种破坏也是属于延性的弯曲破坏。

图 5-43(d) 是由于连梁过强而引起的墙肢剪坏，是一种脆性破坏，因而没有延性或延性很小。当连梁刚度和屈服弯矩较大时，在水平荷载下墙肢内的轴力很大，造成两个墙肢轴力相差悬殊，在受拉墙肢出现水平裂缝或屈服以后，塑性内力重分配的结果使得受压墙肢担负大部分剪力，设计时若未充分考虑这一因素，将会造成该墙肢过早剪坏，延性减小。

从上面的破坏形态分析可知，按照"强墙弱梁"原则设计开洞剪力墙，并按照"强剪弱弯"要求设计墙肢及连梁构件，可以得到较为理想的延性剪力墙结构。它比悬臂剪力墙更为合理。如果连梁较强而形成整体剪力墙，则要注意与悬臂剪力墙相类似的塑性铰区的加强设计。如果连梁跨高比较大而可能出现剪切破坏，则要按照抗震结构"多道设防"的原则，考虑几个独立墙肢抵抗地震作用的情况设计墙肢。

需注意，沿房屋高度方向，内力最大的连梁不在底层，因此，应选择内力最大的连梁进行截面和配筋计算；或沿高度方向分成几段，选择每段中内力最大的梁进行截面和配筋计算。

沿高度方向墙肢截面、配筋也可以改变，由底层向上逐渐减少，因此，需要分成几段分别进行墙肢截面、配筋计算。

2. 延性联肢墙设计

(1)"强墙弱梁"的整体设计和"强剪弱弯"的构件设计

要设计"强墙弱梁"的联肢剪力墙，首先要保证墙肢不过早出现脆性的剪切破坏，应设计延性的墙肢；其次应使连梁屈服早于墙肢屈服，同时尽可能避免连梁中过早出现脆性的剪切破坏，即要设计延性的连梁。这样，当连梁屈服以后，可以吸收地震能量，同时又能继续起到约束墙肢的作用，使联肢墙的刚度与承载力均维持在一定水平。如果部分连梁剪坏或全部剪坏，则墙肢间约束将削弱或全部消失，使联肢墙蜕化为两个或多个独立墙肢，结构的刚度会大大降低，承载力也将随之降低。可见，在延性联肢墙中，延性连梁的设计是主要矛盾；防止墙肢过早破坏，设计延性墙肢则是保证整幢建筑结构安全抗震的关键。

为了使连梁首先屈服，可以对连梁中的弯矩进行调整。降低连梁弯矩，按降低后弯矩进行配筋，可以使连梁抗弯承载力降低，从而使连梁较早出现塑性铰，又降低了梁中的平均剪应力，可以改善其延性。降低连梁弯矩的方法有：在弹性内力分析时，适当降低连梁刚度；或者对按弹性分析所得的内力进行内力调整，按调幅后的弯矩进行连梁配筋设计。

连梁设计成具有延性，要按照"强剪弱弯"设计原则，使连梁的剪力设计值应不小于连梁的抗弯极限状态下相应的剪力，即连梁的剪力设计值应乘以连梁剪力增大系数 η_{vb}。

联肢墙的墙肢设计时，也要按"强剪弱弯"设计原则，避免墙肢过早出现剪切破坏。当连梁屈服形成强墙弱梁时，墙肢剪力可能加大，特别是拉压墙肢之间的塑性内力重分配现象，影响较大。受压墙肢刚度变大，剪力将比弹性计算时增大；受拉墙肢刚度较小，剪力相应减小。因此，当一个墙肢可能出现偏心受拉时，另一个受压墙肢的弯矩和剪力应适当加大，乘以 1.25 增大系数后进行抗弯及抗剪承载力计算。

（2）其他设计措施

连梁可以采用扁梁、交叉配筋梁和开缝连梁。

采用"多道设防"方法设计联肢墙。在某些情况下，当连梁的延性不能保证时，或需要考虑在强震下结构的安全时，考虑连梁破坏后退出工作，按照独立的墙肢工作，使墙肢处于弹性工作状态，即第二道抗震防线，以保证结构的安全。

5.4.4 剪力墙的构造要求

1. 混凝土强度等级

一、二抗震等级剪力墙的混凝土强度等级不应低于C30。

2. 剪力墙截面尺寸

为了保证剪力墙平面外的刚度和稳定性能，剪力墙的截面厚度应满足如下要求：

（1）满足墙体稳定验算要求，具体见《高层建筑混凝土结构技术规程》。

（2）一、二级剪力墙：底部加强部位不应小于 200mm，其他部位不应小于 160mm；一字形独立剪力墙底部加强部位不应小于 220mm，其他部位不应小于 180mm。

（3）三、四级剪力墙：不应小于 160mm，一字形独立剪力墙的底部加强部位尚不应小于 180mm。

（4）非抗震设计时不应小于 160mm。

（5）剪力墙井筒中，分隔电梯井或管道井的墙肢截面厚度可适当减小，但不宜小于 160mm。

3. 剪力墙的分布钢筋要求

高层建筑的剪力墙竖向和水平分布钢筋不应采用单排钢筋。当剪力墙截面厚度不大于 400mm 时，可采用双排配筋。当剪力墙厚度在 400～700mm 之间时，宜采用三排钢筋，当厚度大于 700mm 时，宜采用四排钢筋，受力钢筋可均匀分布在各排中，或靠两侧墙面的配筋略大。各排分布钢筋之间的拉接筋间距不应大于 600mm，直径不应小于 6mm，在底部加强部位，约束边缘构件以外的拉接筋间距尚应适当加密。

为防止混凝土墙体在受弯裂缝出现后立即达到极限抗弯承载力，同时为了防止斜裂缝出现后发生脆性的剪拉破坏，以及抵抗一定的温度应力，在墙肢中应配置一定数量的水平和竖向分布钢筋。剪力墙分布钢筋的最小配筋要求见表 5-25。在一些温度应力较大而易出现裂缝的部位（如房屋顶层剪力墙、长矩形平面房屋的楼梯间和电梯间剪力墙、端开间的纵向剪力墙、端山墙），应适当增大剪力墙分布钢筋的最小配筋率，以抵抗温度应力的不利影响。分布钢筋的直径不宜大于墙肢截面厚度的 1/10。

剪力墙水平和竖向分布钢筋的最小配筋　　　　　　　　　　表 5-25

	抗震等级	最小配筋率（%）	最大间距（mm）	最小直径（mm）
一般剪力墙	一、二、三级	0.25	300	8
	四级、非抗震	0.20	300	8
温度应力较大部位剪力墙	抗震与非抗震	0.25	200	—

4. 钢筋锚固和连接要求

非抗震设计时，剪力墙纵向钢筋的最小锚固长度应取 l_a，抗震设计时应取 l_{aE}。剪力墙竖向及水平钢筋的搭接连接（图 5-44），一、二级抗震等级剪力墙的加强部位，接头位置应错开，每次连接的钢筋数量不宜超过总数量的 50%，错开净距不宜小于 500mm；其他情况剪力墙的钢筋可在同一部位连接。非抗震设计时，分布钢筋的搭接长度不应小于 $1.2l_a$；抗震设计时，不应小于 $1.2l_{aE}$。暗柱及端柱纵向钢筋连接和锚固要求宜与框架柱相同。

5. 剪力墙开洞时的构造要求

当剪力墙墙面开有非连续小洞口（各边长度小于 800mm），且在整体计算中不考虑其影响时，应在洞口四周采取加强措施，以抵抗洞口的应力集中，可将洞口处被截断的分布钢筋分别集中配置在洞口上、下和左、右两边，且钢筋直径不应小于 12mm（图 5-45）。

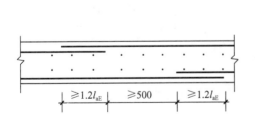

图 5-44　剪力墙内分布钢筋的连接
（注：非抗震设计时图中 l_{aE} 取 l_a）　　　　图 5-45　剪力墙洞口补强配筋示意
（注：非抗震设计时图中 l_{aE} 取 l_a）

6. 连梁配筋构造

对跨高比小于 5 的连梁，竖向荷载作用下产生的弯矩占总弯矩的比例较小，水平荷载作用下产生的反弯使它对剪切变形十分敏感，容易出现剪切裂缝。而连梁的跨高比不小于 5 时，与一般框架梁的受力类似，可按照框架梁进行设计。

连梁的配筋构造应满足下列要求（图 5-46）：

（1）加梁顶面、底面纵向受力钢筋伸入墙内的锚固长度，抗震设计时不应小于 l_{aE}；非抗震设计时不应小于 l_a，且不应小于 600mm。

（2）抗震设计时，沿连梁全长的构造应按框架梁梁端加密区箍筋的构造要求采用；非抗震设计时，沿连梁全长的箍筋直径不应小于 6mm，间距不应大于 150mm。

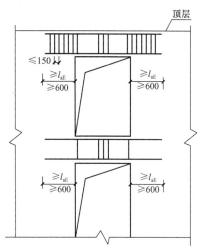

图 5-46　连梁配筋构造示意
（注：非抗震设计时图中 l_{aE} 取 l_a）

（3）顶层连梁纵向钢筋伸入墙体的长度范围内，应配置间距不大于 150mm 的构造箍筋，箍筋直径应与该连梁的箍筋直径相同。

（4）墙体水平分布钢筋应作为连梁的纵向构造钢筋（也称为腰筋）在连梁范围内拉通连续配置；当连梁截面高度大于 700mm 时，其两侧面沿梁高范围设置的腰筋的直径不应小于 10mm，间距不应大于 200mm；对跨高比不大于 2.5 的连梁，梁两侧的腰筋的面积配筋率不应小于 0.3%。

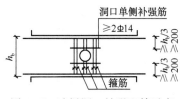

图 5-47　连梁洞口补强配筋示意

由于布置管道的需要，有时需在连梁上开洞，在设计时需对削弱的连梁采取加强措施和对开洞处的截面进行承载力验算，并应满足（图 5-47）：穿过连梁的管道宜预埋套管，洞口上、下的有效高度不宜小于梁高的 1/3，且不宜小于 200mm，洞口处宜配置补强钢筋，可在洞口两侧各配置 2Φ14 的钢筋。

5.5　框架—剪力墙结构

5.5.1　框架—剪力墙结构的特点与剪力墙布置

1. 框架—剪力墙结构的受力与变形特点

框架—剪力墙结构由框架、剪力墙两类抗侧力单元组成。这两类抗侧力单元在水平荷载作用下的受力和变形特点各异。剪力墙以弯曲变形为主，随着楼层增加，总侧移和层间侧移增长加快（图 5-48a）；框架以剪切型变形为主，随着楼层增加，总侧移与层间侧移增加减慢（图 5-48b）。在同一结构中，通过楼板把两者联系在一起，楼板在其本身平面内刚度很大，它迫使框架和剪力墙在各层楼板标高处协同工作、共同变形（图 5-48c）。图 5-48（d）中 a、b 线分别表示剪力墙和框架各自的变形曲线，c 线表示经过楼板协同后所具有的共同变形曲线。

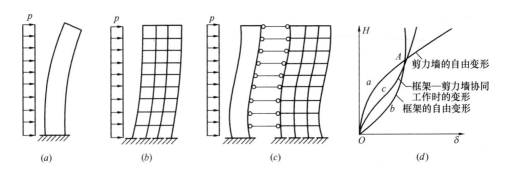

图 5-48　框架—剪力墙协同工作

（a）剪力墙独立受力变形；（b）框架独立受力变形；（c）框架—剪力墙协同工作；（d）框架—剪力墙变形曲线图

在协同工作时，首先要注意到剪力墙单元的刚度比框架大得多，往往由剪力墙承担大部分水平荷载；其次要注意到二者分担水平力的比例上、下是变化的。由它们的变形特点可知，剪力墙下部变形将增大，框架下部变形却减小了，这使得下部剪力墙承担更多剪力，而框架下部承担的剪力较小。在上部，情形正好相反，剪力墙变形减小，甚至顶部楼层剪力墙的剪力反方向作用，因而卸载，框架上部变形加大，承担的剪力将增大。因此，框架上部和下部所受的剪力趋于均匀化。

由图 5-48（d）可见，框架—剪力墙结构的层间变形在下部小于纯框架，在上部小于纯剪力墙，即各层的层间变形也将趋于均匀化。

框架—剪力墙结构中，由于框架与剪力墙的协同工作，其剪力分配沿高度是不断变化的，因此，框架—剪力墙结构的计算中应考虑剪力墙和框架两种类型结构的不同受力特点，按协同工作条件进行内力、位移分析。

需注意，在框架结构中设置了电梯井、楼梯井或其他剪力墙型的抗侧力结构后，应按框架—剪力墙结构计算，不能简单地按框架结构计算。框架结构设计完毕后，如果又增加了一些剪力墙，也必须按框架—剪力墙结构重新核算，否则不能保证框架部分的上部楼层的安全。此时，应取两种结构模型（框架结构模型、框架—剪力墙结构模型）分别进行计算分析，按包络设计原则，取不利情况进行设计。

2. 剪力墙的合理数量

一般地，多设剪力墙对抗震是有利的，但是剪力墙数量超过了必要的限度，工程造价是不经济的。剪力墙太多，虽然有较强的抗震能力，但由于刚度太大，周期太短，地震作用要加大，不仅使上部结构材料增加，而且带来基础设计的困难。同时，在框架—剪力墙结构设计中，框架的水平剪力值有最低限值，剪力墙再增多，框架的材料消耗也不会再减少。

因此，从抗震的角度，剪力墙数量以多为好；从经济性的角度，剪力墙则不宜过多，故剪力墙设置应有一个合理的数量。

3. 剪力墙的布置

框架—剪力墙结构应设计成双向抗侧力体系。抗震设计时，结构两主轴方向均应布置剪力墙。主体结构构件之间除个别节点外，应采用刚接，以保证结构整体的几何不变和刚度的发挥。梁与柱或柱与剪力墙的中线宜重合，使内力传递和分布合理且保证节点核心区的完整性。

剪力墙的布置，应遵循"均匀、分散、对称、周边"的原则。均匀、分散是指剪力墙宜片数较多，均匀、分散布置在建筑平面上。单片剪力墙底部承担的水平剪力不宜超过结构底部总水平剪力的 40%。对称是指剪力墙在结构单元的平面上尽可能对称布置，使水平力作用线尽可能靠近刚度中心，避免产生过大的扭转。周边是指剪力墙尽可能布置在建筑平面周边，提高其抵抗扭转的能力；同时，在端部附近设剪力墙可避免端部楼板外挑长度过大。抗震设计时，剪力墙的布置宜使结构各主轴方向的侧向刚度接近。

一般情况下，剪力墙宜布置在框架—剪力墙结构平面的下列部位：

（1）竖向荷载较大处，增大竖向荷载可以避免墙肢出现偏心受拉的不利受力状态。

（2）建筑物端部附近，减少楼面外伸段的长度，而且有较大的抗扭刚度。

（3）楼梯、电梯间，楼梯、电梯间楼板开洞较大，设剪力墙予以加强。

（4）平面形状变化处，在平面形状变化处应力集中比较严重，在此处设剪力墙予以加强，可以减少应力集中对结构的影响。

当建筑平面为长矩形或平面有一部分较长时，在该部位布置的剪力墙除应有足够的总体刚度外，各片剪力墙之间的距离不宜过大，宜满足表 5-26 的要求。需注意，纵向剪力墙不宜集中布置在平面的两尽端，以避免其对楼（屋）盖两端的约束作用而造成中间部分的楼盖在混凝土收缩或温度变化时出现裂缝。

框架—剪力墙结构中剪力墙的间距　　　　　　　　表 5-26

楼盖形式	非抗震设计（取较小值）	抗震设防烈度		
		6 度、7 度（取较小值）	8 度（取较小值）	9 度（取较小值）
现　浇	5.0B，60	4.0B，50	3.0B，40	2.0B，30
装配整体	3.5B，50	3.0B，40	2.5B，30	—

注：1. 表中 B 为楼面宽度，单位为 m；

　　2. 装配整体式楼盖应设置厚度不小于 50mm 的钢筋混凝土现浇层；

　　3. 现浇层厚度大于 60mm 的叠合楼板可作为现浇板考虑。

5.5.2　框架—剪力墙结构的受力特性分析

框架—剪力墙结构的刚度特征值 λ 是框架抗推刚度（含连梁的约束刚度）与剪力墙抗弯刚度的比值。λ 值的变化，表示了两种不同变形性质的结构的相对数量，对框架—剪力墙结构的受力和变形性能影响很大。当框架抗推刚度很小时，λ 值较小，特别地当 λ＝0，即相当于纯剪力墙结构。当剪力墙抗弯刚度减小时，λ 值增大，特别地当 λ＝∞，即相当于纯框架结构。

1. 侧移特征

对于具有一定顶点侧移的框架—剪力墙结构，侧移曲线的形状与 λ 值有关。图 5-49 给出了均布荷载作用下具有不同 λ 值时结构的位移曲线形状。当 λ 很小时，剪力墙起了主要作用，框架刚度较小，结构位移曲线与剪力墙变形曲线相似，呈弯曲型变形；当 λ 很大时，框架作用相对较大，剪力墙的刚度较小，结构位移曲线与框架剪切型靠近；在 λ＝1～6 之间，位移曲线介于两者之间，下部略带弯曲型，而上部略带剪切型，总体呈弯剪型变形，此时上下层层间变形较为均匀。

2. 水平剪力分配

均布水平荷载作用下总框架与总剪力墙之间的水平剪力分配关系如图 5-50 所示。如果外荷载产生的总剪力为 V_P（图 5-50a），则两者之间剪力分配关系随 λ 而变。λ 很小时，剪力墙承担大部分剪力；当 λ 值很大时，框架承担大部分剪力。

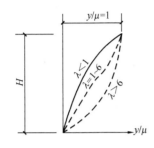

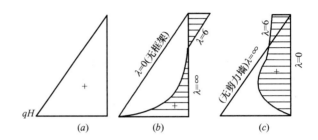

图 5-49　框架—剪力墙　　　　　　图 5-50　框架—剪力墙结构水平剪力分配

结构变形曲线　　　　　　　　　(a) V_P图；(b) 剪力墙 V_W图；(c) 框架 V_F图

由图 5-50 可知，框架和剪力墙之间剪力分配在各层是不相同的，剪力墙下部承受大部分剪力，而框架底部剪力很小，框架底截面计算剪力为零，这是由于计算方法近似性造成的，并不符合实际。在上部剪力墙出现负剪力，而框架却担负了较大的正剪力。在顶部，框架和剪力墙的剪力都不是零，它们的和等于零（在倒三角分布及均布荷载作用时，外荷载产生的总剪力为零）。

框架—剪力墙结构中的框架完全不同于框架结构中的框架，框架—剪力墙结构中框架的最大剪力值不在底部，而在中部某层，随 λ 值的增大，最大剪力层向下移动。

正是由于协同工作造成了上述水平剪力分配特征，使从底到顶各层框架层剪力趋于均匀。这对于框架柱的设计是十分有利的。框架的剪力最大值在结构中部某层，随着 λ 值的增大，最大剪力层向下移动。通常由最大剪力值控制柱断面的配筋。因此，框架—剪力墙结构中的框架柱和梁的断面尺寸和配筋可能做到上下比较均匀。

此外，由于协同工作，框架与剪力墙之间的剪力传递变得更为重要。剪力传递是通过楼板实现的，因此，框架—剪力墙结构中的楼板应能传递剪力。楼板整体性要求较高，特别是屋顶层要传递相互作用的集中剪力，设计时要注意保证楼板的整体性。

5.5.3　框架—剪力墙结构的截面设计及构造要求

框架—剪力墙结构构件的截面设计及构造要求除满足本节规定外，尚应符合前面框架结构和剪力墙结构的有关规定。

1. 框架部分设计的调整

抗震设计时，框架—剪力墙结构中产生的地震倾覆力矩由框架和剪力墙共同承受。若在规定的水平地震力作用下，底层框架部分承受的地震倾覆力矩 M_f 大于结构总地震倾覆力矩 $M_总$ 的 50％时（亦称强框架的框架—剪力墙结构），框架部分在结构中处于主要地位，为了加强其抗震能力的储备，其框架部分的抗震等级应按框架结构采用，柱轴压比的限值宜按框架结构的规定采用，其最大适用高度和高宽比的限值可比框架结构适当增加，即可取框架结构和剪力墙结构之间的值，具体可视框架部分承担总倾覆力矩的百分比而定。特别地，当 $M_{\mathrm{f}}/M_{总}>80\%$ 时，其最大适用高度宜按框架结构。

抗震设计时，框架—剪力墙结构对应于地震作用标准值的各层框架总剪力应符合下列要求：

（1）框架部分承担的总地震剪力满足式（5-14）要求的楼层，其框架总剪力不必调整；不满足该式要求的楼层，其框架总剪力应按 $0.2V_0$ 和 $1.5V_{\mathrm{f,max}}$ 两者的较小值采用：

$$V_{\mathrm{f}} \geqslant 0.2V_0 \tag{5-14}$$

式中　V_0——对框架柱数量从下至上基本不变的规则建筑，应取对应于地震作用标准值的结构底部总剪力；对框架柱数量从下至上分段有规律变化的结构，应取每段最下一层结构对应于地震作用标准值的总剪力；

　　　V_{f}——对应于地震作用标准值且未经调整的各层（或某一段内各层）框架承担的地震总剪力；

　　　$V_{\mathrm{f,max}}$——对框架柱数量从下至上基本不变的规则建筑，应取对应于地震作用标准值且未经调整的各层框架承担的地震总剪力中的最大值；对框架柱数量从下至上分段有规律变化的结构，应取各段中对应于地震作用标准值且未经调整的各层框架承担的地震总剪力中的最大值。

（2）各层框架所承担的地震总剪力按第（1）条调整后，应按调整前、后剪力的比值调整每根框架柱和与之相连框架梁的剪力及端部弯矩标准值，框架柱的轴力可不予调整。

（3）按振型分解反应谱法计算地震作用时，第（1）条中所规定的调整可在振型组合之后进行。

各层框架总剪力的调整示意图，见图 5-51。

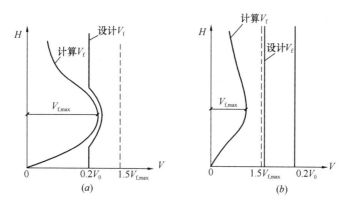

图 5-51　各层框架总剪力的调整示意图

（a）$0.2V_0<1.5V_{\mathrm{f,max}}$；（b）$0.2V_0>1.5V_{\mathrm{f,max}}$

框架地震内力的调整是框架—剪力墙结构进行地震内力计算后，一种保证框架安全的人为的设计措施。这是因为，在框架—剪力墙结构的计算中，都采用了楼板在平面内为刚性的假设，而实际上由于剪力墙间距较大，在框架部位由于框架的刚度较小，因此楼板位移较大，相应地，框架承担的水平地震作用较计算值大。更重要的是，剪力墙刚度较大，承受了大部分水平地震作用，在地震作用下，剪力墙首先开裂，使刚度降低，从而使一部分水平地震作用向框架转移，框架承受的水平地震作用增加。由于框架在框—剪结构中抵抗地震作用是第二道防线，所以有必要提高其设计的抗震能力，使强度有更大的储备。因此，框架地震内力调整后，节点弯矩与剪力不再保持平衡，也不必再重新分配节点弯矩。

还需注意的是，框架剪力的调整应在楼层剪力满足楼层最小剪力系数的前提下进行。

2. 剪力墙的配筋构造要求

非抗震设计时，剪力墙的竖向和水平分布钢筋的配筋率均不应小于 0.20%，抗震设计时均不应小于 0.25%，并应至少双排布置，且符合剪力墙结构的相关规定。各排分布钢筋之间应设置拉筋，拉筋直径不应小于 6mm，间距不应大于 600mm。

3. 带边框剪力墙的构造要求

带边框剪力墙的墙体应有足够的厚度以保证其稳定性，抗震设计时，一、二级剪力墙的底部加强部位不应小于 200mm，在其他情况下，不应小于 160mm。若墙体厚度不能满足上述要求，则应验算墙体的稳定性。剪力墙的水平钢筋应全部锚入边框柱内，锚固长度不应小于 l_a（非抗震设计时）或 l_{aE}（抗震设计时）；剪力墙的混凝土强度等级宜与边框柱相同。剪力墙的截面设计宜按工字形截面考虑，故剪力墙端部的纵向钢筋应配置在边框柱截面内。

与剪力墙重合的框架梁可保留，也可做成宽度与墙厚相同的暗梁，暗梁截面高度可取墙厚的 2 倍或与该片框架梁截面等高，暗梁的配筋可按构造配置且应符合一般框架梁相应抗震等级的最小配筋要求。

边框柱截面宜与该榀框架其他柱的截面相同，边框柱应符合框架结构中框架柱的构造配筋要求；剪力墙底部加强部位边框柱的箍筋宜沿全高加密；当带边框剪力墙上的洞口紧邻边框柱时，边框柱的箍筋宜沿全高加密。

【例 5-8】 某 15 层钢筋混凝土框架—剪力墙结构属于框架数量从下至上基本不变的规则建筑，已知在水平地震作用下结构的基底剪力 $V_0 = 12000\text{kN}$，框架部分的地震剪力最大值在第 5 层，$V_{f,max} = 2800\text{kN}$，第 3 层框架分配的地震剪力 $V_f = 2100\text{kN}$，第 3 层某一根框架柱在水平地震作用下的内力标准值为：上端弯矩 $M_上 = \pm 120\text{kN·m}$，剪力 $V = \pm 70\text{kN}$，轴力 $N = -400\text{kN}$。

试问： 确定该框架柱经地震剪力调整后的水平地震作用下的内力标准值。

【解】

(1) 因为 $0.2V_0 = 0.2 \times 12000 = 2400\text{kN} > V_f = 2100\text{kN}$

根据前面规定，框架部分的地震剪力应调整，其大小为：

$$V = \min\{0.2V_0, 1.5V_{f,max}\} = \min\{2400, 1.5 \times 2800\} = 2400\text{kN}$$

(2) 内力的调整系数 η：$\eta = \dfrac{2400}{2100} = 1.14$

(3) 根据内力调整规定，即前述第 (2) 款规定，轴力不必调整，则有：

$$M_上 = \pm 120 \times 1.14 = \pm 136.8\text{kN·m}$$

$$V = \pm 70 \times 1.14 = \pm 79.8\text{kN}$$

$$N = -400\text{kN}（不调整）$$

5.6　筒体结构

框筒是指由密柱深梁框架围成的结构。框筒在水平荷载作用下，框筒柱的轴力或正应力分布如图 5-52 所示，翼缘框架各柱的轴力不是按直线分布而呈不均匀分布，角柱的轴力最大、中部柱轴力较小，这种现象称为"剪力滞后"现象。同样，腹板框架各柱的轴力分布也不是按直线分布，也出现"剪力滞后"现象。

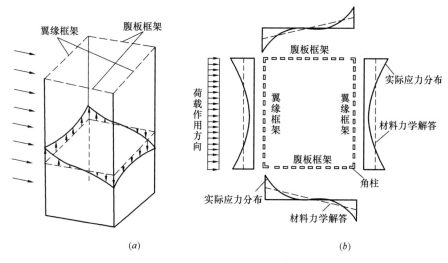

图 5-52   框筒的"剪力滞后"现象

影响框筒的剪力滞后的主要因素有：（1）柱距与裙梁高度；（2）角柱截面面积；（3）结构高度；（4）框筒平面形状。其中，剪力滞后现象沿框筒高度是变化的，在结构底部的剪力滞后现象相对严重，越往上，其剪力滞后现象缓和。框筒平面形状，选用圆形、正多边形等平面能减小外框筒的"剪力滞后"现象，矩形和三角形平面的"剪力滞后"现象相对严重。

除高度、高宽比和平面形状外，框筒的空间作用的大小还与柱距、墙面开洞率，以及洞口高宽比与层高和柱距之比等有关，矩形平面框筒的柱距越接近层高、墙面开洞率越小，洞口高宽比与层高和柱距之比超接近，外框筒的空间作用越强。

筒体结构可分为框架-核心筒结构和筒中筒结构。当结构侧向刚度不满足要求时，可设置加强层，形成带加强层的框架-核心筒和筒中结构，使侧向位移满足要求，同时，也减小内筒的弯矩。

思考题

1. 高层建筑的受力特点是什么？
2. 常用的高层建筑结构体系包括哪些？其各自的受力特点是什么？
3. 房屋高度如何确定？
4. 高层建筑结构抗震设计基本原则有哪些？
5. 建筑结构平面不规则的类型有哪些？竖向不规则的类型有哪些？
6. 什么是特别不规则、严重不规则？
7. 高层建筑结构的伸缩缝的最大间距如何确定？后浇带的做法是什么？
8. 伸缩缝、沉降缝和防震缝的区别是什么？

9. 防震缝的最小宽度如何确定？

10. 高层建筑的楼盖设计有哪些要求？

11. 高层建筑的基础类型有哪些？其各自的基础埋置深度有哪些要求？

12. 考虑地震作用时，构件承载力的一般表达式是什么？

13. 抗震措施与抗震构造措施的关系是什么？高层建筑的抗震等级如何确定？

14. 高层建筑结构的计算假定包括哪些？

15. 框架结构的承重框架布置方案有哪些？其各自的受力特征是什么？

16. 框架结构的计算单元是如何确定的？构件截面抗弯刚度计算中截面惯性矩 I 如何取值？

17. 多层规则框架结构的分层法计算要点是哪些？

18. 反弯点法、D 值法中剪力分配系数是如何计算的？

19. D 值法中反弯点高度的计算与哪些因素有关？

20. 水平荷载作用下，多层规则框架结构的顶点位移是如何近似计算的？

21. 框架结构中，梁、柱的控制截面是如何确定的？

22. 框架结构中，梁端弯矩调幅有哪些要求？

23. 抗震设计时，设计延性框架的基本措施有哪些？延性框架如何控制塑性铰出现的部位？

24. 一级抗震等级框架梁，其名义压区高度 x 有何限制？

25. 抗震框架梁纵向受力钢筋的构造配筋有哪些要求？其箍筋加密区范围如何确定？箍筋加密区的构造要求有哪些？

26. 影响延性框架柱的重要参数有哪些？如何区分长柱、短柱和极短柱？

27. 框架柱的轴压比如何计算？抗震框架柱纵向受力钢筋的构造配筋有哪些要求？

28. 抗震框架柱的箍筋加密区范围如何确定？其箍筋的体积配箍率如何计算？

29. 抗震设计时，纵向钢筋的最小锚固长度如何计算？

30. 非抗震设计时，框架梁柱钢筋搭接构造有哪些要求？抗震设计时，框架梁柱钢筋搭接构造有哪些要求？

31. 剪力墙结构布置应遵循哪些原则？

32. 按受力特性的不同，剪力墙结构可分为哪几类？各自受力有哪些特点？

33. 延性悬臂剪力墙的破坏形式包括哪几类？

34. 悬臂剪力墙的底部加强区高度范围如何确定？

35. 如何设置剪力墙的约束边缘构件、构造边缘构件？

36. 剪力墙的约束边缘构件的箍筋体积配箍率如何计算？

37. 剪力墙的构造边缘构件的配筋如何计算？

38. 延性悬臂剪力墙应如何控制塑性铰的出现部位？

39. 联肢剪力墙的破坏形式有哪几类？设计联肢剪力墙的原则是什么？

40. 剪力墙内分布钢筋的连接有哪些构造要求？

41. 剪力墙中连梁的配筋有哪些构造要求？

42. 框架—剪力墙结构协同工作原理是什么？

43. 框架—剪力墙结构中剪力墙应如何布置？

44. 框架—剪力墙结构中，刚度特征值是如何影响侧移特征、剪力分配的？

45. 框架—剪力墙结构中，水平荷载是如何分配的？

46. 抗震设计时，框架—剪力墙结构中，各层框架总剪力应如何调整？其调整理由是什么？

习题

5.1　建于设防烈度为 7 度地区的相邻的两栋钢筋混凝土框架—剪力墙结构房屋，其房屋高度分别为 76.5m 和 60.0m。

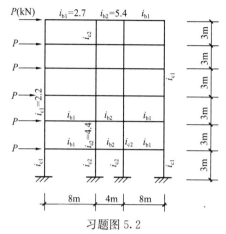

习题图 5.2

试问：确定防震缝的最小宽度。

5.2　某 6 层钢筋混凝土框架结构，其计算简图如习题图 5.2 所示。边跨梁、中间跨梁、边柱及中柱各自的线刚度，依次分别为 i_{b1}、i_{b2}、i_{c1} 和 i_{c2}（单位为 10^{10} N·mm），且在各层之间不变。采用 D 值法计算。

试问：（1）假定第 2 层中柱的抗侧刚度 $D_{2中}=2.108\times\dfrac{12\times10^7}{h_2^2}$ kN/mm（式中 h_2 为第 2 层层高），则第 2 层每个边柱、中柱分配的剪力 $V_边$、$V_中$。

（2）假定在图示水平荷载作用下，顶层的层间相对侧移值 $\Delta b=0.0127P$（mm），并已求得底层侧移总刚度 $\sum D_1=102.84$ kN/mm，则顶层的绝对侧移值 δ_6（mm）为多少？

5.3　某 6 层钢筋混凝土框架结构的角柱如习题图 5.3 所示，抗震等级为二级，环境类别为一类，混凝土强度等级为 C35。各种荷载在该角柱控制截面产生的内力标准值分别为：

永久荷载：　　　　　　$M=280.5$ kN·m，$N=860.0$ kN

活荷载：　　　　　　　$M=130.8$ kN·m，$N=330.0$ kN

水平地震作用：　　　　$M=\pm220.61$ kN·m，$N=480.0$ kN

试问：确定该柱轴压比与该柱轴压比限值的比值。

5.4　某钢筋混凝土剪力墙结构高层住宅，总高度为 118m，一层层高为 5.4m，其余各层层高为 3.6m。剪力墙抗震等级为二级。底部底层墙肢轴压比为 0.56。

试问：剪力墙的约束边缘构件至少应做到何处为止？

5.5　某高层建筑为钢筋混凝土框架—剪力墙结构，采用装配整体式楼盖，抗震设防烈度为 7 度，楼面横向宽度为 18m。

试问：确定在布置横向剪力墙时，其最大间距为多少米？

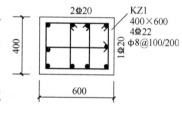

习题图 5.3

6.1　概述

6.1.1　砌体结构的特点

由块体和砂浆砌筑而成的整体材料称为砌体；由砌体砌筑而成的构件称为砌体构件；由砌体构件组成的结构称为砌体结构。砌体结构包括砖砌体结构、砌块砌体结构和石砌体结构。一般地，在砌体结构中由墙、柱砌体构件作为建筑主要受力构件。

砌体结构与其他结构相比具有如下优点：

（1）便于就地取材，造价低。砌体所用的黏土、砂、石属天然材料，粉煤灰砖可利用工业废料，因而砌体材料容易就地取材，价格较水泥、钢材低。

（2）材料性能方面，具有良好的耐久性和耐火性，使用时限较长，如古建筑物中砌体结构占相当大的比例；具有良好的保温、隔热、隔声性能，砌体材料比普通钢筋混凝土好，容易造就舒适的环境。

（3）施工难度小，施工工艺简单，不需要模板和特殊的施工设备且能较好地连续施工。

砌体结构的主要缺点：

（1）砌体的强度低，构件截面尺寸大，故结构自重大。

（2）砌体的抗拉、抗剪和抗弯强度低，故砌体结构的抗震性能较差。

（3）整体性较差，受力性能的离散性较大。

（4）砌筑工作量大，生产效率低，故保证施工中的砌体砌筑质量很重要。

（5）采用黏土砖会侵占大量农田。

砌体结构的受力特点上，墙体、柱在砌体结构中具有空间性质，因此在墙体、柱构件设计中需要考虑其空间工作性能。

砌体结构主要用于轴心受压构件或偏心矩较小的偏心受压构件，如住宅建筑、部分工业房屋中的墙、柱，以及烟囱、挡土墙等构筑物。

砌体结构的发展趋势是生产轻质高强的砌块和砖，高粘结强度的砂浆以克服砌体强度低、自重大的缺点；采用配筋砌体结构和预应力砌体结构，以扩大砌体结构在地震区和高层建筑中的应用范围。如配筋砌体结构可建 8～18 层，而无筋砌体结构可建 5～7 层。

6.1.2　砌体的材料及其强度等级

砌体的材料包括块体和砂浆。其中，块体常用的有砖、砌块和石。块体和砂浆的强度等级是根据其抗压强度而划分的等级，它是确定砌体在各种受力状态下强度的依据。块体强度等级用"MU"表示，普通砂浆强度等级用"M"表示，蒸压灰砂普通砖、蒸压粉煤灰普通砖采用的专用砂浆，其强度等级用"Ms"表示。对于混凝土小型空心砌块砌体，砌筑砂浆的强度等级用"Mb"表示，灌孔混凝土的强度等级用"Cb"表示。

1. 砖

砖包括烧结普通砖、烧结多孔砖、非烧结硅酸盐砖和混凝土砖。其中，烧结普通砖是指以黏土、页岩、煤矸石或粉煤灰为主要原料，经过焙烧而成的普通砖，其截面尺寸为 240mm×115mm×53mm。烧结多孔砖是指以黏土、页岩、煤矸石或粉煤灰为主要原料，经焙烧而成、孔洞率不小于 25%，孔的尺寸小而数量多，主要用于承重部位的砖（图 6-1）。承重结构的烧结普通砖、烧结多孔砖按抗压强度分为 MU30、MU25、MU20、MU15、MU10 五个强度等级。

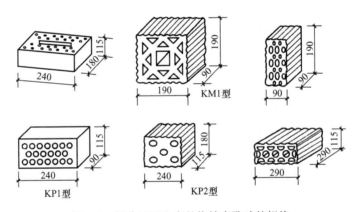

图 6-1　部分地区生产的烧结多孔砖的规格

非烧结硅酸盐砖有蒸压灰砂砖和蒸压粉煤灰砖，它可大量利用工业废料，减少环境污染；承重结构的非烧结硅酸盐砖的强度等级划分为 MU25、MU20 和 MU15。

混凝土砖是指以水泥为胶结材料，以砂、石等为主要集料，加水搅拌、成型、养护制成的一种多孔的混凝土半盲孔砖或实心砖。多孔砖的主规格尺寸为 240mm×115mm×90mm、240mm×190mm×90mm、190mm×190mm×90mm 等；实心砖的主规格尺寸为 240mm×115mm×53mm、240mm×115mm×90mm 等。它强度等级划分为 MU30、MU25、MU20 和 MU15。

2. 砌块

砌块有实心砌块或空心砌块，承重用的砌块主要指普通混凝土小型空心砌块和轻集料混凝土小型空心砌块（图 6-2），规格尺寸为 390mm×190mm×190mm，空心率不小于 25%，通常为 45%～50%。承重结构的普通混凝土小型空心砌块、轻集料混凝土砌块强

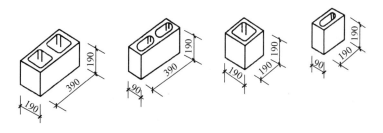

图 6-2 常用的混凝土小型空心砌块

度划分为 MU20、MU15、MU10、MU7.5 和 MU5 五个等级。

蒸压加气混凝土砌块是以硅质和钙质材料为主要原料，以铝粉（膏）为引发剂，经加水搅拌、浇注、静停、切割、蒸压养护等工艺过程制成的块体材料，其强度划分为 A1.0、A2.0、A2.5、A3.5 和 A5.0 五个等级。它主要应用于填充墙。

3. 石材

按石材加工后的外形规则程度不同，可分为料石和毛石。料石又可分为细料石、粗料石和毛料石。毛石的形状虽不规则，但毛石的中部厚度要求不小于 200mm。石材的强度划分为 MU100、MU80、MU60、MU50、MU40、MU30 和 MU20 七个等级。

4. 砂浆

砂浆是由胶结料、细骨料、掺合料加水搅拌而成的混合材料。砂浆的作用是使块体与砂浆接触表面产生粘结力和摩擦力，从而把散状的块体材料凝结成整体，并抹平块体表面使应力分布均匀。同时，由于砂浆填满了块体间的缝隙，减少了砌体的透气性，从而提高了砌体的隔热性、防水性和防冻性。

砌筑施工时，砂浆应具有良好的保水性和流动性。其中，砂浆的保水性是指新拌砂浆在存放、运输和使用过程中能够保持其中水分不致很快流失的能力。保水性不好的砂浆在施工过程中容易出现泌水、分层、离析现象，从而降低砂浆的流动性。在砌筑时水分易被砖迅速吸收，影响胶凝材料的正常硬化，导致砂浆强度降低，故常温下在施工前 1～2d 应对砖浇水润湿。砂浆的流动性是指在自重或外力作用下砂浆流动的性能。流动性好的砂浆，砌筑时易铺成均匀密实的砂浆层，施工操作方便，砌筑质量可以得到提高。

砌体中常用的砂浆有水泥混合砂浆、水泥砂浆和非水泥砂浆（如石灰砂浆、石膏砂浆等）。水泥砂浆适用于潮湿环境的砌体，其强度高、耐久性好，但施工中其保水性和流动性差，和易性不好。

砂浆的强度划分为 M15、M10、M7.5、M5、M2.5 五个等级。此外，还有砂浆强度等于零的情况，它不是一个强度等级，只是在验算新砌筑尚未硬结的砌体强度时所采用的砂浆强度。

5. 混凝土小型空心砌块砌筑砂浆和灌孔混凝土

混凝土小型空心砌块砌筑砂浆是砌块建筑专用的砂浆，它是由水泥、砂、水以及根据需要掺入的掺合料（如粉煤灰）和外加剂（如减水剂、早强剂、防冻剂）等组分，按一定比例，采用机械拌合制成的砂浆。与传统的砌筑砂浆相比，专用砂浆可使砌体灰缝饱满、粘结性能好，减少墙体开裂和渗漏，从而提高砌块建筑质量。

混凝土小型空心砌块砌筑砂浆的强度划分为 Mb20、Mb15、Mb10、Mb7.5、Mb5。

混凝土小型空心砌块灌孔混凝土是砌块建筑灌注芯柱、孔洞的专用混凝土，它是由水泥、骨料、水以及根据需要掺入的掺合料和外加剂（如减水剂、早强剂、膨胀剂）等组分组成，按一定比例，采用机械搅拌后，用于浇筑混凝土小型空心砌块砌体芯柱或其他需要填实部位孔洞的混凝土。混凝土小型空心砌块灌孔混凝土具有流动性高、收缩小的特性。

混凝土小型空心砌块灌孔混凝土的强度为 Cb40、Cb35、Cb30、Cb25、Cb20，相应于 C40、C35、C30、C25、C20 混凝土的抗压强度指标。

6. 砌体材料最低强度等级的选择

块体和砂浆的强度等级不仅影响砌体结构和构件的承载力，还影响房屋的耐久性和可靠性。块体和砂浆的强度等级越低，房屋的耐久性越差、可靠性越低。

在设计多层砌体结构的承重墙时，对其下部几层应选用强度等级较高的块体和砂浆，而上部几层可选用强度等级相对较低的块体和砂浆。但是，在同一层内不宜采用不同等级的块体和砂浆。

对处于环境类别 1 类和 2 类的承重砌体，所用块体材料的最低强度等级应符合表 6-1 的规定；对配筋砌块砌体抗震墙，表 6-1 中 1 类和 2 类环境的普通、轻骨料混凝土砌块强度等级为 MU10；安全等级为一级或设计工作年限大于 50 年的结构，表 6-1 中材料强度等级应至少提高一个等级。

1 类、2 类环境下块体材料最低强度等级　　　　　表 6-1

环境类别	环境名称	烧结砖	混凝土砖	普通、轻骨料混凝土砌块	蒸压普通砖	蒸压加气混凝土砌块	石材
1	干燥环境	MU10	MU15	MU7.5	MU15	A5.0	MU20
2	潮湿环境	MU15	MU20	MU7.5	MU20	—	MU30

7. 砌筑砂浆最低强度等级的选择

砌筑砂浆的最低强度等级应符合下列要求：

（1）设计工作年限大于和等于 25 年的烧结普通砖和烧结多孔砖砌体应为 M5，设计工作年限小于 25 年的烧结普通砖和烧结多孔砖砌体应为 M2.5；

（2）蒸压加气混凝土砌块砌体应为 Ma5，蒸压灰砂普通砖和蒸压粉煤灰普通砖砌体应为 Ms5；

（3）混凝土普通砖、混凝土多孔砖砌体应为 Mb5；

（4）混凝土砌块、煤矸石混凝土砌块砌体应为 Mb7.5；

（5）配筋砌块砌体应为 Mb10；

（6）毛料石、毛石砌体应为 M5。

6.1.3　砌体的种类

砌体按配筋与否可分为无筋砌体和配筋砌体两类。

1. 无筋砌体

无筋砌体是指仅由块材和砂浆组成的砌体，它包括砖砌体、砌块砌体、石砌体。无筋砌体应用较广泛。

（1）砖砌体。砖砌体包括实心黏土砖砌体、多孔砖砌体、蒸压灰砂砖砌体、蒸压粉煤灰砌体，以及混凝土砖砌体等。常用的砌筑方式如图 6-3 所示。

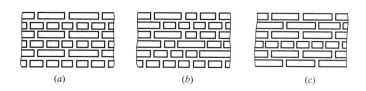

(a)　　　　　　　　　　(b)　　　　　　　　　　(c)

图 6-3　常用砖砌体砌筑方式

(a) 一顺一丁；(b) 梅花丁；(c) 三顺一丁

（2）砌块砌体。在砌块砌体中，国内应用较多的为混凝土小型空心砌块砌体（图6-4），由于其块体小，便于手工砌筑，在使用上较灵活，而且可以利用其孔洞做成配筋柱，其作用相当于砖砌体的构造柱，解决了抗震构造要求。由于砌块孔洞率大，砂浆和块体的结合较差，其砌体的抗拉强度比相同等级的砖砌体的低，所以应加强砌块砌体的抗裂措施。

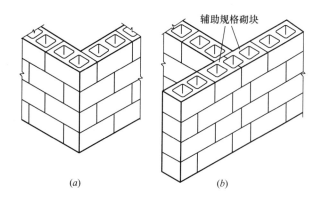

(a)　　　　　　　　(b)

图 6-4　混凝土小型空心砌块墙体

(a) 转角处；(b) 交接处

（3）石砌体。石砌体可分为料石砌体和毛石砌体（图6-5）。

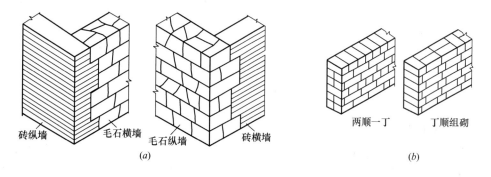

图 6-5　石砌体

(a) 毛石砌体；(b) 料石砌体

2. 配筋砌体

为提高砌体的强度或当构件截面尺寸受到限制时，可在砌体内配置适量的钢筋或钢筋混凝土，这就是配筋砌体。目前，我国应用较多的配筋砌体有：网状配筋砖砌体、组合砖砌体、砖砌体和钢筋混凝土构造柱组合墙、配筋砌块砌体。

（1）网状配筋砖砌体。网状配筋砖砌体是砖柱或砖墙中每隔几皮砖在其水平灰缝中设置直径为 3～4mm 方格钢筋网片或直径 6～8mm 的连弯钢筋网片（图 6-6）形成的砌体。在网状配筋砖砌体受压时，由于钢筋的弹性模量大于砌体的弹性模量，因此网状配筋可约束砌体的横向变形，从而提高砌体的抗压强度。

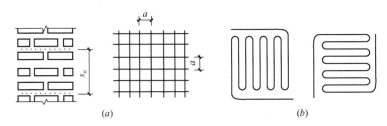

图 6-6　网状配筋砖砌体的构造
（a）用方格网配筋的砖砌体；（b）连弯钢筋

网状配筋砌体只适用于高厚比 $\beta \leqslant 16$ 的轴心受压构件和偏心荷载作用在截面核心范围内的偏心受压构件（对矩形截面，$e/h \leqslant 0.17$）。其中，$\beta = H_0/h$，H_0 为计算高度，h 为砌体截面在轴向力偏心方向的边长，e 为偏心距。

（2）组合砖砌体。组合砖砌体是在砌体外侧预留的竖向凹槽内配置纵向钢筋，再浇灌混凝土或砂浆面层而形成的（图 6-7）。由于钢筋混凝土面层（或钢筋砂浆面层）与砖砌体间有较好的粘结力，它们能够共同参与受力，因此组合砖砌体具有与钢筋混凝土构件相近的性能，其承载力和延性都有较大的提高，构件的计算方法也与钢筋混凝土构件类似。

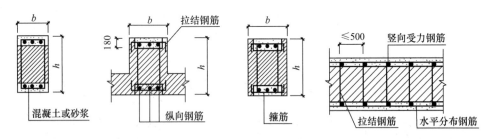

图 6-7　组合砖砌体

组合砖砌体主要适用于：轴向力偏心距超过无筋砌体偏压构件限值；构件截面尺寸受到限制；已建成的砖砌体构件的加固等。

（3）砖砌体和钢筋混凝土构造柱组合墙。它是指在砖砌体中每隔一定距离设置钢筋混凝土构造柱，并在各层楼盖处设置钢筋混凝土圈梁（图 6-8），使砖砌体墙与钢筋混凝土构造柱和圈梁组成一个整体结构共同受力，不但可以提高墙体的承载力，还可增强墙体的变形能力和抗倒塌能力等延性。

（4）配筋砌块砌体。它是在砌块中配置一定数量的竖向和水平钢筋，竖向钢筋一般是插入砌块砌体上下贯通的孔中，用灌孔混凝土灌实使钢筋充分锚固（图 6-9），配筋砌体的灌孔率一般大于 50%，竖向和水平钢筋使砌块砌体形成一个共同的整体。配筋砌块墙体在受力模式上类同于钢筋混凝土剪力墙，即由配筋砌块剪力墙承受结构的竖向和水平作用，是结构的承重和抗侧力构件。

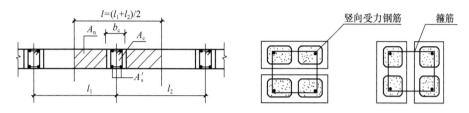

图 6-8　砖砌体和钢筋混凝土构造柱组合墙截面　　　　图 6-9　配筋砌块砌体柱

由于配筋砌块砌体的强度高，延性好，可用于大开间和高层建筑结构。配筋砌块剪力墙结构在地震设防烈度为 6 度、7 度和 8 度地区可以分别建造高度不超过 54m、45m 和 30m 的建筑物，相对于钢筋混凝土结构具有不需要支模、不需再作贴面处理，以及耐火性能更好等优点。

6.1.4　砌体的力学性能和强度设计值

1. 砌体的力学性能

（1）砌体的受压性能

以砖砌体为例，砖砌体轴心受压时，根据试验过程中裂缝的出现、发展特点，可分为三个受力阶段（图 6-10）。

第Ⅰ阶段——加载开始至第一条（批）裂缝出现的弹性阶段（图 6-10a）。该阶段的特点是仅在单块砖内产生细小裂缝，若不继续增加压力，此裂缝则不会发展。试验结果表明砖砌体内出现第一批裂缝时的压力约为破坏压力的50%～70%。

第Ⅱ阶段——裂缝发展的弹塑性阶段（图 6-10b）。随着压力的增大，砌体内裂缝增多，单块砖内裂缝沿竖向通过若干层砖，逐渐形成一段一段的裂缝。该阶段的特点是即使不再增加压力，裂缝仍会继续发展，此时的压力约为破坏压力的 80%～90%，表明砌体已接近破坏。

第Ⅲ阶段——破坏阶段（图 6-10c）。该阶段的特点是砌体中裂缝急剧加长增宽，个别砖被压碎或形成的小柱体发生失稳破坏。

上述轴心受压砌体内的砖并非均匀受压，这是因为砌体内的灰缝厚度不均，并且砂浆不一定饱满、均匀密实，砖的表面不完全平整和规则，因此砖处于受弯、受剪、局部受压、横向受拉等复杂应力状态（图 6-11）。此外，砌体内的垂直灰缝往往未填实，砖在垂直灰缝处易产生应力集中现象。由于砖的抗拉、抗弯和抗剪强度很低，因此砌体受压时，第一批裂缝首先在单块砖内形成，破坏时砌体内砖的抗压强度得不到充分发挥。

大量试验证明，影响砌体强度的主要因素是：一是块体和砂浆的强度等级，块体和砂浆的强度是决定砌体强度的主要因素。块体和砂浆的强度越高，其砌体的抗压强度也越高；二是块体的形状与尺寸，块体表面越规则、平整，灰缝厚度越均匀，砖所受的复杂应力越小，砌体的抗压强度则越高；三是砌筑质量，如水平灰缝砂浆饱满度、块体砌筑时的含水率、砂浆灰缝厚度、砌体组砌方法以及施工质量控制等级等对砌体强度有较大的影响。其中，施工质量控制等级划分为 A 级、B 级、C 级（表 6-2）。配筋砌体不允许采用 C 级。

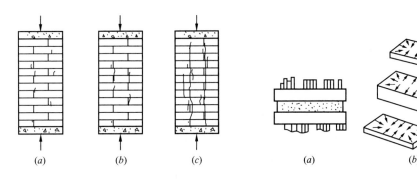

图 6-10　砖砌体的破坏过程　　　　　图 6-11　砖和砂浆在砖砌体中的受力状态

（a）砖表面的不均匀受力；（b）砖和砂浆的受力状态

砌体施工质量控制等级　　　　　　　　　　　　表 6-2

项　　目	施工质量控制等级		
	A	B	C
现场质量管理	制度健全，并严格执行；非施工方质量监督人员经常到现场，或现场设有常驻代表；施工方有在岗专业技术管理人员，人员齐全，并持证上岗	制度基本健全，并能执行；非施工方质量监督人员间断地到现场进行质量控制；施工方有在岗专业技术管理人员，并持证上岗	有制度；非施工方质量监督人员很少作现场质量控制；施工方有在岗专业技术管理人员
砂浆、混凝土强度	试块按规定制作，强度满足验收规定，离散性小	试块按规定制作，强度满足验收规定，离散性较小	试块强度满足验收规定，离散性大
砂浆拌合方式	机械拌合；配合比计量控制严格	机械拌合，配合比计量控制一般	机械或人工拌合；配合比计量控制较差
砌筑工人	中级工以上，其中高级工不少于 20%	高、中级工不少于 70%	初级工以上

（2）砌体轴心受拉性能

砌体建造的圆形水池，在静水压力作用下，池壁处于轴心受拉状态。砌体在轴心拉力作用下，沿齿缝（灰缝）截面破坏（图 6-12）。砌体轴心抗拉强度主要取决于砂浆的切向粘结强度。砂浆强度越高，砂浆与块体间的粘结强度就越高，砌体轴心抗拉强度也越高。

（3）砌体弯曲受拉性能

砌体弯曲受拉有两种破坏形态。如图 6-13（a）为带壁柱的挡土墙，在土压力作用下，挡土墙墙壁可视为以壁柱为支座的受弯构件，

图 6-12　轴心受拉砌体的破坏形态

砌体截面一侧受压、一侧受拉，当截面内的拉应力使砌体沿齿缝截面破坏，称为砌体沿齿

缝截面弯曲受拉。如图 6-13 (*b*) 为未带壁柱的挡土墙，在土压力作用下，挡土墙可视为竖向悬臂构件，当截面内的拉应力使砌体沿通缝截面破坏，称为砌体沿通缝截面弯曲受拉。

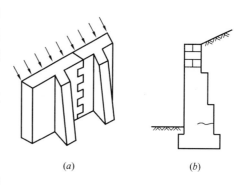

与砌体轴心抗拉强度类似，砌体弯曲抗拉强度也主要取决于砂浆与块体之间的粘结强度，即与砂浆强度等级有关。

（4）砌体受剪性能

砌体受剪时，有可能发生沿通缝、沿齿缝或沿阶梯形缝的剪切破坏见图 6-14 (*c*)。其中，沿阶梯形缝的剪切破坏是地震中墙体破坏的常见形式。

图 6-13 受弯砌体的破坏形态

砌体的抗剪强度也与砂浆和块体之间的粘结强度有关，砌体抗剪强度随砂浆强度等级的增大而提高。此外，砌体抗剪强度还与垂直压应力有关，一般随垂直压应力的增大而提高。

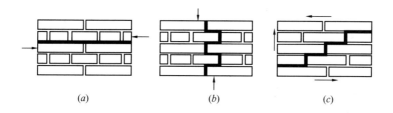

图 6-14 墙体剪切破坏形态
（*a*）沿通缝受剪破坏；（*b*）沿齿缝受剪破坏；（*c*）沿阶梯形缝受剪破坏

2. 砌体的抗压强度设计值

各类砌体抗压强度设计值是按施工质量控制等级为 B 级，龄期为 28d 的以毛截面计算的强度设计值。

（1）烧结普通砖和烧结多孔砖砌体的抗压强度设计值（表 6-3）

烧结普通砖和烧结多孔砖砌体的抗压强度设计值（MPa）　　　表 6-3

砖强度等级	砂 浆 强 度 等 级					砂浆强度
	M15	M10	M7.5	M5	M2.5	0
MU30	3.94	3.27	2.93	2.59	2.26	1.15
MU25	3.60	2.98	2.68	2.37	2.06	1.05
MU20	3.22	2.67	2.39	2.12	1.84	0.94
MU15	2.79	2.31	2.07	1.83	1.60	0.82
MU10	—	1.89	1.69	1.50	1.30	0.67

注：当烧结多孔砖的孔洞率大于 30% 时，表中数值应乘以 0.9。

（2）蒸压灰砂砖和蒸压粉煤灰砖砌体的抗压强度设计值（表 6-4）

蒸压灰砂砖和蒸压粉煤灰砖砌体的抗压强度设计值（MPa）   表 6-4

砖强度等级	砂 浆 强 度 等 级				砂浆强度
	M15	M10	M7.5	M5	0
MU25	3.60	2.98	2.68	2.37	1.05
MU20	3.22	2.67	2.39	2.12	0.94
MU15	2.79	2.31	2.07	1.83	0.82

注：当采用专用砂浆砌筑时，其抗压强度设计值按表中数值采用。

（3）混凝土和轻骨料混凝土砌块砌体

单排孔混凝土和轻集料混凝土砌块砌体对孔砌筑砌体的抗压强度设计值，应按表 6-5 采用。

单排孔混凝土砌块和轻集料混凝土砌块对孔砌筑砌体的抗压强度设计值（MPa）   表 6-5

砌块强度等级	砂 浆 强 度 等 级					砂浆强度
	Mb20	Mb15	Mb10	Mb7.5	Mb5	0
MU20	6.30	5.68	4.95	4.44	3.94	2.33
MU15	—	4.61	4.02	3.61	3.20	1.89
MU10	—	—	2.79	2.50	2.22	1.31
MU7.5	—	—	—	1.93	1.71	1.01
MU5	—	—	—	—	1.19	0.70

注：1. 对独立柱或厚度为双排组砌的砌块砌体，应按表中数值乘以 0.7；

2. 对 T 形截面墙体、柱，应按表中数值乘以 0.85。

孔洞率不大于 35% 的双排孔或多排孔轻骨料混凝土砌块砌体的抗压强度设计值，以及毛料石砌体、毛石砌体的抗压强度设计值，可查《砌体结构设计规范》。

（4）灌孔混凝土砌块砌体

单排孔混凝土砌块对孔砌筑的灌孔砌体的抗压强度设计值 f_g，应按下列公式计算：

$$f_g = f + 0.6\alpha f_c \tag{6-1}$$

$$\alpha = \delta\rho \tag{6-2}$$

式中 f_g——灌孔砌体的抗压强度设计值，该值不应大于未灌孔砌体抗压强度设计值的 2 倍；

f——未灌孔砌体的抗压强度设计值，应按表 6-5 采用；

f_c——灌孔混凝土的轴心抗压强度设计值；

α——砌块砌体中灌孔混凝土面积和砌体毛面积的比值；

δ——混凝土砌块的孔洞率；

ρ——混凝土砌块砌体的灌孔率，系截面灌孔混凝土面积和截面孔洞面积的比值，ρ 不应小于 33%。

砌块砌体的灌孔混凝土强度等级不应低于 Cb20，也不宜低于 1.5 倍的块体强度等级。

3. 砌体的轴心抗拉、弯曲抗拉和抗剪强度设计值

砌体的轴心抗拉强度设计值、弯曲抗拉强度设计值和抗剪强度设计值，应按表 6-6 采用。

沿砌体灰缝截面破坏时砌体的轴心抗拉强度设计值、
弯曲抗拉强度设计值和抗剪强度设计值（MPa）　　　　表 6-6

强度类别	破坏特征及砌体种类		砂浆强度等级			
			≥M10	M7.5	M5	M2.5
轴心抗拉	沿齿缝	烧结普通砖、烧结多孔砖	0.19	0.16	0.13	0.09
		混凝土普通砖、混凝土多孔砖	0.19	0.16	0.13	—
		蒸压灰砂普通砖、蒸压粉煤灰普通砖	0.12	0.10	0.08	—
		混凝土和轻集料混凝土砌块	0.09	0.08	0.07	—
		毛石	—	0.07	0.06	0.04
弯曲抗拉	沿齿缝	烧结普通砖、烧结多孔砖	0.33	0.29	0.23	0.17
		混凝土普通砖、混凝土多孔砖	0.33	0.29	0.23	—
		蒸压灰砂普通砖、蒸压粉煤灰普通砖	0.24	0.20	0.16	—
		混凝土和轻集料混凝土砌块	0.11	0.09	0.08	—
		毛石	—	0.11	0.09	0.07
	沿通缝	烧结普通砖、烧结多孔砖	0.17	0.14	0.11	0.08
		混凝土普通砖、混凝土多孔砖	0.17	0.14	0.11	—
		蒸压灰砂普通砖、蒸压粉煤灰普通砖	0.12	0.10	0.08	—
		混凝土和轻集料混凝土砌块	0.08	0.06	0.05	—
抗剪	烧结普通砖、烧结多孔砖		0.17	0.14	0.11	0.08
	混凝土普通砖、混凝土多孔砖		0.17	0.14	0.11	—
	蒸压灰砂普通砖、蒸压粉煤灰普通砖		0.12	0.10	0.08	—
	混凝土和轻集料混凝土砌块		0.09	0.08	0.06	—
	毛石		—	0.19	0.16	0.11

注：1. 对于用形状规则的块体砌筑的砌体，当搭接长度与块体高度的比值小于 1 时，其轴心抗拉强度设计值 f_t 和弯曲抗拉强度设计值 f_{tm} 应按表中数值乘以搭接长度与块体高度比值后采用；

2. 表中数值是依据普通砂浆砌筑的砌体确定，采用经研究性试验且通过技术鉴定的专用砂浆砌筑的蒸压灰砂普通砖、蒸压粉煤灰普通砖砌体，其抗剪强度设计值按相应普通砂浆强度等级砌筑的烧结普通砖砌体采用；

3. 对混凝土普通砖、混凝土多孔砖、混凝土和轻集料混凝土砌块砌体，表中的砂浆强度等级分别为：≥Mb10、Mb7.5 及 Mb5。

单排孔混凝土砌块对孔砌筑时，灌孔砌体的抗剪强度设计值 f_{vg}，应按下列公式计算：

$$f_{vg} = 0.2 f_g^{0.55} \qquad (6-3)$$

式中　f_{vg}——灌孔混凝土砌块砌体抗剪强度设计值；

f_g——灌孔混凝土砌块砌体抗压强度设计值，按式（6-1）计算。

4. 砌体强度设计值的调整

实际工程中，砌体强度在某些情况下有可能会降低，而在某些情况下又需适当提高或降低结构构件的安全储备。因此，砌体结构设计时需考虑砌体强度的调整，砌体强度设计值取 $\gamma_a f$，其中 γ_a 为砌体强度设计值的调整系数，应按下列规定采用：

（1）对无筋砌体构件，其截面面积小于 0.3m² 时，γ_a 为其截面面积加 0.7。对配筋砌体构件，当其中砌体截面面积小于 $0.2m^2$ 时，γ_a 为其截面面积加 0.8。构件截面面积以 m^2 计。

（2）当砌体用强度等级小于 M5.0 的水泥砂浆砌筑时，对表 6-3～表 6-5 中的数值，γ_a 为 0.9；对表 6-6 中的数值，γ_a 为 0.8；对配筋砌体构件，当其中的砌体采用水泥砂浆砌筑时，仅对砌体的强度设计值乘以调整系数 γ_a。

（3）当施工质量控制等级为 C 级时，γ_a 为 0.89。

（4）当验算施工中房屋的构件时，γ_a 为 1.1。

【例 6-1】   某承受轴心压力的砖柱，截面尺寸 370mm×490mm，采用烧结普通砖 MU10，施工阶段，砂浆尚未硬化，施工质量控制等级为 B 级。

试问：施工阶段砖柱的砌体抗压强度设计值。

【解】

（1）施工阶段，砂浆尚未硬化，因此砂浆强度为 0。

（2）查表 6-3，烧结普通砖 MU10，取抗压强度设计值 $f=0.67MPa$。

（3）$A=0.37×0.49=0.181mm^2<0.3mm^2$，根据砌体强度设计值的调整规定，$\gamma_a=0.7+A=0.7+0.181=0.881$；当验算施工中房屋的构件时，$\gamma_a=1.1$。

（4）施工阶段砖柱的砌体抗压强度设计值 $f=\gamma_a f=0.67×0.881×1.1=0.65MPa$。

6.2   砌体结构的静力计算方案

6.2.1   砌体房屋的平面结构布置

设计砌体结构房屋时，首先进行墙体布置，然后确定房屋的静力计算方案，进行墙、柱内力分析，最后验算墙、柱的承载力并采取相应的构造措施。

在砌体结构房屋的设计中，承重墙、柱的布置不仅影响房屋的平面划分、房间的大小和使用要求，还影响房屋的空间刚度，同时也决定了荷载传递路线。

根据荷载传递路线的不同，砌体结构房屋的结构布置可分为横墙承重、纵墙承重、纵横墙承重以及内框架承重四种形式。

1. 横墙承重方案

在砌体结构房屋中，沿房屋平面较短方向布置的墙称为横墙；沿房屋平面较长方向布置的墙称为纵墙。屋盖和楼盖构件均搁置在横墙上，横墙承担屋盖、各层楼盖传来的荷载，而纵墙仅起围护作用的布置方案，称为横墙承重方案（图 6-15a）。此时竖向荷载的传递路径是：楼（屋）盖荷载→横墙→基础→地基。

横墙承重方案的特点是：（1）横墙数量较多、间距较小（一般为 2.7～4.8m），因此房屋的横向刚度较大，整体性好，抵抗风荷载、地震作用以及调整地基不均匀沉降的能力较强；（2）屋盖、楼盖结构通常采用钢筋混凝土板（或预应力混凝土板），因此屋盖楼盖结构较简单，施工较方便；（3）外纵墙属自承重墙，建筑立面易处理，门窗的大小及位置较灵活。其缺点是：横墙较密，房间平面布置不灵活；砌体材料用量相对较多。

横墙承重方案主要用于房间大小固定、横墙间距较密的住宅、宿舍、学生公寓、旅馆以及招待所等建筑。

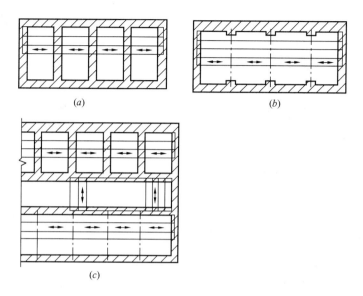

图 6-15　砌体的承重方案

(*a*) 横墙承重方案；(*b*) 纵墙承重方案；(*c*) 纵横墙承重方案

2. 纵墙承重方案

屋盖、楼盖传来的荷载由纵墙承重的布置方案，称为纵墙承重方案（图 6-15*b*）。楼（屋）盖荷载传递方式有两种：一种是楼板直接搁置在纵墙上；另一种是楼板搁置在梁上而梁搁置在纵墙上。后一种方式在工程中应用较多。

纵墙承重方案特点是：（1）横墙数量少且自承重，建筑平面布局灵活，但房屋的横向刚度较差；（2）纵墙承受的荷载较大，纵墙上门窗大小及位置受到一定的限制；（3）与横墙承重结构相比，墙体材料用量较少，屋盖、楼盖构件所用的材料较多。

纵墙承重方案主要用于开间较大的教学楼、医院、食堂、仓库等建筑。

3. 纵横墙承重方案

屋盖、楼盖传来的荷载由纵墙、横墙共同承重的布置方案，称为纵横墙承重方案（图 6-15*c*）。此时竖向荷载的传递路径是：楼（屋）盖荷载→纵墙或横墙→基础→地基。这种承重结构在工程上被广泛应用。

纵横墙承重方案的特点是：（1）房屋沿纵、横向刚度均较大，砌体受力较均匀，因而避免局部墙体承载过大；（2）由于楼板可依据使用功能灵活布置，而能较好地满足使用要求；（3）结构的整体性能较好。

纵横墙承重方案主要用于多层塔式住宅、综合楼等建筑。

6.2.2　砌体房屋的静力计算方案

在砌体结构房屋中，屋盖（包括屋面板、屋面梁）、楼盖（包括楼面板、楼面梁）、墙、柱和基础等主要构件构成一个空间受力体系，共同承受作用在房屋上的各种竖向荷载（结构自重、屋面和楼面活荷载、雪荷载等）和水平荷载（风荷载等）。由于各种构件通过结构节点相互联系，不仅直接承受荷载的构件抵抗荷载的作用，而且与其相连接的其他构件也都不同程度地参加工作，抵抗所分担的荷载。在对砌体结构房屋进行静力计算时，通常是将复杂的空间结构简化为平面结构,取出一个计算单元进行计算。因此必须正确分析房屋的空间工作状况,才能正确地确定墙、柱等构件的静力分析方法。

1. 房屋的空间受力性能

图 6-16 (a) 为一纵墙承重的单层单跨砌体房屋。该房屋的两端无山墙,中间也无横墙,屋盖由预制钢筋混凝土空心板和屋面大梁组成。由于作用在房屋上的荷载是均匀分布的,外纵墙上的洞口也是均匀排列的,故可以从两个窗洞中线间截取一个单元来代替整个房屋的受力状态,称这个单元为计算单元,如图6-16 (b) 所示。在水平风荷载的作用下,房屋各单元的墙顶水平位移相同,如图 6-16 (c) 所示。如果将屋盖比拟为横梁,将基础看作为墙的固定端支座,屋盖与墙的连接视为铰接,计算单元的纵墙比拟为柱,因而计算单元的受力状态将如同一个单跨平面排架如图 6-16 (d) 所示,墙顶的水平位移为 u_p。这样,空间受力房屋的计算就简化成了平面受力体系的计算。

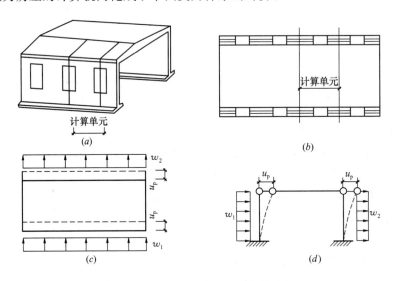

图 6-16　无山墙的纵墙承重方案单层房屋

当房屋的两端设有山墙时,在水平风荷载作用下,荷载的传递路线和房屋的变形情况将发生变化。这时,山墙像一根竖向的悬臂柱,屋盖可看作为水平平面内的梁,屋盖的两端支承在山墙上。在水平风荷载作用下,屋盖的水平变形必然会受到山墙的约束,整个结构的变形如图 6-17 (a) 所示。此时不仅纵墙承受水平风荷载,屋盖也承受由纵墙传来的一部分水平风荷载。水平风荷载传递路线为作用在屋盖的那部分水平风荷载将引起屋盖水平梁发生水平挠曲变形,其跨中挠度最大值为 f_{max},水平风荷载也使山墙发生侧移,山墙顶端的侧移最大值为 σ_{max},显然,屋盖水平梁跨中的水平位移最大值应为 $u_{s,max} = f_{max} + \sigma_{max}$,如图 6-17 (b)、图 6-17 (c) 所示。

在上述传力系统中,屋盖、纵墙各自分担的水平风荷载多少,这就取决于房屋的空间刚度。当山墙的距离很近时,屋盖水平梁的跨度小,排架计算单元的侧移趋近于零。当山墙的距离很远时,大部分的水平风荷载将通过平面排架传给基础。

比较有、无山墙情况下房屋墙顶的水平位移 $u_{s,max}$ 和 u_p,可以看出 $u_{s,max} < u_p$。在一般情况下,u_p 的大小取决于纵墙、柱的刚度。$u_{s,max}$ 的大小主要与两端山墙(即横墙)间的水平距离、山墙在其平面内的刚度和屋盖的水平刚度有关。当山墙(即横墙)间距大,水

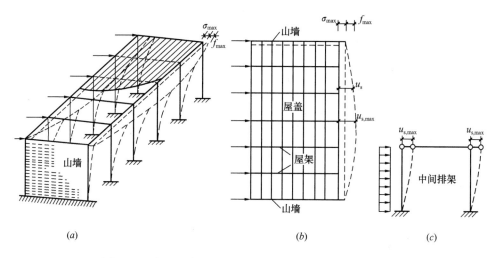

图 6-17　有山墙单层房屋在水平力作用下的空间受力性能

平方向屋盖梁跨度大时，屋盖受弯时中间的挠度大；山墙（即横墙）刚度差时，墙顶侧移大，屋盖平移也大；屋盖平面内刚度小时，也加大了其自身的弯曲变形，中间水平位移大，其房屋的空间性能差。反之，屋盖水平侧移小，房屋的空间性能好。将横墙间的水平距离、横墙在其平面内的刚度、屋盖的水平刚度等对计算单元受力的影响称为房屋的空间作用，通常用空间性能影响系数 η 来反映房屋空间作用的大小。空间性能影响系数 η 可用下式表示：

$$\eta = \frac{u_{s,\max}}{u_p} \tag{6-4}$$

η 值越大，表示房屋的纵墙顶的最大水平位移与平面排架的位移越接近，即房屋的空间性能较差；反之，η 越小，房屋的空间性能较好，即房屋空间刚度越好。

依据砌体房屋的楼盖（屋盖）水平刚度将楼盖（屋盖）类别划分为 1 类、2 类和 3 类，见表 6-8 中屋盖或楼盖类别。

考虑整体空间作用的房屋，其房屋各层的空间性能影响系数 η_i 可查表 6-7 确定。

房屋各层的空间性能影响系数 η_i　　　　　　　　　　　表 6-7

屋盖或楼盖类别	横墙间距 s（m）													
	16	20	24	28	32	36	40	44	48	52	56	60	64	68	72
1	—	—	—	—	0.33	0.39	0.45	0.50	0.55	0.60	0.64	0.68	0.71	0.74	0.77
2	—	0.35	0.45	0.54	0.61	0.68	0.73	0.78	0.82						
3	0.37	0.49	0.60	0.68	0.75	0.81									

注：i 取 $1 \sim n$，n 为房屋的层数。

2. 房屋静力计算方案的分类

根据影响房屋空间刚度的两个主要因素即楼盖（屋盖）的类别和横墙的间距 s，将砌体结构房屋静力计算方案分为三种，查表 6-8 确定。

（1）刚性方案

当房屋的横墙（山墙）间距较小、楼盖和屋盖的水平刚度较大，在水平荷载作用下房屋墙、柱顶端的水平位移 $u_s \approx 0$，墙、柱的内力按屋架、大梁与墙、柱为不动铰支承的竖向构件计算，按这种方法进行静力计算的房屋称为刚性方案房屋，其计算简图如图 6-18（a）所示。砌体结构的多层住宅、办公楼、教学楼、宿舍、医院等，一般均属刚性方案房屋。

房屋的静力计算方案　　　　　　　　　　　　　　表 6-8

	屋盖或楼盖类别	刚性方案	刚弹性方案	弹性方案
1	整体式、装配整体和装配式无檩体系钢筋混凝土屋盖或钢筋混凝土楼盖	$s<32$	$32\leqslant s\leqslant72$	$s>72$
2	装配式有檩体系钢筋混凝土屋盖、轻钢屋盖和有密铺望板的木屋盖或木楼盖	$s<20$	$20\leqslant s\leqslant48$	$s>48$
3	瓦材屋面的木屋盖和轻钢屋盖	$s<16$	$16\leqslant s\leqslant36$	$s>36$

注：1. 表中 s 为房屋横墙间距，其长度单位为 m；
　　 2. 对无山墙或伸缩缝处无横墙的房屋，应按弹性方案考虑。

（2）弹性方案

当房屋的横墙（山墙）间距较大，楼盖和屋盖的水平刚度较小，在水平荷载作用下房屋墙、柱顶端的水平位移 u_s 较大，这时与无山墙的房屋水平位移 u_p 很接近，即山墙对约束房屋中部计算单元的水平位移不起作用。因此，墙、柱的内力按屋架、大梁与墙、柱为铰接的不考虑空间工作的平面排架或框架计算，按这种方法进行静力计算的房屋称为弹性方案房屋，其计算简图如图 6-18（c）所示。砌体结构的单层厂房、仓库、礼堂、食堂等多属弹性方案房屋。

（3）刚弹性方案

当房屋在水平荷载作用下，墙、柱顶端的水平位移较弹性方案房屋的小，但又不可忽略不计，即横墙（山墙）对约束房屋中部计算单元的水平位移发挥了作用，同时，其发挥的作用还未到达像刚性方案那样使水平位移接近为零的程度。因此，墙、柱的内力按屋架、大梁与墙、柱为铰接的考虑空间工作的平面排架或框架计算，按这种方法进行静力计算的房屋称为刚弹性方案房屋，其计算简图如图 6-18（b）所示。

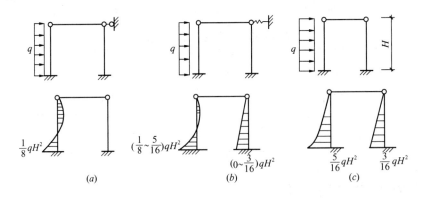

图 6-18　三种静力计算方案的简图及其内力比较
（a）刚性方案；（b）刚弹性方案；（c）弹性方案

可见，在同样水平荷载作用下，三种计算方案房屋墙体的内力情况是不同的。其中，以刚性方案房屋墙体所受的弯矩值最小，以弹性方案房屋墙体所受的弯矩值最大，而刚弹性方案房屋居中。

由前面分析可知，刚性方案和刚弹性方案房屋中的横墙应具有足够的刚度。因此，刚性方案和刚弹性方案房屋的横墙应符合下列要求：

一是横墙的厚度不宜小于 180mm；

二是横墙中开有洞口时，洞口的水平截面面积不应超过横墙截面面积的 50%；

三是单层房屋的横墙长度不宜小于其高度，多层房屋的横墙长度不宜小于 $H/2$（H 为横墙总高度）。

当横墙不能同时符合上述要求时，应对横墙的刚度进行验算。如其最大水平位移值 $u_{max} \leqslant H/4000$ 时，仍可视作刚性和刚弹性方案房屋的横墙。凡符合此刚度要求的一段横墙或其他结构构件（如框架等），也可视作刚性和刚弹性方案房屋的横墙。

6.2.3 砌体结构的墙体设计计算

1. 单层房屋的承重纵墙设计计算

（1）单层刚性方案房屋的承重纵墙

单层刚性方案房屋的承重纵墙的计算假定：墙体上端具有水平不动铰支承点；墙体下端为固定端支承。

墙体承受的荷载有：屋盖传来的压力，一般偏心作用于墙体顶端截面，偏心距为压力合力作用点至截面形心的距离；墙体自重；作用在墙体高度范围内的风压（吸）力，当位于抗震设防区时，可能为水平地震作用。

由偏心压力、墙体自重和侧向水平荷载（风荷载）作用的计算简图及内力值，见图 6-19。

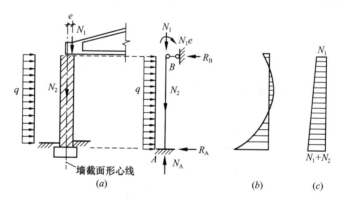

图 6-19　单层刚性方案房屋

(a) 计算简图；(b) 弯矩图；(c) 轴力图

（2）单层弹性方案房屋的承重纵墙

单层弹性方案房屋的承重纵墙的计算假定：1）以一开间宽度的墙体作为计算单元，按平面排架进行内力分析；2）墙体上端为可动铰支承，下端为固定端支承，与墙体连接的屋盖视作排架的刚度为无限大的水平链杆，两侧墙体顶端在荷载作用下的水平侧移相等。

墙体所承受的荷载与刚性方案房屋相同。在各种荷载作用下的内力分析步骤为：第一步，先把排架上端看作不动铰支承（图 6-20b），计算支承反力 R，并求出这种情况下的内力图；第二步，把 R 反方向作用在排架顶端（图 6-20c），按建筑力学的方法分析排架内力，作内力图；第三步，将上述两种内力图叠加，得到最后结果。

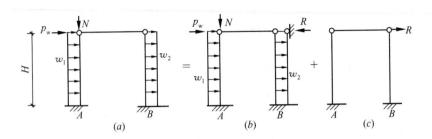

图 6-20   单层弹性方案房屋计算简图

（3）单层刚弹性方案房屋的承重纵墙

单层刚弹性方案房屋的承重纵墙的计算假定：1）以一开间宽度的墙体作为计算单元，按平面排架进行内力分析；2）墙体上端为弹性铰支承，下端为固定端支承，与墙体连接的屋盖视作排架的刚度为无限大的水平链杆，两侧墙体顶端在荷载作用下的水平侧移相等。

同弹性方案的内力分析步骤，只有一处修改，即图 6-20 中的 R 改为 ηR（η 为空间性能影响系数，按表 6-7 采用），如图 6-21 所示。

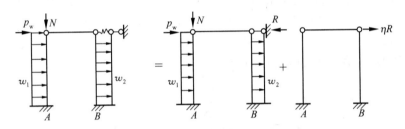

图 6-21   单层刚弹性方案房屋计算简图

2. 多层刚性方案房屋的墙体设计计算

（1）多层刚性方案房屋的承重纵墙

多层刚性方案房屋的承重纵墙按下列假定进行墙体的内力分析（图 6-22）：1）各层楼盖（屋盖）可看作承重纵墙的水平不动铰支承点；2）纵墙本身为竖向连续构件，但由于在楼盖处墙体截面被伸入墙内的梁或板所削弱，该处不能承受较大的弯矩，但为简化计算，假定每层楼盖处均为铰接；3）底层墙体与基础连接处，为简化计算并考虑偏于安全，也假定为不动铰支座。

在水平荷载作用下（风荷载 w），承重纵墙视为竖向连续梁，其弯矩 $M = wH_i^2/12$，H_i 为层高（图 6-22e）。

通常砌体结构的纵墙较长，设计时可仅取其中有代表性的一段进行计算，一般取一个开间的窗洞中线间距内的竖向墙带作为计算单元见图 6-22（a）。各层纵墙的计算单元所承受的荷载如图 6-23（a）所示：本层楼盖梁端或板端传来的支座反力 N_l。N_l 的作用点可取为离纵墙内边缘的 $0.4a_0$ 处（a_0 为梁或板的有效支承长度）；上面各楼层传来的压力 N_u，可认为其作用于上一楼层的墙体的截面重心；本层纵墙的自重 N_G，其作用于本层的墙体的截面重心；作用于本层纵墙高度范围内的风荷载，在抗震设防地区，还有水平地震作用。

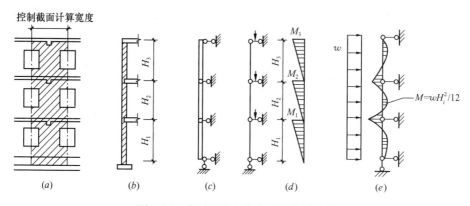

图 6-22　多层刚性方案房屋的设计计算

　　计算承重纵墙时，应逐层选取对承载能力可能起控制作用的截面，而每一层墙体一般由下列几个截面起控制作用：所计算楼层的墙上端楼盖大梁底面、窗口上端、窗台和墙下端即下层楼盖大梁底稍上的截面。当上述几处的截面面积均以窗间墙计算时，如图 6-23（b）所示，偏于安全，将图中的截面Ⅰ-Ⅰ、Ⅳ-Ⅳ作为控制截面。这时截面Ⅰ-Ⅰ处作用有轴向力和弯矩，而截面Ⅳ-Ⅳ只有轴向力，无弯矩，其弯矩图如图 6-23（c）所示。因此，在截面承载力计算时，对截面Ⅰ-Ⅰ要按偏心受压进行计算；对截面Ⅳ-Ⅳ要按轴心受压进行计算；还需对截面Ⅰ-Ⅰ即大梁支承处的砌体进行局部受压承载能力验算。

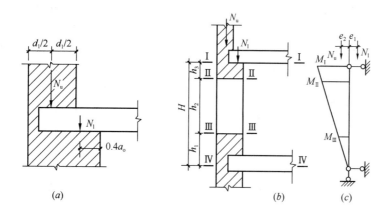

图 6-23　纵墙荷载位置和最不利计算截面位置
（a）纵墙荷载位置；（b）纵墙最不利计算截面位置；（c）弯矩图

　　对于刚性方案房屋，通常风荷载引起的内力往往不足全部内力的 5%，因此墙体的承载力主要由竖向荷载控制。大量计算和调查结果表明，当多层刚性方案房屋的外墙符合下列要求时，可不考虑风荷载的影响：

　　1）洞口水平截面面积不超过全截面面积的 2/3；

　　2）层高和总高不超过表 6-9 的规定；

　　3）屋面自重不小于 0.8kN/m^2。

　　试验与研究表明，墙与梁（板）连接处的约束程度与上部荷载、梁端局部压应力等因素有关。对于梁跨度大于 9m 的承重墙的多层房屋，除按上述方法计算墙体承载力外，尚需考虑梁端约束弯矩对墙体产生的不利影响。此时，可按梁两端固结计算梁端弯矩，将其

乘以修正系数 γ 后，按墙体线刚度分到上层墙体底部和下层墙体顶部。修正系数 γ 可按下式确定：

$$\gamma = 0.2\sqrt{\frac{a}{h}} \tag{6-5}$$

式中 a——梁端实际支承长度；

　　　　h——支承墙体的墙厚，当上、下墙厚不同时取下部墙厚，当有壁柱时取 h_T，可近似取 $h_T = 3.5i$，i 为截面回转半径。

外墙不考虑风荷载影响时的最大高度   表 6-9

基本风压值 (kN/m²)	层　高 (m)	总　高 (m)	基本风压值 (kN/m²)	层　高 (m)	总　高 (m)
0.4	4.0	28	0.6	4.0	18
0.5	4.0	24	0.7	3.5	18

注：对于多层砌块房屋 190mm 厚的外墙，当层高不大于 2.8m，总高不大于 19.6m，基本风压不大于 0.7kN/m² 时，可不考虑风荷载的影响。

（2）多层刚性方案房屋的承重横墙

计算基本假定同承重纵墙，即认为每层承重横墙的上、下端均为铰支承，且楼盖（屋盖）、基础均相当于水平不动的支承点。由于横墙通常承受的是由楼盖传来的均布线荷载，故常沿横墙轴线取宽度为 1m 的墙体作为计算单元（图 6-24）。

当建筑物的开间相同或相差不大，而且楼面活荷载也不大时，内横墙可近似按轴心受压构件计算，可只需验算底层截面Ⅱ-Ⅱ的承载力如图 6-24（b）所示。当横墙左右两侧开间尺寸悬殊或楼面荷载相差较大时，尚应对顶部截面Ⅰ-Ⅰ按偏心受压进行承载力验算。当楼面梁支承于横墙上时，还应验算梁端下砌体的局部受压承载力。

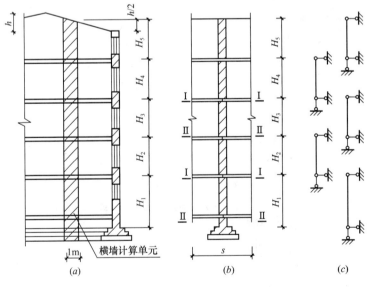

图 6-24   横墙计算简图

3. 多层刚弹性方案房屋的墙体设计计算

正如前面单层刚弹性方案房屋的墙体计算，多层刚弹性方案房屋的墙体计算按屋架

（或大梁）、横梁与墙（或柱）为铰接并考虑空间作用的平面排架或框架计算。

多层刚弹性方案房屋的墙体内力分析步骤为：

（1）在各层横梁与墙体连接处加水平铰支杆，计算在水平荷载（风荷载）下无侧移时的支杆反力 R_i，并求得相应的内力图如图 6-25（b）所示；

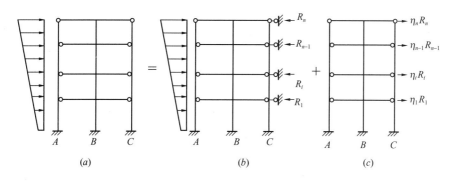

图 6-25 多层刚弹性方案房屋的墙体设计计算

（2）把已求出的支杆反力 R_i 乘以相应的空间性能影响系数 η_i（按表 6-7 采用），并将其反向作用在节点上，求得这种情况下的内力图如图 6-25（c）所示；

（3）将上述两种情况下的内力图叠加即得最后内力。

6.3 砌体受压构件承载力计算

6.3.1 墙、柱受压承载力计算

砌体结构房屋中的墙、柱是受压构件，当压力作用于构件截面重心时，称为轴心受压构件，当压力作用于构件截面重心以外或同时有轴向压力和弯矩作用时，称为偏心受压构件。

1. 轴向力的偏心距应满足限值要求

当受压构件的偏心距和荷载较大时，在截面受拉边易产生水平裂缝，从而导致截面受压区减小、构件刚度下降、纵向弯曲的不利影响增大，构件的承载力明显降低，构件既不够安全也不够经济。因此，受压构件进行承载力计算时，轴向力的偏心距应符合下列限值要求：

$$e \leqslant 0.6y \tag{6-6}$$

式中　e——轴向力的偏心距，按内力设计值计算；

　　　y——截面重心到轴向力所在偏心方向截面边缘的距离（图 6-26）。

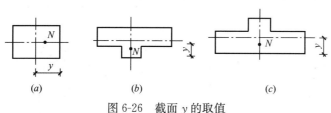

图 6-26 截面 y 的取值

当轴向力的偏心距不满足时，应采取适当措施减小偏心距，如调整构件的截面尺寸、选用配筋砌体或选择其他结构方案。

2. 无筋砌体受压构件的承载力计算

根据试验确定的结果，无筋砌体轴心受压和偏心受压构件的承载力就按下式计算：

$$N \leqslant \varphi f A \tag{6-7}$$

式中　N——轴向力设计值；

f——砌体抗压强度设计值；

A——截面面积，对各类砌体均应按毛截面计算；

φ——高厚比 β 和轴向力的偏心距 e 对受压构件承载力的影响系数，查表 6-10 或按下式计算：

当 $\beta \leqslant 3$ 时

$$\varphi = \frac{1}{1 + 12\left(\dfrac{e}{h}\right)^2} \tag{6-8}$$

当 $\beta > 3$ 时

$$\varphi = \frac{1}{1 + 12\left[\dfrac{e}{h} + \sqrt{\dfrac{1}{12}\left(\dfrac{1}{\varphi_0} - 1\right)}\right]^2} \tag{6-9}$$

$$\varphi_0 = \frac{1}{1 + \alpha \beta^2} \tag{6-10}$$

式中　φ_0——轴心受压构件的稳定系数；

h——矩形截面的轴向力偏心方向的边长；

α——与砂浆强度等级有关的系数，当砂浆强度等级不小于 M5 时，α 等于 0.0015；当砂浆强度等级等于 M2.5 时，α 等于 0.002；当砂浆强度等级等于 0 时，α 等于 0.009。

影响系数 φ（砂浆强度等级不小于 M5）　　　　　表 6-10

β	$\dfrac{e}{h}$ 或 $\dfrac{e}{h_T}$						
	0	0.025	0.05	0.075	0.1	0.125	0.15
$\leqslant 3$	1	0.99	0.97	0.94	0.89	0.84	0.79
4	0.98	0.95	0.90	0.85	0.80	0.74	0.69
6	0.95	0.91	0.86	0.81	0.75	0.69	0.64
8	0.91	0.86	0.81	0.76	0.70	0.64	0.59
10	0.87	0.82	0.76	0.71	0.65	0.60	0.55
12	0.82	0.77	0.71	0.66	0.60	0.55	0.51
14	0.77	0.72	0.66	0.61	0.56	0.51	0.47
16	0.72	0.67	0.61	0.56	0.52	0.47	0.44
18	0.67	0.62	0.57	0.52	0.48	0.44	0.40
20	0.62	0.57	0.53	0.48	0.44	0.40	0.37
22	0.58	0.53	0.49	0.45	0.41	0.38	0.35
24	0.54	0.49	0.45	0.41	0.38	0.35	0.32
26	0.50	0.46	0.42	0.38	0.35	0.33	0.30
28	0.46	0.42	0.39	0.36	0.33	0.30	0.28
30	0.42	0.39	0.36	0.33	0.31	0.28	0.26

β	$\dfrac{e}{h}$ 或 $\dfrac{e}{h_T}$					
	0.175	0.2	0.225	0.25	0.275	0.3
≤3	0.73	0.68	0.62	0.57	0.52	0.48
4	0.64	0.58	0.53	0.49	0.45	0.41
6	0.59	0.54	0.49	0.45	0.42	0.38
8	0.54	0.50	0.46	0.42	0.39	0.36
10	0.50	0.46	0.42	0.39	0.36	0.33
12	0.47	0.43	0.39	0.36	0.33	0.31
14	0.43	0.40	0.36	0.34	0.31	0.29
16	0.40	0.37	0.34	0.31	0.29	0.27
18	0.37	0.34	0.31	0.29	0.27	0.25
20	0.34	0.32	0.29	0.27	0.25	0.23
22	0.32	0.30	0.27	0.25	0.24	0.22
24	0.30	0.28	0.26	0.24	0.22	0.21
26	0.28	0.26	0.24	0.22	0.21	0.19
28	0.26	0.24	0.22	0.21	0.19	0.18
30	0.24	0.22	0.21	0.20	0.18	0.17

注：砂浆强度等级为 M2.5 和 0 时，查《砌体结构设计规范》。

在应用式（6-7）时，需注意以下问题：

（1）在确定影响系数 φ 时，为了反映不同种类砌体构件在受力性能上的差异，应先对构件的计算高厚比 β 进行修正，即构件的计算高厚比按下列公式确定：

对矩形截面
$$\beta = \gamma_\beta \frac{H_0}{h} \tag{6-11}$$

对 T 形截面
$$\beta = \gamma_\beta \frac{H_0}{h_T} \tag{6-12}$$

式中　γ_β——不同砌体材料构件的高厚比修正系数，按表 6-11 采用；

　　　H_0——受压构件的计算高度，按表 6-12 确定；

　　　h——矩形截面轴向力偏心方向的边长，当轴心受压时为截面较小边长；

　　　h_T——T 形截面的折算厚度，可近似取 $h_T = 3.5i$，$i = \sqrt{I/A}$，其中，I 为 T 形截面的惯性矩，A 为其面积。

高厚比修正系数　　　　　　　　　　　　表 6-11

砌体类别	γ_β	砌体类别	γ_β
烧结普通砖、烧结多孔砖	1.0	蒸压灰砂砖、蒸压粉煤灰砖、细料石	1.2
混凝土及轻集料混凝土砌块、混凝土普通砖、混凝土多孔砖	1.1	粗料石、毛石	1.5

注：对灌孔混凝土砌块砌体，$\gamma_\beta = 1.0$。

对于表 6-12 中的构件高度 H 的取值规定是：

1）在房屋底层，为楼板顶面到构件下端支点的距离。下端支点的位置，可取在基础顶面。当埋置较深且有刚性地坪时，可取室外地面下 500mm 处。

2）在房屋其他楼层，为楼板或其他水平支点间的距离。

3）对于无壁柱的山墙，可取层高加山墙尖高度的 1/2；对于带壁柱的山墙可取壁柱处的山墙高度。

（2）对于矩形截面构件，当轴向力偏心方向的截面边长大于另一方向的边长时，除应按偏心受压计算外，还应对较小边长方向按轴心受压进行验算。

受压构件的计算高度 H_0　　　　　　　　　表 6-12

房 屋 类 别			柱		带壁柱墙或周边拉结的墙		
			排架方向	垂直排架方向	$s>2H$	$2H \geqslant s>H$	$s \leqslant H$
有吊车的单层房屋	变截面柱上段	弹性方案	$2.5H_u$	$1.25H_u$	$2.5H_u$		
		刚性、刚弹性方案	$2.0H_u$	$1.25H_u$	$2.0H_u$		
	变截面柱下段		$1.0H_i$	$0.8H_i$	$1.0H_i$		
无吊车的单层和多层房屋	单跨	弹性方案	$1.5H$	$1.0H$	$1.5H$		
		刚弹性方案	$1.2H$	$1.0H$	$1.2H$		
	多跨	弹性方案	$1.25H$	$1.0H$	$1.25H$		
		刚弹性方案	$1.10H$	$1.0H$	$1.1H$		
	刚性方案		$1.0H$	$1.0H$	$1.0H$	$0.4s+0.2H$	$0.6s$

注：1. 表中，H_u 为变截面柱的上段高度；H_i 为变截面柱的下段高度；

　　2. 对于上端为自由端的构件，$H_0=2H$；

　　3. 独立砖柱，当无柱间支撑时，柱在垂直排架方向的 H_0 应按表中数值乘以 1.25 后采用；

　　4. s 为房屋横墙间距；

　　5. 自承重墙的计算高度应根据周边支承或拉结条件确定。

（3）带壁柱墙截面的翼缘宽度 b_f，应按下列规定采用：

1）对于多层房屋，当有门窗洞口时，可取窗间墙宽度；当无门窗洞口时，每侧翼墙宽度可取壁柱高度的 1/3，但不应大于相邻壁柱间的距离。

2）对于单层房屋，可取壁柱宽加 2/3 墙高，但不大于窗间墙宽度和相邻壁柱间距离。

3）计算带壁柱墙的条形基础时，可取相邻壁柱间的距离。

【例 6-2】某砖柱，截面尺寸为 370mm×490mm，采用烧结页岩砖 MU10，水泥砂浆 M5 砌筑。柱顶处由荷载设计值产生的轴向压力为 150.0kN，柱的计算高度为 3.7m。施工质量控制等级为 B 级。柱子自重的分项系数取为 1.3。

试问：复核该柱的受压承载力。

【解】

（1）MU10、M5，查表 6-3 知，砌体抗压强度设计值 $f=1.50$MPa；

（2）截面面积 A：$A=0.37×0.49=0.181m^2<0.3m^3$，所以 f 需调整，$\gamma_a=0.7+A=0.7+0.181=0.881$。

M5 水泥砂浆，故不需要调整强度设计值。

故最终砌体抗压强度设计值 f 为：

$$f=0.881×1.50=1.3215\text{MPa}$$

（3）根据式（6-11）及表 6-11 可得：

$$\beta=\gamma_\beta\frac{H_0}{h}=1.0\times\frac{3.7}{0.37}=10$$

$\beta=10$，$e/h=0$，查表 6-10 可知：$\varphi=0.87$

或根据式（6-9）计算确定 φ，本题目中，$\varphi=\varphi_0$，由式（6-10）：

$$\varphi=\varphi_0=\frac{1}{1+\alpha\beta^2}=\frac{1}{1+0.0015\times10^2}=0.87$$

（4）确定柱子承载力，由式（6-7）：

$$N_u=\varphi fA=0.87\times1.3215\times0.181\times10^6=208.1\text{kN}$$

（5）柱子底部压力值 N：

$$N=N_{自重}+150=1.3\times18\times0.37\times0.49\times3.7+150=165.7\text{kN}$$

$$<N_u=208.1\text{kN，满足。}$$

【例 6-3】 图 6-27 所示某带壁柱砖墙，采用烧结普通砖 MU15，水泥混合砂浆 M10 砌筑，施工质量控制等级为 B 级。计算高度为 5m。

试问：当轴向力作用在该墙截面重心（O 点）、A 点及 B 点时的受压承载力。

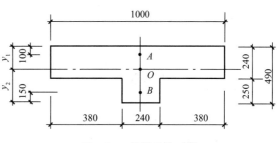

图 6-27　某带壁柱砖墙

【解】

（1）截面几何特征计算

截面面积　　　　　$A=1\times0.24+0.24\times0.25=0.3\text{m}^2$

截面重心位置：

$$y_1=\frac{1\times0.24\times0.12+0.24\times0.25\times0.365}{0.3}=0.169\text{m}$$

$$y_2=0.49-0.169=0.321\text{m}$$

截面惯性矩　　$I=\frac{1}{3}\times1\times0.169^3+\frac{1}{3}(1-0.24)\times(0.24-0.169)^3$

$$+\frac{1}{3}\times0.24\times0.321^3$$

$$=0.0043\text{m}^4$$

截面回转半径　　　　$i=\sqrt{I/A}=\sqrt{0.0043/0.3}=0.12\text{m}$

T 形截面的折算厚度　$h_T=3.5i=3.5\times0.12=0.42\text{m}$

（2）轴向力作用在截面重心 O 点时的承载力

根据式（6-12）及表 6-11 可得：$\beta=\gamma_B\frac{H_0}{h_T}=1\times\frac{5.0}{0.42}=11.9$

查表 6-10 可得：$\varphi=\varphi_0=0.825$

查表 6-3 及 γ_a 的规定，$\gamma_a=1.0$，取 $f=2.31\text{MPa}$

由式（6-7），此时墙的受压承载力：$N_u=\varphi fA=0.825\times2.31\times0.3\times10^6=571.7\text{kN}$

（3）轴向力作用在截面 A 点时的承载力

$e = y_1$ $0.1 = 0.069\text{m}$，属于偏心受压，且轴向力作用于墙的翼缘。

$e = 0.069\text{m} < 0.6y_1 = 0.6 \times 0.169 = 0.1014\text{m}$，满足规定。

$$\frac{e}{h_T} = \frac{0.069}{0.42} = 0.164$$

查表 6-10 可得：$\varphi = 0.486$

由式（6-7），此时墙的受压承载力：$N_u = \varphi f A = 0.486 \times 2.31 \times 0.3 \times 10^6 = 336.8\text{kN}$

（4）轴向力作用在截面 B 点时的承载力

$e = y_2 - 0.15 = 0.321 - 0.15 = 0.171\text{m}$，属于偏心受压，但轴向力作用于墙的肋部。

$e = 0.171\text{m} < 0.6y_2 = 0.6 \times 0.321 = 0.1926\text{m}$，满足规定。

$$\frac{e}{h_T} = \frac{0.171}{0.42} = 0.407$$

此时查表 6-10，查不到 φ 值，按式（6-10）、式（6-9）计算 φ：

$$\varphi_0 = \frac{1}{1 + \alpha\beta^2} = \frac{1}{1 + 0.0015 \times 11.9^2} = 0.825$$

$$\varphi = \frac{1}{1 + 12\left[\frac{e}{h_T} + \sqrt{\frac{1}{12}\left(\frac{1}{\varphi_0} - 1\right)}\right]^2} = \frac{1}{1 + 12\left[0.407 + \sqrt{\frac{1}{12}\left(\frac{1}{0.825} - 1\right)}\right]^2}$$

$$= 0.22$$

由式（6-7），此时墙的受压承载力：$N_u = \varphi f A = 0.22 \times 2.31 \times 0.3 \times 10^6 = 152.5\text{kN}$

【例 6-4】 某单层房屋的山墙如图 6-28（a）所示，纵墙间距 15m，山墙顶和屋盖系统拉结。带壁柱墙的高度（自基础顶面至壁柱顶面）为 11.0m，壁柱宽 370mm。居中设置 4m 宽的门和 2m 宽的窗。

试问：计算截面翼缘宽度。

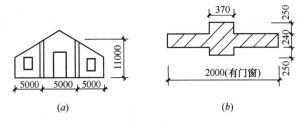

图 6-28   某单层房屋的山墙

【解】

壁柱宽加 2/3 墙高：$b_f = 370 + 11000 \times 2/3 = 7703\text{mm}$

不大于窗间墙宽度：$b_f = 5000 - \dfrac{4000}{2} - \dfrac{2000}{2} = 2000\text{mm}$

相邻壁柱间距离：$b_f = 5000\text{mm}$

上述取最小值：$b_f = \min\{7703, 2000, 5000\} = 2000\text{mm}$

壁柱墙截面如图 6-28（b）所示。

6.3.2   砌体局部受压计算

当轴向压力作用于砌体的部分截面上时，砌体处于局部受压，它是砌体结构中常见的一种受力状态。如基础顶面的墙、柱支承处，屋架或梁端部的支承处，砌体截面上均产生局部受压。根据局部受压面积上的应力是否均匀，砌体局部受压分为局部均匀受压和局部不均匀受压两种情况（图 6-29）。

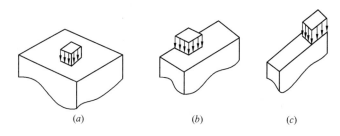

$$(a) \qquad (b) \qquad (c)$$

图 6-29　局部均匀受力
（a）中心局压；（b）边缘局压；（c）端部局压

试验研究表明，砌体局部受压大致有三种破坏形式：一是因纵向裂缝发展引起的破坏；二是发生劈裂破坏；三是因砌体强度低时产生局部压碎破坏（图 6-30）。

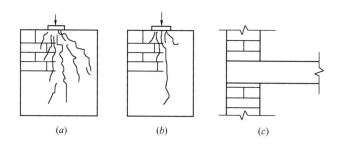

$$(a) \qquad (b) \qquad (c)$$

图 6-30　砌体局部受压破坏形式
（a）因纵向裂缝的发展而引起的破坏；（b）劈裂破坏；（c）局压破坏

根据实际工程中可能出现的情况，砌体局部受压计算可分为：砌体局部均匀受压；梁端支承处砌体局部受压；刚性垫块下砌体局部受压；垫梁下砌体局部受压等。

1. 砌体局部均匀受压的计算

试验研究表明，对于中心局压情况如图 6-29（a），在局部压力的作用下，局部受压区的砌体将同时产生纵向变形和横向变形，而周围未直接承受压力的部分像套箍一样阻止其横向变形，使直接受荷部分的砌体处于三向受压状态，因而局部受压砌体的抗压强度将明显得到提高。对于边缘及端部局压情况，虽然"套箍强化"作用不明显或不存在，但对于砌体，只要存在未直接承受压力的面积，就有"应力扩散"作用，也就能在不同程度上提高砌体的局部抗压强度。

砌体截面中受局部均匀压力时，其承载力应按下式计算：

$$N_l \leqslant \gamma f A_l \qquad (6\text{-}13)$$

式中　N_l——局部受压面积上的轴向力设计值；

　　　f——为砌体的抗压强度设计值，不考虑截面面积对抗压强度设计值的调整；

　　　A_l——局部受压面积；

　　　γ——砌体局部抗压强度提高系数，按下式确定：

$$\gamma = 1 + 0.35\sqrt{\frac{A_0}{A_l} - 1} \qquad (6\text{-}14)$$

式中 A_0——影响局部抗压强度的计算面积，按图 6-31 确定。

在按图 6-31 确定影响局部抗压强度的计算面积 A_0 后按式（6-14）计算的 γ 值尚不应超过下列限值：

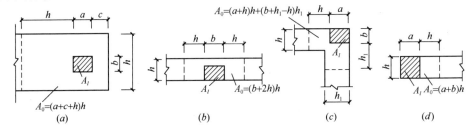

图 6-31   影响局部抗压强度的计算面积 A_0

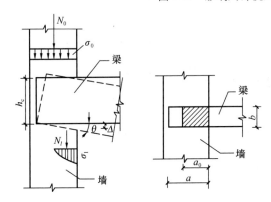

图 6-32   梁端支承构件不均匀受压计算

在图 6-31（a）的情况下，$\gamma \leqslant 2.5$；在图 6-31（b）的情况下，$\gamma \leqslant 2.0$；在图 6-31（c）的情况下，$\gamma \leqslant 1.5$；在图 6-31（d）的情况下，$\gamma \leqslant 1.25$。

对于按构造要求灌孔的混凝土砌块砌体，在图 6-31（a）、图 6-31（b）的情况下，尚应符合 $\gamma \leqslant 1.5$。对于未灌孔的混凝土砌块砌体，$\gamma = 1.0$。多孔砖砌体难以落实时，$\gamma = 1.0$。

2. 梁端支承处砌体局部受压的计算

梁端支承处砌体的局部受压属局部不均匀受压（图 6-32），具有如下特点：

（1）由于梁端转动变形和支承处砌体压缩变形的影响，梁端支承长度将由实际支承长度 a 变为有效支承长度 a_0，因此砌体局部受压面积为 $A_l = a_0 b$（b 为梁的截面宽度）。

（2）在梁端有效支承长度 a_0 内梁底压应力分布图形为抛物线。

（3）局部受压面积上除梁端支承反力 N_l 外，还可能有上部墙体传来的轴向力 N_0。

试验表明，当梁上荷载增加时，与梁端底部接触的砌体产生较大的压缩变形，此时若上部荷载产生的平均压应力设计值 σ_0 较小，梁端顶部与砌体的接触面将减小，甚至与砌体脱开，砌体形成内拱来传递上部荷载，即"内拱卸荷作用"。σ_0 的存在和扩散对梁端下部砌体有横向约束作用，对砌体的局部受压是有利的。但随着 σ_0 的增加，上部砌体的压缩变形增大，梁端顶部与砌体的接触面也增大，内拱作用逐渐减小，σ_0 的有利影响也变小。这一影响用上部荷载的折减系数 ψ 来表示。

基于试验结果，梁端有效支承长度 a_0 可按下式计算：

$$a_0 = 10\sqrt{\frac{h_c}{f}} \qquad (6\text{-}15)$$

式中 h_c——梁的截面高度（mm）；

f——砌体的抗压强度设计值（MPa）；

a_0——梁端有效支承长度（mm），当 $a_0 > a$ 时，应取 $a_0 = a$。

梁端支承处砌体局部受压承载力应按下式计算：

$$\psi N_0 + N_l \leqslant \eta \gamma f A_l \qquad (6\text{-}16)$$

式中 ψ——上部荷载的折减系数，$\psi = 1.5 - 0.5 A_0 / A_l$，当 $A_0 / A_l \geqslant 3$ 时，取 $\psi = 0$；

N_0——局部受压面积内上部轴向力设计值（N），$N_0 = \sigma_0 A_l$；

σ_0——上部平均压应力设计值（N/mm²）；

N_l——梁端支承压力设计值（N），$N_l = a_0 b$；

η——梁端底面压应力图形的完整系数，可取 0.7，对于过梁和墙梁可取 1.0。

其余符号意义同前。

3. 刚性垫块下砌体局部受压的计算

当梁端支承处砌体局部受压承载力不满足时，可在梁端下设置垫块，这样可增大局部受压面积，同时又可确保梁端支承反力的有效传递。工程上常采用预制刚性垫块，有时采用与梁端现浇成整体的垫块。刚性垫块是指垫块的高度 $t_b \geqslant 180mm$，且垫块挑出梁边的长度不大于垫块高度。

试验表明，刚性垫块下砌体的局部受压可采用无筋砌体偏心受压承载力的公式形式进行计算。因此，梁端下设有预制或现浇刚性垫块时（图 6-33），垫块下砌体的局部受压承载力应按下式计算：

$$N_0 + N_l \leqslant \varphi \gamma_1 f A_b \qquad (6\text{-}17)$$

式中 N_0——垫块面积 A_b 内上部轴向力设计值（N），$N_0 = \sigma_0 A_b$；

A_b——垫块面积（mm²），$A_b = a_b b_b$，式中，a_b 为垫块伸入墙内的长度（mm）；b_b 为垫块的宽度（mm）；

φ——垫块上 N_0 及 N_l 合力的影响系数，应采用表 6-10，当 $\beta \leqslant 3$ 时的值；

γ_1——垫块外砌体面积的有利影响系数，应取 $\gamma_1 = 0.8\gamma$，但不小于 1.0；

γ——局部抗压强度提高系数，按式（6-16）以 A_b 代替 A_l 计算得出。

当现浇垫块与梁端整体浇筑时，垫块可在梁高范围内设置。在带壁柱墙的壁柱内设置预制或现浇刚性垫块时，通常翼缘位于压应力较小处，对受力的影响有限，因此在计算 A_0 时只取壁柱范围内的截面而不计翼缘部分，如图 6-33（c）所示，但构造上要求壁柱上垫块伸入墙内的长度不应小于 120mm。

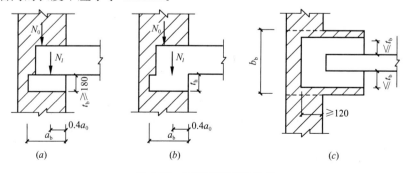

图 6-33 梁端下的刚性垫块

（a）预制垫块；（b）现浇垫块；（c）带壁柱墙的垫块计算面积

当求垫块上 N_0 及 N_l 合力的影响系数 φ 时，需要知道 N_l 的作用位置。垫块上 N_l 的合力到墙边缘的距离取为 $0.4a_0$，这里 a_0 为刚性垫块上梁端有效支承长度，应按下式确定：

$$a_0 = \delta_1 \sqrt{\frac{h_c}{f}} \qquad (6\text{-}18)$$

式中　δ_1——刚性垫块的影响系数，可按表 6-13 采用。

垫块上 N_l 作用点的位置可取 $0.4a_0$，如图 6-33 所示。

系数 δ_1 值   表 6-13

σ_0 / f	0	0.2	0.4	0.6	0.8
δ_1	5.4	5.7	6.0	6.9	7.8

注：表中其间的数值可采用插入法求得。

4. 垫梁下砌体局部受压

当梁或屋架支承处的砌体墙上设有连续的钢筋混凝土梁（如圈梁）时，此时支承梁（如圈梁）还起垫梁的作用。垫梁受上部荷载 N_0 和集中局部荷载 N_l 的作用，可按弹性力学方法分析砌体的受力性能（图 6-34b）。

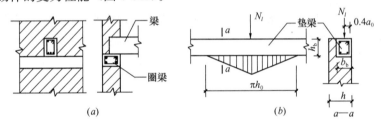

图 6-34　垫梁局部受压

6.4　墙、柱的高厚比验算及构造措施

6.4.1　墙、柱的高厚比验算

砌体结构中墙、柱是受压构件，除要满足截面承载力外，还必须保证其稳定性。墙、柱高厚比验算是保证砌体结构在施工阶段、使用阶段稳定性和房屋空间刚度的重要构造措施。

墙、柱的高厚比，是指墙、柱的计算高度 H_0 与墙厚或柱截面边长 h 的比值，用符号 β 表示。墙、柱的高厚比越大，其稳定性越差，越容易产生倾斜或变形，影响墙、柱的正常使用，甚至造成房屋倒塌。因此，必须限制墙、柱的高厚比不超过规定的允许高厚比 $[\beta]$ 值（表 6-14）。

墙、柱的允许高厚比 $[\beta]$ 值   表 6-14

砂浆强度等级	墙	柱	砂浆高度等级	墙	柱
M2.5	22	15	≥M7.5	26	17
M5.0	24	16			

注：1. 毛石墙、柱允许高厚比应按表中数值降低 20%；
　　2. 带有混凝土或砂浆面层的组合砖砌体构件的允许高厚比，可按表中数值提高 20%，但不得大于 28；
　　3. 验算施工阶段砂浆尚未硬化的新砌砌体高厚比时，允许高厚比对墙取 14，对柱取 11；
　　4. 配筋砌块砌体，墙的 $[\beta] = 30$；柱的 $[\beta] = 21$。

上述规定的允许高厚比 $[\beta]$ 值，与墙、柱的承载力计算无关，主要是根据房屋中墙、柱的稳定性和实践经验确定。墙、柱的变形主要取决于砂浆的强度等级和砌筑方式，而与砌体的强度等级关系不大，表 6-14 也反映了 $[\beta]$ 值的大小与砂浆强度等级有关，随着砌筑砂浆的强度等级提高，$[\beta]$ 值则更大。

1. 墙、柱高厚比的验算

墙、柱的高厚比应按下式验算：

$$\beta = \frac{H_0}{h} \leqslant \mu_1 \mu_2 [\beta] \tag{6-19}$$

式中　$[\beta]$——墙、柱的允许高厚比，按表 6-14 采用；

H_0——墙、柱的计算高度，由表 6-12 确定；

h——墙厚或矩形柱与 H_0 相对应的边长；

μ_1——自承重墙允许高厚比的修正系数，按下列规定采用：

当 $h=240\text{mm}$ 时，$\mu_1=1.2$；当 $h=90\text{mm}$ 时，$\mu_1=1.5$；

当 $240\text{mm}>h>90\text{mm}$ 时，μ_1 可按插入法取值；

μ_2——有门窗洞口墙允许高厚比的修正系数，按下式计算：

$$\mu_2 = 1 - 0.4 \frac{b_s}{s} \tag{6-20}$$

式中　b_s——在宽度 s 范围内的门窗洞口总宽度（图 6-35）；

s——相邻横墙或壁柱之间的距离。

当按上式计算的 μ_2 值小于 0.7 时，应采用 0.7。当洞口高度不大于墙高的 1/5 时，可取 $\mu_2=1.0$。当洞口高度大于或等于墙高的 4/5 时，可按独立墙段验算高厚比。

确定墙、柱计算高度及允许高厚比时，应注意以下几个问题：

（1）当与墙连接的相邻两横墙间的距离 $s \leqslant \mu_1 \mu_2 [\beta] h$ 时，墙的高度可不受式（6-19）的限制。

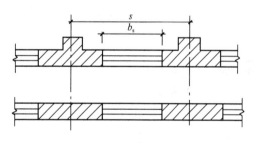

图 6-35　门窗洞口宽度示意图

（2）变截面柱的高厚比可按上、下截面分别计算，其计算高度按表 6-12 的规定采用；验算上柱的高厚比时，墙、柱的允许高厚比可按表 6-14 的数值乘以 1.3 后采用。

2. 带壁柱墙的高厚比验算

对于带壁柱的墙体，需要分别进行整片墙和壁柱间墙的高厚比验算。

（1）整片墙的高厚比验算

由于带壁柱的墙为 T 形截面，因此按式（6-19）验算其高厚比时，式中 h 应采用 T 形截面的折算厚度 h_T 来代替。$h_T=3.5i$，$i=\sqrt{I/A}$，式中，I 为带壁柱墙截面的惯性矩，A 为其面积。

（2）壁柱间墙的高厚比验算

验算壁柱间墙的高厚比时，可将壁柱视为壁柱间墙的不动铰支点，按壁柱之间墙厚为 h 的矩形截面墙验算。因此，确定 H_0 时，一律按刚性方案，墙长 s 取相邻壁柱间的距离

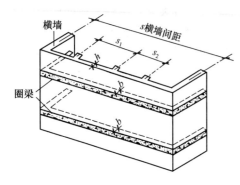

图 6-36 带壁柱和圈梁的墙

（图 6-36）。

当壁柱间的墙较薄、较高以致不满足高厚比要求时，可在墙高范围内设置钢筋混凝土圈梁，圈梁可作为墙的不动铰支点，此时，墙体的计算高度为圈梁之间的距离。

3. 带构造柱墙的高厚比验算

带构造柱的墙体也需分别进行整片墙和构造柱间墙的高厚比验算。

（1）整片墙的高厚比验算

因钢筋混凝土构造柱可提高墙体在使用阶段的稳定性和刚度，故带构造柱墙的允许高厚比 $[\beta]$ 可放宽，采用提高系数 μ_c 来反映，μ_c 可按下式计算：

$$\mu_c = 1 + \gamma \frac{b_c}{l} \tag{6-21}$$

式中 γ——系数。对细料石砌体，$\gamma=0$；对混凝土砌块、粗料石、毛料石及毛石砌体，$\gamma=1.0$；其他砌体，$\gamma=1.5$；

b_c——构造柱沿墙长方向的宽度（图 6-37），当 $b_c/l>0.25$ 时，取 $b_c/l=0.25$；当 $b_c/l<0.05$ 时，取 $b_c/l=0$；

l——构造柱的间距。

对于带构造柱墙，当构造柱截面宽度不小于墙厚 h 时，可按下式验算：

$$\beta = \frac{H_0}{h} \leqslant \mu_1 \mu_2 \mu_c [\beta] \tag{6-22}$$

确定上式中墙体的计算高度 H_0 时，s 取相邻横墙间的距离，h 取墙厚。

（2）构造柱间墙的高厚比验算

验算构造柱间墙的高厚比时，可将构造柱视为构造柱间墙的不动铰支点，按矩形截面墙验算。因此，确定 H_0 时，一律按刚性方案，墙长 s 取相邻构造柱间的距离。

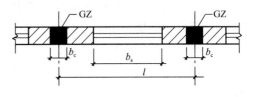

图 6-37 带构造柱的墙

【例 6-5】 某教学楼平面如图 6-38 所示，外纵墙厚 370mm，内纵墙及横墙厚 240mm，底层墙高 4.8m（至基础顶面），隔墙厚 120mm，墙高 3.5m，砂浆强度等级均采用 M2.5，门宽 1000mm，窗宽 1800mm，具体位置如图中所示。该楼盖为现浇钢筋混凝土楼盖。

试问：验算首层各墙体的高厚比是否满足。

【解】

（1）最不利外纵墙为③～⑤轴，其最大横墙间距 $s=12$m，现浇钢筋混凝土楼盖，查表 6-8 知，$s=12$m<32m，属于刚性方案。查表 6-14 可得：$[\beta]=22$。

（2）外纵墙的验算（$h=370$mm，$H=4.8$m），刚性方案，又由于 $s=12$m$>2H=9.6$m，查表 6-12，$H_0=1.0H=4.8$m。

由图 6-38 可知：$s=12000$mm，$b_s=1800\times4=7200$mm

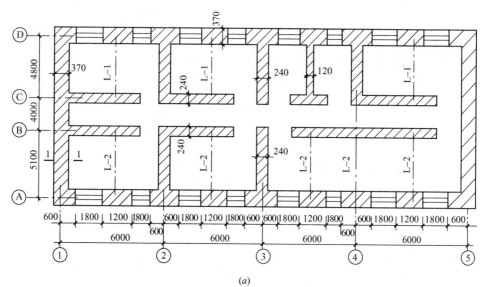

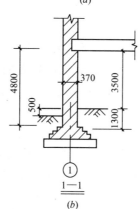

图 6-38　某教学楼

$$\mu_2 = 1 - \frac{0.4b_s}{s} = 1 - \frac{0.4 \times 7200}{1200} = 0.76$$

$$\mu_1 = 1.0$$

$$\beta = \frac{H_0}{h} = \frac{4800}{370} = 12.97 < \mu_1\mu_2[\beta] = 1 \times 0.76 \times 22 = 16.72, 满足。$$

（3）内纵墙的验算（$h=240$mm）

$s=12000$mm，$b_s=2 \times 1000=2000$mm

$$\mu_2 = 1 - \frac{0.4 \times 2000}{12000} = 0.93; \quad \mu_1 = 1.0$$

$$\beta = \frac{H_0}{h} = \frac{4800}{240} = 20 < \mu_1\mu_2[\beta] = 1 \times 0.93 \times 22 = 20.46, 基本满足。$$

（4）内横墙的验算（$h=240$mm，$H=4.8$m）

刚性方案，又由于 $H=4800$mm$<s=5100$mm$<2H=9000$mm，查表 6-12 可得：

$0.4s+0.2H=0.4 \times 5100+0.2 \times 4800=3000$mm

$$\beta = \frac{H_0}{h} = \frac{3000}{240} = 12.5 < \mu_1\mu_2[\beta] = 1 \times 1 \times 22 = 22, 满足。$$

（5）隔墙的验算

隔墙上端砌筑时，一般用斜置立砖顶紧梁底，可按不动铰支承考虑，但隔墙两侧与纵墙无搭接，故按两侧无拉结考虑，故：$H_0 = H = 3500$mm。

$$\mu_1 = 1.5 - \frac{120 - 90}{240 - 90} \times (1.5 - 1.2) = 1.44$$

$$\beta = \frac{H_0}{h} = \frac{3500}{120} = 29.17 < \mu_1 \mu_2 \ [\beta] = 1.44 \times 1 \times 22 = 31.68，满足。$$

6.4.2　墙、柱的一般构造措施

砌体结构房屋墙、柱除了应满足上述高厚比要求外，还应满足其他构造要求，以确保房屋的整体性、空间刚度和耐久性。如为保证砌体的强度和耐久性规定了砌体材料的最低强度等级，见本章第 1 节；为避免墙、柱的截面过小导致其稳定性较差特规定了墙、柱的最小截面尺寸；为增强房屋整体性及避免局部受压破坏规定了砌体房屋的板、梁、屋架等构件与墙体，以及纵横承重墙体、后砌隔墙与承重墙间的连接要求。

1. 墙、柱的最小截面尺寸

墙、柱截面尺寸越小，其稳定性越差，越容易失稳；截面局部削弱、砌筑质量对墙、柱承载力的影响更加明显。因此，承重的独立砖柱截面尺寸不应小于 240mm×370mm。对于毛石墙，其厚度不宜小于 350mm，对于毛料石柱，其截面较小边长不宜小于400mm。当有振动荷载时，墙、柱不宜采用毛石砌体。

2. 垫块设置

屋架、大梁搁置于墙、柱上时，屋架、大梁端部支承处的砌体处于局部受压状态。当屋架、大梁的受荷较大而局部受压面积较小时，容易发生局部受压破坏。因此，对于跨度大于6m 的屋架和跨度大于 4.8mm（采用砖砌体时）、4.2mm（采用砌块或料石砌体时）、3.9mm（采用毛石砌体时）的梁，应在支承处砌体上设置混凝土或钢筋混凝土垫块。当墙中设有圈梁时，垫块与圈梁宜浇成整体。

3. 壁柱设置

当墙体高度较大且厚度较薄，而所受的荷载较大时，墙体平面外的刚度和稳定性往往较差。为了加强墙体的刚度和稳定性，可在墙体的适当部分设置壁柱。当梁的跨度不小于6m（采用240mm 厚的砖墙）、4.8m（采用 180mm 厚的砖墙）、4.8m（采用砌块、料石墙）时，其支承处宜加设壁柱，或采取其他加强措施。山墙处的壁柱宜砌至山墙顶部，屋面构件应与山墙可靠拉结。

4. 支承构造

为了加强房屋的整体刚度，确保房屋安全、可靠地承受各种作用，墙、柱与楼板、与屋架（或大梁）之间应有可靠的拉结。试验结果表明，墙、柱与楼板接触面上的摩擦力可有效地传递水平力，而与屋架（或大梁）接触面较小、不可能有效地传递水平力，应采用锚固件加强。其支承构造应符合下列要求：

（1）预制钢筋混凝土板的支承长度，在墙上不宜小于 100mm；在钢筋混凝土圈梁上不宜小于 80mm。

（2）支承在墙、柱上的吊车梁、屋架及跨度不小于 9m（支承于砖砌体上）或 7.2m

（支承于砌块和料石砌体上）的预制梁的端部，应采用锚固件与墙、柱上的垫块锚固。

5. 填充墙、隔墙与墙、柱连接

为了确保填充墙、隔墙的稳定性并能有效传递水平力，防止其与墙、柱连接处因变形和沉降的不同引起裂缝，应采用拉结钢筋等措施来加强填充墙、隔墙与墙、柱的连接。

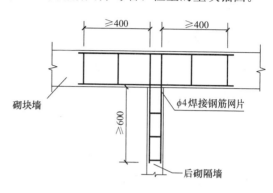

图 6-39　砌块墙与后砌隔墙交接处钢筋网片

（1）砌块墙与后砌隔墙交接处，应沿墙高每 400mm 在水平灰缝内设置不少于 2 Φ4、横筋间距不大于 200mm 的焊接钢筋网片（图 6-39）。

（2）砌块砌体应分皮错缝搭接，上下皮搭接长度不得小于 90mm。当搭接长度不满足上述要求时，应在水平缝内设置不少于 2 Φ4 的焊接钢筋网片（横筋间距不大于 200mm），网片每端均应超过该垂直缝，其长度不得小于 300mm。

6.5　过梁、挑梁、圈梁、构造柱和墙梁

6.5.1　过梁

为了承受门、窗洞口以上砌体的自重及楼盖（屋盖）传来的荷载，常在洞口顶部设置过梁。常用的过梁有砖砌平拱过梁、砖砌弧拱过梁、钢筋砖过梁、钢筋混凝土过梁等（图 6-40）。在有较大振动荷载或可能产生较大不均匀沉降的墙体结构中，应采用钢筋混凝土过梁。

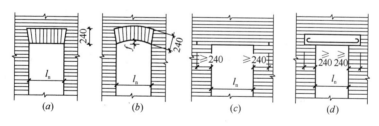

图 6-40　过梁的几种形式

（a）砖砌平拱过梁；（b）砖砌弧拱过梁；（c）钢筋砖过梁；（d）钢筋混凝土过梁

1. 过梁的破坏特点

砖砌平拱过梁和钢筋砖过梁在荷载作用下的破坏情况，如图 6-41 所示，在荷载作用下，它们先后出现由弯矩引起的竖向裂缝和由剪力引起的斜向裂缝。此时，砖砌平拱过梁形成拱结构，而钢筋砖过梁形成梁式结构。这两种过梁发生的破坏形式有以下三种可能：

（1）跨中垂直截面因抗弯强度不足而破坏；

（2）支座附近砌体抗剪强度不足，使阶梯状斜裂缝继续发展而破坏；

（3）当平拱式（或弧拱式）过梁设置在距墙端很近的门窗洞口上时，由于拱的推力作

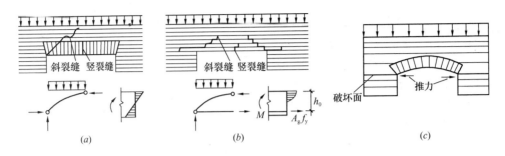

图 6-41　砖砌过梁的几种破坏形式

(a) 拱式结构的裂缝及破坏；(b) 梁式结构的裂缝及破坏；(c) 拱脚处推力产生的剪切破坏

用，洞口与墙端之间的短墙体上会发生沿水平灰缝的剪切破坏如图 6-41 (c) 所示，此时过梁的承载能力可能较小，因此要求其拱脚距墙体端部有较大的距离。

钢筋混凝土过梁的破坏特点与一般钢筋混凝土简支受弯构件相同。

2. 过梁的受力特点

试验研究表明，过梁本身并不是独立工作的构件，它与其上部的砌体形成整体，共同受力。当过梁上砖墙体高度 $h_w > l_n/3$，或砌块墙体高度 $h_w > l_n/2$（l_n 为过梁的净跨）时，由于墙体本身已具有一定的刚度，因而有一部分砌体自重直接传给支座。此时，即使墙体再高，过梁承受的砌体自重并不增加，而是接近于 $l_n/3$ 高度的砖砌体自重（或 $l_n/2$ 高度的砌块砌体自重）。这是由于过梁与砌体共同工作而使过梁卸荷的一个特征。

过梁上的梁板荷载有多少传给过梁，取决于梁板位置距离过梁的远近。梁板在过梁上的位置越高，梁板传给过梁的荷载也就越少。当 $h_w \geq l_n$ 时，梁板荷载直接传到支座，过梁不承担梁板荷载。这是过梁与砌体共同工作而使过梁卸荷的另一特征。

3. 过梁的主要构造要求

（1）砖砌平拱过梁：跨度不宜超过 1.20m，竖砖砌筑部分的高度不应小于 240mm，砖砌过梁截面计算高度内的砂浆不宜低于 M5。

（2）钢筋砖过梁：跨度不宜超过 1.5m。在施工时要求在过梁下皮设置支撑和模板，并在砌砖前在模板上铺一层厚度不小于 30mm 的水泥砂浆层，埋入砂浆层的钢筋其直径不应小于 5mm，间距不宜大于 120mm，两端伸入支座砌体内的长度不宜小于 240mm。

（3）钢筋混凝土过梁：按钢筋混凝土受弯构件设计计算，其截面高度一般不小于 3 皮砖（即 180mm），截面宽度与墙体厚度相同，两端伸入墙体的长度不小于 180mm。

6.5.2　挑梁

挑梁是指一端嵌入砌体墙体内，另一端挑出墙体外面的悬挑构件。

1. 挑梁的破坏形式

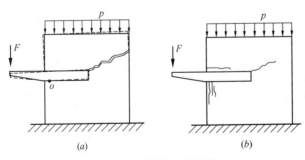

图 6-42　挑梁的破坏形态

(a) 倾覆破坏；(b) 局压破坏

在荷载作用下，挑梁可能发生的破坏形态有：挑梁倾覆力矩大于抗倾覆力矩，挑梁尾端墙体斜裂缝不断开展，挑梁绕倾覆点 o 发生倾覆破坏（图 6-42a）；挑梁下靠近墙边少部分砌体由于压应力过大发生砌体局部受压破坏（图 6-42b）；挑梁本身在倾覆点附近因正截面受弯承载力或斜截面受剪承载力不足引起弯曲或剪切破坏。

2. 挑梁的计算

由以上分析可知，挑梁应进行抗倾覆验算，挑梁下砌体局部受压验算，以及挑梁本身抗弯和抗剪验算。其中，挑梁的抗倾覆验算可按下式确定：

$$M_{ov} \leqslant M_r \tag{6-23}$$

式中　M_{ov}——挑梁的荷载设计值对计算倾覆点 o 产生的倾覆力矩；

M_r——挑梁的抗倾覆力矩设计值，按下式计算：

$$M_r = 0.8G_r(l_2 - x_0) \tag{6-24}$$

x_0——计算倾覆点至墙外边缘的距离，如图 6-43 所示，当 $l_1 \geqslant 2.2h_b$ 时，$x_0 = 0.3h_1$，且不大于 $0.13l_1$；当 $l_1 < 2.2h_b$ 时，$x_0 = 0.13l_1$；

G_r——挑梁的抗倾覆荷载，为挑梁尾端上部 45° 扩展角的阴影范围内本层的砌体与楼面恒荷载标准值之和（图 6-43）；

l_2——G_r 作用点至墙外边缘的距离。

3. 挑梁的主要构造要求

（1）挑梁埋入墙体内的长度 l_1 与挑出长度 l 之比应大于 1.2；当挑梁上无砌体时，长度 l_1 与挑出长度 l 之比应大于 2。

（2）纵向受力钢筋至少应有 1/2 的钢筋面积伸入梁尾端，且不少于 2ϕ12；其他钢筋伸入支座的长度不应小于 $2l_1/3$。

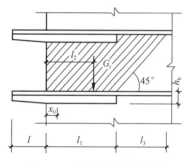

图 6-43　挑梁的抗倾覆荷载

6.5.3　圈梁

1. 圈梁的作用和布置

圈梁是在房屋的檐口、楼层或基础顶面标高处沿墙体水平方向设置的封闭状的钢筋混凝土连续构件。圈梁的作用是可以增强砌体房屋的整体刚度，防止由于地基不均匀沉降，或较大振动荷载等对房屋引起的不利影响，也是砌体房屋抗震的有效措施。

圈梁的布置应根据地基情况、房屋类型、层数以及所受的振动荷载等确定。如 3～4 层多层砌体民用房屋，应在底层和檐口标高处各设置圈梁一道；当层数超过 4 层时，除应在底层和檐口标高处各设置一道圈梁外，至少应在所有纵横墙上隔层设置。对于多层工业砌体房屋则应每层设置。防止由于地基不均匀沉降，圈梁设置在基础顶面和檐口部位时最为有效。在抗震设防区的砌体房屋，其圈梁的布置见本章第 7 节。

2. 圈梁的构造要求

（1）圈梁宜尽量设在同一水平面上，并形成封闭状；当圈梁被门窗洞口截断时，应在洞口上部增设相同截面的附加圈梁。附加圈梁与圈梁的搭接长度不应小于其中到中垂直间距的 2 倍，且不得小于 1m（图 6-44）。

（2）纵横墙交接处的圈梁应有可靠的连接（图 6-45）。刚弹性和弹性方案房屋，圈梁应与屋架、大梁等构件有可靠连接。

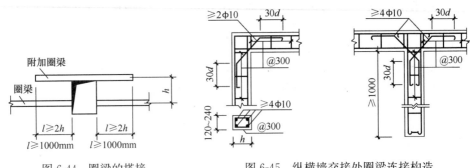

图 6-44　圈梁的搭接 　　　　图 6-45　纵横墙交接处圈梁连接构造

（3）钢筋混凝土圈梁的宽度宜与墙厚相同，当墙厚 $h \geqslant 240$mm 时，其宽度不宜小于 $2h/3$。圈梁高度不应小于 120mm。纵向钢筋不应少于 4φ10，绑扎接头的搭接长度按受拉钢筋考虑，箍筋间距不应大于 300mm。

（4）圈梁兼作过梁时，过梁部分的钢筋应按计算用量另行增配。

6.5.4　构造柱

构造柱是一种与砌筑墙体浇筑在一起的现浇钢筋混凝土柱。各层的构造柱必须在竖向上下贯通，在横向与钢筋混凝土圈梁连系在一起，从而将墙体箍住，提高墙体的抗剪强度、延性和房屋结构的整体性。构造柱设置在结构连接且构造较薄弱、易应力集中的部位。施工时，必须先砌筑墙体，后浇构造柱。

钢筋混凝土构造柱的一般做法如图 6-46 所示，构造柱与墙体连接处应砌成马牙槎，并应沿墙高每隔 500mm 设 2φ6 拉结钢筋，拉结钢筋每边伸入墙内的长度不宜小于 1m；构造柱与圈梁连接处，构造柱的纵筋应穿过圈梁，保证构造柱纵筋上下贯通。

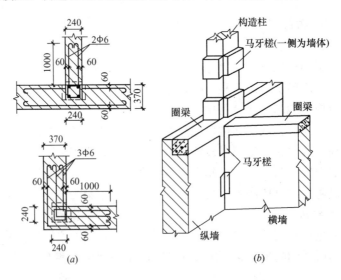

图 6-46　钢筋混凝土构造柱的基本构造
(a) 节点大样；(b) 与墙体的马牙槎连接

钢筋混凝土构造柱的最小截面可采用 240mm×180mm，纵向钢筋宜采用 4φ12，箍筋间距不宜大于 250mm，并且在柱上、下端处宜适当加密。抗震设防区的房屋，构造柱的构造要求见 6.7 节。构造柱可不单独设置基础，但应伸入室外地面下 500mm，或锚入浅于 500mm 的基础圈梁内。

6.5.5　墙梁

在多层砌体结构房屋中，为了满足使用要求，往往要求底层有较大空间，如底层为商店、上层为住宅或宿舍，工程中常用做法是在底层钢筋混凝土楼面梁或底层框架上砌筑砖墙，上部各层的楼面、屋面荷载将通过墙体及支承墙体的钢筋混凝土楼面梁或框架梁（称为托梁）传递给底层的承重墙或柱（图 6-47）。大量试验证明，托梁与其上部一定高度范围内的墙体形成一个能共同工作的组合深梁，称为墙梁。

根据支撑情况的不同，墙梁可分为简支墙梁、连续墙梁和框支墙梁。根据墙梁是否承受梁、板荷载，墙梁又分为承重墙梁和自承重墙梁。其中，自承重墙梁指仅承受托梁自重和托梁顶面以上墙体自重的墙梁，如厂房中的基础梁、连系梁与其上部墙体形成自承重墙梁。

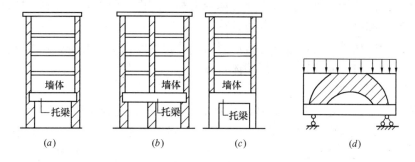

图 6-47　墙梁及其受力机构
(*a*) 简支墙梁；(*b*) 连续墙梁；(*c*) 框支墙梁；(*d*) 简支墙梁的受力机构

1. 墙梁的受力特点

试验研究表明，对于单跨无洞口简支墙梁，作用在墙梁顶面的荷载通过墙体的拱作用向支座传递。托梁主要承受拉力，托梁和一部分墙体组成拉杆拱受力机构如图 6-47 (*d*) 所示。

2. 墙梁的破坏形态

墙梁可能发生下述几种破坏形态：

(1) 弯曲破坏。托梁纵向钢筋首先屈服，托梁处于小偏心受拉情况下，下部和上部纵向钢筋先后屈服，墙体受压区不会出现砌体沿水平方向的受压破坏如图 6-48 (*a*) 所示。

(2) 墙体受剪破坏。可细分为斜拉破坏、劈裂破坏和斜压破坏（当墙体顶面有集中力作用时），如图 6-48 (*b*) ～图 6-48 (*d*) 所示。

(3) 托梁受剪破坏。一般均迟于墙体受剪破坏，可能发生于支座附近，有时也可能在偏开洞口侧边附近。

(4) 墙梁支座托梁上方墙体局部受压破坏。这是由于托梁支座上方砌体竖向压应力集中的缘故，如图 6-48 (*e*) 所示。

由以上分析可知，墙梁应进行以下几个方面的计算：

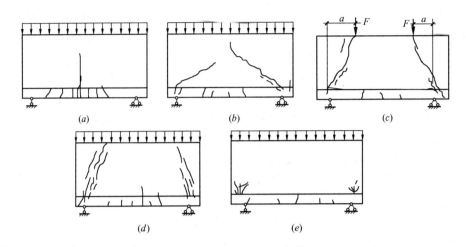

图 6-48　墙梁的破坏形态

(a) 弯曲破坏；(b) 斜拉破坏；(c) 劈裂破坏；(d) 斜压破坏；(e) 局压破坏

（1）使用阶段托梁的正截面偏心受拉承载力和斜截面受剪承载力计算、墙体受剪承载力和托梁支座上部砌体局部受压承载力计算；

（2）施工阶段托梁按受弯构件进行承载力验算，这时托梁上的荷载只考虑托梁自重及本层楼盖的恒载、施工荷载以及本层墙体自重。

3. 墙梁的构造要求

（1）墙梁的一般规定，见表 6-15。承重墙梁的支座处应设置落地翼墙，翼墙和承重墙梁墙体的厚度，对砖砌体均不应小于 240mm，对混凝土砌块砌体均不应小于 190mm。翼墙的宽度要求，见图 6-49。

（2）墙梁的洞口要求，试验表明，偏开洞口对墙梁组合作用发挥是极不利的，洞口外墙过小，极易剪坏或被推出破坏，限制洞距及采取相应构造措施非常重要。因此，在墙梁设计中，洞口设置应满足下列规定（图 6-49）：

墙梁的一般规定　　　　　　　　　　　　　　　　表 6-15

墙梁类别	墙体总高度 (m)	跨度 (m)	墙高跨比 h_w/l_{0i}	托梁高跨比 h_b/l_{0i}	洞宽比 b_h/l_{0i}	洞高 h_h (m)
承重墙梁	≤18	≤9	≥0.4	≥1/10	≤0.3	≤$5h_w/b$ 且 h_w-h_h≥0.4m
自承重墙梁	≤18	≤12	≥1/3	≥1/15	≤0.8	

注：1. 墙体总高度指托梁顶面到檐口的高度；

　　2. h_w——墙体计算高度；h_b——托梁截面高度；l_{0i}——墙梁计算跨度；b_h——洞口宽度；h_h——洞口高度，对窗洞取洞顶至托梁顶面距离。

1）墙梁计算高度范围内每跨允许设置一个洞口。

2）承重墙梁洞口边至支座中心的距离 a_1：距边支座不应小于 $0.15l_{0i}$；距中支座不应小于 $0.07l_{0i}$，l_{0i} 为墙梁相应跨的计算跨度。

3）自承重墙梁，洞口边至边支座中心的距离不宜小于 $0.1l_{0i}$，门窗洞口至墙顶的距离不应小于 0.5m。

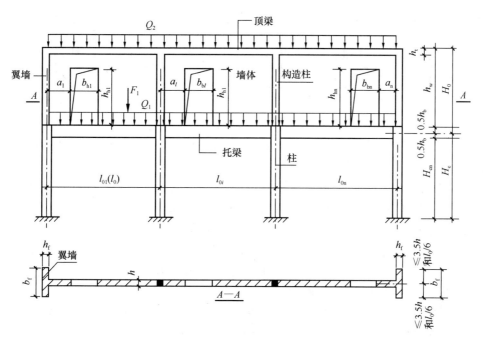

图 6-49　墙梁的计算简图

4）对多层房屋的墙梁，各层洞口宜设置在相同位置上，并且上下对齐。

（3）墙梁除满足以上的要求外，其他具体构造要求见《砌体结构设计规范》。

6.6　防止或减轻墙体开裂的主要措施

　　墙体除了因荷载引起内力外，温度变化、材料收缩、地基不均匀沉降等间接作用也会在墙体内产生内力。由于砌体的抗拉强度很低，若设计处理不当，上述这些复杂因素引起的内力很可能导致墙体各种裂缝的形成。目前尚难以定量计算这些复杂因素引起的墙体内力，因此必须采取适当的构造措施以防止或减轻墙体开裂。

6.6.1　防止或减轻由于温度变化和材料收缩引起墙体开裂的措施

　　砌体结构构件由于温度变化引起热胀冷缩的变形称为温度变形。在砌体结构中绝大部分属于混合结构，各类材料的线膨胀系数是不同的。如混凝土在 $0 \sim 100℃$ 的线膨胀系数 $10 \times 10^{-6}/℃$，烧结黏土砖砌体、蒸压灰砂砖砌体、混凝土砌块砌体的线膨胀系数分别为 $5 \times 10^{-6}/℃$、$8 \times 10^{-6}/℃$、$10 \times 10^{-6}/℃$。可见，在相同温差下，混凝土构件（如屋盖）的变形比砖墙的变形也要大一倍以上。钢筋混凝土楼盖、屋盖和墙体组成的砌体房屋，实际上是一个空间结构。当外界温度发生变化和材料发生收缩时，房屋各部分构件将产生各自不同的变形，这必然引起彼此的制约作用而产生应力，当构件中产生的拉应力超过材料抗拉强度极限值时，裂缝就会产生。

　　当外界温度升高后钢筋混凝土屋盖沿长度方向伸长比砖墙大，使顶层砖墙受拉、受剪，而拉应力分布大体上是墙体中间为零，两端最大。因此在顶层两端内外纵墙或门窗洞口的内上角和外下角出现八字形裂缝（图 6-50a）。

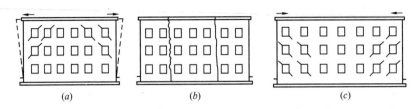

图 6-50　温度变化引起的裂缝

当外界气温降低时，钢筋混凝土楼盖、屋盖产生的温度收缩变形又比墙体大，受到墙体的约束而产生拉应力。此时与屋盖（楼盖）接触处的墙体受压，形成对其余收缩墙体的约束，因此在较长房屋中的屋盖、楼盖连同墙体将会出现多条竖向贯通裂缝并分成多个区段如图 6-50（b）所示。此外，房屋不同部位受外界温度变化的影响程度并不同，房屋上部墙体的收缩比下部靠基础处墙体大，这是因为下部靠基础处墙体的收缩变形受基础约束，这导致外墙等出现斜裂缝如图 6-50（c）所示。

对上述墙体裂缝的防止措施宜采用材料、设计、施工相结合，采用防、放、抗相结合的综合措施。通常采用的防止措施如下：

（1）设置伸缩缝。过长的房屋用温度伸缩缝分割成几个长度较小的独立单元，使每个独立单元内砌体因温度变形和收缩产生的拉应力小于砌体材料的抗拉强度。伸缩缝的间距可按表 6-16 采用。

砌体房屋伸缩缝的最大间距（m）   表 6-16

屋盖或楼盖类别		间　距
整体式或装配整体式 钢筋混凝土结构	有保温层或隔热层的屋盖、楼盖	50
	无保温层或隔热层的屋盖	40
装配式无檩体系 钢筋混凝土结构	有保温层或隔热层的屋盖、楼盖	60
	无保温层或隔热层的屋盖	50
装配式有檩体系 钢筋混凝土结构	有保温层或隔热层的屋盖、楼盖	75
	无保温层或隔热层的屋盖	60
瓦材屋盖、木屋盖或楼盖、轻钢屋盖		100

注：1. 对烧结普通砖、多孔砖、配筋砌块砌体房屋取表中数值，对石砌体、蒸压灰砂砖、蒸压粉煤灰砖和混凝土砌块房屋取表中数值乘以 0.8 的系数。当有实践经验并采取有效措施时，可不遵守本表规定。

2. 在钢筋混凝土屋面上挂瓦的屋盖应按钢筋混凝土屋盖采用。

3. 按本表设置的墙体伸缩缝，一般不能同时防止由于钢筋混凝土屋盖的温度变形和砌体干缩变形引起的墙体局部裂缝。

（2）采用整体式或装配整体式钢筋混凝土屋盖时，宜在屋盖上设置保温层或隔热层；屋面保温（隔热）层或屋面刚性面层及砂浆找平层应设置分隔缝，分隔缝间距不宜大于6m，并与女儿墙隔开，其缝宽不小于 30mm。

（3）采用温度变形小的屋盖体系。如装配式有檩体系钢筋混凝土屋盖和瓦材屋盖。

（4）顶层屋面板下设置现浇钢筋混凝土圈梁，并沿内外墙拉通，房屋两端圈梁下的墙体内宜适当设置水平钢筋。

（5）房屋顶层端部墙体内适当增设构造柱。

（6）顶层挑梁末端下墙体灰缝内设置 3 道焊接钢筋网片（纵向钢筋不宜少于 2φ4，

横筋间距不宜大于 200mm）或 2φ6 钢筋，钢筋网片或钢筋应自挑梁末端伸入两边墙体不小于 1m，如图 6-51 所示。

（7）防止墙体交接处开裂，在墙体转角处和纵横交接处宜沿竖向每隔 400～500mm 设拉结钢筋，其数量为每 120mm 墙厚不少于 1φ6 或焊接钢筋网片，埋入长度从墙的转角或交接处算起，每边不小于 600mm。

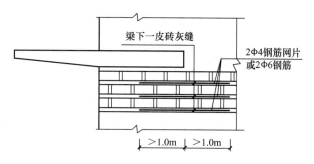

图 6-51 顶层挑梁末端配筋

6.6.2 防止地基不均匀沉降引起的墙体裂缝的措施

当建筑物位于压缩性有较大差异的不同土层时，如图 6-52（a）、图 6-52（b）所示，或当建筑物不同部分荷载有较大差异时，如图 6-52（c）所示，或当建筑物不同部分的结构或基础类型有较大差异时，都会使建筑物产生过大的不均匀沉降，使墙体产生较大内力，导致在墙体薄弱部位产生裂缝。

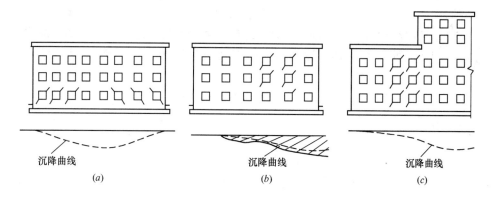

图 6-52 地基不均匀沉降引起的墙体裂缝

为了防止因地基发生过大不均匀沉降在墙体上产生裂缝，同样采用材料、设计、施工相结合，采用防、放、抗相结合的综合措施。一般可采取下列措施：

（1）合理设置沉降缝

与温度伸缩缝不同，沉降缝必须自基础起将缝两侧房屋在结构构造上完全分开。混合结构房屋宜设置沉降缝的部位是：房屋相邻部分的高度或荷载差异较大处；地基土的压缩性有显著差异处；结构刚度差异较大处；基础类型不同处；分期建造房屋的交界处等。

沉降缝最小宽度的确定，要考虑避免相邻房屋因地基沉降不同产生倾斜导致相邻构件相互碰撞，因而与房屋的高度有关。沉降缝的最小宽度一般为：2～3 层房屋取 50～80mm；4～5 层房屋取 80～120mm；5 层以上房屋取大于 120mm。

（2）采用合理的建筑体型

软土地基上的房屋体型应力求简单、规整，避免高低起伏和平面凹凸曲折，房屋的长高比不宜过大。在软土地基上，当房屋的预估最大沉降量大于 120mm 时，房屋的长高比不宜大于 2.5。

（3）增强基础与上部结构的整体刚度

加强基础的整体刚度，如采用交叉条形基础、设置基础圈梁等。上部结构，按构造规定设置圈梁，并与构造柱形成封闭的整体空间结构。合理布置承重墙，尽量将纵墙拉通而不断开、转折；每隔一定的距离设置一道横墙，将内外纵墙连接起来，形成一个具有空间刚度的整体。

（4）施工措施

合理安排施工顺序，分期施工。如先建较重结构单元和埋深大的基础；易受相邻建筑物影响的基础后施工等。

6.7　砌体结构抗震设计

6.7.1　砌体结构抗震设计的基本原则

1. 砌体结构房屋地震破坏的原因

根据多层砌体结构房屋地震破坏的特点，分析其主要原因如下：

（1）由于墙体抗剪强度不足，导致地震作用下墙体产生斜裂缝、墙体破裂、出平面错位，甚至局部崩落，竖向承载能力降低，严重时引起房屋局部甚至全部倒塌。

（2）由于房屋结构布置不合理，内外墙之间、楼板与墙体之间连接薄弱，造成连接破坏，墙体出现平面外失稳、墙体被甩落，楼板随之从墙内或梁上滑落，从而引起房屋破坏。

可见，砌体结构房屋抗震设计时，除了应对结构进行承载力验算外，还应对房屋进行合理的结构选型与布置，同时，采取相应的抗震构造措施，以实现"小震不坏、中震可修、大震不倒"的抗震设防要求。其中，结构选型与布置属于抗震概念设计的内容。

2. 多层砌体房屋的结构布置的主要原则

（1）应优先采用横墙承重或纵横墙共同承重的结构体系

震害调查结果表明，横墙承重房屋的震害轻于纵墙承重房屋。采用横墙承重或纵横墙共同承重体系时，房屋的空间刚度大、整体性好，对抗震有利。因此，砌体结构房屋应优先采用横墙承重或纵横墙共同承重的结构体系。

（2）纵横墙的布置宜均匀对称，沿平面内宜对齐，沿竖向应上下连续；同一轴线上的窗间墙宽度宜均匀

因为墙体是主要的抗侧力构件，纵横墙均匀对称布置且沿平面内对齐，沿竖向上下连续，可使墙体受力明确、传力简洁，同时提高了房屋的整体抗弯能力，减轻震害。除房屋尽端墙体外，窗间墙均匀布置将有利于各墙垛受力均匀，避免应力集中，否则地震时因墙垛刚度相差悬殊，容易造成墙垛各个击破，对抗震不利。

（3）防震缝的设置

房屋的平面最好是矩形的，而 L 形、冂形等非规则平面房屋，因外墙转角较多，故震害较矩形平面房屋的严重。若由于使用要求，在平面上或立面上必须做成复杂的体形时，应采用防震缝将复杂的体形分成若干规则、简单体形的组合，以避免地震时房屋因各部分振动不同而造成破坏。

对于复杂体形的房屋，在下列情况下宜设防震缝：

1）房屋立面高差在 6m 以上；

2）房屋有错层，且楼板高差大于层高的 1/4；

3）各部分结构刚度、质量截然不同。

防震缝应沿房屋全高设置，两侧均应布置墙体，基础可不设防震缝。防震缝的宽度应根据烈度和房屋高度确定，一般取 70～100mm。

（4）楼梯间的设置

房屋的端部和转角处应力相对集中，对地震扭转作用较敏感，容易产生破坏。地震时楼梯间是人员疏散的通道，应控制其震害在轻度破坏以内。因此，楼梯间不宜设置在房屋的尽端和转角处。

（5）转角窗的设置

不应在房屋转角处设置转角窗。

（6）烟道、风道、垃圾通道等的设置

多层砌体房屋墙体中布置烟道、风道、垃圾通道时不应削弱墙体，当墙体被削弱时，应对墙体采取加强措施。同时，也不宜采用无竖向钢筋的附墙烟囱及出屋面的烟囱。

（7）横墙较少、跨度较大的房屋的楼、屋盖的设置

为加强楼、屋盖的整体性，教学楼、医院等横墙较少、跨度较大的房屋，宜采用现浇钢筋混凝土楼、屋盖。

（8）钢筋混凝土预制挑檐的设置

地震时，砖砌女儿墙挑出的檐口倒塌率很高，不应采用。由屋盖挑出的钢筋混凝土预制挑檐需采取锚固措施。

3. 房屋总高度和层数的限制

震害调查统计表明，多层砌体结构房屋的破坏程度随房屋高度的增大和层数的增多而加重，其倒塌率几乎与高度和层数成正比。因此，对多层砌体房屋的高度和层数必须加以限制。《建筑抗震设计规范》对不同砌体结构房屋在不同地震烈度区内的层数和高度作了明确的限制，如表 6-17 所示。

横墙较少的多层砌体房屋，总高度应比表 6-17 的规定降低 3m，层数相应减少一层；各层横墙很少的多层砌体房屋，还应再减少一层。应注意的是，横墙较少是指同一楼层内开间大于 4.2m 的房间占该层总面积的 40% 以上；其中，开间不大于 4.2m 的房间占该层总面积不到 20% 且开间大于 4.8m 的房间占该层总面积的 50% 以上为横墙很少。

6、7 度时，横墙较少的丙类多层砌体房屋，当按规定采取加强措施并满足抗震承载力要求时，其高度和层数应允许仍按表 6-17 的规定采用。

多层砌体房屋的层高不应超过 3.6m，但当使用功能确有需要时，采用约束砌体等加强措施的普通砖墙体的层高不应超过 3.9m。

4. 房屋总高度和总宽度的最大比值

地震时，房屋高宽比越大，地震作用产生的倾覆力矩也越大，倾覆力矩引起的弯曲应力一旦超过砌体的抗拉强度，墙体则会产生水平裂缝。砌体结构的抗弯能力比抗剪能力更差，为了保证砌体房屋的整体稳定性、减轻弯曲造成的破坏，房屋总高度与总宽度的比值应符合表 6-18 的要求。

房屋的层数和总高度限值（m）　　　　　表 6-17

房屋类别		最小抗震墙厚度(mm)	烈度和设计基本地震加速度										
			6		7				8				9	
			0.05g		0.10g		0.15g		0.20g		0.30g		0.40g	
			高度	层数	高度	层数	高度	层数	高度	层数	高度	层数	高度	层数
多层砌体房屋	普通砖	240	21	7	21	7	21	7	18	6	15	5	12	4
	多孔砖	240	21	7	21	7	18	6	18	6	15	5	9	3
	多孔砖	190	21	7	18	6	15	5	15	5	12	4	—	—
	小砌块	190	21	7	21	7	18	6	18	6	15	5	9	3
底部框架—抗震墙砌体房屋	普通砖 多孔砖	240	22	7	22	7	19	6	16	5	—	—	—	—
	多孔砖	190	22	7	19	6	16	5	13	4	—	—	—	—
	小砌块	190	22	7	22	7	19	6	16	5	—	—	—	—

注：1. 房屋的总高度指室外地面到主要屋面板板顶或檐口的高度，半地下室从地下室室内地面算起，全地下室和嵌固条件好的半地下室应允许从室外地面算起；对带阁楼的坡屋面应算到山尖墙的 1/2 高度处；
　　2. 室内外高差大于 0.6m 时，房屋总高度应允许比表中的数据适当增加，但增加量应少于 1.0m；
　　3. 乙类的多层砌体房屋仍按本地区设防烈度查表，其层数应减少一层且总高度应降低 3m；不应采用底部框架—抗震墙砌体房屋；
　　4. 本表小砌块砌体房屋不包括配筋混凝土小型空心砌块砌体房屋。

房屋最大高宽比　　　　　表 6-18

烈度	6	7	8	9
最大高宽比	2.5	2.5	2.0	1.5

注：1. 单面走廊房屋的总宽度不包括走廊宽度；
　　2. 建筑平面接近正方形时，其高宽比宜适当减小。

5. 抗震横墙的最大间距

为了确保横向水平地震作用主要由横墙承担，楼（屋）盖必须具备足够的水平刚度，否则楼（屋）盖在横向水平地震作用下将产生较大的侧移，从而导致纵墙发生平面外的受弯破坏。楼（屋）盖将水平地震作用传递给横墙的水平刚度与横墙间距和楼（屋）盖本身刚度有关。当楼（屋）盖水平刚度一定时，楼（屋）盖本身刚度愈大，横墙间距亦可愈大。多层砌体房屋抗震横墙最大间距不应超过表 6-19 的要求。

6. 房屋局部尺寸的限值

为了使各墙体受力均匀、避免结构中出现抗震薄弱环节，对地震区建造的砌体房屋的某些局部尺寸应加以限制，应符合表6-20的要求。

房屋抗震横墙最大间距（m） 表6-19

房 屋 类 别		烈 度			
		6	7	8	9
多层砌体	现浇或装配整体式钢筋混凝土楼、屋盖	15	15	11	7
	装配式钢筋混凝土楼、屋盖	11	11	9	4
	木楼、屋盖	9	9	4	—
底部框架—抗震墙	上部各层	同多层砌体房屋			—
	底层或底部两层	18	15	11	

注：1. 多层砌体房屋的顶层，除木屋盖外的最大横墙间距应允许适当放宽；

2. 多孔砖抗震横墙厚度为190mm时，最大横墙间距应比表中数值减少3m。

房屋的局部尺寸限值（m） 表6-20

部 位	6 度	7 度	8 度	9 度
承重窗间墙最小宽度	1.0	1.0	1.2	1.5
承重外墙尽端至门窗洞边的最小距离	1.0	1.0	1.2	1.5
非承重外墙尽端至门窗洞边的最小距离	1.0	1.0	1.0	1.0
内墙阳角至门窗洞边的最小距离	1.0	1.0	1.5	2.0
无锚固女儿墙（非出入口处）的最大高度	0.5	0.5	0.5	0.0

注：1. 局部尺寸不足时采取局部加强措施弥补；

2. 出入口处的女儿墙应有锚固。

6.7.2 楼层水平地震剪力分配与抗震承载力验算方法

1. 砌体结构的楼层水平地震剪力分配

楼层水平地震剪力 V_i，根据地震作用的计算规定，一般由各层与 V_i 方向一致的各抗震墙体共同承担，即横向水平地震作用全部由横墙承担，纵向水平地震作用全部由纵墙承担，在各墙体间的分配主要取决于楼、屋盖的水平刚度和各墙体的侧向刚度。

楼层水平地震剪力分配时，首先分配到同一层并且与其方向平行的各道墙上去（第一次分配），对于设有门窗洞口的每道墙，再把其上的地震剪力分配到同一道墙上的某一墙段上去（第二次分配）。由此而来，某一道墙或某一墙段的地震剪力求得后，才能验算各道墙体或各墙段的抗震承载能力。

（1）横向楼层地震剪力在楼层平面内各道抗震横墙间的分配（第一次分配）

根据多层砌体结构房屋的楼、屋盖的水平刚度分为如下三种情况：

1）刚性楼盖房屋。现浇和装配整体式钢筋混凝土楼、屋盖等刚性楼盖房屋，按抗震横墙的侧向刚度的比例分配。设第 i 层共有 m 道抗震横墙，第 i 层第 j 道抗震横墙的地震剪力设计值 V_{ij} 为：

$$V_{ij} = \frac{K_{ij}}{\sum_{j=1}^{m} K_{ij}} V_i \qquad (6\text{-}25)$$

式中 K_{ij}——第 i 层第 j 道抗震横墙的侧向刚度。

根据墙体的侧向刚度的计算（见附录二中墙体的侧向刚度），当同一层墙体的材料及高度相同，并且只考虑剪切变形（因为大部分墙体的高宽比小于1，其弯曲变形可以忽略）时，各楼层地震剪力可按各道抗震横墙的净横截面面积比例进行分配，即上式可简化为：

$$V_{ij} = \frac{A_{ij}}{\sum\limits_{j=1}^{m} A_{ij}} V_i \tag{6-26}$$

式中 A_{ij}——第 i 层第 j 道抗震横墙的净截面面积。

2）柔性楼盖房屋。木楼、屋盖等柔性楼盖房屋，按抗震墙从属面积上重力荷载代表值的比例分配。第 i 层第 j 道抗震横墙的地震剪力设计值 V_{ij} 为：

$$V_{ij} = \frac{G_{ij}}{G_i} V_i \tag{6-27}$$

式中 G_{ij}——第 i 层第 j 道抗震横墙从属面积上的重力荷载代表值；

G_i——第 i 层楼盖上所承担的总重力荷载代表值。

当楼层上重力荷载代表值均匀分布时，上述计算可进一步简化为按各抗震横墙从属面积的比例进行分配，即：

$$V_{ij} = \frac{A_{ij}^f}{A_i^f} V_i \tag{6-28}$$

式中 A_{ij}^f——第 i 层第 j 道抗震横墙的从属面积；

A_i^f——第 i 层楼盖总面积。

须注意的是，此处的从属面积是指抗侧力墙体负担水平地震作用的面积，是依据水平地震作用来划分的重力荷载代表值面积，它与墙体承担竖向静力荷载的负荷面积具有不同的内涵，两者面积不完全相等，后者取决于结构布置及竖向传力途径。如图 6-53（a）中阴影面积为该横墙的水平地震作用从属面积，图 6-53（b）中的阴影面积为该横墙的竖向静力荷载的从属面积。

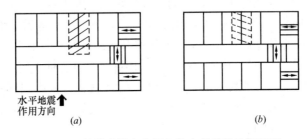

图 6-53   某横墙横向和竖向静力荷载的从属面积

3）中等刚度楼盖。预制钢筋混凝土楼、屋盖等中等刚度楼盖房屋，其抗震横墙所承担的楼层地震剪力，取刚性楼盖和柔性楼盖分配结果的平均值：

$$V_{ij} = \frac{1}{2} \left(\frac{K_{ij}}{\sum\limits_{j=1}^{m} K_{ij}} + \frac{G_{ij}}{G_i} \right) V_i \tag{6-29}$$

对于一般砌体房屋，当同层墙体的材料及高度均相同，忽略墙体弯曲变形，并且楼盖上重力荷载代表值均匀分布时，上述可简化为：

$$V_{ij} = \frac{1}{2} \left(\frac{A_{ij}}{A_i} + \frac{A_{ij}^f}{A_i^f} \right) V_i \tag{6-30}$$

（2）在同一道抗震横墙上各墙段间的地震剪力分配（第二次分配）

在同一道抗震横墙上，门窗洞口间各墙段所承担的地震剪力可按各墙段的侧向刚度比例再进行分配。设第 j 道抗震横墙上共划分出 s 个墙段，则第 r 墙段分配的地震剪力为：

$$V_{jr} = \frac{K_{jr}}{\sum\limits_{r=1}^{m} K_{jr}} V_{ij} \tag{6-31}$$

式中　V_{jr}——第 j 道抗震横墙的第 r 墙段的侧向刚度。

墙段的侧向刚度的计算要根据墙段的高宽比 h/b 的不同而区别对待：当 $h/b \leqslant 1$ 时，墙段的墙体变形以剪切变形为主，忽略剪切变形；当 $1 < h/b \leqslant 4$ 时，墙体变形的弯曲变形、剪切变形均占相当比例，两者变形均应考虑；当 $h/b > 4$ 时，墙体变形以弯曲变形为主，忽略剪切变形，其具体计算公式见本书附录二侧向刚度计算。

（3）纵向楼层地震剪力的分配

因为房屋纵向尺寸远大于横向，并且纵墙的间距一般较小，因此所有楼、屋盖均可按刚性楼盖考虑，即纵向楼层地震剪力的分配可按各纵向墙体的侧向刚度比例进行分配。

2. 墙体抗震承载力验算方法

（1）砌体的抗震抗剪强度设计值

各类砌体沿阶梯形截面破坏的抗震抗剪强度设计值，应按下式确定：

$$f_{vE} = \xi_N f_v \tag{6-32}$$

式中　f_{vE}——砌体沿阶梯形截面破坏的抗震抗剪强度设计值；

　　f_v——非抗震设计的砌体抗剪强度设计值，按表6-6采用；

　　ξ_N——砌体抗震抗剪强度的正应力影响系数，按表6-21采用。

砌体抗震抗剪强度的正应力影响系数 ξ_N　　　　表6-21

砌体类别	σ_0/f_v						
	0.0	1.0	3.0	5.0	7.0	10.0	12.0
普通砖，多孔砖	0.80	0.99	1.25	1.47	1.65	1.90	2.05
混凝土小型砌块	—	1.23	1.69	2.15	2.57	3.02	3.32

注：σ_0 为对应于重力荷载代表值的砌体截面平均压应力。

（2）普通砖、多孔砖墙体的截面抗震抗剪承载力验算

一般情况下，应按下式验算：

$$V \leqslant f_{vE} A / \gamma_{RE} \tag{6-33}$$

式中　V——墙体剪力设计值；

　　f_{vE}——砖砌体沿阶梯形截面破坏的抗震抗剪强度设计值；

　　A——墙体横截面面积，多孔砖取毛截面面积；

　　γ_{RE}——承载力抗震调整系数，对于两端均有构造柱、芯柱的抗震墙取0.9，自承重墙取0.75，其他抗震墙取1.0。

对于水平配筋砖、多孔砖墙体的截面抗震抗剪承载力的验算，小砌块墙体的截面抗震抗剪承载力的验算，可按《建筑抗震设计规范》规定进行。

6.7.3　砌体房屋的抗震构造措施

1. 钢筋混凝土构造柱的设置

（1）多层普通砖、多孔砖砌体房屋的构造柱设置部位

1）一般情况下，房屋构造柱设置的部位应符合表 6-22 的要求。

多层砖砌体房屋构造柱设置要求　　　　　　　　　　　　　表 6-22

房屋层数				设置部位	
6 度	7 度	8 度	9 度		
四、五	三、四	二、三		楼、电梯间四角，楼梯斜梯段上下端对应的墙体处；	隔 12m 或单元横墙与外纵墙交接处；楼梯间对应的另一侧内横墙与外纵墙交接处
六	五	四	二	外墙四角和对应转角；错层部位横墙与外纵墙交接处；	隔开间横墙（轴线）与外墙交接处；山墙与内纵墙交接处
七	≥六	≥五	≥三	大房间内外墙交接处；较大洞口两侧	内墙（轴线）与外墙交接处；内墙的局部较小墙垛处；内纵墙与横墙（轴线）交接处

> 注：较大洞口，内墙指不小于 2.1m 的洞口；外墙在内外墙交接处已设置构造柱时应允许适当放宽，但洞侧墙体应加强。

2）外廊式和单面走廊式的多层房屋，应根据房屋增加一层后的层数，按表 6-22 的要求设置构造柱，且单面走廊两侧的纵墙均应按外墙处理。

3）教学楼、医院等横墙较少的房屋，应根据房屋增加一层后的层数，按表 6-22 的要求设置构造柱；当教学楼、医院等横墙较少的房屋为外廊式或单面走廊式时，应按第 2）款要求设置构造柱，但 6 度不超过四层、7 度不超过三层和 8 度不超过两层时，应按增加两层后的层数对待。

4）各层横墙很少的房屋，应按增加二层的层数设置构造柱。

5）房屋的高度和层数接近表 6-22 的限值时，纵、横墙内构造柱间距尚应符合：横墙内的构造柱间距不宜大于层高的二倍，下部 1/3 楼层的构造柱间距适当减小；当外纵墙开间大于 3.9m 时，应另设加强措施。内纵墙的构造柱间距不宜大于 4.2m。

（2）构造柱的截面与配筋

普通砖、多孔砖房屋，其构造柱的最小截面可采用 240mm×180mm，纵向钢筋宜采用 4φ12，箍筋间距不宜大于 250mm，且在柱上下两端适当加密；6、7 度时超过六层、8度时超过五层和 9 度时，构造柱纵向钢筋宜采用 4φ14，箍筋间距不应大于 200mm；房屋四角的构造柱可适当加大截面及配筋。

构造柱的竖向钢筋末端应做成弯钩，接头可以绑扎，其搭接长度宜为 35 倍钢筋直径，在搭接接头长度范围内的箍筋间距不应大于 100mm，钢筋的搭接接头宜错开。

【例 6-6】某六层砖砌体结构房屋，平面布置如图 6-54 所示，每层层高均为 2.9m，位于抗震设防烈度 8 度区。采用现浇钢筋混凝土楼、屋盖，纵、横墙共同承重。门洞宽度均为 900mm。

试问：确定其构造柱数量。

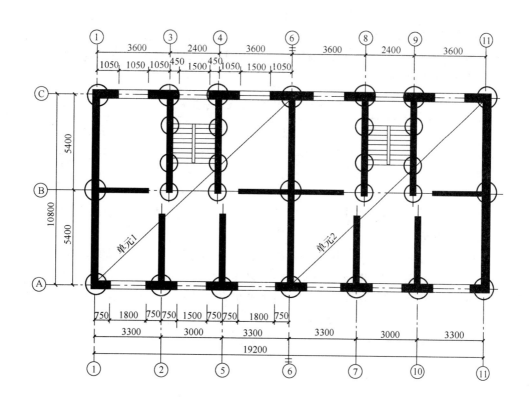

图 6-54　平面布置图

【解】 查表 6-22，8 度、6 层，其构造柱的设置见图 6-54 中的圆圈处，共 29 个。

2. 钢筋混凝土圈梁的设置

（1）多层普通砖、多孔砖砖砌体房屋的圈梁设置要求

1）装配式钢筋混凝土楼、屋盖或木楼、屋盖的砖房，横墙承重时应按表6-23的要求设置圈梁。纵墙承重时，抗震横墙上的圈梁间距应比表内要求适当加密。

2）现浇或装配整体式钢筋混凝土楼、屋盖与墙体有可靠连接的房屋，应允许不另设圈梁，但楼板沿墙体周边应加强配筋并应与相应的构造柱钢筋可靠连接。

3）对于软土地基、液化地基、新近填土地基和严重不均匀地基上的多层砖房，应增设基础圈梁。

多层砖砌体房屋现浇钢筋混凝土圈梁设置要求　　　　表 6-23

墙　类	烈　度		
	6、7	8	9
外墙和内纵墙	屋盖处及每层楼盖处	屋盖处及每层楼盖处	屋盖处及每层楼盖处
内横墙	同上；屋盖处间距不应大于4.5m；楼盖处间距不应大于7.2m；构造柱对应部位	同上；各层所有横墙，且间距不应大于4.5m；构造柱对应部位	同上；各层所有横墙

（2）多层普通砖、多孔砖砖砌体房屋的圈梁的构造要求

圈梁的截面高度不应小于 120mm，配筋应符合表 6-24 的要求。

地基为软土、液化土、新近填土或严重不均匀土时，增设的基础圈梁截面高度不应小于 180mm，配筋不应少于 4ϕ12。

砖房现浇钢筋混凝土圈梁配筋要求   表 6-24

配　　筋	设 防 烈 度		
	6、7	8	9
最小纵筋	4ϕ10	4ϕ12	4ϕ14
最大箍筋间距（mm）	250	200	150

圈梁应闭合，遇有洞口时应上下搭接。圈梁宜与预制板设在同一标高处或紧靠板底。

3. 墙体的拉结

地震时，若纵横墙之间缺乏可靠的连接，容易使墙体脱开，外纵墙外闪塌落。因此，为了确保多层砌体房屋整体刚度，加强纵横墙之间的拉结是重要的抗震构造措施之一。

6、7 度时长度大于 7.2m 的大房间，以及 8 度和 9 度时，外墙转角及内外墙交接处，应沿墙高每隔 500mm 配置 2ϕ6 通长钢筋和ϕ4 分布短筋平面内点焊组成的拉结网片或ϕ4 点焊网片，并每边伸入墙内不宜小于 1m，如图 6-55 所示。

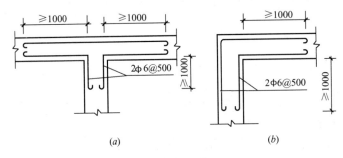

（a）　　　　　　　　　　（b）

图 6-55　砌体墙连接（mm）

4. 屋盖、楼盖的构造要求

（1）现浇钢筋混凝土楼板或屋面板伸进纵、横墙内的长度，均不应小于 120mm，以免地震时板因搁置长度不足与墙体拉开，严重时板塌落。

（2）装配式钢筋混凝土楼板或屋面板，当圈梁未设在板的同一标高时，板端伸进外墙的长度不应小于 120mm，伸进内墙的长度不应小于 100mm，在梁上不应小于 80mm。

（3）当板的跨度大于 4.8m 并与外墙平行时，靠外墙的预制板侧边应与墙或圈梁拉结。

（4）房屋端部大房间的楼盖，6 度时房屋的屋盖和 7～9 度时房屋的楼盖、屋盖，当圈梁设在板底时，钢筋混凝土预制板应相互拉结，并应与梁、墙或圈梁拉结。

（5）楼、屋盖的钢筋混凝土梁或屋架应与墙、柱（包括构造柱）或圈梁可靠连接；不得采用独立砖柱。跨度不小于 6m 大梁的支承构件应采用组合砌体等加强措施，并满足承载力要求。

（6）坡屋顶房屋的屋架应与顶层圈梁可靠连接，檩条或屋面板应与墙及屋架可靠连接，房屋出入口处的檐口瓦应与屋面构件锚固。

5. 楼梯间的构造要求

震害调查表明，楼梯间由于较空旷且受力较大，破坏严重，突出屋顶的楼、电梯间的破坏尤其严重，因此必须采取下列加强措施：

（1）顶层楼梯间横墙和外墙应沿墙高每隔 500mm 设 2φ6 通长钢筋和φ4 点焊网片；7～9 度时其他各层楼梯间墙体应在休息平台或楼层半高处设置 60mm 厚的钢筋混凝土带或配筋砖带，其砂浆强度等级不应低于 M7.5，纵向钢筋不应少于 2φ10。

（2）楼梯间及门厅内墙阳角处的大梁支承长度不应小于 500mm，并应与圈梁连接。

（3）装配式楼梯段应与平台板的梁可靠连接，不应采用墙中悬挑式踏步或踏步竖肋插入墙体的楼梯，不应采用无筋砖砌栏板。

（4）突出屋顶的楼、电梯间，构造柱应伸到顶部，并与顶部圈梁连接，内外墙交接处应沿墙高每隔 500mm 设 2φ6 通长拉结钢筋和φ4 点焊网片。

6. 过梁、阳台的构造要求

门窗洞处不应采用砖过梁，过梁的支承长度，6～8 度时不应小于 240mm，9 度时不应小于 360mm。

6、7 度预制阳台应与圈梁和楼板的现浇板带可靠连接。8、9 度时，不应采用预制阳台。

7. 基础的构造要求

房屋的同一结构单元的基础（或桩承台），宜采用同一类型的基础，底面宜埋置在同一标高上，否则应增设基础圈梁并按 1:2 的台阶逐步放坡。

地基为软弱黏性土、液化土、新近填土或严重不均匀土时，除采取措施消除地基不均匀沉陷或其他不利影响外，尚应在外墙及所有承重墙下设置基础圈梁，以增强抵抗不均匀沉陷的能力和加强房屋的整体性。

对于多层砌块房屋的抗震构造措施，可按《建筑抗震设计规范》规定。

思考题

1. 砌体结构的主要优缺点有哪些？
2. 砌体的块材包括哪些？砂浆的保水性和流动性是指什么？
3. 砌体材料最低强度等级如何确定？
4. 无筋砌体包括哪些？砖砌体砌筑方式主要有哪些？
5. 网状配筋砌体适用于哪些范围？
6. 组合砖砌体的受力性能是什么？
7. 砖砌体的破坏包括哪几个阶段？影响砌体抗压强度的因素有哪些？
8. 砌体轴心受拉强度、弯曲受拉强度和受剪强度主要与哪些因素有关？
9. 砌体强度设计值的调整应考虑哪些因素？
10. 砌体结构房屋的结构布置方案有哪些形式？其各自有何特点？
11. 砌体房屋的空间受力性能是指什么？
12. 砌体房屋静力计算方案分为哪几类？各自应如何确定？
13. 单层刚性方案、弹性方案房屋的承重纵墙的计算简图如何确定？
14. 单层刚弹性方案房屋的承重纵墙的内力分析、计算是如何进行的？
15. 多层刚弹性方案房屋的墙体的内力分析、计算是如何进行的？

16. 无筋砌体受压构件承载力计算中，轴向力的偏心矩应满足什么条件？

17. 砌体结构构件高度 H 应如何确定？带壁柱墙截面的翼缘宽度应如何确定？

18. 砌体局部受压破坏有哪些形式？梁端支承处砌体局部受压有哪些特点？

19. 刚性垫块上梁端有效支承长度应如何确定？

20. 墙、柱高厚比的验算应注意哪些事项？墙、柱的允许高厚比值与哪些因素有关？

21. 非抗震设计时，墙、柱的一般构造要求有哪些？

22. 砖砌平拱过梁和钢筋砖过梁的破坏形式有哪些？

23. 过梁有哪些构造要求？

24. 挑梁的破坏形式有哪些？挑梁的构造要求有哪些？

25. 圈梁的作用是什么？圈梁的构造要求有哪些？

26. 钢筋混凝土构造柱的构造要求有哪些？

27. 墙梁的破坏形式有哪些？墙梁的构造要求有哪些？

28. 温度变化时，砌体房屋裂缝变化规律是什么？防止墙体开裂的措施有哪些？

29. 地基不均匀沉降时，砌体房屋裂缝变化规律是什么？防止地基发生过大不均匀沉降在墙体上产生裂缝，可采取的措施有哪些？

30. 抗震设计时，多层砌体房屋的结构布置包括哪些原则？

31. 抗震设计时，多层砌体房屋的最大高宽比应符合什么要求？

32. 抗震设计时，横向楼层水平地震剪力是如何分配给各墙段的？

33. 墙段的侧移刚度计算有何规定？砌体的抗震抗剪强度设计值应如何确定？

34. 抗震设计时，砖房屋的构造柱设置有哪些要求？构造柱的截面及配筋有哪些构造要求？

35. 抗震设计时，砖房屋的圈梁设置有哪些要求？圈梁的截面及配筋有哪些构造要求？

36. 抗震设计时，砌体房屋的墙体拉结有哪些构造要求？楼梯间有哪些构造要求？

37. 抗震设计时，砌体房屋的屋盖、楼盖有哪些构造要求？

38. 抗震设计时，砌体房屋的基础有哪些构造要求？

习题

6.1　某截面尺寸为 240mm×240mm 的钢筋混凝土小柱支承在厚为 240mm 的砖墙上，如习题图 6.1 所示。墙体采用 MU10 砖、M2.5 混合砂浆砌筑。施工质量控制等级为 B 级。

试问：确定该柱下端支承处墙体的局部受压承载力。

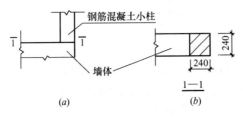

习题图 6.1

6.2　某窗间墙截面尺寸为 1200mm×190mm，采用混凝土小型空心砌块 MU10，孔洞率为 46%，专用砂浆 Mb5 砌筑，施工质量控制等级为 B 级。墙的计算高度为 3.6m，承受偏心压力 N，偏心矩为 50mm。

试问：（1）确定该窗间墙的承载力。

（2）若设该砌体墙孔洞每隔 2 孔灌注 Cb20 混凝土（$f_c = 9.6MPa$），即砌体的灌孔率为 33%，确定该窗间墙的承载力。

6.3　某房屋外纵墙的窗间墙截面尺寸为 120mm×240mm，如习题图 6.3 所示。采用烧结普通砖 MU10、M5 混合砂浆砌筑，墙上支承的钢筋混凝土大梁截面尺寸为 250mm×600mm，梁端荷载设计值产生的支承压力为 80kN，上部荷载设计值产生的轴向力为 50kN。

试问：验算梁端局部受压承载力是否满足。

6.4　在习题 6.3 中，若梁端设置 650mm×240mm×240mm 预制垫块，其他条件不变，如习题图 6.4 所示。

试问：验算梁端局部受压承载力是否满足。

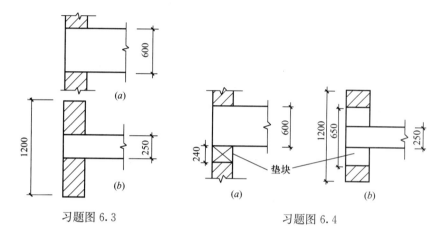

习题图 6.3　　　　　　　　　习题图 6.4

6.5　如习题图 6.5 为某刚性方案房屋的底层局部承重横墙、墙体厚 240mm，采用 MU10 烧结普通砖、M5 混合砂浆。在左图的横墙有门洞 900mm×2100mm，右图有窗洞 900mm×500mm。

试问：分别验算其高厚比是否满足。

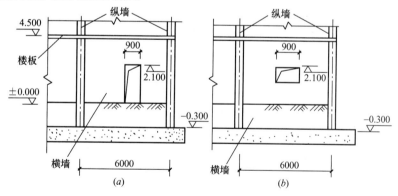

习题图 6.5

6.6　某单层单跨无吊车厂房采用装配式无檩体系屋盖，其纵横承重墙采用烧结普通砖 MU10，壁柱间距 4.5m，每开间有 2.0m 宽的窗洞，车间长 27m。两端设有山墙，每边山墙上设有 4 个 240mm×240mm 构造柱如习题图 6.6 所示，山墙中窗宽均为 2.0m，门宽均为 2.0m。自基础顶面算起山墙高 5.4m，壁柱为 370mm×250mm，墙厚 240mm，砂浆强度等级 M5。

试问：验算该厂房山墙的高厚比及其构造柱间墙的高厚比。

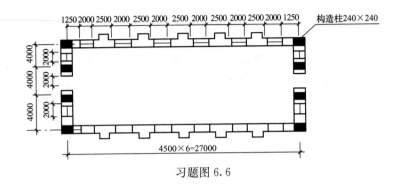

习题图 6.6

7.1 概述

7.1.1 钢结构的特点

钢结构是以钢板、热轧型钢或冷弯薄壁型钢等钢材通过焊缝连接（简称焊接）、螺栓连接或铆接等构筑成的建筑结构。钢结构与其他材料的结构相比，具有如下特点：

（1）强度高而自重轻

钢材与钢筋混凝土、砌体等材料相比，容积密度虽大，但强度却高得多。当承受的荷载和条件相同时，钢构件要比其他材料构件轻得多，制作构件所需的钢材用量相对就少。由于钢构件的截面小而壁薄，其受压时往往由稳定计算和刚度计算所控制，而强度难以充分发挥。

钢材强度高和钢构件自重轻的优越性，在高层建筑、超高层建筑、大跨度结构中表现特别突出。同时，因减轻了竖向荷载，可相应地降低地基与基础部分的造价。

（2）塑性和韧性好

钢材具有良好的塑性（延性）和韧性性能。钢结构在破坏之前产生较大塑性变形，其破坏一般具有塑性性质。钢材的韧性好，使钢结构对动力作用的适应性较强，故承受振动和抗震的结构常用钢结构。

（3）材质均匀，可靠性好

钢材的材质均匀，接近于匀质和各向同性，其力学性能稳定，有较大的弹性工作区域和较明显的塑性工作区域，实际受力状态与力学计算的结果吻合较好，因而计算精度较高，所以钢结构的可靠性好。

（4）制造方便，工业化程度高

钢结构的构件可以在专业化的金属结构加工厂制造，然后运到工地拼装。构件制造精度高，安装方便，施工效率高，施工周期短，并且便于拆、卸、维护、加固和改建，是工业化程度较高的一种结构。

（5）密闭性能好

钢结构密闭性能好，尤其适用于制作要求密闭的板壳结

钢

结

构

构、容器管道等。

钢结构的缺点是：一是耐腐蚀性差，钢材不耐锈且在温度高、有侵蚀性介质的环境中易于锈蚀；二是耐火性较差，当环境温度低于100℃时，钢材的屈服强度和弹性模量变化很小；但当环境温度超过250℃时，其强度和弹性模量降低较多；当环境温度达到600℃以上时，钢材几乎丧失承载能力。因此，当环境温度有可能达到150℃以上时钢结构需要采取隔热和防火措施；三是在低温（一般指低于−20℃）及其他条件下，钢结构可能发生脆性断裂。

7.1.2 钢结构的材料

1. 钢材的性能

（1）钢材的强度

普通碳素结构钢材的应力—应变曲线如图 7-1（a）所示。图中 P、E、S、B 各点对应纵坐标分别为钢材的比例极限 f_p、弹性极限 f_e、屈服点（亦称屈服强度）f_y、抗拉强度（亦称极限强度）f_u。一般地，屈服强度 f_y 是设计时钢材可以达到的最大应力，而抗拉强度 f_u 是钢材在破坏前能够承受的最大应力。屈强比（f_y/f_u）是衡量钢材强度储备的一个系数，屈强比越低，钢材的安全储备越大，但钢材强度的利用率低而不够经济；屈强比过大，安全储备太小而不够安全。

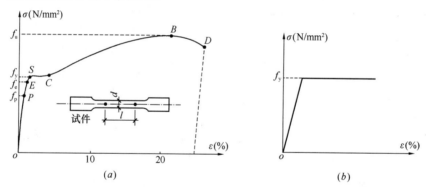

图 7-1 碳素结构钢材的应力—应变曲线和理想弹塑性体的应力—应变曲线
（a）碳素结构钢材的应力—应变曲线；（b）理想弹塑性体的应力—应变曲线

（2）钢材的塑性

塑性是指钢材在应力超过屈服点后，能产生显著的残余变形即塑性变形而不立即断裂的性质。试件被拉断时的绝对变形值与试件原标距之比的百分数，称为伸长率。当试件标距长度 l 与试件直径 d（圆形试件，见图 7-1a）之比为 10 时，表示为 δ_{10}；当该比值为 5 时，表示为 δ_5，$\delta_5 > \delta_{10}$。Q235 钢的 δ_5 大体为 25%。

试件拉断后断面面积缩小值与原截面面积比值的百分数，称为断面收缩率 ψ。

伸长率和断面收缩率代表材料在单向拉伸时的塑性应变的能力。

（3）钢材的韧性

韧性是指钢料在塑性变形和断裂过程中所吸收的能量，是衡量钢材抵抗冲击荷载的指标，其值为图 7-1(a) 中应力—应变曲线与横坐标所包围的面积，面积越大，韧性越高，故韧性是钢材强度和塑性的综合指标。

试验采用图 7-2 所示装置，试件的缺口为梅氏 U 形和夏比 V 形，所得结果以单位截面面积上所消耗的冲击功 α_k 表示，单位为 J/mm^2。由于低温对钢材的脆性破坏有显著影响，在寒冷地区建造的结构不但要求钢材具有常温（20℃）冲击韧性指标，还要求具有负温（0℃、−20℃或−40℃）冲击韧性指标，以保证结构具有足够的抗脆性破坏能力。

（4）钢材的冷弯性能

冷弯性能是指钢材在常温下加工发生塑性变形时对产生裂纹的抵抗能力。它由冷弯试验来确定，如图 7-3 所示，试验时按照规定的弯心直径在试验机上用冲头加压，使试件弯成 180°，如试件外表面不出现裂纹和分层，即为合格。冷弯性能是鉴定钢材在弯曲状态下的塑性应变能力和钢材质量的综合指标。

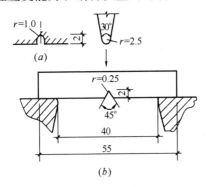
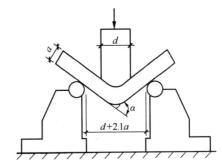

图 7-2 冲击韧性试验

（a）梅氏试件 U 形缺口；（b）夏比试件试验

图 7-3 钢材冷弯试验示意

（5）钢材的可焊性

焊接结构要求钢材具有良好的可焊性，即在一定的材料、结构和工艺条件下，要求钢材施焊后能获得良好的焊接接头性能。可焊性分施工上的可焊性和使用性能上的可焊性两种。前者良好，是指在一定的焊接工艺条件下，焊缝金属和近缝区均不产生裂纹。后者良好，是指焊接接头和焊缝的冲击韧性以及近缝区的塑性，均不低于母材的力学性能。钢材中含碳量增加，将恶化可焊性。因此，焊接结构所使用的钢材，其碳当量应限制不超过 0.45%。

2. 钢材的种类与选用

在建筑工程中采用的钢材按化学成分分类主要是碳素结构钢、低合金高强度结构钢、优质碳素结构钢和高性能结构用钢。

（1）碳素结构钢。按质量等级，它分为 A、B、C、D 四级，由 A 到 D 表示质量由低到高。A 级钢只保证抗拉强度、屈服点、伸长率，必要时尚可附加冷弯试验的要求。B、C、D 级钢均保证抗拉强度、屈服点、伸长率、冷弯和冲击韧性（分别为＋20℃，0℃，−20℃）等力学性能。

按脱氧方法的不同，钢材可分为沸腾钢、镇静钢和特殊镇静钢，分别用符号 F、Z 和 TZ 表示。其中，Z 和 TZ 可以省略不写。A、B 级为沸腾钢或镇静钢；C 级为镇静钢；D 级为特殊镇静钢。

钢的牌号由代表屈服点的字母 Q、屈服点数值、质量等级符号、脱氧方法符号四个部分按顺序组成。如 Q235BF 表示钢材的屈服强度为 235N/mm²，质量等级为 B 级，脱氧方式为沸腾钢。一般钢结构用 Q235。

（2）低合金高强度结构钢。它一般为镇静钢，其质量等级划分为 B、C、D、E 级，无 A 级，主要是要求有在 −40℃ 下的冲击韧性。

（3）优质碳素结构钢。它是在碳素钢和低合金钢基础上冶炼而成，用于桥梁、船舶、压力容器、高强度螺栓等质量要求更高的结构中。

（4）高性能结构用钢，根据《建筑结构用钢板》，用后缀 GJ 表示高性能建筑结构用钢，其质量等级划分为 B、C、D、E 级，无 A 级。如 Q345GJD、Q390GJD。

选择钢材时应考虑的因素有：

（1）结构的重要性。对重型工业建筑结构、大跨度结构、高层建筑结构或超高层建筑结构或重要构筑物等重要结构，应考虑选用质量好的钢材；对一般工业与民用建筑结构，可选用普通质量的钢材。

（2）荷载情况。直接承受动态荷载的结构和强烈地震区的结构应选用综合性能好的钢材；一般承受静态荷载的结构则可选用普通质量的钢材，如 Q235 钢。

（3）连接方法。焊接钢结构必须严格控制碳、硫、磷的极限含量；而非焊接结构对含碳量可降低要求。

（4）结构所处的工作环境。当温度从常温开始下降，特别是在负温度范围内时，钢材的强度虽有提高，但其塑性和韧性降低，材料逐渐变脆，该种性质被称为低温冷脆。因此，低温条件下工作的结构，尤其是焊接结构，应选用具有良好抵抗低温脆断性能的镇静钢。当周围有腐蚀性介质时，应对钢材的耐腐性提出相应要求。

（5）钢材厚度。薄钢材辊轧次数多，轧制的压缩比大，厚度大的钢材压缩比小，因此厚度大的钢材不但强度较低，而且塑性、冲击韧性和焊接性能也较差。

3. 钢材的规格

钢结构所用钢材主要为热轧成型的钢板、型钢，以及冷弯成型的薄壁型钢。

（1）钢板——钢板有薄钢板（厚度为 0.35～4mm）、厚钢板（厚度为 4.5～60mm）和扁钢（厚度为 4～60mm，宽度为 30～200mm）等。钢板用"—宽×厚×长"或"—宽×厚"表示，单位为 mm，如—450×8×3100，—450×8。

（2）型钢——常用轧制型钢是角钢、工字钢、槽钢、H 型钢、T 型钢、钢管等，如图 7-4 所示。

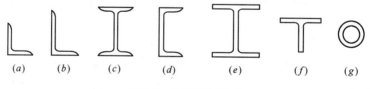

(a)　(b)　(c)　(d)　(e)　(f)　(g)

图 7-4　轧制型钢截面

1）角钢。角钢有等边角钢和不等边角钢两类，分别如图 7-4（a）、图 7-4（b）所示。等边角钢以"L 肢宽×肢厚"表示，不等边角钢以"L 长肢宽×短肢宽×肢厚"表示，单位为 mm，如 L63×5，L100×80×8。

2）工字钢。工字钢截面如图 7-4（c）所示，有普通工字钢和轻型工字钢两种。普通工字钢用"I 截面高度的厘米数"表示，高度 20mm 以上的工字钢，同一高度有三种腹板厚度，分别记为 a、b、c，a 类腹板最薄、翼缘最窄，b 类腹板较厚、翼缘较宽，c 类腹板最厚、翼缘最宽，如 I32a、I32c。同样高度的轻型工字钢的翼缘要比普通工字钢的翼缘宽而薄，腹板亦薄，轻型工字钢可用符号"Q"表示，如 QI32a。

　　3）槽钢。槽钢截面如图 7-4（d）表示，也分普通槽钢和轻型槽钢两种，分别以"[或 Q[截面高度厘米数"表示，如[20a、Q[20b 等。

　　4）H 型钢。H 型钢截面如图 7-4（e）表示，可分为宽翼缘（HW）、中翼缘（HM）、窄翼缘（HN）三类。H 型钢用"高度×宽度×腹板厚度×翼缘厚度"表示，单位为 mm，如 HW340×250×9×14。

　　各种 H 型钢均可剖分为 T 型钢如图 7-4（f）所示，代号分别为 TW、TM 和 TN。T 型钢也用"高度×宽度×腹板厚度×翼缘厚度"表示，单位为 mm，如 TW170×250×9×14。

　　5）钢管。钢管截面如图 7-4（g）所示，有热轧无缝钢管和焊接钢管两种，用"Φ外径×壁厚"来表示，单位为 mm，如 Φ400×6。

　　（3）冷弯薄壁型钢——冷弯薄壁型钢采用薄钢板冷轧制成，常见的截面形状如图 7-5 所示，其壁厚一般为 1.5～5mm，但制作承重结构受力构件的壁厚不宜小于 2mm。

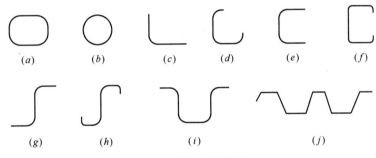

图 7-5　薄壁型钢截面

　　压型钢板是冷弯薄壁型钢的另一种形式，如图 7-5（j）所示，它是用厚度为 0.4～1.6mm 的钢板、镀锌钢板或彩色涂层钢板经冷轧成的波形板。

4. 钢材的设计用强度指标

钢材的设计用强度指标应根据钢材厚度或直径，按表 7-1 采用。

钢材的设计用强度指标　　　　表 7-1

钢材牌号		强度设计值			屈服强度 f_y	抗拉强度 f_u
牌号	厚度或直径（mm）	抗拉、抗压和抗弯 f	抗剪 f_v	端面承压（刨平顶紧）f_{ce}		
Q235	≤16	215	125	320	235	370
	16～40	205	120		225	
Q355	≤16	305	175	400	355	470
	16～40	295	170		345	
Q390	≤16	345	200	415	390	490
	16～40	330	190		380	

续表

钢材牌号		强度设计值			屈服强度 f_y	抗拉强度 f_u
牌号	厚度或直径（mm）	抗拉、抗压和抗弯 f	抗剪 f_v	端面承压（刨平顶紧）f_{ce}		
Q420	≤16	375	215	440	420	520
	16～40	355	205		410	

注：1. 表中厚度系指计算点的钢材厚度，对轴心受拉和轴心受压构件系指截面中较厚板件的厚度；
　　2. 更大厚度或直径的钢材的强度设计值，见《钢结构设计标准》。

7.2 钢结构的连接

7.2.1 钢结构的连接种类

钢结构的连接方法可分为焊缝连接、螺栓连接和铆钉连接三种（图 7-6）。钢结构的连接必须符合安全可靠、传力明确、构造简单、制造方便及节约钢材的原则。

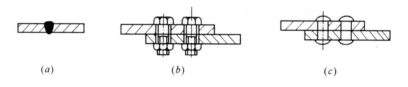

图 7-6 钢结构的连接方法
（a）焊缝连接；（b）螺栓连接；（c）铆钉连接

焊缝连接是指通过将连接处相邻的钢材加热熔化融合后连接在一起，是钢结构最主要的连接方法。其优点是：构造简单，任何形式的构件都可直接相连；用料经济，不削弱截面；制作加工方便，可实现自动化操作；连接的密闭性好，结构刚度大。其缺点是：在焊缝附近的热影响区内局部材质变脆；焊接残余应力和残余变形使受压构件承载力降低；焊接结构对裂纹很敏感，局部裂纹一旦发生，容易扩展到整体；低温冷脆明显。

螺栓连接分普通螺栓连接和高强度螺栓连接。其优点是：安装方便，特别适用于工地安装连接；便于拆、卸，适用于需要装拆结构的连接和临时性连接。其缺点是：需要在板件上开孔和拼装时对孔，增加制造工作量；螺栓孔还使构件截面削弱，连接板件要互相交搭或另加连接件，多费钢材。

铆钉连接由于构造复杂，费钢费工，目前很少采用。但是铆钉连接的塑性和韧性较好，传力可靠，质量易于检查，在一些重型和直接承受动力荷载的结构中，有时仍然采用。

7.2.2 焊缝连接

钢结构的焊缝连接方法，可以采用电弧焊、电阻焊和气焊等。其中，电弧焊的质量比较可靠，是最常用的一种焊接方法。电弧焊又分手工焊、自动焊和半自动焊。手工焊焊条应与焊件金属强度相适应，对 Q235 钢采用 E43 型焊条，Q345 钢和 Q390 钢采用 E50 型或 E55 型焊条，Q420 钢用 E55 型或 E60 型焊条。型号 43、50、55、60 表示焊条金属强度；当不同强度的钢材连接时，宜采用与低强度钢材相匹配的焊接材料。

1. 焊接类型

（1）按被连接的相互位置分为对接、搭接、T 形连接和角部连接（图 7-7）。这些连接所采用的焊缝主要有对接焊缝和角焊缝。

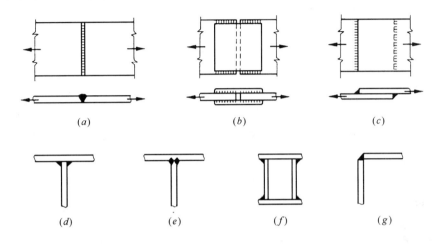

图 7-7　焊缝连接的形式
（a）对接连接；（b）用拼接盖板的对接连接；（c）搭接连接；
（d）、（e）T 形连接；（f）、（g）角部连接

（2）按受力方向，对接焊缝可分为正对接焊缝（图 7-8a）和斜对接焊缝（图 7-8b）；角焊缝可分为正面角焊缝、侧面角焊缝和斜面角焊缝（图 7-8c）。

（3）按施焊位置分为平焊、横焊、立焊和仰焊（图 7-9）。平焊（也称为俯焊），施焊方便。立焊和横焊要求焊工的操作水平比平焊高一些。仰焊操作条件最差，焊缝质量不易保证，尽量避免用仰焊。

2. 焊缝代号、螺栓及其孔眼图例

《焊缝符号表示法》规定：焊缝代号由引出线、图形符号和辅助符号三部分组成。

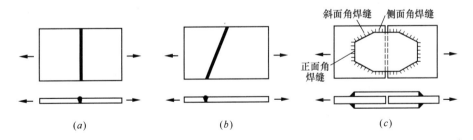

图 7-8　焊缝形式
（a）正对接焊缝；（b）斜对接焊缝；（c）角焊缝

引出线由横线和带箭头的斜线组成。箭头指到图形上的相应焊缝处，横线的上面和下面用来标注图形符号和焊缝尺寸。当引出线的箭头指向焊缝所在的一面时，应将图形符号和焊缝尺寸等标注在水平横线的上面；当箭头指向对应焊缝所在的另一面时，则应将图形

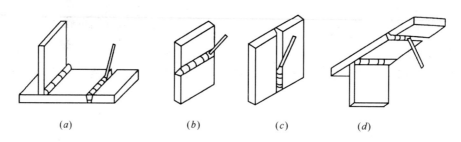

图 7-9　焊缝的施焊位置

(*a*) 平焊；(*b*) 横焊；(*c*) 立焊；(*d*) 仰焊

符号和焊缝尺寸标注在水平横线的下面。必要时，可在水平横线的末端加一尾部作为其他说明之用。

图形符号表示焊缝的基本形式，如用 $\triangle$ 表示角焊缝，用 V 表示 V 形坡口的对接焊缝。

辅助符号表示焊缝的辅助要求，如用 ▶ 表示现场安装焊缝等。

常用焊缝代号，见表 7-2。

焊　缝　代　号　　　　　　　　　　　　　　　表 7-2

	角焊缝				对接焊缝	塞焊缝	三面围焊
	单面焊缝	双面焊缝	安装焊缝	相同焊缝			
形式							
标注方式							

当焊缝分布比较复杂或用上述标注方法不能表达清楚时，在标注焊缝代号的同时，可在图形上加栅线表示（图 7-10）。

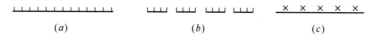

(*a*)　　　　　　　　(*b*)　　　　　　　　(*c*)

图 7-10　用栅线表示焊缝

(*a*) 正面焊缝；(*b*) 背面焊缝；(*c*) 安装焊缝

螺栓及其孔眼图例见表 7-3，在钢结构施工图上需要将螺栓及其孔眼的施工要求用图形表示清楚，以免引起混淆。

螺栓及其孔眼图例 表 7-3

名称	永久螺栓	高强度螺栓	安装螺栓	圆形螺栓孔	长圆形螺栓孔
图例					

3. 对接焊缝的构造要求

对接焊缝，如图 7-8（a）、图 7-8（b）所示，构造简单，传力直接，用料经济，当保证焊缝质量时，其强度与主体金属强度相当，而且传力平顺均匀，没有明显的应力集中，对于承受动力荷载作用的结构最为有利。但是，这种连接在施焊前，焊件边缘需根据不同厚度加工，做成各种坡口形状，以保证焊透，故又称为坡口焊缝。坡口形式与焊件厚度有关。当焊件厚度很小（手工焊 6mm，埋弧焊 10mm）时，可用直边缝。对于一般厚度的焊件可采用具有斜坡口的单边 V 形或 V 形焊缝。对于较厚的焊件（$t>20$mm），则采用 U 形、K 形和 X 形坡口，如图 7-11(a)～(f)所示。对于 V 形缝和 U 形缝，需对焊缝根部进行补焊。

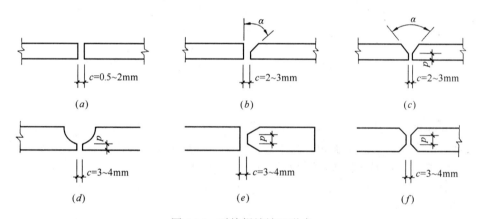

图 7-11 对接焊缝坡口形式

在对接焊缝的拼接处，当焊件的宽度不同或厚度不同时，应分别在宽度方向或厚度方向从一侧或两侧做成坡度不大于 1∶2.5 的斜坡图 7-12（a）、图 7-12（b），以使截面过渡和缓，减少应力集中。在焊缝的起灭弧处，要设置引弧板和引出板（图 7-12c），焊后将它割除。对受静力荷载的结构设置引弧（出）板有困难时，允许不设引弧（出）板，但焊缝计算长度 l_w 等于实际长度减 $2t$（t 为较薄焊件厚度）。

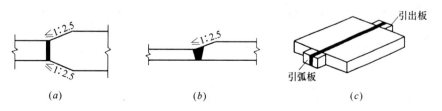

图 7-12 不同宽度或厚度的钢板连接

4. 角焊缝的构造要求

角焊缝焊接时将焊件互相交搭，不需加工坡口，施焊比较方便，是钢结构焊缝基本形式之一，应用广泛；其缺点是传力线曲折，受力情况较复杂，有应力集中现象，也较费材料。

角焊缝按剖面形式，分为普通形、平坡形和凹形，如图 7-13(a)～(c)所示。一般采用普通形，但在端焊缝中它使传力线弯折，应力集中严重，故直接承受动力荷载的结构中的端焊缝宜用平坡形（长边顺内力方向），也可采用凹形。角焊缝的主要尺寸是焊脚尺寸 h_f 和焊缝计算长度 l_w。考虑起弧和灭弧影响，l_w 取实际长度减去 $2h_f$。

角焊缝的焊脚尺寸 h_f 应与焊件的厚度相适应，不宜过大或过小。焊脚尺寸不宜过小，以保证焊缝的最小承载能力，并防止焊缝因冷却过快而产生裂纹。《钢结构设计标准》规定的角焊缝最小焊脚尺寸，见表 7-4。

角焊缝最小焊脚尺寸（mm）

表 7-4

母材厚度 t	角焊缝最小焊脚尺寸 h_f
$t \leqslant 6$	3
$6 < t \leqslant 12$	5
$12 < t \leqslant 20$	6
$t > 20$	8

注：1. 采用不预热的非低氢焊接方法进行焊接时，t 等于焊接连接部位中较厚件厚度，宜采用单道焊缝；采用预热的非低氢焊接方法或低氢焊接方法进行焊接时，t 等于焊接连接部位中较薄件厚度。

2. 焊缝尺寸 h_f 不要求超过焊接连接部位中较薄件厚度的情况除外。

角焊缝的焊脚尺寸 h_f 也不宜太大，以避免焊缝冷却收缩而产生较大的焊接残余变形，且热影响区扩大，容易产生脆裂，较薄焊件易烧穿。搭接角焊缝沿母材棱边的最大焊脚尺寸，当板厚不大于 6mm 时，应为母材厚度，当板厚大于 6mm 时，应为母材厚度减去 1～2mm，分别如图 7-13(d)、(e)所示。除钢管结构外，角焊缝的焊脚尺寸不宜大于较薄焊件厚度的 1.2 倍。

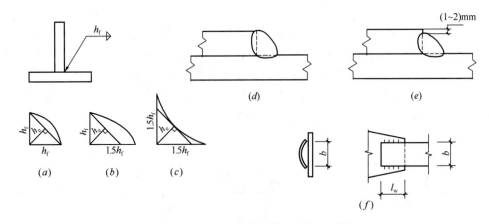

图 7-13　角焊缝的截面形式与构造要求

角焊缝的长度 l_w 不宜过小，长度过小会使杆件局部加热严重，且起弧和弧坑相距太近，加上一些可能产生的缺陷，使焊缝不够可靠。所以，侧面角焊缝和正面角焊缝的计算长度不得小于 $8h_f$ 或 40mm。

侧面角焊缝的计算长度也不宜过大。侧面角焊缝的应力沿长度分布不均匀，焊缝越长其差别也越大，太长时焊缝两端应力可能已经达到极限强度而破坏，此时焊缝中部还未充分发挥其承载力。这种应力分布的不均匀性，对承受动力荷载的结构尤其不利。因此，非搭接的侧面角焊缝的计算长度不宜大于 $60h_f$；搭接的侧面角焊缝，当其焊缝计算长度 l_w 超过 $60h_f$ 时，焊缝的承载力设计值应考虑折减系数 α_f，$\alpha_f = 1.5 - l_w/(120h_f)$，并且不小于 0.5，同时，$l_w$ 不应超过 $180h_f$。但是，若内力沿侧面角焊缝（非搭接或搭接）全长分布时，其计算长度不受此限。

当型钢构件仅在两边用侧面角焊缝连接时，为了避免应力传递的过分弯折而使型钢板件应力过分不均匀，每条焊缝长度 l_w 不宜小于图 7-13(f) 所示两侧面角焊缝之间的距离 b；同时为了避免因焊缝横向收缩时引起板件拱曲太大，故要求 b 不应大于 200mm；当宽度大于 200mm 时，应加横向角焊缝或中间塞焊。

5. 焊缝的强度指标

焊缝的强度指标应按表 7-5 采用。其中，焊缝质量等级按《钢结构工程施工质量验收标准》规定，对接焊缝分为一级、二级、三级；角焊缝为二级、三级。三级焊缝只要求对全部焊缝作外观检查并符合三级质量标准；一级、二级对接焊缝除外观检查外，还要求一定数量的超声波检验并符合相应级别的质量标准。

计算下列情况的连接时，表 7-5 规定的强度设计值应乘以相应的折减系数；几种情况同时存在时，其折减系数应连乘：

（1）施工条件较差的高空安装焊缝应乘以系数 0.9；

（2）进行无垫板的单面施焊对接焊缝的连接计算应乘折减系数 0.85。

（3）按轴心受力计算的单角钢单面连接时应乘以系数 0.85。

焊缝的强度指标（N/mm²）　　　　　　　　　　　　　　表 7-5

焊接方法和焊条型号	构件钢材		对接焊缝强度设计值				角焊缝强度设计值	对接焊缝抗拉强度 f_u^w	角焊缝抗拉、抗压和抗剪强度 f_u^f
	牌号	厚度或直径（mm）	抗压 f_c^w	焊缝质量为下列等级时，抗拉 f_t^w		抗剪 f_v^w	抗拉、抗压和抗剪 f_f^w		
				一级、二级	三级				
自动焊、半自动焊和 E43 型焊条手工焊	Q235	≤16	215	215	185	125	160	415	240
		>16，≤40	205	205	175	120			
		>40，≤100	200	200	170	115			
自动焊、半自动焊和 E50、E55 型焊条手工焊	Q355	≤16	305	305	260	175	200	480（E50）540（E55）	280（E50）315（E55）
		>16，≤40	295	295	250	170			
		>40，≤63	290	290	245	165			
		>63，≤80	280	280	240	160			
		>80，≤100	270	270	230	155			

续表

焊接方法和焊条型号	构件钢材		对接焊缝强度设计值				角焊缝强度设计值	对接焊缝抗拉强度 f_u^w	角焊缝抗拉、抗压和抗剪强度 f_u^f
	牌号	厚度或直径（mm）	抗压 f_c^w	焊缝质量为下列等级时，抗拉 f_t^w		抗剪 f_v^w	抗拉、抗压和抗剪 f_f^w		
				一级、二级	三级				
自动焊、半自动焊和 E50、E55 型焊条手工焊	Q390	≤16	345	345	295	200	200 (E50) 220 (E55)	480 (E50) 540 (E55)	280 (E50) 315 (E55)
		>16，≤40	330	330	280	190			
		>40，≤63	310	310	265	180			
		>63，≤100	295	295	250	170			

注：1. 对接焊缝在受压区的抗弯强度设计值取 f_c^w，在受拉区的抗弯强度设计值取 f_t^w。

2. 表中厚度系指计算点的钢材厚度，对轴心受拉和轴心受压构件系指截面中较厚板件的厚度。

6. 焊缝的计算

（1）对接焊缝的计算

在对接接头和 T 形接头中，垂直于轴心拉力或轴心压力的对接焊缝或对接与角接组合焊缝中，其强度应按下式计算，如图 7-8(a)、(b) 所示：

$$\sigma = \frac{N}{l_w h_e} \leqslant f_t^w \text{ 或 } f_c^w \qquad (7-1)$$

式中　N——轴心拉力或轴心压力设计值；

h_e——对接焊缝的计算厚度，在对接连接节点中取连接件的较小厚度，在 T 形连接节点中取腹板的厚度；

l_w——焊缝的计算长度，无法采用引弧板和引出板施焊时，每条焊缝实际长度减 $2t$；

f_t^w、f_c^w——分别为对接焊缝的抗拉、抗压强度设计值。

当承受轴心力的钢板用斜焊缝对接，焊缝与作用力间的夹角 θ 符合 $\tan\theta \leqslant 1.5$ 时，其强度可不计算。

在对接接头和 T 形接头中，承受弯矩和剪力共同作用的对接焊缝或对接与角接组合焊缝中，其正应力和剪应力应分别进行计算。

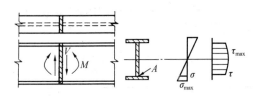

图 7-14　梁腹板横向对接焊缝的应力

但在同时受有较大正应力和剪应力处（如梁腹板横向对接焊缝的端部，如图 7-14 中 A 点处），应按下式计算折算应力：

$$\sqrt{\sigma^2 + 3\tau^2} \leqslant 1.1 f_t^w \qquad (7-2)$$

（2）角焊缝的计算

在通过焊缝形心的拉力、压力或剪力作用下：

正面角焊缝，作用力垂直于焊缝长度方向，如图 7-8（c）所示：

$$\sigma_f = \frac{N}{h_e l_w} \leqslant \beta_f f_f^w \qquad (7-3)$$

侧面角焊缝，作用力平行于焊缝长度方向，如图 7-8 (c) 所示：

$$\tau_{\mathrm{f}} = \frac{N}{h_{\mathrm{e}}l_{\mathrm{w}}} \leqslant f_{\mathrm{f}}^{\mathrm{w}} \tag{7-4}$$

直角角焊缝在各种应力综合作用，σ_{f} 和 τ_{f} 共同作用处：

$$\sqrt{\left(\frac{\sigma_{\mathrm{f}}}{\beta_{\mathrm{f}}}\right)^2 + \tau_{\mathrm{f}}^2} \leqslant f_{\mathrm{f}}^{\mathrm{w}} \tag{7-5}$$

式中　σ_{f}——按焊缝有效截面（$h_{\mathrm{e}}l_{\mathrm{w}}$）计算，垂直于焊缝长度方向的应力；

　　　τ_{f}——按焊缝有效截面计算，沿焊缝长度方向的剪应力；

　　　h_{e}——角焊缝的计算厚度，当两焊件间隙 $b \leqslant 1.5\mathrm{mm}$ 时，$h_{\mathrm{e}} = 0.7h_{\mathrm{f}}$，当 $1.5\mathrm{mm} < b \leqslant 5\mathrm{mm}$ 时，$h_{\mathrm{e}} = 0.7(h_{\mathrm{f}} - b)$，$h_{\mathrm{f}}$ 为焊脚尺寸；

　　　l_{w}——角焊缝的计算长度，每条焊缝取其实际长度减去 $2h_{\mathrm{f}}$；

　　　$f_{\mathrm{f}}^{\mathrm{w}}$——角焊缝强度设计值；

　　　β_{f}——正面角焊缝的强度设计值增大系数，对承受静力荷载和间接承受动力荷载的结构，$\beta_{\mathrm{f}} = 1.22$；对直接承受动力荷载的结构，$\beta_{\mathrm{f}} = 1.0$。

【例 7-1】　与节点板单面连接的等边单角钢轴心受压杆件，厚度为 10mm，采用 Q235 钢。$\lambda = 100$，工地高空安装采用角焊缝焊接，焊条采用 E43 型，施工条件较差。

试问：计算焊缝连接时采用的角焊缝强度设计值。

【解】

(1) 查表 7-5 可得，角焊缝强度设计值为 160N/mm²。

(2) 施工条件较差的高空安装焊缝连接乘以系数 0.90；单面连接，应乘以 0.9；

(3) 所以应采用的角焊缝强度设计值 $f = 0.9 \times 0.9 \times 160 = 129.6$N/mm²。

【例 7-2】　如图 7-15 所示钢板，$a = 540\mathrm{mm}$，$t = 22\mathrm{mm}$，轴心拉力设计值 $N = 2150\mathrm{kN}$。钢材为 Q235B，手工焊，焊条为 E43 型，三级质量检验标准的焊缝，采用有垫板的单面施焊的对接焊缝，施焊时加引弧板和引出板。

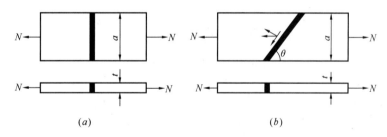

(a)　　　　　　　　　　　(b)

图 7-15　对接焊缝受轴心力

试问：验算对接焊缝的强度。

【解】

查表 7-5 可得：$f_{\mathrm{t}}^{\mathrm{w}} = 175\mathrm{N/mm^2}$，$f_{\mathrm{v}}^{\mathrm{w}} = 120\mathrm{N/mm^2}$

图 7-15 (a) 中，焊缝计算长度 $l_{\mathrm{w}} = 540\mathrm{mm}$，则焊缝应力为：

$$\sigma = \frac{N}{l_{\mathrm{w}}h_{\mathrm{e}}} = \frac{2150 \times 10^3}{540 \times 22} = 181\mathrm{N/mm^2} > f_{\mathrm{t}}^{\mathrm{w}} = 175\mathrm{N/mm^2}$$

故不满足要求，改用斜对接焊缝，取截割斜度为 1.5：1，即 $\theta = 56°$，焊缝长度 $l_{\mathrm{w}} =$

$\dfrac{a}{\sin\theta}=\dfrac{540}{\sin56°}=651\text{mm}$，此时焊缝的正应力为：

$$\sigma=\frac{N\sin\theta}{l_{\mathrm{w}}h_{\mathrm{e}}}=\frac{2150\times10^3\times\sin56°}{651\times22}=124\text{N/mm}^2<f_{\mathrm{t}}^{\mathrm{w}}=175\text{N/mm}^2$$

此时剪应力为（取平均剪应力）：

$$\tau=\frac{N\cos\theta}{l_{\mathrm{w}}h_{\mathrm{e}}}=\frac{2150\times10^3\cos56°}{651\times22}=84\text{N/mm}^2<f_{\mathrm{v}}^{\mathrm{w}}=120\text{N/mm}^2$$

这说明当 $\tan\theta\leqslant1.5$ 时，焊缝强度能够保证，可不必计算。

1）角钢连接计算。如图 7-16 所示，当角钢用角焊缝连接时，虽然轴心力通过截面形心，但由于截面形心到角钢肢背和肢尖的距离不等，故肢背角焊缝和肢尖角焊缝受力不相等。根据力的平衡关系可求出各角焊缝的受力。

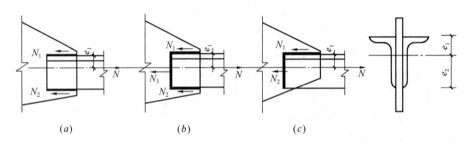

图 7-16   角钢连接计算

（a）侧向角焊缝连接；（b）三面围焊连接；（c）L 形焊缝连接

当两边仅用侧面角焊缝连接时，如图 7-16（a）所示，肢背、肢尖角焊缝分别按下式计算：

肢背角焊缝承担的力：
$$N_1=\frac{e_2}{e_1+e_2}N=K_1N$$

肢尖角焊缝承担的力：
$$N_2=\frac{e_2}{e_1+e_2}N=K_2N$$

式中 K_1、K_2——分别为角钢角焊缝内力分配系数，见表 7-6。

角钢角焊缝的内力分配系数   表 7-6

角钢类型	连接形式	内力分配系数	
		肢背 K_1	肢尖 K_2
等肢角钢		0.7	0.3
不等肢角钢短肢连接		0.75	0.25
不等肢角钢长肢连接		0.65	0.35

当采用三面围焊时，如图 7-16（b），肢背、肢尖角焊缝分别按下式计算：

肝背角焊缝承担的力：

$$N_1 = \frac{e_2}{e_1 + e_2} N - \frac{N_3}{2} = K_1 N - \frac{N_3}{2}$$

肢尖角焊缝承担的力：

$$N_2 = \frac{e_2}{e_1 + e_2} - \frac{N_3}{2} = K_2 N - \frac{N_3}{2}$$

正面角焊缝承担的力：

$$N_3 = 0.7 h_f \sum l_{w3} \beta_f f_f^w$$

式中 l_{w3}——端部正面角焊缝的计算长度。

L 形焊缝，如图 7-16 (c)，通常为绕角焊，正面角焊缝和肝背角焊缝分别按下式计算：

正面角焊缝承担的力： $N_3 = 0.7 h_f \sum l_{w3} \beta_f f_f^w$

肢背角焊缝承担的力： $N_1 = N - N_3$

【例 7-3】 图 7-17 所示角焊缝与连接板的三面围焊连接中，轴心拉力设计值 $N = 800$kN（静力荷载），双角钢为 2L110×70×10（长肢相连），连接板厚度为 12mm，钢材 Q235，焊条 E43 型，手工焊。角钢肢背、肢尖及端部的焊脚尺寸 h_f 均为 8mm。

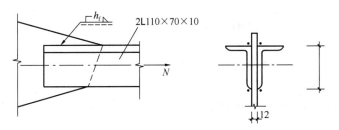

图 7-17 三面围焊连接（mm）

试问： 确定所需焊缝长度。

【解】

查表 7-5 可得： $f_f^w = 160 \text{N/mm}^2$

端缝能承受的内力为： $N_3 = 2 \times 0.7 h_f l_w \beta_f f_f^w = 2 \times 0.7 \times 8 \times 110 \times 1.22 \times 160 = 240$kN

肢背和肢尖各分担的内力为：

$$N_1 = K_1 N - \frac{N_3}{2} = 0.65 \times 800 - \frac{240}{2} = 400 \text{kN}$$

$$N_2 = K_2 N - \frac{N_3}{2} = 0.35 \times 800 - \frac{240}{2} = 160 \text{kN}$$

肢背和肢尖焊缝需要的实际长度为：

$$l_1 = \frac{N_1}{2 \times 0.7 h_f f_f^w} + h_f = \frac{400 \times 10^3}{2 \times 0.7 \times 8 \times 160} + 8 = 231 \text{mm}, \text{ 取 } 235 \text{mm}$$

$$l_2 = \frac{N_2}{2 \times 0.7 h_f f_f^w} + h_f = \frac{160 \times 10^3}{2 \times 0.7 \times 8 \times 160} + 8 = 97 \text{mm}, \text{ 取 } 100 \text{mm}$$

复核：最小计算长度为 $8h_f = 8 \times 8 = 64$mm 或 40mm，l_1、l_2 均满足；

最大计算长度为 $60h_f = 60 \times 8 = 480$mm，$l_1$、$l_2$ 不考虑折减。

2）弯矩、剪力和轴心力共同作用下角焊缝的计算。如图 7-18 所示，角焊缝同时承受弯矩 M、剪力 V 和轴力 N 的共同作用，应分别计算角焊缝在 M、V、N 作用下的应力，然后再按式（7-5）进行验算。

在弯矩 M 作用下（图 7-18），其最大应力为：$\sigma_A^M = \dfrac{M}{W_w} \leqslant \beta_f f_f^w$

式中 W_w——角焊缝有效截面的截面模量，$W_w = \frac{1}{6}\sum h_e l_w^2$。

当求出 σ_A^M、σ_A^N 和 τ_A^V 后，再按式（7-5）进行验算，即：$\sqrt{\left(\frac{\sigma_A^M + \sigma_A^N}{\beta_f}\right)^2 + (\tau_A^V)^2} \leqslant f_f^w$。

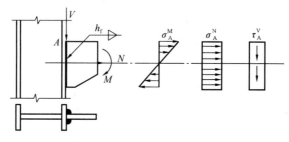

图 7-18 弯矩、剪力和轴心力共同作用时角焊缝应力

【例 7-4】 图 7-19 为角焊缝的连接，材料为 Q235 钢，承受静力荷载。焊条 E43 型、手工焊，$h_f = 8mm$，$f_f^w = 160N/mm^2$。

试问：确定该连接的最大偏心力设计值 F。

【解】

计算焊缝截面的几何特性，焊缝计算长度 l_w 为：$480 - 2h_f = 480 - 2\times 8 = 464mm$。

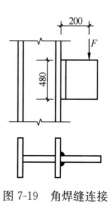

图 7-19 角焊缝连接

$$W_w = 2\times\frac{1}{6}\times 0.7h_f\times l_w^2 = 2\times\frac{1}{6}\times 0.7\times 8\times 464^2 = 4.02\times 10^5 mm^4$$

$$A_w = 2\times 0.7\times 8\times 464 = 5197mm^2$$

角焊缝的应力为：

$$\sigma_f = \frac{M}{W_w} = \frac{0.2F\times 10^6}{4.02\times 10^5} = 0.50F$$

$$\tau_f = \frac{V}{A_w} = \frac{F\times 10^6}{5197} = 0.19F$$

由式（7-5）可得：

$$\sqrt{\left(\frac{\sigma_f}{\beta_f}\right)^2 + \tau_f^2} = \sqrt{\left(\frac{0.50F}{1.22}\right)^2 + (0.19F)^2} \leqslant 160$$

解之得：$F \leqslant 354.2kN$

7.2.3 螺栓连接

1. 普通螺栓与高强度螺栓

普通螺栓分为 A、B、C 三级。A 级和 B 级为精制螺栓，C 级为粗制螺栓。A 级和 B 级螺栓材料性能等级为 5.6 级或 8.8 级，C 级则为 4.6 级或 4.8 级，其个位数代表抗拉强度 $100N/mm^2$ 的倍数，小数代表屈服强度与抗拉强度之比。

A、B 级精制螺栓的螺栓直径与螺孔直径相差 0.2～0.5mm，性能好，但要求高，制作和安装复杂，目前已很少采用。C 级螺栓的孔径比螺栓直径大 1.0～1.5mm，一般用于沿螺栓杆轴心受拉的连接中，以及次要结构的抗剪连接或安装时的临时固定。

高强度螺栓的形状、连接构造与普通螺栓基本相同。两者的主要区别是：普通螺栓连接依靠杆身承压和抗剪来传递剪力如图 7-20（a），在扭紧螺母时产生的预拉力很小，其影响不予考虑；高强度螺栓连接的工作原理则是有意给螺栓施加很大的预拉力，使被连接件接触面之间产生挤压力，因而垂直于螺杆方向有很大摩擦力，依靠这种摩擦力来传递连接剪力如图 7-20（b）。

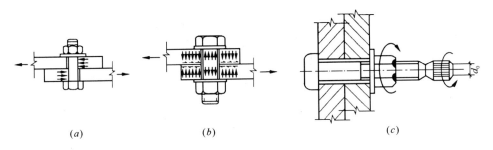

图 7-20　螺栓连接

（a）普通螺栓；（b）高强度螺栓；（c）扭剪型高强度螺栓

高强度螺栓的杆身、螺帽和垫圈都用优质碳素钢或合金钢经热处理工艺制成，具有较高的强度和一定的塑性及韧性。高强度螺栓分为 8.8 和 10.9 两级，材质主要采用 45 号钢、40B 钢、20MnTiB 钢等。

高强度螺栓分为摩擦型连接和承压型连接。摩擦型连接依靠被连接件间的摩擦阻力传力，剪力等于摩擦力时，即为设计极限荷载。承压型连接的传力特征是剪力超过摩擦力时，构件间发生相互滑动，螺栓杆身与孔壁接触，由摩擦力和杆身的剪切、承压共同传力；至构件间产生较大的塑性变形或接近破坏时，荷载主要由杆身承担。高强度螺栓承压型连接的承载力比摩擦型连接高得多，但变形较大，不适用于承受动力荷载的连接。

高强度螺栓的预拉力，是通过扭紧螺母实现的。普通高强度螺栓一般采用力矩法、转角法，扭剪型高强度螺栓则采用扭断螺栓尾部以控制预拉力。其中，力矩法是用可直接显示扭矩的特制扳手，利用事先测定的扭矩与螺栓拉力之间的关系施加扭矩，并计入超张拉值。

转角法分初拧和终拧两步。初拧是用普通扳手使被连接构件相互紧密贴合；终拧是以初拧位置为起点，按螺栓直径和板层厚度所确定的终拧角度，用强有力的扳手旋转螺母，拧至该角度值时，螺栓的拉力即达预拉力数值。

扭剪型高强度螺栓的受力特征与普通高强度螺栓相同，只是施加预拉力的方法为拧断螺栓尾部，如图 7-20（c）中 d_0 直径处，以控制预拉力数值。这种螺栓施加预拉力简单、准确。

2. 螺栓的构造要求

螺栓在构件上的排列通常分为并列和错列两种形式，它们的最大、最小容许距离如图 7-21 所示。螺栓间距过小，会使螺栓周围应力相互影响，也会使构件截面削弱过多，降低承载力，也不便于施工安装操作；间距过大，则会使连接件间不能紧密贴合，在受压时容易发生鼓曲现象，且一旦潮气侵入缝隙，还会使钢材生锈。

螺栓连接除了满足上述螺栓排列的容许距离外，根据不同情况，还应满足下列构造要求：

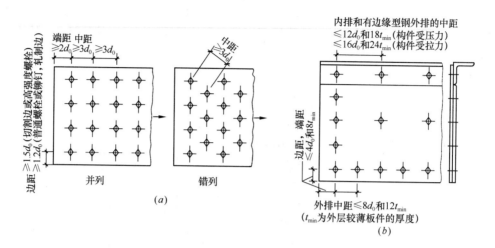

图 7-21   螺栓的排列

(a) 最小容许距离；(b) 最大容许距离

（1）每一杆件在节点上以及拼接接头的一端，永久性的螺栓数不宜少于两个。对于组合构件的缀条，其端部连接可采用一个螺栓。

（2）C 级螺栓宜用于沿其杆轴方向受拉的连接，但是在承受静力荷载或间接承受动力荷载结构中的次要连接，在承受静力荷载的可拆卸结构的连接，以及临时固定构件用的安装连接，也可采用 C 级螺栓受剪。

（3）对于直接承受动力荷载的普通螺栓受拉连接应采用双螺母或其他防止螺母松动的有效措施。如采用弹簧垫圈，或将螺母和螺杆焊死等方法。

注意，计算螺栓孔引起的截面削弱时，可取 $d+4mm$ 和 d_0 的较大值，d 为螺栓公称直径，d_0 为孔径。

角钢上的螺栓线距见表 7-7。

角钢上螺栓线距（mm）   表 7-7

单行排列	b	45	50	56	63	70	75	80	90	100	110	125			
	e	25	30	30	35	40	45	45	50	55	60	70			
	d_{0max}	13.5	15.5	17.5	20	22	22	24	24	24	26	26			
双行错列	b	125	140	160	180	200	双行并列	b	140	160	180	200			
	e_1	55	60	65	65	80		e_1	55	60	65	80			
	e_2	35	45	50	80	80		e_2	60	70	80	80			
	d_{0max}	24	26	26	26	26		d_{0max}	20	22	26	26			

注：d_{0max} 为最大螺栓孔径。

3. 普通螺栓连接的强度设计值

普通螺栓连接的强度设计值，按表 7-8 采用。

普通螺栓连接的强度设计值（N/mm²）　　　　　表 7-8

螺栓的性能等级、锚栓和构件钢材的牌号		普通螺栓						锚栓
		C 级螺栓			A 级、B 级螺栓			
		抗拉 f_t^b	抗剪 f_v^b	承压 f_c^b	抗拉 f_t^b	抗剪 f_v^b	承压 f_c^b	抗拉 f_t^a
普通螺栓	4.6级、4.8级	170	140	—	—	—	—	—
	5.6级	—	—	—	210	190	—	—
	8.8级	—	—	—	400	320	—	—
锚栓	Q235	—	—	—	—	—	—	140
	Q355	—	—	—	—	—	—	180
构件	Q235	—	—	305	—	—	405	—
	Q355	—	—	385	—	—	510	—
	Q390	—	—	400	—	—	530	—
	Q420	—	—	425	—	—	560	—

注：承压型连接高强度螺栓的强度设计值，见《钢结构设计标准》。

4. 普通螺栓连接的计算

（1）抗剪承载力计算

抗剪螺栓连接可能的破坏形式有（图 7-22）：螺栓杆剪断、孔壁压坏、钢板被拉断、板端被剪断和螺栓杆弯曲。其中，螺栓杆剪断、孔壁压坏、钢板被拉断需要通过计算来保证连接的安全，而板端被剪断、螺栓杆弯曲两类破坏形式则通过构造要求来保证，即通过限制端距 $e \geqslant 2d_0$（d_0 为螺栓孔径）避免板端被剪断；通过限制板叠厚度不大于 $5d$（d 为螺栓杆直径）避免螺栓杆弯曲。钢板被拉断属于构件的强度计算。因此，抗剪螺栓连接的计算只考虑螺栓杆剪断、孔壁压坏两种破坏形式。

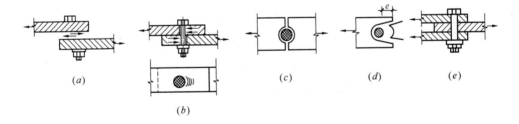

图 7-22　抗剪螺栓的破坏形式

（a）螺栓杆剪断；（b）孔壁压坏；（c）钢板被拉断；
（d）板端被剪断；（e）螺栓杆弯曲

普通螺栓抗剪连接中，每个普通螺栓的承载力设计值 N_{min} 应取受剪和承压承载力设计值中的较小者（图 7-23）。

抗剪承载力设计值：

$$N_v^b = n_v \frac{\pi d^2}{4} f_v^b \tag{7-6}$$

承压承载力设计值：

$$N_c^b = d \sum t \cdot f_c^b \qquad (7\text{-}7)$$

$$N_{\min} = \min\{N_v^b, N_c^b\} \qquad (7\text{-}8)$$

式中　n_v——受剪面数目，单剪 $n_v = 1$，双剪 $n_v = 2$；

　　　d——螺栓杆直径；

　　　$\sum t$——在不同受力方向中一个受力方向承压构件总厚度的较小值；

　　　f_v^b、f_c^b——分别为螺栓抗剪和承压强度设计值；

　　　N_v^b、N_c^b——分别为一个普通螺栓的受剪、承压承载力设计值。

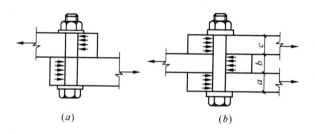

图 7-23　螺栓杆受剪和孔壁承压

(a) 单剪；(b) 双剪

普通螺栓群抗剪超长连接时，其强度折减问题。试验表明，螺栓群抗剪连接承受轴心力时，螺栓群在长度方向各螺栓受力不均匀，即两端受力大、中间受力小（图 7-24）。当连接长度 $l_1 \leqslant 15d_0$（d_0 为螺栓孔径）时，由于连接工作进入弹塑性阶段后，内力发生重分布，螺栓群中各螺栓受力逐渐接近。但是当 $l_1 > 15d_0$ 时，连接工作进入弹塑性后，各螺栓所受力不均匀，端部螺栓首先达到极限强度而破坏，随后由外向里依次破坏。因此，在构件的节点处或拼接接头的一端，当螺栓沿轴向受力方向的连接长度 l_1 大于 $15d_0$ 时，应将螺栓的承载力设计值乘以折减系数 $\eta = 1.1 - \dfrac{l_1}{150d_0}$，当 l_1 大于 $60d_0$ 时，折减系数取 $\eta = 0.7$。该规定也适用于高强度螺栓抗剪连接。

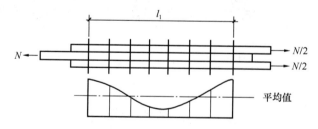

图 7-24　超长连接螺栓群的内力分布

（2）抗拉承载力计算

在普通螺栓杆轴方向受拉的连接中，单个普通螺栓的承载力设计值为：

$$N_t^b = \frac{\pi d_e^2}{4} f_t^b \qquad (7\text{-}9)$$

式中　d_e——螺栓在螺纹处的有效直径，可按表 7-9 采用；

　　　N_t^b——一个普通螺栓的受拉承载力设计值。

（3）同时承受剪力和杆轴方向拉力时普通螺栓的计算

此时计算，应分别符合下列公式要求：

$$\sqrt{\left(\frac{N_v}{N_v^b}\right)^2 + \left(\frac{N_t}{N_t^b}\right)^2} \leqslant 1 \qquad (7\text{-}10)$$

$$N_v \leqslant N_c^b \qquad (7\text{-}11)$$

式中　N_v、N_t——分别为某一个普通螺栓所承受的剪力和拉力。

其他符号意义同前。

螺栓螺纹处有效截面面积（$\pi d_e^2/4$）　　　　　　　　表 7-9

公称直径（mm）	12	16	18	20	22	24	27	30
$\pi d_e^2/4$（mm²）	84	157	192	245	303	353	459	561

（4）螺栓群在弯矩作用下的计算

普通螺栓群在弯矩作用下（图 7-25），其剪力一般通过螺栓连接件下的承托板传递；弯矩通过螺栓群承受，此时中和轴在最下排螺栓处，第 i 个螺栓的拉力应符合下式计算要求（最上排螺栓的受力最不利）：

$$N_i = \frac{My_i}{m \sum y_i^2} \leqslant N_t^b \qquad (7\text{-}12)$$

式中　m——螺栓排列的纵向列数；

　　　y_i——各螺栓到螺栓群中和轴的距离。

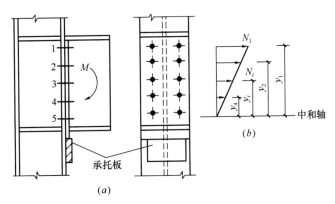

图 7-25　螺栓群受弯矩作用

此外，螺栓群偏心受剪、螺栓群偏心受拉（包括小偏心受拉、大偏心受拉）、螺栓群受剪力和拉力的共同作用等的计算，可参考相关资料。

高强度螺栓抗剪连接的计算按《钢结构设计标准》规定。

【**例 7-5**】　图 7-26 为一角钢和节点板搭接的螺栓连接，钢材为 Q235B，承受的静荷载轴心拉力设计值 $N = 3.9 \times 10^5$ N，采用 C 级普通螺栓，M20（孔径为 21.5mm），用 2L90×6 的角钢组成 T 形截面，截面面积为 2120mm²。

试问：根据螺栓抗剪要求，确定螺栓数量。

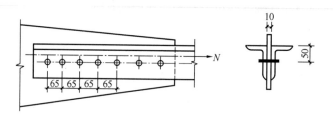

图 7-26　一角钢和节点板搭接的螺栓连接

【解】

查表 7-8 可得，$f_v^b = 140\text{N/mm}^2$，$f_c^b = 305\text{N/mm}^2$。

一个 C 级普通螺栓受剪承载力设计值为：

$$N_v^b = n_v \frac{\pi d^2}{4} f_v^b = 2 \times \frac{3.14 \times 20^2}{4} \times 140 = 87920\text{N}$$

$$N_c^b = d \sum t \cdot f_c^b = 20 \times 10 \times 305 = 61000\text{N}$$

$$N^b = \min \{N_v^b, N_c^b\} = 61000\text{N}$$

所需螺栓数 n 为：$n = \dfrac{N}{N^b} = \dfrac{3.9 \times 10^5}{61000} = 6.4$，取 7 个。

螺栓布置如图 7-26，螺栓连接长度为：$l_1 = (7-1) \times 65 = 390\text{mm} > 15d_0 = 15 \times 21.5 = 322.5\text{mm}$

故螺栓的承载力设计值应乘以折减系数 η，η 为：

$$\eta = 1.1 - \frac{l_1}{150d_0} = 1.1 - \frac{390}{150 \times 21.5} = 0.979 > 0.7$$

所需螺栓数 n 为：$n = \dfrac{N}{\eta N^b} = \dfrac{3.9 \times 10^5}{0.979 \times 61000} = 6.6$，取 7 个。

所以取 7 个螺栓能满足螺栓抗剪要求。

【例 7-6】　如图 7-27 所示，静力荷载设计值 F 为 280kN，螺栓 M20，连接件采用 Q235 钢。

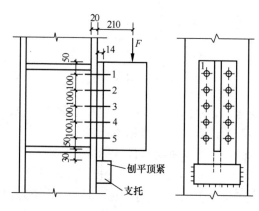

图 7-27　某螺栓连接

试问：验算连接强度是否满足。

【解】

集中力 F 平移到螺栓群平面，则产生弯矩 M 和剪力 V。剪力 V 由于牛腿的端板与支托刨平顶紧，则由支托承担。所以螺栓群仅承受弯矩 $M=Fe=280\times0.21=58.8\mathrm{kN\cdot m}$。

查表 7-8 可得，$f_t^b=170\mathrm{N/mm^2}$。

单个螺栓的抗拉承载力为：

$$N_t^b=A_e f_t^b=245\times170=41650\mathrm{N}=41.65\mathrm{kN}$$

螺栓群中 1 号螺栓受力最不利，为设计控制点，由式（7-12），取 $m=2$，可得：

$$N_1=\frac{My_1}{m\sum y_i^2}=\frac{58.8\times10^3\times400}{2\times(100^2+200^2+300^2+400^2)}=39.2\mathrm{kN}\leqslant N_t^b=41.65\mathrm{kN}$$

故该连接强度满足要求。

7.3　轴心受力构件

7.3.1　轴心受力构件的类型与构件的计算长度

在钢结构中轴心受力构件的应用十分广泛，如桁架、塔架、网架、网壳等杆件体系。这类结构通常假定其节点为铰接连接，当无节间荷载作用时，只受轴向拉力或压力的作用，即轴心受拉构件或轴心受压构件。由于钢轴心受力构件是由较单薄的型钢组成的，容易在受力状态下丧失稳定，故常要验算它们的刚度、整体稳定和局部稳定。

1. 轴心受力构件的类型

轴心受力构件的常用截面形式可分为实腹式和格构式两大类。一般受力较小时，采用实腹式截面；当构件受力较大时，采用格构式截面。

实腹式构件制作简单，与其他构件连接也较方便，其常用截面如图 7-28 所示。图 7-28（a）为单个型钢截面，如圆钢、钢管、角钢、槽钢、工字钢、H 型钢、T 型钢，常用于普通的轴心受力构件，其中 T 型钢也用于桁架结构中的弦杆；图 7-28（b）为型钢和钢板组成的组合截面，常用于普通的轴心受力构件；图 7-28（c）为双角钢组成的截面，常用于桁架结构中的弦杆和腹杆；图 7-28（d）为冷弯薄壁型钢截面，常用于轻型钢结构。

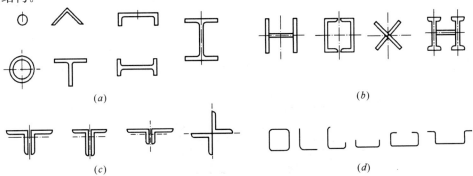

(a)　　　　　　　　　　　　　　　　　　　　(b)

(c)　　　　　　　　　　　　　　　　　　　　(d)

图 7-28　轴心受力实腹式构件的截面形式

格构式构件一般由两个或多个型钢肢件组成，肢件采用角钢缀条或缀板连成整体（图7-29）。格构式构件常用于受压力较大的构件中，以使两主轴方向等稳定，刚度大，用料省。

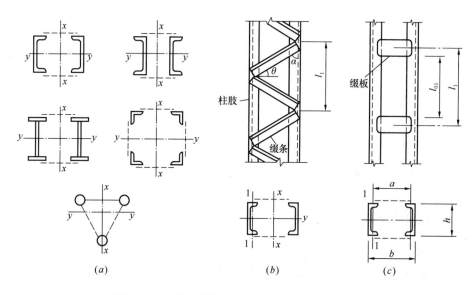

图7-29　格构式构件的常用截面形式和缀材布置

(*a*) 常用截面形式；(*b*) 缀条柱；(*c*) 缀板柱

2. 构件的计算长度

确定桁架弦杆和单系腹杆（单系腹杆用节点板与弦杆连接）的长细比时，其计算长度 l_0 应按表7-10采用。

桁架弦杆和单系腹杆的计算长度 l_0　　　　　　　　　表 7-10

项次	弯曲方向	弦杆	腹　　杆	
			支座斜杆和支座竖杆	其他腹杆
1	在桁架平面内	l	l	$0.8l$
2	在桁架平面外	l_1	l	l
3	斜平面	—	l	$0.9l$

注：1. l 为构件的几何长度（节点中心间距离）；l_1 为桁架弦杆侧向支承点之间的距离。

2. 斜平面系指与桁架平面斜交的平面，适用于构件截面两主轴均不在桁架平面内的单角钢腹杆和双角钢十字形截面腹杆。

3. 无节点板的腹杆计算长度在任意平面内均取其等于几何长度（钢管结构除外）。

当桁架弦杆侧向支承点之间的距离为节间长度的2倍（图7-30）且两节间的弦杆轴心

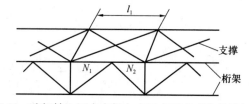

图7-30　弦杆轴心压力在侧向支承点间有变化的桁架简图

压力不相同时，则该弦杆在桁架平面外的计算长度，应按下式确定（但不应小于 $0.5l_1$）：

$$l_0 = l_1\left(0.75 + 0.25\frac{N_2}{N_1}\right) \tag{7-13}$$

式中　N_1——较大的压力，计算时取正值；

　　　N_2——较小的压力或拉力，计算时压力取正值，拉力取负值。

桁架再分式腹杆体系的受压主斜杆及 K 形腹杆体系的竖杆等（图 7-31），在桁架平面外的计算长度也应按式（7-13）确定（受拉主斜杆长度仍取 l_2）；在桁架平面内的计算长度则取节点中心间距离。

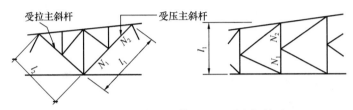

图 7-31　再分式腹杆体系和 K 形腹杆体系

【例 7-7】　某钢屋架跨度为 30m，简支于钢筋混凝土柱上。屋面采用 1.5m×6m 预应力大型屋面板，屋架采用 Q235 钢，焊接连接。屋架杆件几何长度如图 7-32 所示。腹杆采用节点板与弦杆连接。

试问：确定主要杆件的计算长度。

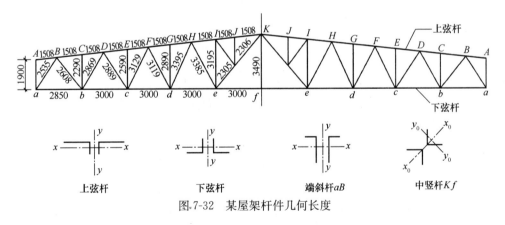

图 7-32　某屋架杆件几何长度

【解】　（1）上弦杆：平面内计算长度（取节点中心间距离），$l_{0x} = l = 1508$mm

平面外计算长度（取 2 块大型屋面板宽），$l_{0y} = 2 \times 1500 = 3000$mm

（2）下弦杆：平面内计算长度（取节点中心间距离），$l_{0x} = l = 3000$mm

平面外计算长度（取屋架跨度的一半），$l_{0y} = 15000$mm

（3）端斜杆 aB：平面内、平面外计算长度，根据表 7-10，可得：

$l_{0x} = l = 2535$mm，$l_{0y} = l = 2535$mm

（4）腹杆 bB：平面内、平面外计算长度，根据表 7-10，可得：

$l_{0x} = 0.8l = 0.8 \times 2608 = 2086$mm，$l_{0y} = l = 2608$mm

（5）腹杆 eK：平面内计算长度（取节点中心间距离），$l_{0x} = l = 2306$mm

平面外计算长度（取侧向支承点距离），$l_{0y}=2306+2306=4612mm$

（6）中竖杆 fK：根据表 7-10，斜平面计算长度 $l_0=0.9l=0.9\times3490=3141mm$

7.3.2　轴心受力构件的强度和刚度

1. 轴心受力构件的强度计算

轴心受拉构件，当端部连接及中部桥接处组成截面的各板件都由连接件直接传力时，其截面强度计算，除高强度螺栓摩擦型连接外，按下列公式计算：

毛截面屈服

$$\sigma=\frac{N}{A}\leqslant f \tag{7-14-1}$$

净截面断裂

$$\sigma=\frac{N}{A_n}\leqslant0.7f_u \tag{7-14-2}$$

式中　N——构件的轴心拉力设计值；

f——钢材的抗拉强度设计值；

f_u——钢材的抗拉强度；

A_n——构件的净截面面积，按毛截面扣除孔洞面积计算；

A——构件的毛截面面积。

高强度螺栓摩擦型连接处的强度计算为：

$$\sigma=\left(1-0.5\frac{n_1}{n}\right)\frac{N}{A_n}\leqslant0.7f_u \tag{7-15-1}$$

$$\sigma=\frac{N}{A}\leqslant f \tag{7-15-2}$$

式中　n——在节点或拼接处，构件一端连接的高强度螺栓数目；

n_1——所计算截面（最外列螺栓处）上高强度螺栓数目。

其他符号意义同前。

轴心受压构件，当端部连接及中部拼接处组成截面的各板件都由连接件直接传力时，截面强度应按式（7-14-1）计算。但含有虚孔（是指孔内无螺栓）的构件尚需在孔心所在截面按式（7-14-2）计算。

轴心受拉构件和轴心受压构件，当其组成板件在节点或拼接处并非全部直接传力时，应将危险截面的面积乘以有效截面系数 η，不同构件截面形式和连接方式的 η 值应符合表 7-11 的规定。

轴心受力构件节点或拼接处危险截面有效截面系数　　　　　　表 7-11

构件截面形式	连接形式	η	图例
角钢	单边连接	0.85	

续表

构件截面形式	连接形式	η	图例
工字形、H形	翼缘连接	0.90	
	腹板连接	0.70	

需注意，当轴心受力构件采用普通螺栓错列布置连接时（图 7-33），构件既可能沿正交截面Ⅰ—Ⅰ破坏，也可能沿齿状截面Ⅱ—Ⅱ破坏。截面Ⅱ—Ⅱ的毛截面长度较长但孔洞较多，其净截面面积不一定比截面Ⅰ—Ⅰ的净截面面积大。因此，应取Ⅰ—Ⅰ和Ⅱ—Ⅱ截面的较小净截面面积进行计算。

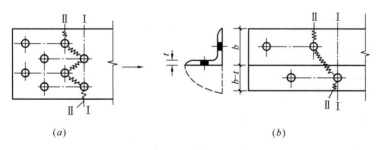

（a）   （b）

图 7-33　净截面面积计算

2. 轴心受力构件的刚度计算

为满足结构的正常使用要求，保证构件在运输和安装过程中，在使用期间，以及动力作用下不会产生过度的变形，轴心受力构件应具有一定的刚度。这是通过限制其长细比来实现的，即：

$$\lambda = \frac{l_0}{i} \leqslant [\lambda] \tag{7-16}$$

式中　λ——构件的最大长细比；

l_0——构件的计算长度；

i——截面的回转半径，$i = \sqrt{I/A}$，I 为毛截面的惯性矩，A 为毛截面的面积；

$[\lambda]$——构件的容许长细比，见表 7-12 和表 7-13。

受拉构件的容许长细比　　　　　　　　　　　　表 7-12

项次	构件名称	承受静力荷载或间接承受动力荷载的结构			直接承受动力荷载的结构
		一般建筑结构	对腹杆提供平面外支点的弦杆	有重级工作制吊车的厂房	
1	桁架的杆件	350	250	250	250
2	吊车梁或吊车桁架以下的柱间支撑	300	—	200	—
3	其他拉杆、支撑、系杆等（张紧的圆钢除外）	400	—	350	—

注：1. 除对腹杆提供平面外支点的弦杆外，承受静力荷载的结构中，可仅计算受拉构件在竖向平面内的长细比。

2. 在直接或间接承受动力荷载的结构中，计算单角钢受拉构件的长细比时，应采用角钢的最小回转半径；但在计算交叉杆件平面外的长细比时，应采用与角钢肢边平行轴的回转半径。

3. 中、重级工作制吊车桁架下弦杆的长细比不宜超过 200。

4. 受拉构件在永久荷载与风荷载组合作用下受压时，其长细比不宜超过 250。

受压构件的容许长细比　　　　　　　　　　　　表 7-13

项次	构　件　名　称	容许长细比
1	柱、桁架和天窗架中的构件	150
	柱的缀条、吊车梁或吊车桁架以下的柱间支撑	
2	支撑（吊车梁或吊车桁架以下的柱间支撑除外）	200
	用以减小受压构件长细比的杆件	

注：1. 桁架（包括空间桁架）的受压腹杆，当其内力不大于承载能力的 50% 时，容许长细比值可取 200。

2. 计算单角钢受压构件的长细比时，应采用角钢的最小回转半径；但计算交叉杆件平面外的长细比时，应采用与角钢肢边平行轴的回转半径。

需注意，单角钢的回转半径的计算，如图 7-34 所示，等边单角钢的最小回转半径为 i_{y0}。

【例 7-8】　如图 7-35 所示某厚度 t 为 20mm 的钢板的搭接连接，采用 C 级普通螺栓，螺栓直径 d 为 22mm，螺栓孔径 d_0 为 23.5mm，排列如图 7-35 所示。

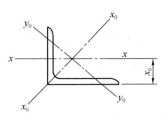

图 7-34　等边单角钢回转半径的计算

试问：确定该连接钢板的最小净截面面积。

【解】

（1）沿 1-2-3-4 线破坏时，穿过 2 个孔：

$$d_c = \max(22+4, 23.5) = 26mm$$

$$A_{n1} = (b - 2d_c)t = (240 - 2 \times 26) \times 20 = 3760mm^2$$

（2）沿 1-2-5-3-4 线破坏时，穿过 3 个孔：

$$A_{n2} = (40 + \sqrt{80^2 + 35^2} + \sqrt{80^2 + 35^2} + 40 - 3 \times 26) \times 20 = 3533mm^2$$

所以，沿 1-2-5-3-4 线断裂破坏时，钢板的净截面面积较小，为 3533mm²。

【例 7-9】　已知某跨度为 30m 的焊接梯形屋架下弦杆，承受轴心拉力设计值 N 为 975kN，两主轴方向的计算长度分别为 $l_{0x} = 6m$ 和 $l_{0y} = 15m$，屋架用于有重级工作制桥式吊车的厂房。拟采用由两角钢组成的 T 形截面如图 7-36 所示，节点板厚 14mm，在杆件同一截面上设有用于连接支撑的两个直径为 $d_0=21.5$mm 的螺栓孔，螺栓直径为 20mm，其位置不在屋架下弦节点板的宽度范围内。钢材为 Q235-B 钢。已知 2L160×100×10，$A=50.63$cm^2，$i_x=2.85$cm，$i_y=7.85$cm。

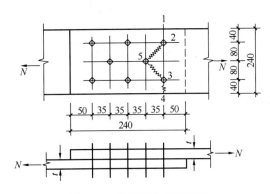

图 7-35　某钢板的搭接连接

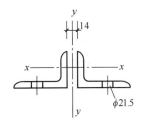

图 7-36　两角钢组成的 T 形截面

试问：验算该 T 形截面下弦杆的强度和刚度。

【解】

(1) 查表 7-1 可知，$f=215$N/mm^2，$f_u=370$N/mm^2；查表 7-12 及注 3 可知，$[\lambda]=200$

(2) 强度验算

$$d_c=\max(20+4, 21.5)=24\text{mm}$$

$A_n=50.63-2\times2.4\times1=45.83\text{cm}^2$

$\sigma=\dfrac{N}{A}=\dfrac{975\times10^3}{50.63\times10^2}=192.6\text{N/mm}^2<f=215\text{N/mm}^2$，满足

$\sigma=\dfrac{N}{A_n}=\dfrac{975\times10^3}{45.83\times10^2}=212.7\text{N/mm}^2<0.7f_u=0.7\times370=259\text{N/mm}^2$，满足

(3) 刚度验算

$\lambda_x=\dfrac{l_{0x}}{i_x}=\dfrac{600}{2.85}=210.5>[\lambda]=200$，不满足

$\lambda_y=\dfrac{l_{0y}}{i_y}=\dfrac{600}{7.85}=76.4<[\lambda]=200$，满足

7.3.3　轴心受压构件的稳定性

1. 轴心压杆失稳的形式

对于理想轴心受压构件，当轴心压力较小时，构件保持直接平衡状态，当有侧向挠动使其产生微弯，但干扰除去后，构件能恢复其原来的直线状态。这种直线的平衡状态是稳定的。当压力增大到一定大小，再给直线平衡状态的构件一侧向干扰使其微弯，则构件将保持微弯状态，并能达到平衡。当压力再增加，则弯曲变形即迅速增大，而使构件最终丧失承载能力。这种现象称为构件的弯曲屈曲或弯曲失稳，如图 7-37(a) 所示。

当轴心受压构件截面的抗扭刚度较差，当压力达到某一界限值时，构件将由原来的直

线稳定状态变为绕构件纵轴微微扭转的平衡状态，当压力再稍增加，则扭转变形迅速增大，而使构件丧失承载能力。这种现象称为构件的扭转屈曲或扭转失稳，如图 7-37(*b*) 所示。

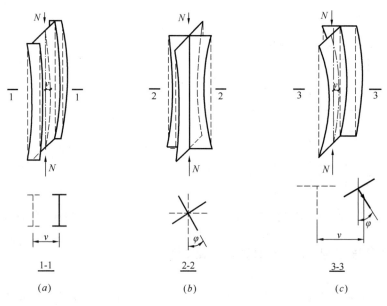

图 7-37   轴心压杆失稳的形式

(*a*) 弯曲屈曲；(*b*) 扭转屈曲；(*c*) 弯扭屈曲

对于单轴对称截面的轴心受压构件，绕非对称轴屈曲时为弯曲屈曲，但绕对称轴屈曲时，其弯曲变形总伴随着扭转变形，这种屈曲形式为弯扭屈曲或弯扭失稳，如图 7-37(*c*) 所示。

因此，理想轴心压杆失稳时有三种可能失稳模式：弯曲屈曲、扭转屈曲、弯扭屈曲。其中，弯曲屈曲是最基本、最简单的屈曲形式。

影响轴心压杆整体稳定的主要因素有：构件的截面形式，构件的长细比，构件的残余应力分布（这由组成截面板件的加工方式决定）及几何缺陷。

2. 实腹式轴心受压构件的整体稳定性

实腹式轴心受压构件的整体稳定按下式计算：

$$\frac{N}{\varphi A f} \leqslant 1 \tag{7-17}$$

式中　φ——轴心受压构件的整体稳定系数（取截面两主轴稳定系数中的较小者），应根据构件的长细比（或换算长细比）、钢材屈服强度 f_y 和表 7-14 的截面分类，按表 7-15 采用。

轴心受压构件的截面分类（板厚 $t < 40$mm）　　　　　　　表 7-14

截面形式	对 x 轴	对 y 轴
x——⊕——x y 轧制	a 类	a 类

续表

截面形式		对 x 轴	对 y 轴
 轧制	$b/h \leqslant 0.8$	a 类	b 类
	$b/h > 0.8$	a* 类	b* 类
 轧制等边角钢		a* 类	a* 类
 焊接、翼缘为焰切边	 焊接	b 类	b 类
 轧制			
 轧制、焊接(板件宽厚比>20)	 轧制或焊接		
 焊接	 轧制截面和翼缘为 焰切边的焊接截面	b 类	b 类
 格构式	 焊接，板件 边缘焰切		
 焊接，翼缘为轧制或剪切边		b 类	c 类

续表

截面形式		对 x 轴	对 y 轴
$x-\bigotimes-x$ 焊接，板件边缘轧制或剪切	轧制、焊接（板件宽厚比≤20）	c 类	c 类

注：1. a* 类含义为 Q235 钢取 b 类，Q345、Q390、Q420 和 Q460 钢取 a 类；b* 类含义为 Q235 钢取 c 类，Q345、Q390、Q420 和 Q460 钢取 b 类。

　　2. 无对称轴且剪心和形心不重合的截面，其截面分类可按有对称轴的类似截面确定，如不等边角钢采用等边角钢的类别；当无类似截面时，可取 c 类。

b 类截面轴心受压构件的稳定系数 φ 　　　　　　表 7-15

λ/ε_k	0	1	2	3	4	5	6	7	8	9
0	1.000	1.000	1.000	0.999	0.999	0.998	0.997	0.996	0.995	0.994
10	0.992	0.991	0.989	0.987	0.985	0.983	0.981	0.978	0.976	0.973
20	0.970	0.967	0.963	0.960	0.957	0.953	0.950	0.946	0.943	0.939
30	0.936	0.932	0.929	0.925	0.921	0.918	0.914	0.910	0.906	0.903
40	0.899	0.895	0.891	0.886	0.882	0.878	0.874	0.870	0.865	0.861
50	0.856	0.852	0.847	0.842	0.837	0.833	0.828	0.823	0.818	0.812
60	0.807	0.802	0.796	0.791	0.785	0.780	0.774	0.768	0.762	0.757
70	0.751	0.745	0.738	0.732	0.726	0.720	0.713	0.707	0.701	0.694
80	0.687	0.681	0.674	0.668	0.661	0.654	0.648	0.641	0.634	0.628
90	0.621	0.614	0.607	0.601	0.594	0.587	0.581	0.574	0.568	0.561
100	0.555	0.548	0.542	0.535	0.529	0.523	0.517	0.511	0.504	0.498
110	0.492	0.487	0.481	0.475	0.469	0.464	0.458	0.453	0.447	0.442
120	0.436	0.431	0.426	0.421	0.416	0.411	0.406	0.401	0.396	0.392
130	0.387	0.383	0.378	0.374	0.369	0.365	0.361	0.357	0.352	0.348
140	0.344	0.340	0.337	0.333	0.329	0.325	0.322	0.318	0.314	0.311
150	0.308	0.304	0.301	0.297	0.294	0.291	0.288	0.285	0.282	0.279
160	0.276	0.273	0.270	0.267	0.264	0.262	0.259	0.256	0.253	0.251
170	0.248	0.246	0.243	0.241	0.238	0.236	0.234	0.231	0.229	0.227
180	0.225	0.222	0.220	0.218	0.216	0.214	0.212	0.210	0.208	0.206
190	0.204	0.202	0.200	0.198	0.196	0.195	0.193	0.191	0.189	0.188
200	0.186	0.184	0.183	0.181	0.179	0.178	0.176	0.175	0.173	0.172
210	0.170	0.169	0.167	0.166	0.164	0.163	0.162	0.160	0.159	0.158
220	0.156	0.155	0.154	0.152	0.151	0.150	0.149	0.147	0.146	0.145
230	0.144	0.143	0.142	0.141	0.139	0.138	0.137	0.136	0.135	0.134
240	0.133	0.132	0.131	0.130	0.129	0.128	0.127	0.126	0.125	0.124
250	0.123	—	—	—	—	—	—	—	—	—

注：1. ε_k 为钢号修正系数，$\varepsilon_k=\sqrt{235/f_y}$，$f_y$ 为钢材牌号中屈服点数值；

　　2. a 类、c 类、d 类截面轴心受压构件的稳定系数，见《钢结构设计标准》。

构件长细比 λ 应按下列规定确定：

（1）截面为双轴对称或极对称的构件（如工字形截面、圆形截面等）

$$\lambda_x = l_{0x}/i_x; \lambda_y = l_{0y}/i_y \qquad (7\text{-}18)$$

式中　l_{0x}、l_{0y}——构件对主轴 x 和 y 的计算长度；

　　　i_x、i_y——构件截面对主轴 x 和 y 的回转半径。

对双轴对称十字形截面板件宽厚比不超过 $15\varepsilon_k$（$\varepsilon_k = \sqrt{235/f_y}$，$f_y$ 为钢材牌号中屈服点数值）时，可不计算扭转屈曲。

（2）截面为单轴对称的构件（如 T 形截面、双角钢组合成的 T 形截面等）

单轴对称截面轴心受压构件由于剪切中心和形心的不重合，在绕对称轴 y 弯曲时伴随着扭转产生，发生弯扭失稳。在相同情况下，弯扭失稳比弯曲失稳的临界应力要低。因此，在计算绕对称轴失稳时，用计入扭转效应的换算长细比 λ_{yz} 代替 λ_y。有关换算长细比 λ_{yz} 的计算及其简化计算，可按《钢结构设计标准》进行。

绕非对称轴 x 的长细比 λ_x 仍按式（7-18）计算。

此外，无任何对称轴且又非极对称的截面（单面连接的不等边单角钢除外）不宜用作轴心受压构件。

3. 实腹式轴心受压构件的局部稳定性

实腹式轴心受压构件是由一些板件组成的，一般板件的厚度与板的宽度相比都较小，应满足宽厚比（或高厚比）的限值（表 7-16），以满足局部稳定要求。表中，λ 为构件两个方向长细比的较大值。当 $\lambda < 30$ 时，取 $\lambda = 30$；当 $\lambda > 100$ 时，取 $\lambda = 100$。

翼缘板自由外伸宽度 b 的取值为：对焊接构件，取腹板边至翼缘板（肢）边缘的距离；对轧制构件，取内圆弧起点至翼缘板（肢）边缘的距离。

腹板的计算高度 h_0 的取值为：对轧制型钢梁，为腹板与上、下翼缘相连接处两内圆弧起点间的距离；对焊接截面梁，为腹板高度。

轴心受压构件板件宽厚比限值　　　　　　　　　　　表 7-16

截面及板件尺寸	宽厚比限值
	$\dfrac{b}{t}\left(\text{或}\dfrac{b_1}{t}\right) \leqslant (10+0.1\lambda)\,\varepsilon_k$ $\dfrac{b_1}{t_1} \leqslant (15+0.2\lambda)\,\varepsilon_k$ $\dfrac{h_0}{t_w} \leqslant (25+0.5\lambda)\,\varepsilon_k$
	$\dfrac{b_0}{t}\left(\text{或}\dfrac{h_0}{t_w}\right) \leqslant 40\varepsilon_k$
	$\dfrac{d}{t} \leqslant 100\varepsilon_k^2$

4. 轴心受压构件的设计步骤

（1）假定长细比。根据工程经验，荷载小于1500kN，构件计算长度为5～6m时，可假定$\lambda=80\sim100$；荷载为3000～3500kN的构件，可假定$\lambda=60\sim70$。由假定长细比按截面形式和加工条件查出相应的稳定系数φ。

（2）由假定的长细比λ和查得的φ，按式（7-17）求出保持整体稳定所需的截面面积，以及构件在两个主轴方向的回转半径i_x、i_y。

（3）根据A、i_x、i_y查型钢表选择型钢号，并按式（7-18）验算长细比，不满足时须重选再验算。

（4）对于实腹式轴心受压构件，按表7-16规定验算局部稳定。

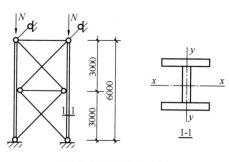

图7-38   某管道支架

【例7-10】 图7-38所示为一管道支架，柱高6m，两端铰接，支柱承受的轴心压力设计值为1000kN，材料用Q235钢，截面无孔洞削弱。支柱截面为焊接工字形截面，翼缘$b=200$mm、$t=12$mm，腹板$h_0=220$mm，$t_w=10$mm。翼缘为火焰切割边。$i_x=10.71$cm，$i_y=4.78$cm，$A=70$cm²。

试问： 验算该轴心受压支柱。

【解】

（1）查表7-13，受压支柱的容许长细比为$[\lambda]=150$；由图7-38可知，$l_{0x}=6$m，$l_{0y}=3$m。查表7-1可知，$f=215$N/mm²。

（2）验算刚度：

$$\lambda_x=\frac{l_{0x}}{i_x}=\frac{600}{10.71}=56.0<[\lambda]=150，满足$$

$$\lambda_y=\frac{l_{0y}}{i_y}=\frac{300}{4.78}=62.8<[\lambda]=150，满足$$

（3）验算整体稳定性

查表7-14，焊接，翼缘为焰切边，对x、y轴均属于b类截面；根据式（7-17），取λ_y查表计算φ_{min}；查表7-15，$\lambda_y/\varepsilon_k=62.8\Big/\sqrt{\dfrac{235}{235}}=62.8$，内插法求得：

$$\varphi_{min}=\varphi_y=0.796-\frac{0.796-0.791}{10}\times8=0.792$$

由式（7-17）可得：$\dfrac{N}{\varphi Af}=\dfrac{1000\times10^3}{0.792\times70\times10^2\times215}=0.83<1$

因轴心受压支柱截面无孔洞削弱，可不验算其强度。

（4）验算局部稳定性

根据表7-16，可得：

$$\frac{b}{t}=\frac{(200-10)/2}{12}=7.92<(10+0.1\lambda)\varepsilon_k=(10+0.1\times62.8)\sqrt{\frac{235}{235}}=16.28$$

$$\frac{h_0}{t_w}=\frac{220}{10}=22<(25+0.5\lambda)\varepsilon_k=(25+0.5\times62.8)\sqrt{\frac{235}{235}}=56.4$$

所以该轴心受压支柱满足要求。

7.4 受弯构件

7.4.1 受弯构件的强度和刚度

1. 受弯构件的截面类型

受弯构件包括实腹式受弯构件（如梁）和格构式受弯构件（如桁架）。

实腹式受弯梁构件分为型钢梁和焊接截面梁两大类。型钢梁构造简单，制造省工，成本较低，因而优先采用。但在荷载较大或跨度较大时，型钢的尺寸、规格不能满足梁承载力和刚度的要求，必须采用焊接截面梁。梁的截面类型有热轧工字钢（图 7-39a）、热轧 H 型钢（图 7-39b）、槽钢（图 7-39c）、冷弯薄壁型钢（图 7-39d～图 7-39f）和焊接截面梁（图 7-39g～图 7-39k）。

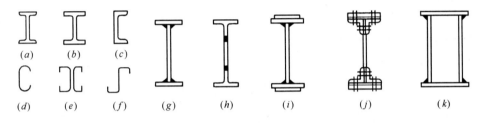

图 7-39 梁的截面类型

2. 受弯构件的截面板件宽厚比等级

截面板件宽厚比是指截面板件平直段的宽度与厚度之比（用 b/t、b_0/t 表示），对于受弯构件（如梁）的腹板的平直段的高度与腹板之比（h_0/t_w）也可称为板件高厚比。绝大多数钢构件是由板件构成，板件宽厚比大小直接决定了钢构件的承载力和受弯及压弯构件的塑性转动变形能力，因此钢构件截面的分类是钢结构设计技术的基础，尤其是钢结构抗震设计方法的基础。受弯构件的截面板件宽厚比等级分为 5 个等级，即：S1、S2、S3、S4 和 S5 级。

（1）S1 级截面：可达全截面塑性，保证塑性铰具有塑性设计要求的转动能力，并且在转动过程中承载力不降低，称为一级塑性截面。

（2）S2 级截面：可达全截面塑性，但由于局部屈曲，塑性铰转动能力有限，称为二级塑性截面（注，屈曲是指板件或构件达到受力临界状态时在其刚度较弱方向产生另一种较大变形的状态）。

（3）S3 级截面：翼缘全部屈服，腹板可发展不超过 1/4 截面高度的塑性，称为弹塑性截面。

（4）S4 级截面：边缘纤维可达屈服强度，但由于局部屈曲而不能发展塑性，称为弹性截面。

（5）S5 级截面：在边缘纤维达屈服应力前，腹板可能发生屈曲，称为薄壁截面。

受弯构件（如梁）的截面板件宽厚比等级及限值，见表 7-17。

受弯构件的截面板件宽厚比等级及限值　　　　　　　　表 7-17

构件	截面板件宽厚比等级		S1 级	S2 级	S3 级	S4 级	S5 级
受弯构件（梁）	工字形截面	翼缘 b/t	$9\varepsilon_k$	$11\varepsilon_k$	$13\varepsilon_k$	$15\varepsilon_k$	20
		腹板 h_0/t_w	$65\varepsilon_k$	$72\varepsilon_k$	$93\varepsilon_k$	$124\varepsilon_k$	250
	箱形截面	壁板（腹板）间翼缘 b_0/t	$25\varepsilon_k$	$32\varepsilon_k$	$37\varepsilon_k$	$42\varepsilon_k$	—

注：1. ε_k 为钢号修正系数，其值为 235 与钢材牌号中屈服点数值的比值的平方根，$\varepsilon_k = \sqrt{235/f_y}$。

　　2. b 为工字形、H 形截面的翼缘外伸宽度，t、h_0、t_w 分别是翼缘厚度、腹板净高和腹板厚度；对轧制型截面，翼缘外伸宽度及腹板净高不包括翼缘腹板过渡处圆弧段；对于箱形截面，b_0、t 分别为壁板间的距离和壁板厚度。

　　3. 箱形截面梁，其腹板限值可根据工字形截面梁腹板采用。

　　4. 腹板的宽厚比可通过设置加劲肋减小。

3. 梁的强度

（1）梁的抗弯强度计算

梁的抗弯强度按下列计算：

在弯矩 M_x 作用下（单向受弯）：

$$\frac{M_x}{\gamma_x W_{nx}} \leqslant f \qquad (7-19)$$

在弯矩 M_x 和 M_y 作用下（双向受弯）：

$$\frac{M_x}{\gamma_x W_{nx}} + \frac{M_y}{\gamma_y W_{ny}} \leqslant f \qquad (7-20)$$

式中　M_x、M_y——绕 x 轴和 y 轴的弯矩（对工字形截面，x 轴为强轴，y 轴为弱轴）；

　　　W_{nx}、W_{ny}——对 x 轴和 y 轴的净截面模量，当截面板件宽厚比等级为 S1 级、S2 级、S3 级或 S4 级时，应取全截面模量；当为 S5 级时，应取有效截面模量；

　　　γ_x、γ_y——截面塑性发展系数，当截面板件宽厚比等级为 S1 级、S2 级或 S3 级时，对工字形截面，$\gamma_x = 1.05$，$\gamma_y = 1.20$；对箱形截面，$\gamma_x = \gamma_y = 1.05$；当截面板件宽厚比等级为 S4 级或 S5 级时，取 $\gamma_x = \gamma_y = 1.0$；对其他截面的塑性发展系数，可按表 7-18 采用；

　　　f——钢材的抗弯强度设计值。

对需要计算疲劳的梁（如重级工作制吊车梁），宜取 $\gamma_x = \gamma_y = 1.0$。

截面塑性发展系数　　　　　　　　表 7-18

项次	截 面 形 式	γ_x	γ_y
1		1.05	1.2
2			1.05

项次	截 面 形 式	γ_x	γ_y
3		$\gamma_{x1}=1.05$ $\gamma_{x2}=1.2$	1.2
4			1.05
5		1.2	1.2
6		1.15	1.15
7		1.0	1.05
8			1.0

（2）梁的抗剪强度计算

工字形和槽形截面梁腹板上的剪应力分布，如图 7-40 所示。

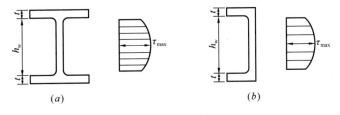

图 7-40　腹板剪应力

梁的抗剪强度按下式计算：

$$\tau = \frac{VS}{It_w} \leqslant f_v \tag{7-21}$$

式中　V——计算截面沿腹板平面作用的剪力；

　　　　S——计算剪应力处以上毛截面对中和轴的面积矩；

　　I、t_w——梁的毛截面惯性矩、梁的腹板厚度；

　　　　f_v——钢材的抗剪强度设计值。

此外，当梁的上翼缘作用有集中荷载（如吊车荷载）并且该荷载处未设置支承加劲肋时，还要计算梁的腹板计算高度 h_0 上边缘的局部承压强度，具体计算按《钢结构设计标准》规定进行。

4. 梁的刚度

梁的刚度采用荷载标准组合作用下的挠度来验算，即：

$$\upsilon \leqslant [\upsilon] \tag{7-22}$$

式中　υ——荷载标准组合作用下的最大挠度；

　　　$[\upsilon]$——梁的容许挠度值，见表 7-19。

受弯构件挠度容许值　　表 7-19

项次	构　件　类　别	挠度容许值	
		$[\upsilon_T]$	$[\upsilon_Q]$
1	吊车梁和吊车桁架（按自重和起重量最大的一台吊车计算挠度） （1）手动吊车和单梁吊车（含悬挂吊车） （2）轻级工作制桥式吊车 （3）中级工作制桥式吊车 （4）重级工作制桥式吊车	 $l/500$ $l/800$ $l/1000$ $l/1200$	 —
2	手动或电动葫芦的轨道梁	$l/400$	—
3	有重轨（重量不小于 38kg/m）轨道的工作平台梁 有轻轨（重量不大于 24kg/m）轨道的工作平台梁	$l/600$ $l/400$	—
4	屋（楼）盖或桁架，工作平台梁（第 3 项除外）和平台板 （1）主梁或桁架（包括设有悬挂起重设备的梁和桁架） （2）抹灰顶棚的次梁 （3）除（1）、（2）款外的其他梁（包括楼梯梁） （4）屋盖檩条 　支承压型金属板屋面者 　支承其他屋面材料者 　有吊顶 （5）平台板	 $l/400$ $l/250$ $l/250$ $l/150$ $l/200$ $l/240$ $l/150$	 $l/500$ $l/350$ $l/300$ — — — —

注：1. l 为受弯构件的跨度（对悬臂梁和伸臂梁为悬伸长度的 2 倍）。

　　2. $[\upsilon_T]$ 为永久荷载和可变荷载标准值产生的挠度（如有起拱应减去拱度）的容许值；$[\upsilon_Q]$ 为可变荷载标准值产生的挠度的容许值。

常用的等截面简支梁的最大挠度计算公式，见表 7-20。

等截面简支梁的最大挠度计算公式　　表 7-20

荷载情况	q 均布，跨度 l	P 集中于跨中 $l/2, l/2$	$P/2, P/2$ 三分点 $l/3, l/3, l/3$	$P/3, P/3, P/3$ 四分点 $l/4, l/4, l/4, l/4$
计算公式	$\dfrac{5ql^4}{384EI}$	$\dfrac{Pl^3}{48EI}$	$\dfrac{23Pl^3}{1296EI}$	$\dfrac{19Pl^3}{1152EI}$

7.4.2 受弯构件的稳定性

1. 梁的稳定问题

梁除满足强度和刚度要求外，还要满足整体稳定和局部稳定的要求。这是因为有些梁在荷载作用下，虽然其截面应力尚低于钢材的设计强度，但整个构件的变形却会突然偏离原来荷载作用的平面，与该平面形成某一角度，使梁同时发生弯曲和扭转而破坏，这种情况称为梁的整体失稳（图 7-41a）。钢梁整体失稳的主要原因是该梁侧向支撑不够，而梁自身的抗扭刚度和梁截面在受载平面外的抗弯刚度又不足所致。当梁的受压翼缘长宽比太大或腹板高厚比太大也可能使梁在受载过程中出现波状局部失稳（图 7-41b）。

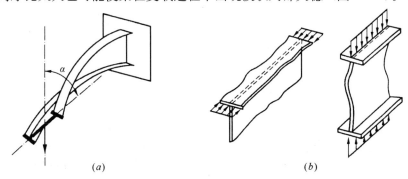

(a) (b)

图 7-41 梁的整体稳定与局部稳定

上述两类失稳现象都是突然发生的，危害性很大，因而当梁不满足防止失稳的构造要求时，要进行整体稳定和局部稳定的验算。

2. 梁的整体稳定性

当铺板密铺在梁的受压翼缘上并与其牢固连接，能阻止梁受压翼缘的侧向位移时，可不计算梁的整体稳定性。

如果梁不满足上述条件，则应验算梁的整体稳定性。对于在最大刚度平面内单向弯曲梁，验算公式为：

$$\frac{M_x}{\varphi_b W_x f} \leqslant 1 \tag{7-23}$$

式中　φ_b——梁的整体稳定系数，应按《钢结构设计标准》规定进行计算；对于工字形截面（含 H 型钢），当 $\lambda_y \leqslant 120\varepsilon_k$ 时，近似计算可按下式：

$$\varphi_b = 1.07 - \frac{\lambda_y^2}{44000\varepsilon_k^2} \tag{7-24}$$

当按式（7-24）计算得到的 φ_b 大于 1.0 时，取 φ_b 为 1.0；

λ_y——梁对弱轴的长细比，$\lambda_y = l_1/i_y$；

l_1——受压翼缘绕弱轴弯曲时侧向支承点间的距离（梁的支座处应视为有侧向支承）；

i_y——梁截面对弱轴的回转半径。

需注意的是，实际工程设计中，梁的整体稳定系数 φ_b 不能采用式（7-24），应按规范规定计算。

3. 梁的局部稳定性

除了应满足整体稳定性外，还应考虑梁受压翼缘及腹板的局部稳定性问题。对于型钢梁，其腹板和翼缘的局部稳定一般已经得到保证，不必验算。对于焊接截面梁，其腹板的局部稳定应进行验算。

腹板的局部稳定是通过控制其腹板高厚比和设置加劲肋来实现的。当腹板的高厚比 h_0/t_w 不超过 $80\sqrt{235/f_y}$ 时可不进行验算，否则应配置加劲肋，如图 7-42 所示，即当 $h_0/t_w > 80\sqrt{235/f_y}$ 时应配置横向加劲肋；当 $h_0/t_w > (150\sim170)\sqrt{235/f_y}$ 时应在弯曲应力较大区格的受压区增设纵向加劲肋，对于局部压应力很大的梁，尚应在受压区设短加劲肋。配置加劲肋后腹板局部稳定的计算方法见《钢结构设计标准》。但在任何情况下，腹板的高厚比 h_0/t_w 不宜超过 250。

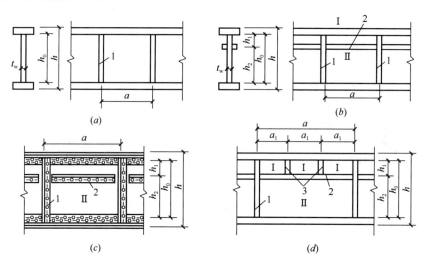

图 7-42　梁的加劲肋
1—横向加劲肋；2—纵向加劲肋；3—短加劲肋

4. 梁的设计

梁的设计就是根据承载情况、支承情况、材料情况、工作情况和稳定性要求，决定该梁的截面形式、具体尺寸和一些构造措施，并对所选截面进行强度验算、稳定验算，对整个梁进行变形验算。型钢梁中应用最多的是普通工字钢，其设计步骤如下：

（1）根据已知梁的计算简图，算出该梁的最大弯矩 M_{max} 和最大剪力 V_{max}；

（2）根据所用钢号，确定其强度设计值，并按式（7-19）或式（7-20）计算所需的截面模量 W；

（3）根据求得的 W，查型钢表选择型钢型号，即初选截面（有时也可假定截面，按式（7-19）或式（7-20）验算梁的抗弯强度）；

（4）按初选截面，由式（7-21）进行抗剪强度验算，并复核梁的变形；

（5）采取构造措施，保证梁的整体稳定性。

【**例 7-11**】 图 7-43 所示为一焊接工字形截面的简支梁，截面无孔洞，跨度为 12.75m，距每边支座 4.25m 处有侧

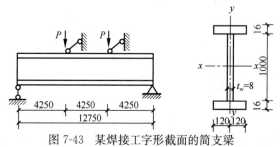

图 7-43　某焊接工字形截面的简支梁

向支承点，主梁上的静力荷载集中力设计值 P 为 220kN，主梁自重设计值为 2.0kN/m。钢材为 Q235 钢。

已知截面特性：$A = 156.8 \times 10^2 \text{mm}^2$，$I_x = 264876 \times 10^4 \text{mm}^4$，$W_{nx} = W_x = 5133 \times 10^3 \text{mm}^3$，$i_x = 411.0 \text{mm}$，$i_y = 48.5 \text{mm}$。主梁设置纵向加劲肋，截面等级满足 S4 级。主梁的整体稳定系数 φ_b 近似计算。

试问： 验算主梁的整体稳定性。

【解】

$$M_x = 220 \times 10^3 \times 4250 + \frac{1}{8} \times 2 \times 12750^2 = 975.6 \times 10^6 \text{N} \cdot \text{mm}$$

$\lambda_y = \dfrac{425}{4.85} = 87.6 < 120\varepsilon_k = 120$，根据式（7-24）可得：

$$\varphi_b = 1.07 - \frac{\lambda_y^2}{44000\varepsilon_k^2} = 1.07 - \frac{87.6^2}{44000 \times 1} = 0.896 < 1.0$$

由式（7-23）可得：

$$\frac{M_x}{\varphi_b W_x f} = \frac{975.6 \times 10^6}{0.896 \times 5133 \times 10^3 \times 215} = 0.987 < 1$$

故整体稳定性满足。

7.5 拉弯和压弯构件

7.5.1 概述和截面板件宽厚比

如图 7-44 所示，有偏心拉力作用的构件、有横向荷载作用的拉杆均为拉弯构件。当拉弯构件承受的弯矩不大，主要承受轴心拉力时，其截面形式和一般的轴心受拉构件一样。当其承受较大的弯矩时，应采用在弯矩作用平面内有较大抗弯刚度的截面。

如图 7-45 所示，承受偏心压力作用的构件、有横向荷载作用的压杆、在构件的端部作用有弯矩的压杆均属于压弯构件。如厂房排架柱、多高层建筑框架柱等。

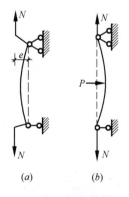

图 7-44 拉弯构件

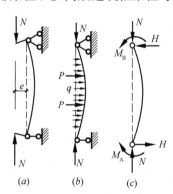

图 7-45 压弯构件

当压弯构件承受较小的弯矩而轴压力很大时，其截面形式与一般的轴心受压构件相同。当单向弯矩作用的压弯构件承受的弯矩相对很大，为了获得较好的经济性，一般采用单轴对称截面，并在受压较大一侧分布着更多的材料。

压弯构件计算时，其截面板件宽厚比等级及限值应符合表 7-21 的规定，其中参数 α_0 应按下式计算：

$$\alpha_0 = \frac{\sigma_{\max} - \sigma_{\min}}{\sigma_{\max}} \tag{7-25}$$

式中　$\sigma_{\max}$——腹板计算高度边缘的最大压应力（N/mm²）；

　　　$\sigma_{\min}$——腹板计算高度另一边缘相应的应力（N/mm²），压应力取正值，拉应力取负值。

腹板计算高度按表 7-21 注 1 的规定取值。

压弯构件的截面板件宽厚比等级及限值　　　　　　　表 7-21

构件	截面板件宽厚比等级		S1 级	S2 级	S3 级	S4 级	S5 级
压弯构件（框架柱）	H 形截面	翼缘 b/t	$9\varepsilon_k$	$11\varepsilon_k$	$13\varepsilon_k$	$15\varepsilon_k$	20
		腹板 h_0/t_w	$(33+13\alpha_0^{1.3})\varepsilon_k$	$(38+13\alpha_0^{1.39})\varepsilon_k$	$(40+18\alpha_0^{1.5})\varepsilon_k$	$(45+25\alpha_0^{1.66})\varepsilon_k$	250
	箱形截面	壁板（腹板）间翼缘 b_0/t	$30\varepsilon_k$	$35\varepsilon_k$	$40\varepsilon_k$	$45\varepsilon_k$	—
	圆钢管截面	径厚比 D/t	$50\varepsilon_k^2$	$70\varepsilon_k^2$	$90\varepsilon_k^2$	$100\varepsilon_k^2$	—

注：1. b 为工字形、H 形截面的翼缘外伸宽度，t、h_0、t_w 分别是翼缘厚度、腹板净高和腹板厚度，对轧制型截面，翼缘外伸宽度及腹板净高不包括翼缘腹板过渡处圆弧段；对于箱形截面，b_0、t 分别为壁板间的距离和壁板厚度；D 为圆管截面外径。

2. 单向受弯的箱形截面柱，其腹板限值可根据 H 形截面腹板采用。

3. 腹板的宽厚比可通过设置加劲肋减小。

7.5.2　拉弯构件

1. 强度计算

除圆管截面外，弯矩作用在两个主平面内的拉弯构件，其截面板件宽厚比等级按受弯构件确定，其截面强度应按下式计算：

$$\frac{N}{A_n} \pm \frac{M_x}{\gamma_x W_{nx}} \pm \frac{M_y}{\gamma_y W_{ny}} \leqslant f \tag{7-26}$$

式中　N——同一截面处轴心力设计值（N）；

M_x、M_y——分别为同一截面处对 x 轴和 y 轴的弯矩设计值（N·mm）；

　γ_x、γ_y——截面塑性发展系数，当截面板件宽厚比等级不满足 S3 级要求时取 1.0，满足 S3 级要求时，可按表 7-18 采用；需要验算疲劳强度的拉弯、压弯构件，宜取 1.0；

　　　A_n——构件的净截面面积（mm²）；

　　　W_n——构件的净截面模量（mm³）。

2. 刚度验算

拉弯构件的刚度是采用长细比 λ 来衡量，且满足 $\lambda \leqslant$ 容许长细 $[\lambda]$。拉弯构件的 λ 计算同轴心受拉构件，其容许长细 $[\lambda]$ 也同轴心受拉构件的 $[\lambda]$。

7.5.3 压弯构件

1. 强度计算

除圆管截面外，弯矩作用在两个主平面内的压弯构件，其截面板件宽厚比等级按表 7-21 确定，其截面强度仍按式 (7-26) 计算。

2. 整体稳定性计算

如图 7-46 所示单向受弯的压弯构件，在压力 N 和弯矩 M 同时作用下，一开始构件就在弯矩作用平面内发生变形，呈弯曲状态。当 N 和 M 同时增加到一定大小时到达极限，超过此极限，构件由稳定平衡状态变为不稳定平衡状态。这种现象称为压弯构件丧失弯矩作用平面内的整体稳定。

侧向刚度较小的压弯构件，当压力 N 和弯矩 M 增大到一定大小时，构件在弯矩作用平面外不能保持平直，突然发生平面外的弯曲变形，并伴随绕纵向扭转中心轴（剪切中心轴）扭转。这种现象称为压弯构件丧失弯矩作用平面外的整体稳定。

因此，压弯构件应进行弯矩作用平面内整体稳定性、弯矩作用平面外整体稳定性的计算。

除圆管截面外，弯矩作用在对称轴平面内的实腹式压弯构件，弯矩作用平面内稳定性应按式（7-27-1）计算，弯矩作用平面外稳定性应按式（7-27-3）计算；对于表 7-18 第 3 项、第 4 项中的单轴对称压弯构件，当弯矩作用在对称平面内且翼缘受压时，除应按式（7-27-1）计算外，还应按式（7-27-4）计算其稳定性。

平面内稳定性计算：

$$\frac{N}{\varphi_x A f} + \frac{\beta_{mx} M_x}{\gamma_x W_{1x}(1 - 0.8 N / N'_{Ex}) f} \leqslant 1.0 \tag{7-27-1}$$

$$N'_{Ex} = \pi^2 E A / (1.1 \lambda_x^2) \tag{7-27-2}$$

平面外稳定性计算：

$$\frac{N}{\varphi_y A f} + \eta \frac{\beta_{tx} M_x}{\varphi_b W_{1x} f} \leqslant 1.0 \tag{7-27-3}$$

$$\left| \frac{N}{A f} - \frac{\beta_{mx} M_x}{\gamma_x W_{2x}(1 - 1.25 N / N'_{Ex}) f} \right| \leqslant 1.0 \tag{7-27-4}$$

式中 N——所计算构件范围内轴心压力设计值（N）；

     N'_{Ex}——参数（N）；

     φ_x——弯矩作用平面内轴心受压构件稳定系数；

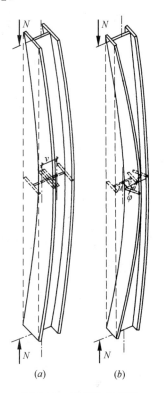

图 7-46 压弯构件两种
整体屈曲（两端铰接）
(*a*) 弯矩作用平面内(弯曲)屈曲；
(*b*) 弯矩作用平面外(弯扭)屈曲

M_x——所计算构件段范围内的最大弯矩设计值（N·mm）；

W_{1x}——在弯矩作用平面内对受压最大纤维的毛截面模量（mm³）；

φ_y——弯矩作用平面外的轴心受压构件稳定系数；

φ_b——均匀弯曲的受弯构件整体稳定系数，按《钢结构设计标准》附录 C 计算；对闭口截面，$\varphi_b=1.0$；

η——截面影响系数，闭口截面 $\eta=0.7$，其他截面 $\eta=1.0$；

W_{2x}——无翼缘端的毛截面模量（mm³）。

● 等效弯矩系数 β_{mx} 应按下列规定采用：

（1）无侧移框架柱和两端支承的构件：

1）无横向荷载作用时，β_{mx} 应按下式计算：

$$\beta_{mx} = 0.6 + 0.4 \frac{M_2}{M_1} \tag{7-27-5}$$

式中　M_1，M_2——端弯矩（N·mm），构件无反弯点时取同号；构件有反弯点时取异号，$|M_1| \geqslant |M_2|$。

2）无端弯矩但有横向荷载作用时，β_{mx} 应按下列公式计算：

跨中单个集中荷载：

$$\beta_{mx} = 1 - 0.36N/N_{cr} \tag{7-27-6}$$

全跨均布荷载：

$$\beta_{mx} = 1 - 0.18N/N_{cr} \tag{7-27-7}$$

$$N_{cr} = \frac{\pi^2 EI}{(\mu l)^2} \tag{7-27-8}$$

式中　N_{cr}——弹性临界力（N）；

μ——构件的计算长度系数。

3）端弯矩和横向荷载同时作用时，式（7-27-1）的 $\beta_{mx}M_x$ 应按下式计算：

$$\beta_{mx}M_x = \beta_{mqx}M_{qx} + \beta_{m1x}M_1 \tag{7-27-9}$$

式中　M_{qx}——横向荷载产生的弯矩最大值（N·mm）；

β_{m1x}——取（1）中1）项计算的等效弯矩系数；

β_{mqx}——取（1）中2）项计算的等效弯矩系数。

（2）有侧移框架柱和悬臂构件，等效弯矩系数 β_{mx} 应按下列规定采用：

1）除下列2）规定之外的框架柱，β_{mx} 应按下式计算：

$$\beta_{mx} = 1 - 0.36N/N_{cr} \tag{7-27-10}$$

2）有横向荷载的柱脚铰接的单层框架柱和多层框架的底层柱，$\beta_{mx}=1.0$。

● 等效弯矩系数 β_{tx} 应按下列规定采用：

（1）在弯矩作用平面外有支承的构件，应根据两相邻支承间构件段内的荷载和内力情况确定：

1）无横向荷载作用时，β_{tx} 应按下式计算：

$$\beta_{tx} = 0.65 + 0.35 \frac{M_2}{M_1} \tag{7-27-11}$$

2）端弯矩和横向荷载同时作用时，β_{tx} 应按下列规定取值：使构件产生同向曲率时，$\beta_{tx} = 1.0$；使构件产生反向曲率时，$\beta_{tx} = 0.85$。

3）无端弯矩有横向荷载作用时，$\beta_{tx}=1.0$。

（2）弯矩作用平面外为悬臂的构件，$\beta_{tx}=1.0$。

3. 局部稳定性计算

实腹式压弯构件的板件较薄时，与压杆和梁类似，其翼缘、腹板在压应力与剪应力作用下，可能偏离其平面位置，发生波状鼓曲，即板件发生屈曲，这种现象称为压弯构件丧失局部稳定。

实腹压弯构件要求不出现局部失稳者，其腹板高厚比、翼缘宽厚比应符合表 7-21 规定的 S4 级截面要求。

压弯构件的板件当用纵向加劲肋加强以满足宽厚比限值时，加劲肋宜在板件两侧成对配置，其一侧外伸宽度不应小于板件厚度 t 的 10 倍，厚度不宜小于 $0.75t$。

此外，当压弯构件的腹板高厚比超过 S4 级截面要求时，也可考虑腹板屈曲后强度进行强度和稳定性计算。

4. 刚度验算

压弯构件的刚度也采用长细比 λ 来衡量，且满足 $\lambda \leqslant$ 容许长细 $[\lambda]$。压弯构件的 λ 计算同轴心受压构件，其容许长细 $[\lambda]$ 也同轴心受压构件的 $[\lambda]$。

7.6　钢构件间的连接

钢结构构件间的连接主要包括次梁与主梁的连接、梁与柱的连接、柱与基础的连接（柱脚）等。从传力性能看，连接节点可分为铰接、刚接和半刚性连接。连接方法有焊接、普通螺栓连接和高强度螺栓连接。连接设计的原则是安全可靠，传力明确，构造简单，便于制造、运输、安装、维护以及拆除。

7.6.1　次梁与主梁连接

次梁与主梁的连接可分为叠接和平接两类。

叠接，如图 7-47(a) 所示，是直接把次梁放在主梁上，并用焊缝或螺栓相连。叠接时，所需要的结构高度很大，故在应用中常受到限制。

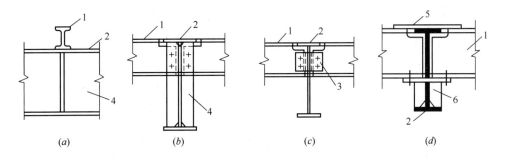

(a)　　　　　　(b)　　　　　　(c)　　　　　　(d)

图 7-47　次梁与主梁连接构造

(a)、(b)、(c) 铰接构造；(d) 刚性构造

1—次梁；2—主梁；3—连接角钢；4—加劲肋；5—连接盖板；6—承托缝

平接，如图 7-47(b)、(c) 所示，是使次梁顶面与主梁相平，或略高、略低于主梁顶

面，从侧面与主梁的加劲肋或在腹板上专设的短角钢或支托相连接。次梁端部与主梁翼缘冲突部分应切成圆弧过渡，避免发生严重的应力集中。图 7-47(b) 为次梁腹板用螺栓连接于主梁加劲肋上的情况。这种连接构造简单，安装方便，在实际工程中经常采用。图 7-47(c) 是利用两个短角钢将次梁连接于主梁腹板的情形。通常，先在主梁腹板上焊上一个短角钢，待次梁就位后再加另一短角钢并用安装焊缝焊牢。

当次梁或主梁的跨度和荷载较大时，次梁与主梁的连接可以采用刚接构造如图 7-47 (d) 所示。由于次梁的负弯矩主要由翼缘承受，故可在次梁与主梁交接处的次梁翼缘上设置连接盖板。这样，截面弯矩产生的上翼缘水平拉力由连接盖板直接传递，截面弯矩产生的下翼缘水平压力则由次梁下翼缘与承托顶板的工地角焊缝传递。为避免腹板沿厚度方向受力，可考虑把主梁腹板两侧的承托顶板做成一块整板，并在主梁腹板上开槽使顶板穿过腹板。

7.6.2   梁与柱连接

梁与柱的连接有铰接做法和刚接做法。其中，梁与柱的铰接做法有两种构造形式：梁置于柱顶和梁连接于柱侧。

梁置于柱顶时，如图 7-48(a)、(b) 所示，应在柱上端设置顶板，顶板具有一定的刚度。图 7-48(a) 所示构造形式传力明确，柱为轴心受压；图 7-48(b) 的连接构造简单，制造和安装方便，但两梁的荷载不等时使柱偏心受压。

梁连接于柱侧时，如图 7-48(c)、(d) 所示。图 7-48(c) 是将梁支承于柱的下部承托上，在梁端顶部还应在构造上设置顶部短角钢以防止梁端受力后发生出平面的偏移，同时又不影响梁端在梁平面内比较自由地转动，较好地符合铰接计算简图要求，同时，这种构造的制造和安装也较为方便，故设计中采用较多。图 7-48(d) 构造适用于梁支座反力较大的情况，梁的反力通过用厚钢板制成的承托传递到柱子上去，这种构造传力虽也明确，但对制造和安装精度的要求较高。

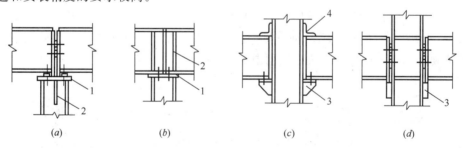

图 7-48   梁柱连接构造
(a)、(b) 梁置于柱顶；(c)、(d) 梁置于柱侧
1—顶板；2—加劲肋；3—承托；4—短角钢

在多层钢框架结构中，常要求梁与柱的连接节点为刚接。刚接节点不仅要求能传递反力，而且要求能传递弯矩，因而构造和施工都较复杂。在梁与柱的刚接中，通常柱是贯通的，梁与柱进行工地现场连接。其做法一种是将梁端部直接与柱相连接，另一种是将梁与预先焊在柱上的梁悬臂（也称为牛腿）相连接。图 7-49 给出了梁端部与柱直接连接时的几种形式：图 7-49(a) 为梁的翼缘、腹板与柱的全焊接连接；图 7-49(b) 为梁的翼缘与

柱焊接，梁的腹板则通过预先焊在柱上的连接件与柱用高强度螺栓连接；图 7-49(c) 梁翼缘通过专用的 T 形铸钢件和连接角钢与柱用高强度螺栓连接；图 7-49（d）为梁通过端板与柱用高强度螺栓连接。此外，为了保证柱子的腹板不致被压坏或局部失稳，通常在梁上、下翼缘对应位置设置柱的横向加劲肋或横隔。

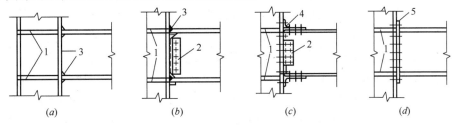

图 7-49　多层钢框架梁柱刚性连接构造

1—横向加劲肋；2—短角钢；3—焊缝；4—T 形铸钢件；5—梁端板

7.6.3　柱与基础连接

柱与基础的连接构造与该结构在设计时所取的计算简图有关，也分铰接和固端连接两种基本形式。铰接节点仅能承受轴向压力和剪力，固定端连接则可以承受轴向压力、剪力和弯矩。按外形分，柱脚可做成板式柱脚、带靴梁柱脚、埋入式柱脚、外包式柱脚、插入式柱脚。板式柱脚主要用于铰接柱脚；带靴梁柱脚可用于铰接柱脚或固定端连接柱脚；埋入式柱脚和外包式柱脚多用于多、高层钢框架结构的固定端连接柱脚；插入式柱脚主要用

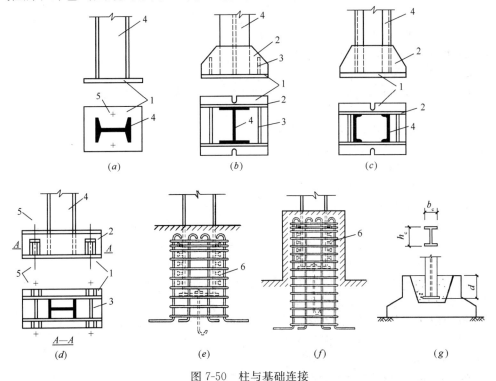

图 7-50　柱与基础连接

（a）、（b）、（c）铰接柱脚；（d）、（e）、（f）、（g）刚接柱脚

1—底板；2—靴梁；3—横隔板或加劲肋；4—柱子；5—锚栓；6—栓钉

于单层钢厂房的固定端连接柱脚。

常用的铰接柱脚的形式如图 7-50(a)、(b)、(c) 所示。当柱子轴力较小时，可用图 7-50(a) 形式，即柱子通过焊缝将轴力和剪力传给底板，并扩散至混凝土基础。当柱子轴力较大时，应采用图 7-50(b)、(c) 形式，在这些柱脚中，柱端通过竖向焊缝将内力传给靴梁，靴梁再通过底部焊缝将荷载传给底板。当靴梁间距较宽、底板区格较大或靴梁自身较高稳定性不足时，可采用横隔板或加劲肋加强。铰接柱脚的底板接近方形，通过锚栓固定在基础上，而且一般只沿一条轴线设置两个连接于基础的锚栓，以便柱端能绕轴线转动。

固端连接柱脚的几种形式如图 7-50(d)～(g) 所示。图 7-50(d) 所示的高靴柱脚用于普通实腹式或格构式压弯柱，与铰接柱脚不同，这里与混凝土基础连接的锚栓将承受柱底截面弯矩产生的拉力，因而须经过计算确定。图 7-50(e) 所示埋入式柱脚常用于多、高层钢框架结构以保证柱端完全嵌固。在这种柱脚中，设计时一般不考虑底板和锚栓受力，柱端弯矩和轴力完全由焊于柱翼缘的抗剪栓钉传递。抗剪栓钉为一种钢质圆头栓钉，通常在工地用特殊焊接工具焊于柱翼缘上，以增强柱翼缘面与混凝土间的抗剪能力。图 7-50(f) 所示外包式柱脚，即将钢柱置于混凝土构件上又伸出钢筋，在钢柱四周包一段钢筋混凝土。图 7-50(g) 所示插入式柱脚，即将钢柱直接插入混凝土基础的杯口内，用二次浇筑混凝土固定。

思考题

1. 钢结构的主要特点是什么？
2. 钢材的屈强比是指什么？钢材的塑性和韧性是指什么？
3. 建筑工程上钢材的种类主要包括哪些？Q235BF 代表什么？
4. 选择钢材应考虑哪些因素？
5. 单面连接单角钢按轴心受力计算强度和连接时，如何确定其强度设计值？
6. 钢结构的连接方法有哪些？
7. 对接焊缝和角焊缝按受力方向可分为哪几种形式？
8. 焊缝按其施焊位置可分为哪几类？
9. 对接焊缝有哪些构造要求？
10. 角焊缝的焊脚尺寸是如何确定的？
11. 对接焊缝、角焊缝的计算长度应如何计算？
12. 普通螺栓和高强度螺栓的主要区别是什么？高强度螺栓的预拉力施工中是如何控制的？
13. 螺栓在构件上的排列除应满足最大、最小容许距离外，还应注意哪些？
14. 单个普通螺栓的抗剪承载力是如何确定的？
15. 超长连接螺栓群时，螺栓的承载力设计值是如何考虑折减系数的？
16. 轴心受力构件按截面形式可分为哪两大类？
17. 桁架弦杆的计算长度应如何计算？
18. 轴心受力构件的强度计算应注意什么？
19. 轴心压杆失稳的形式包括哪几种形式？
20. 实腹式轴心压杆构件的整体稳定系数是如何确定的？
21. 翼缘板自由外伸宽度、腹板计算高度是如何确定的？
22. 实腹式受弯构件计算中，截面塑性发展系数应如何确定？

23. 实腹式梁的整体稳定系数是如何计算的？

24. 实腹式梁的受压翼缘和腹板的局部稳定是如何验算的？

25. 实腹式压弯构件的计算内容有哪些？

26. 次梁与主梁的连接构造形式有哪些？梁与柱的连接构造形式有哪些？

27. 柱与基础的连接构造形式有哪些？

习题

7.1 如习题图 7.1 所示牛腿与钢柱的连接，集中力设计值 $F=550\text{kN}$，偏心矩 $e=300\text{mm}$，钢材为 Q235 钢，焊条为 E43 型、手工焊，三级焊缝。上、下翼缘加引弧板施焊。已知截面特性：$I_x=3.81\times10^8\text{mm}^4$，$S_x=1.04\times10^6\text{mm}^3$，$S_{x1}=8.24\times10^5\text{mm}^3$。

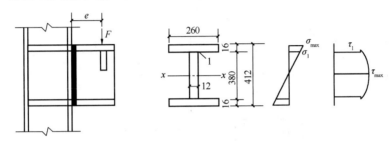

习题图 7.1

试问：验算牛腿与钢柱连接的对接焊缝强度是否满足。

7.2 如习题图 7.2 所示，一竖立钢板用角焊缝连接于钢柱上，静荷载斜向力设计值 $N=280\text{kN}$，$\theta=60°$，角焊缝的焊脚尺寸 $h_f=8\text{mm}$，每条焊缝实际长度为 155mm，钢材为 Q235 钢，焊条 E43 型，手工焊。

试问：验算该角焊缝的强度是否满足要求。

7.3 如习题图 7.3 所示，采用 C 级 M20 普通螺栓的钢板拼接，螺栓直径 $d=20\text{mm}$，螺栓孔径 $d_0=22\text{mm}$。钢材采用 Q235 钢。

试问：确定该拼接所能承受的最大轴心力设计值 N。

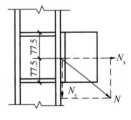

习题图 7.2

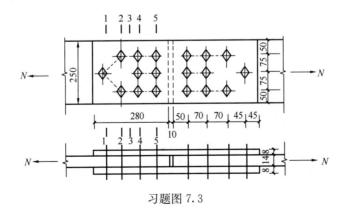

习题图 7.3

7.4 如习题图 7.4 所示的牛腿用 M18 的 C 级普通螺栓连接于钢柱上，螺栓孔径 $d_0=20\text{mm}$。钢材用 Q235，承受静力荷载。

试问：(1) 当牛腿下设支托板承受剪力时，该连接所能承受的最大荷载设计值 F。

（2）当牛腿下不设支托板时，该连接所能承受的最大荷载设计值 F。

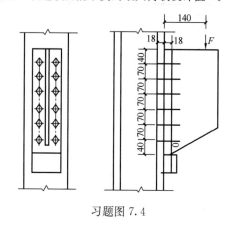

习题图 7.4

7.5　某焊接工字形等截面简支楼盖梁，截面尺寸如习题图 7.5 所示，无削弱。在跨度中点和两端都设有侧向支承。钢材为 Q235，集中荷载为间接动力荷载。已知梁的内力：跨中截面最大弯矩值 $M_x =$ 1300kN・m，支座截面最大剪力设计值 $V_{max} =$ 224kN。

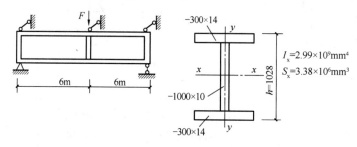

习题图 7.5

试问：验算该梁的强度是否满足。

7.6　某无积灰的瓦楞铁屋面，屋面坡度为 1/2.5，普通单跨简支槽钢檩条（习题图 7.6），跨度为 6m，跨中设一道拉条。檩条上活荷载标准值为 500N/m，恒荷载（含檩条自重）标准值为 200N/m。钢材为 Q235 钢，选槽钢 [12.6，$W_x = 61.7cm^3$，$W_y = 10.3cm^3$，$I_x = 389cm^4$，$i_x = 4.98cm$，$i_y = 1.56cm$。槽钢的截面等级满足 S3 级。檩条容许挠度，查表知 $[v] = \dfrac{l}{150}$。$E = 2.06 \times 10^5 \text{N/mm}^2$。

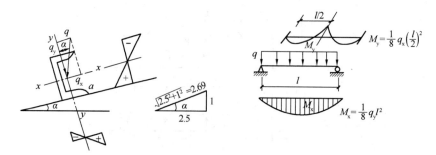

习题图 7.6

试问：验算檩条的强度和刚度。

应用实例：现浇钢筋混凝土楼盖设计

1. 设计资料

某办公楼采用现浇钢筋混凝土楼盖，建筑轴线及柱网平面如图 8-1 所示，层高 4.5m。楼面可变荷载标准值 4.0kN/m²。楼面面层为 30mm 现制水磨石，下铺 70mm 厚水泥石灰焦渣，梁板下面用 20mm 厚石灰砂浆抹灰。

梁、板混凝土强度等级均采用 C25，主梁、次梁的纵向受力钢筋采用 HRB400 级钢筋，其箍筋采用 HPB300 级钢筋；板纵向受力钢筋采用 HPB300 级钢筋。结构安全等级为二级，结构重要性系数 $\gamma_0 = 1.0$。环境类别一类。

2. 结构布置

楼盖采用单向板肋形楼盖方案。主、次梁的布置如图 8-1 所示。

（1）按高跨比条件要求板的厚度 $h \geqslant l/40 = \dfrac{2400}{40} = 60mm$；规范要求 $h \geqslant 80mm$，现取板厚 $h = 80mm$。

（2）次梁截面高度应满足：$h = l/18 \sim l/12 = 6000/18 \sim 6000/12 = 333 \sim 500mm$，取 $h = 450mm$；截面高度 $b = h/3 \sim h/2$，取 $b = 200mm$。

（3）主梁截面高度应满足：$h = l/14 \sim l/10 = 7200/14 \sim 7200/10 = 515 \sim 720mm$，取 $h = 700mm$；截面宽度 $b = h/3 \sim h/2 = 700/3 \sim 700/2 = 233 \sim 350mm$，取 $b = 300mm$。

3. 板的配筋计算

板（厚度 80mm）按塑性内力重分布方法计算，取每米（1m）宽板带为计算单元，有关尺寸及计算简图如图 8-2 所示。

（1）荷载

30mm 现制水磨石	0.65kN/m²
70mm 水泥焦渣	$14 \times 0.07 = 0.98$kN/m²
80mm 钢筋混凝土板	$25 \times 0.08 = 2$kN/m²
20mm 石灰砂浆	$17 \times 0.02 = 0.34$kN/m²
恒载标准值	$g_k = 3.97$kN/m²
活载标准值	$q_k = 4.0$kN/m²
荷载设计值	$p = 1.3 \times 3.97 + 1.5 \times 4.0 = 11.16$kN/m²

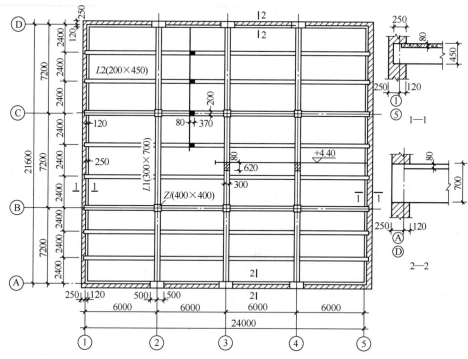

图 8-1　建筑轴线及柱网平面图

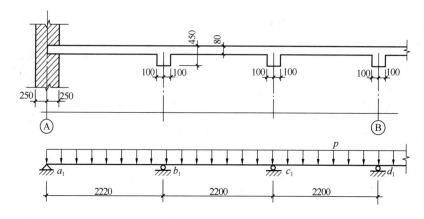

图 8-2　板的相关尺寸及计算简图

每米板宽 $\qquad p=11.16\times1=11.16\text{kN/m}$

（2）内力计算及配筋

1）板的计算跨度

板厚 $h=80\text{mm}$，次梁 $b\times h=200\text{mm}\times450\text{mm}$，按塑性设计：

边跨：$l_{01}=l_n+\dfrac{h}{2}=(2400-200-120)+\dfrac{80}{2}=2220\text{mm}<l_n+\dfrac{a}{2}$

$$=\left(2400-\frac{200}{2}-120\right)+\frac{120}{2}=2240\text{mm}，取 l_{01}=2220\text{mm}$$

中间跨：$l_{02}=l_n=2400-200=2200\text{mm}$

跨度差：$(2240-2200)/2200=0.91\%<10\%$，故板可按等跨连续板计算。

2) 板的弯矩计算（表 8-1）

板的弯矩值计算表 表 8-1

截面位置	弯矩系数 α	弯矩 $M=\alpha pl_0^2$（kN·m/m）
边跨跨中	$\dfrac{1}{11}$	$\dfrac{1}{11}\times11.16\times2.22^2=5.00$
b_1 支座	$-\dfrac{1}{14}$	$-\dfrac{1}{14}\times11.16\times2.22^2=-3.93$
中间跨跨中	$\dfrac{1}{16}$	$\dfrac{1}{16}\times11.16\times2.2^2=3.38$
中间跨 c_1 支座	$-\dfrac{1}{16}$	$-\dfrac{1}{16}\times11.16\times2.2^2=-3.38$

3) 板的配筋计算（表 8-2）

$b=1000\text{mm}$，$h=80\text{mm}$，$h_0=80-20=60\text{mm}$，$f_c=11.9\text{N/mm}^2$，$f_t=1.27\text{N/mm}^2$，$f_y=270\text{N/mm}^2$，考虑起拱作用，其跨中②～④轴线间和中间 c_1 支座②～④轴线间的弯矩值可折减 20%。

板的配筋计算表 表 8-2

截面位置		M（kN·m）	$x=h_0-\sqrt{h_0^2-\dfrac{2\gamma_0 M}{\alpha_1 f_c b}}$（mm）	$\xi=\dfrac{x}{h_0}$	$A_s=\dfrac{\alpha_1 f_c bx}{f_y}$（mm²）	实配钢筋
边跨跨中		5.00	7.5	0.125	331	Φ10@200，393mm²
b_1 支座		-3.93	5.8	0.097	256	Φ8@200，252mm²
中间跨跨中	①～② ④～⑤轴线间	3.38	4.9	0.082	216	Φ8@200，252mm²
	②～④轴线间	2.70	3.9	0.065	172	Φ8@200，252mm²
中间 c_1 支座	①～② ④～⑤轴线间	-3.38	4.9	0.082	216	Φ8@200，252mm²
	②～④轴线间	-2.70	3.9	0.065	172	Φ8@200，252mm²

表 8-2 中，ξ 均小于 0.35，符合塑性内力重分布的条件。

配筋率验算：$\rho_实=\dfrac{A_s}{bh}=\dfrac{252}{1000\times80}=0.32\%>\rho_{\min}=0.15\%$ 及 $0.45\dfrac{f_t}{f_y}=0.45\times\dfrac{1.27}{270}=0.21\%$，故满足要求。

板中除配置计算钢筋外，还应配置构造钢筋（如分布钢筋和嵌入墙内的板的附加钢筋见图中③、④、⑤号筋），板的配筋图见图 8-3（注意的是，实际工程通常采用将板底纵筋直通配筋，支座处另配板顶负弯矩筋即按⑥、⑦号筋配筋），钢筋表见表 8-3。

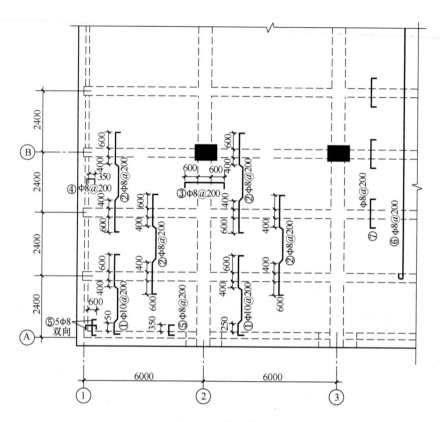

图 8-3　板的配筋图

板的钢筋表　　　　　　　　表 8-3

编号	形状尺寸	直径（mm）	长度（mm）	备注
①	65 ⌐350⌐ 1360 ⌐100⌐ 1200 ⌐65 87 50	10	3240	弯起 30°
②	65 ⌐1200⌐ 1230 ⌐100⌐ 1200 ⌐65 87 50	8	3960	
③	65 ⌐1500⌐ 65	8	1630	
④	65 ⌐450⌐ 65	8	580	
⑤	65 ⌐700⌐ 65	8	830	

4. 次梁的配筋计算

次梁按塑性内力重分布方法计算，截面尺寸及计算简图见图 8-4。

（1）荷载

由板传来的恒载　　　　　　　　$3.97 \times 2.4 = 9.53\text{kN/m}$

　　次梁自重　　　　　　　$25 \times 0.2 \times (0.45 - 0.08) = 1.85\text{kN/m}$

　　次梁抹灰　　　　$17 \times 0.02 \times (0.45 - 0.08) \times 2 = 0.25\text{kN/m}$

恒载标准值　　　　　　　　　　$g_k = 11.63\text{kN/m}$

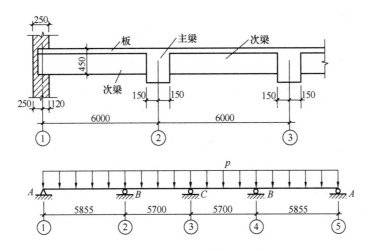

图 8-4　某次梁截面尺寸及计算简图

活载标准值　　　　　　　$q_k=4.0\times2.4=9.6\text{kN/m}$

荷载设计值　　　　　　　$p=1.3\times11.63+1.5\times9.6=29.52\text{kN/m}$

（2）内力计算及配筋

1）次梁计算跨度

边跨计算跨度 $l_{01}=l_n+\dfrac{a}{2}=6000-120-150+\dfrac{250}{2}=5855\text{mm}<1.025l_n$

$$=1.025\times(6000-120-150)=5873\text{mm}，取 l_{01}=5855\text{mm}$$

中间跨计算跨度 $l_{02}=l_n=6000-300=5700\text{mm}$

跨度差（5855－5700）/5700＝2.72％＜10％，故次梁可按等跨连续梁计算。

2）次梁的弯矩计算（表 8-4）和次梁的剪力计算（表 8-5）

次梁的弯矩计算表　　　　　　　　　　　　　　　　　表 8-4

截面位置	弯矩系数 α	弯矩值 $M=\alpha pl_0^2$ （kN·m）
边跨跨中	$\dfrac{1}{11}$	$\dfrac{1}{11}\times29.52\times5.855^2=92.0$
B 支座	$-\dfrac{1}{11}$	$-\dfrac{1}{11}\times29.52\times5.855^2=-92.0$
中间跨跨中	$\dfrac{1}{16}$	$\dfrac{1}{16}\times29.52\times5.7^2=59.9$
中间 C 支座	$-\dfrac{1}{14}$	$-\dfrac{1}{14}\times29.52\times5.7^2=-68.5$

次梁的剪力计算表　　　　　　　　　　　　　　　　　表 8-5

截面位置	剪力系数 β	剪力 $V=\beta pl_n$ （kN）
边支座 A	0.45	$0.45\times29.52\times5.73=76.1$
B 支座（左）	0.60	$0.60\times29.52\times5.73=101.5$
B 支座（右）	0.55	$0.55\times29.52\times5.7=92.5$
中间 C 支座	0.55	$0.55\times29.52\times5.7=92.5$

3）次梁的配筋

正截面承载力计算——次梁跨中截面按 T 形截面计算。

相应的翼缘宽度为：

边跨 $b'_f = \dfrac{1}{3}l_0 = \dfrac{1}{3} \times 5855 = 1952\text{mm} < b_f + s_n = 2600\text{mm}$，取 $b'_f = 1952\text{mm}$

中间跨 $b'_f = \dfrac{1}{3}l_0 = \dfrac{1}{3} \times 5700 = 1900\text{mm} < b_f + s_n = 2600\text{mm}$，取 $b'_f = 1900\text{mm}$

$h = 450\text{mm}$，$h_0 = 450 - 35 = 415\text{mm}$，$h'_f = 80\text{mm}$

$\alpha_1 f_c b'_f h'_f \left(h_0 - \dfrac{h'_f}{2} \right) = 1 \times 11.9 \times 1900 \times 80 \times \left(415 - \dfrac{80}{2} \right) = 678.3\text{kN} \cdot \text{m} > 92.0\text{kN} \cdot \text{m}$

故次梁跨中截面均按第一类 T 形截面计算。

次梁支座截面按矩形截面计算（$b = 200\text{mm}$）。

钢筋用 HRB400，$f_y = 360\text{N/mm}^2$。

次梁的纵向受力钢筋计算见表 8-6。

次梁纵向受力钢筋计算表 表 8-6

截面位置	M (kN·m)	b'_f 或 b (mm)	$x = h_0 - \sqrt{h_0^2 - \dfrac{2\gamma_0 M}{\alpha_1 f_c b}}$ (mm)	$\xi = \dfrac{x}{h_0}$	$A_s = \dfrac{\alpha_1 f_c b x}{f_y}$ (mm²)	实配钢筋
边跨跨中	92.0	1952	9.7	0.023	626	4Φ16，804mm²
B 支座	−92.0	200	106.9	0.258	707	2Φ16+2Φ18，911mm²
中间跨跨中	59.9	1900	6.4	0.015	402	3Φ16，603mm²
中间 C 支座	−68.5	200	76.4	0.184	505	2Φ16+2Φ12，628mm²

注：计算 x、A_s 时 b 取值，对于跨中正弯矩取 $b = b'_f$。

其中 ξ 均小于 0.35，符合塑性内力重分布的条件。

$\rho = \dfrac{A_s}{bh} = \dfrac{603}{200 \times 450} = 0.67\% > \rho_{min} = 0.20\%$ 及 $0.45f_t / f_y = 0.45 \times 1.27/360 = 0.16\%$

故满足要求。

斜截面抗剪承载力计算——箍筋用 HPB300，$f_y = 270\text{N/mm}^2$

$h_w = h_0 - h'_f = 415 - 80 = 335\text{mm}$，$\dfrac{h_w}{b} = \dfrac{335}{200} = 1.68 < 4$，则截面尺寸验算为：

$0.25\beta_c f_c b h_0 = 0.25 \times 1 \times 11.9 \times 200 \times 415 = 247\text{kN} > V$，故截面满足

$0.7 f_t b h_0 = 0.7 \times 1.27 \times 200 \times 415 = 73.8\text{kN}$，故需计算配置箍筋。

选取 $V = 101.6\text{kN}$ 计算，选用 Φ6 双肢箍，则：

$$s \leqslant \frac{f_{yv} A_{sv} h_0}{V - 0.7 f_t b h_0} = \frac{270 \times 56.6 \times 415}{101600 - 73.8 \times 10^3} = 228\text{mm}$$

取 s 为 150mm，沿梁全长不变。复核最小配箍率：

$$\rho_{sv} = \frac{n A_{sv1}}{bs} = \frac{2 \times 28.3}{200 \times 150} = 0.189\% > \rho_{sv,min} = 0.24 \frac{f_t}{f_{yv}} = 0.24 \times \frac{1.27}{270} = 0.11\%$$

故满足要求。

所以，次梁的箍筋均取 $\phi 6@150$ ，沿次梁全长不变。

纵筋的截断点距支座的距离为：

$$l_n = \frac{l_n}{5} + 20d = \frac{1}{5} \times 5700 + 20 \times 18 = 1500\text{mm}$$

$$l_n = \frac{l_n}{3} = \frac{1}{3} \times 5700 = 1900\text{mm}$$

故取 $l_n = 1900\text{mm}$

次梁的配筋如图 8-5 所示。

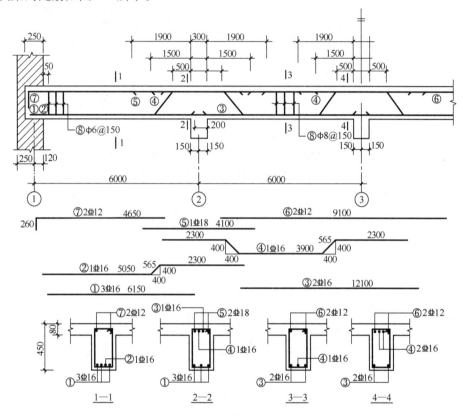

图 8-5　次梁的配筋图

5. 主梁的配筋计算

主梁截面尺寸 $b \times h = 300\text{mm} \times 700\text{mm}$ ，按弹性理论计算。

主梁的线刚度 $i_b = \dfrac{bh^3}{12l_b} = \dfrac{300 \times 70^3}{12 \times 720} = 1191\text{cm}^3$

柱的线刚度 $i_c = \dfrac{bh^3}{12l_o} = \dfrac{40 \times 40^3}{12 \times 450} = 474\text{cm}^3$

考虑现浇楼板的有利作用，主梁的实际线刚度取为 $2i_b$ 。

$$\frac{i_b}{i_c} = \frac{2 \times 1191}{474} = 5.03$$

故主梁视为铰支在柱顶上的连续梁，截面尺寸及计算简图见图 8-6。

（1）荷载

由次梁传来的恒载　　　　　　　　　　　$11.63 \times 6 = 69.78\text{kN}$

主梁自重	$25×0.3×(0.7-0.08)×2.4=11.16kN$
主梁侧抹灰	$17×0.02×(0.7-0.08)×2.4×2=1.01kN$

恒载标准值	$G_k=81.95kN$
活载标准值	$Q_k=9.6×6=57.6kN$
恒载设计值	$G=1.3×81.95=106.54kN$
活载设计值	$Q=1.5×57.6=86.4kN$

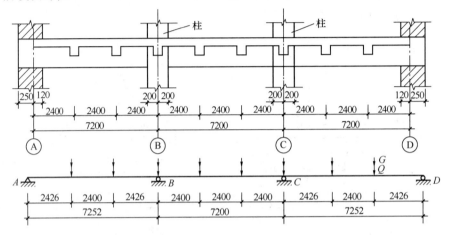

图 8-6　主梁的截面尺寸及计算简图

（2）内力计算及配筋

1）计算跨度

边跨净跨 $l_{n1}=7200-120-200=6880mm$

边跨计算跨度 $l_{01}=l_{n1}+\dfrac{a}{2}+\dfrac{b}{2}=6880+\dfrac{370}{2}+\dfrac{400}{2}$

$$=7265mm>1.025l_{n1}+\dfrac{b}{2}=1.025×6880+\dfrac{400}{2}=7252mm$$

取 $l_{01}=7252mm$

中间跨净跨 $l_{n2}=7200-400=6800mm$

中间跨计算跨度 $l_{02}=l_n+b=6800+400=7200mm$

因跨度差小于 10%，可按等跨连续梁计算。

2）主梁的弯矩设计值和剪力设计值计算（表 8-7）

3）主梁的正截面抗弯承载力计算——纵向受力钢筋配置

主梁跨中截面按 T 形截面计算，其翼缘宽度为：

$$b'_f=\dfrac{l_0}{3}=\dfrac{7200}{3}=2400mm<b+s_n=6000mm$$

$h'_f=80mm$，$h=700mm$，$h_0=665mm$

$$\alpha_1 f_c b'_f h'_f \left(h_0-\dfrac{h'_f}{2}\right)=1×11.9×2400×80×\left(660-\dfrac{80}{2}\right)=1417kN·m>M=367.0kN·m$$

故主梁跨中截面均按第一类 T 形截面计算。

主梁支座截面按矩形截面计算，考虑支座负弯矩值较大需布置两排钢筋，$h_0=700-80=620mm$，$b=300mm$。

主梁的弯矩设计值和剪力设计值

表 8-7

项次	荷载简图	弯矩 (kN·m) 边跨跨中 $\dfrac{k}{M_1}$	$\dfrac{k}{M_2}$	B 支座 $\dfrac{k}{M_B}$	中间跨跨中 $\dfrac{k}{M_3}$	$\dfrac{k}{M_4}$	剪力 (kN) A 支座 $\dfrac{k}{V_A}$	B 支座 $\dfrac{k}{V_{BL}}$	$\dfrac{k}{V_{BR}}$	备注
①		0.244 / 187.2	0.155 / 118.9	-0.267 / -204.8	0.067 / 51.4	0.067 / 51.4	0.733 / 78.1	-1.267 / -135.0	1.000 / 106.5	内力系数 / 内力
②		0.289 / 179.8	0.244 / 151.8	-0.133 / -82.7	-0.133 / -82.7	-0.133 / -82.7	0.866 / 74.8	-1.134 / -98.0	0 / 0	内力系数 / 内力
③		-0.044 / -27.4	-0.089 / -55.4	-0.133 / -82.7	0.200 / 124.4	0.200 / 124.4	-0.133 / -11.5	-0.133 / -11.5	1.00 / 86.4	内力系数 / 内力
④		0.229 / 142.5	0.125 / 77.8	-0.311 / -193.5	0.096 / 59.7	0.170 / 105.8	0.689 / 59.5	-1.311 / -113.3	1.222 / 105.6	内力系数 / 内力
⑤		-0.030 / -18.7	-0.059 / -36.7	-0.089 / -55.4	0.170 / 105.8	0.096 / 59.7	-0.089 / -7.7	-0.089 / -7.7	0.778 / 67.2	内力系数 / 内力
内力不利组合	①+②	367.0	270.7	-287.5	-31.3	-31.3	152.9	-233	106.5	—
	①+③	159.8	63.5	-287.5	175.8	175.8	66.6	-146.5	192.9	—
	①+④	329.7	196.7	-398.3	111.1	157.2	137.6	-248.3	212.1	—
	①+⑤	168.5	82.2	-260.2	157.2	111.1	70.4	-142.7	173.7	—

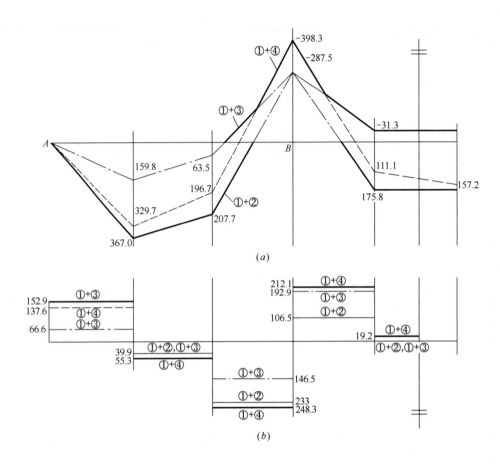

图 8-7　主梁内力包络图

(a) 弯矩包络图；(b) 剪力包络图

根据表 8-7，作内力包络图，见图 8-7。

B 支座边 M：$M = 398.3 - 0.2 \times 212.1 = 355.9 \text{kN} \cdot \text{m}$

钢筋选用 HRB400 级钢，$f_y = 360 \text{N/mm}^2$；主梁的配筋计算见表 8-8。

主梁的纵向受力钢筋计算表   表 8-8

截面位置	M (kN·m)	b'_f 或 b (mm)	h_0 (mm)	$x = h_0 - \sqrt{h_0^2 - \dfrac{2\gamma_0 M}{\alpha_1 f_c b}}$	$\xi = \dfrac{x}{h_0}$	$A_s = \dfrac{\alpha_1 f_c b x}{f_y}$ (mm²)	实配钢筋
边跨跨中	367.0	2400	665	19.6	0.029	1555	2 ⏀ 25+3 ⏀ 22，2122mm²
B 支座	−355.9	300	620	190.0	0.306	1884	3 ⏀ 22+2 ⏀ 18+2 ⏀ 20，2277mm²
中间跨中	175.8	2400	665	9.3	0.014	738	4 ⏀ 18，1017mm²
	−31.3	300	620	14.3	0.023	142	2 ⏀ 20，628mm²

注：计算 x、A_s 时 b 取值，边跨跨中、中间跨跨中的正弯矩取 $b = b'_f$。

上述 ξ 值均小于 $\xi_b=0.518$。

$$\rho=\frac{A_s}{bh}=\frac{628}{300\times700}=0.299\%>\rho_{min}=0.2\% \text{ 及 } 0.45f_t/f_y=0.45\times1.27/360=0.16\%$$

4）主梁的斜剪面受剪承载力计算——抗剪箍筋配置

复核主梁截面尺寸：$b=300mm$，$h_0=620mm$，$h_w=h_0-h'_f=620-80=540mm$

$\dfrac{h_w}{b}=\dfrac{540}{300}=1.8<4$，故按下式验算：

$0.25\beta_c f_c bh_0=0.25\times1\times11.9\times300\times620=553.35kN>V$，故满足要求。

$0.7f_t bh_0=0.7\times1.27\times300\times620=165kN$

斜截面抗剪箍筋计算见表 8-9。

主梁的箍筋计算表　　　　　　　　表 8-9

截面位置	V（kN）	$V_{cs}=0.7f_t bh_0+f_{yv}\dfrac{nA_{sv1}}{s}h_0$	实配箍筋
A 支座	152.9	$\phi 8@200$，$165+84.2=249.27kN$	$\phi 8@200$
B 支座（左）	248.3	$\phi 8@200$，$165+84.2=249.2kN$	$\phi 8@200$
B 支座（右）	212.1	$\phi 8@200$，$165+84.2=249.2kN$	$\phi 8@200$

复核最小配箍率：

$$\rho_{sv}=\frac{nA_{sv1}}{bs}=\frac{2\times50.3}{300\times200}=0.168\%>\rho_{min}=0.24f_t/f_{yv}=0.24\times1.27/270=0.11\%$$

附加箍筋计算：

次梁传来的集中力设计值 $F=1.3\times69.78+1.5\times57.6=177.1kN$

若选用箍筋，双肢箍$\phi 8$，则：

$$n=\frac{F}{f_{yv}A_{sv}}=\frac{177.1\times10^3}{270\times50.3\times2}=6.5，取 n 为 8 个。$$

在 $s=2h_1+3b=2\times250+3\times200=1100mm$ 的范围内，次梁的两侧各 4 个$\phi 8$箍筋；若选用吊筋，$f_{yv}=360N/mm^2$，$\alpha=45°$，则：

$$A_{sb}=\frac{F}{f_{yv}\sin\alpha}=\frac{177.1\times10^3}{360\times\sin45°}=696mm^2，实际配筋 2\underline{\Phi}16（4 个截面 A_s=804mm^2）。$$

（3）抵抗弯矩图及钢筋布置（图 8-8）

在图 8-8 中，需注意：

1）弯起钢筋的弯起点距该钢筋强度的充分利用点最近的为 450mm$>h_0/2$，前一排的弯起点至后一排的弯终点的距离小于 s_{max}（箍筋最大间距）。

2）钢筋切断位置（B 支座负弯矩钢筋）

由于切断点处 $V>0.7f_t bh_0$，故应从该钢筋强度的充分利用点外伸 $1.2l_a+h_0$，并且从该钢筋的理论断点外伸不小于 h_0 且不小于 $20d$。

$$l_a=l_{ab}=0.14f_y d/f_t=0.14\times360d/1.27=40d$$

对$\underline{\Phi}18$，$1.2l_a+h_0=1.2\times40\times18+620=1484mm$，取 1500mm。

对$\underline{\Phi}20$，$1.2l_a+h_0=1.2\times40\times20+620=1580mm$，取 1600mm。

对$\underline{\Phi}22$，$1.2l_a+h_0=1.2\times40\times22+620=1676mm$，取 1700mm。

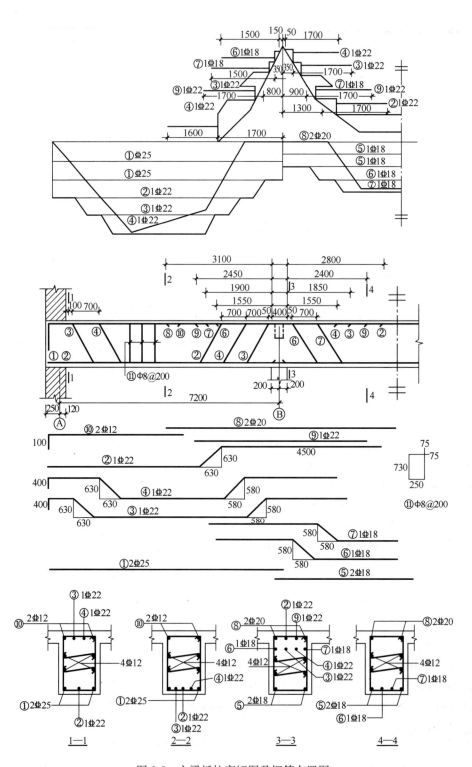

图 8-8　主梁抵抗弯矩图及钢筋布置图

3）跨中正弯矩钢筋伸入支座长度 $l_a \geqslant 12d$

对 $\underline{\Phi}18$，$12 \times 18 = 216\text{mm}$，取 220mm。

对 $\underline{\Phi}$ 25，12×25＝300mm，取 300mm。

4）支座 A，根据构造要求，负弯矩钢筋截面面积不小于 $\frac{1}{4}$ 跨中处钢筋截面面积 2 $\underline{\Phi}$ 12＋1 $\underline{\Phi}$ 22，$A_s＝614\text{mm}^2＞\frac{1}{4}×2044＝511\text{mm}^2$。

要求伸入支座边 $l_a＝40d$

对 $\underline{\Phi}$ 12，$l_a＝40×12＝480\text{mm}$，伸至梁端 340mm，再下弯 140mm。

对 $\underline{\Phi}$ 22，$l_a＝40×22＝880\text{mm}$，伸至梁端 340mm，再下弯 540mm。

5）主梁的纵向构造钢筋（即腰筋），规范规定 $h_w≥450\text{mm}$ 应设置腰筋，每侧钢筋截面面积为 $0.1\%bh_w＝0.1\%×300×（665－80）＝175.5\text{mm}^2$，选用 2 $\underline{\Phi}$ 12（$A_s＝226\text{mm}^2$）满足要求。

在图 8-8 中各剖面位置标明，即 4 $\underline{\Phi}$ 12。

4.1 解：C30，$f_c = 14.3\text{N/mm}^2$，$\alpha_1 = 1.0$

HRB400 级，$f_y = 360\text{N/mm}^2$；$h_0 = h - a_s = 550 - 40 = 510\text{mm}$

由式（4-6-1）和式（4-6-2），则：

$$x = h_0 \left[1 - \sqrt{1 - \frac{2\gamma_0 M}{\alpha_1 f_c b h_0^2}} \right]$$

$$= 510 \times \left[1 - \sqrt{1 - \frac{2 \times 1 \times 125 \times 10^6}{1 \times 14.3 \times 250 \times 510^2}} \right]$$

$$= 73.9\text{mm} < \xi_b h_0 = 0.518 \times 510 = 264.2\text{mm}$$

$$A_s = \frac{\alpha_1 f_c b x}{f_y} = \frac{1 \times 14.3 \times 250 \times 73.9}{360} = 734\text{mm}^2$$

复核最小配筋率：

$$\rho_{\min} = \max(0.2\%, 0.45 f_t / f_y)$$

$$= \max(0.2\%, 0.45 \times 1.43/360)$$

$$= 0.2\%$$

$$A_{s,\min} = 0.2\% \times 250 \times 550 = 275\text{mm}^2 < 734\text{mm}^2$$

故最终取 $A_s = 734\text{mm}^2$。

4.2 解：$M = \frac{1}{8} q l^2 = \frac{1}{8} \times (1 \times 6.4) \times 2.1^2 = 3.528\text{kN} \cdot \text{m/m}$

C25，$f_c = 11.9\text{N/mm}^2$，$\alpha_1 = 1.0$

HPB300 级钢筋，$f_y = 270\text{N/mm}^2$；$h_0 = h - a_s = 100 - 20 = 80\text{mm}$

由式（4-6-1）和式（4-6-2）：

$$x = h_0 \left[1 - \sqrt{1 - \frac{2\gamma_0 M}{\alpha_1 f_c b h_0^2}} \right]$$

$$= 80 \times \left[1 - \sqrt{1 - \frac{2 \times 1 \times 3.528 \times 10^6}{1 \times 11.9 \times 1000 \times 80^2}} \right]$$

$$= 3.8\text{mm} < \xi_b h_0 = 0.576 \times 80 = 46\text{mm}$$

$$A_s = \frac{\alpha_1 f_c b x}{f_y} = \frac{1 \times 11.9 \times 1000 \times 3.8}{270} = 167\text{mm}^2$$

复核最小配筋率：

$$\rho_{\min} = \max(0.2\%, 0.45 f_t / f_y)$$

$$= \max(0.20\%, 0.45 \times 1.27/270)$$

$$= 0.212\%$$

$$A_{s,\min} = 0.212\% \times 1000 \times 100 = 212\text{mm}^2 > 167\text{mm}^2$$

最终取 $A_s = 212\text{mm}^2$，选配 Φ 8@200（$A_s = 252\text{mm}^2$）。

4.3 解：C25，$f_c = 11.9\text{N/mm}^2$，$\alpha_1 = 1.0$

HRB400 级钢筋，$f_y = 360\text{N/mm}^2$，$h_0 = h - a_s = 500 - 40 = 460\text{mm}$

由式（4-6-1）：

$$x = \frac{f_y A_s}{\alpha_1 f_c b} = \frac{360 \times 1520}{1 \times 11.9 \times 300} = 153\text{mm} < \xi_b h_0 = 0.518 \times 460 = 238\text{mm}$$

故 $M_u = \alpha_1 f_c b x \left(h_0 - \frac{x}{2} \right)$

$$= 1 \times 11.9 \times 300 \times 238 \times \left(460 - \frac{238}{2} \right)$$

$$= 289.7\text{kN} \cdot \text{m} > 175\text{kN} \cdot \text{m},\ \text{满足}.$$

4.4 解： C30，$f_c = 14.3\text{N/mm}^2$，$\alpha_1 = 1.0$

HRB400 级钢筋，$f_y = 360\text{N/mm}^2$；$h_0 = h - a_s = 600 - 80 = 520\text{mm}$

首先判别类型：

$$\alpha_1 f_c b'_f h'_f = 1 \times 14.3 \times 1200 \times 80 = 1.37 \times 10^6\text{N} > f_y A_s = 360 \times 1520 = 5.47 \times 10^5\text{N}$$

故为第一类 T 形，即按矩形截面考虑。

$$x = \frac{f_y A_s}{\alpha_1 f_c b'_f} = \frac{360 \times 1520}{1 \times 14.3 \times 1200} = 32\text{mm}$$

$$M_u = \alpha_1 f_c b'_f \times \left(h_0 - \frac{x}{2} \right)$$

$$= 1 \times 14.3 \times 1200 \times 32 \times \left(520 - \frac{32}{2} \right)$$

$$= 276.3\text{kN} \cdot \text{m} < 290\text{kN} \cdot \text{m}$$

故该 T 形梁受弯承载力不安全。

4.5 解： $h_0 = 600 - 35 = 565\text{mm}$；$f_t = 1.43\text{N/mm}^2$

$$f_{yv} = 270\text{N/mm}^2$$

$$V \leqslant 0.7 f_t b h_0 + f_{yv} \frac{A_{sv}}{s} h_0,\ \text{则：}$$

$$213 \times 10^3 \leqslant 0.7 \times 1.43 \times 250 \times 565 + 270 \times \frac{2 \times 50.3}{s} \times 565$$

解之得：$s \leqslant 214\text{mm}$，故取 $s = 200\text{mm}$。

4.6 解： C25，$f_c = 11.9\text{N/mm}^2$，$f_t = 1.27\text{N/mm}^2$

$h_0 = h - a_s = 600 - 40 = 560\text{mm}$

受弯计算：

$$x = \frac{f_y A_s}{\alpha_1 f_c b} = \frac{360 \times 1520}{1 \times 11.9 \times 250} = 184\text{mm} < \xi_b h_0 = 0.516 \times 560 = 289\text{mm}$$

$$M_u = \alpha_1 f_c b x \left(h_0 - \frac{x}{2} \right)$$

$$= 1 \times 11.9 \times 250 \times 184 \times \left(560 - \frac{184}{2} \right) = 256.18\text{kN} \cdot \text{m}$$

$$M = \frac{1}{8} q l^2 = \frac{1}{8} q \times 6^2 = M_u = 256.18\text{kN} \cdot \text{m}$$

则：$q = 56.9\text{kN/m}$

受剪计算：

$$V_u = 0.7 f_t b h_0 + f_{yv} \frac{A_{sv}}{s} h_0$$

$$= 0.7 \times 1.27 \times 250 \times 560 + 270 \times \frac{2 \times 50.3}{200} \times 560$$

$$= 200.51\text{kN}$$

$$V = \frac{1}{2} q l_n = \frac{1}{2} q \times 5.76 = V_u = 200.51\text{kN}$$

则：$q = 69.6\text{kN/m}$

上述取较小值，$q=56.9\text{kN/m}$

4.7　解：假定为大偏压，$h_0=h-a_s=400-40=360\text{mm}$，则：

$$x=\frac{N}{\alpha_1 f_c b}=\frac{400\times10^3}{1\times14.3\times300}=93.2\text{mm}<\xi_b h_0=0.516\times360=186\text{mm}$$

并且$>2a'_s=2\times40=80\text{mm}$。

$$e_a=\max\left(20,\ \frac{400}{30}\right)=20\text{mm}$$

$$e_i=\frac{M}{N}+e_a=\frac{150\times10^3}{400}+20=395\text{mm}$$

$$e=e_i+\frac{h}{2}-a_s=395+\frac{400}{2}-40=555\text{mm}$$

$Ne=\alpha_1 f_c bx\left(h_0-\dfrac{x}{2}\right)+f'_y A'_s\ (h_0-a'_s)$，则：

$$400\times10^3\times555=1\times14.3\times300\times93.2\times\left(360-\frac{93.2}{2}\right)+360A'_s\times\ (360-40)$$

解之得：$A'_s=839\text{mm}^2$

复核最小配筋率：

单侧：$A'_s=0.2\%\times300\times400=240\text{mm}^2<839\text{mm}^2$

故最终取$A'_s=839\text{mm}^2$。

5.1　解：按高度为60.0m的框架—剪力墙结构考虑，则：

$$\delta=0.7\times\left[100+\frac{60.0-15}{4}\times20\right]=266\text{mm}>100\text{mm}$$

故抗震缝的最小宽度为266mm。

5.2　解：(1) 查表5-14可知：

$$K_{2\text{边}}=\frac{2.7+2.7}{2\times2.2}=1.227,\ \alpha_{2\text{边}}=\frac{1.227}{2+1.227}=0.38$$

由式（5-8-5），第2层边柱的D值为：

$$D_{2\text{边}}=\alpha_{2\text{边}}\frac{12i_{c1}}{h_2^2}=0.38\times\frac{12\times2.2}{h_2^2}\times10^7\text{kN/mm}$$

$$=0.836\times\frac{12\times10^7}{h_2^2}\text{kN/mm}$$

由式（5-8-6）可得：

$$V_{2\text{边}}=\frac{D_{2\text{边}}}{2\ (D_{2\text{边}}+D_{2\text{中}})}\cdot 5P=\frac{0.836\times12\times10^7/h_2^2}{2\times\ (0.836+2.108)\ \times12\times10^7/h_2^2}\times5P=0.71P$$

$$V_{2\text{中}}=\frac{2.108\times12\times10^7/h_2^2}{2\times\ (0.836+2.108)\ \times12\times10^7/h_2^2}\times5P=1.79P$$

(2) 由式（5-8-9）可得：

$$\delta_6=\sum_{i=1}^6\Delta_i=\frac{P}{\Sigma D_6}\ (1+2+3+4+5)\ +\frac{6P}{\Sigma D_1}=15\Delta_6+\frac{6P}{\Sigma D_1}$$

$$=15\times0.0127P+\frac{6P}{102.84}=0.249P\ \text{（mm）}$$

5.3　解：抗震二级，框架结构，查表5-17可知：$[\mu_N]=0.75$

由式（5-10）可得：

$$\mu_N=\frac{[1.3\times\ (860.0+0.5\times330.0)\ +1.4\times480.0]\ \times10^3}{16.7\times400\times600}=0.5$$

$$\frac{\mu_N}{[\mu_N]} = \frac{0.5}{0.75} = 0.667$$

5.4 解：(1) 根据剪力墙底部加强区的高度的规定为：

$$\max \{ 底部二层层高, H/10 \} = \max \{ 5.4+3.6, 118/10 \} = 11.8m$$

故取底部加强区高度为底部三层 12.6m＞11.8m。

(2) 抗震二级，轴压比 0.56＞0.3，应设置约束边缘构件。根据约束边缘构件设置范围的规定，即抗震二级时，底部加强区及其上一层的墙肢：

12.6＋3.6＝16.2m，即在第 4 层顶面处或第 5 层楼面处。

5.5 解：7度，装配整体式楼面，查表 5-26 可知，横向剪力墙的间距最大值 s 为：

$$s = \min \{ 3.0B, 40 \} = \min \{ 3.0\times18, 40 \} = 40m$$

6.1 解：(1) 查表 6-3 得，砌体抗压强度设计值 $f = 1.3mPa$；根据强度调整规定，$\gamma_a = 1.0$。

(2) 影响局部抗压强度的面积 A_0 为：$A_0 = (a+h) h = (240+240) \times 240 = 115200mm^2$

局部受压面积 A_l：$A_l = 240 \times 240 = 57600mm^2$

由式 (6-14) 得：$\gamma = 1+0.35 \sqrt{\dfrac{A_0}{A_l}-1} = 1+0.35 \sqrt{\dfrac{115200}{57600}-1} = 1.35$

根据 γ 的规定：$\gamma \leqslant 1.25$，故取 $\gamma = 1.25$。

(3) 局部受压面积上的轴向力设计值，由式 (6-13) 可得：

$$N_c = \gamma f A_l = 1.25 \times 1.30 \times 57600 = 93.6kN$$

6.2 解：(1) 偏心距 $e = 50mm ＜ 0.6y = 0.6 \times 190/2 = 57mm$，满足偏心矩规定。

由式 (6-11) 及表 6-11 得：$\beta = \gamma_\beta \dfrac{H_0}{h} = 1.1 \times \dfrac{3.6}{0.19} = 20.8$

查表 6-10，$\beta = 20.8$，$e/h = 50/190 = 0.26$，可得：$\varphi = 0.25$

由表 6-5 及强度调整规定可得：$f = 2.22MPa$；$A = 1.2 \times 0.19 = 0.228m^2 ＜ 0.3m^2$

$$\gamma_a = 0.7 + A = 0.7 + 1.2 \times 0.19 = 0.928$$

$$f = \gamma_a f = 0.928 \times 2.22 = 2.06MPa$$

由式 (6-7) 得：$\varphi f A = 0.25 \times 2.06 \times 0.228 \times 10^6 = 117.4kN$

(2) 已知灌孔率 $\rho = 33\%$，由式 (6-2)、式 (6-1) 可得：

$$f_g = f + 0.6\alpha f_c = 2.06 + 0.6 \times 46\% \times 33\% \times 9.60$$

$$= 2.98MPa ＜ 2f = 2 \times 2.06 = 4.12MPa$$

故取 $f_g = 2.98MPa$。

由式 (6-11) 及表 6-11 得：$\beta = \gamma_\beta \dfrac{H_0}{h} = 1.0 \times \dfrac{3.6}{0.19} = 19.0$

由 $\beta = 19$，$e/h = 0.26$，查表 6-10 可得：$\varphi = 0.27$

由式 (6-7) 得：$\varphi f_g A = 0.27 \times 2.98 \times 0.228 \times 10^6 = 183.4kN$

6.3 解：(1) 查表 6-3 可得：$f = 1.50MPa$

(2) 由式 (6-15) 求有效支承长度 a_0：

$$a_0 = 10 \sqrt{h_c/f} = 10 \sqrt{\dfrac{600}{1.50}} = 200mm ＜ a = 240mm$$

故取 $a_0 = 200mm$。

(3) 局部受压面积 A_l：$A_l = a_0 b = 200 \times 250 = 50000mm^2 = 0.05m^2$

影响砌体局部抗压强度的计算面积 A_0 为：

$$A_0 = (b+2h) h = (0.25+2\times0.24) \times 0.24 = 0.175m^2$$

(4) 由式 (6-14) 求 γ：$\gamma = 1+0.35 \sqrt{\dfrac{A_0}{A_l}-1} = 1+0.35 \sqrt{\dfrac{0.175}{0.05}-1} = 1.55$

此时 $\gamma=1.55<2.0$，故取 $\gamma=1.55$。

(5) 因为 $A_0/A_l=3.5>3.0$，故取 $\psi=0$，即不考虑上部荷载的影响。

(6) 由式（6-16）可得，取 $\eta=0.7$：$\eta\gamma fA_l=0.7\times1.55\times1.50\times50000=81.4$kN

$\psi N_0+N_l=0+80=80$kN<81.4kN，满足。

6.4 解：（1）垫块高度 240mm$>$180mm，挑出长度 $\dfrac{650-250}{2}=200$mm<240mm，满足垫块规定。

(2) 垫块外砌体面积的有利影响系数 γ_1 为：

$A_0=(b+2h)\,h=(0.65+2\times0.24)\times0.24=0.27\text{m}^2$

$A_b=a_b b_b=0.24\times0.65=0.156\text{m}^2$

$A_0/A_b=0.27/0.156=1.73$

由式（6-14）及规定：$\gamma=1+0.35\sqrt{\dfrac{A_0}{A_b}-1}=1+0.35\sqrt{1.73-1}=1.3<1.5$

故取 $\gamma=1.3$。

$$\gamma_1=0.8\gamma=0.8\times1.3=1.04>1.0，故取 \gamma_1=1.04。$$

(3) 梁端有效支承长度

上部平均压应力设计值 $\sigma_0=\dfrac{50\times10^3}{1200\times240}=0.174$MPa；查表 6-3，$f=1.50$MPa。

$\dfrac{\sigma_0}{f}=\dfrac{0.174}{1.50}=0.116$，查表 6-14 可得：$\delta_1=5.57$

由式（6-18）：$a_0=\delta_1\sqrt{h_c/f}=5.57\sqrt{\dfrac{600}{1.50}}=111mm<a=240$mm

(4) 梁端支承压力对垫块重心的偏心距 e_1：

由规定知，梁端支承压力 N_l 到墙内边的距离为 $0.4a_0$，则：

$$e_1=\frac{a_b}{2}-0.4a_0=\frac{240}{2}-0.4\times111=75.6\text{mm}$$

(5) 垫块面积上由上部荷载设计值产生的轴向力：

$$N_0=\delta_0 A_b=0.174\times156000=27144\text{N}=27.1\text{kN}$$

(6) N_0 与 N_l 合力的偏心距及其影响系数 φ：

$$e=\frac{N_l e_1}{N_l+N_0}=\frac{80\times75.6}{80+27.1}=56\text{mm}$$

$$e/h=56/240=0.233$$

按规定取 $\beta\leqslant3.0$，查表 6-10 可得：$\varphi=0.59$

(7) 由式（6-17）可得：

$$\varphi\gamma_1 fA_b=0.59\times1.04\times1.50\times156000=143.6\text{kN}$$

$$N_0+N_l=80+27.1=107.1\text{kN}<143.6\text{kN}，满足。$$

6.5 解：（1）横墙间距 $s=6$m，横墙高 $H=4.5+0.3=4.8$m；

$2H=9.6$m$>s=6$m$>H=4.8$m，刚性方案，查表 6-12 可得：$H_0=0.4s+0.2H=0.4\times6+0.2\times4.8=3.36$m

(2) M5 砂浆，查表 6-14 得：$[\beta]=24$

(3) 横墙承重，故取 $\mu_1=1.0$

(4) 题目左图中门洞高与墙高之比为 $2.1/4.8=0.4375>1/5=0.2$

根据规定，应由式（6-20）求得 μ_2：

$$\mu_2=1-0.4b_s/s=1-0.4\times0.9/6.0=0.94>0.7$$

验算高厚比，由式（6-19）得：

$$\beta = \frac{H_0}{h} = \frac{3.36}{0.24} = 14 < \mu_1 \mu_2 \ [\beta] = 1.0 \times 0.94 \times 24 = 22.56，满足。$$

（5）题目右图中窗洞高与墙高之比为 $0.5/6.0 = 0.083 < 1/5 = 0.2$

根据规定，取 $\mu_2 = 1.0$。

验算高厚比，由式（6-19）得：

$$\beta = \frac{H_0}{h} = \frac{3.36}{0.24} = 14 < \mu_1 \mu_2 \ [\beta] = 1 \times 1.0 \times 24 = 24，满足。$$

6.6 解：（1）该厂房屋盖类别属于 1 类，查表 6-8，横墙间距 $s = 12\text{m} < 32\text{m}$，属于刚性方案。

（2）M5 砂浆，查表 6-14 得：$[\beta] = 24$。

（3）验算整片山墙的高厚比

$$b_c/l = 240/4000 = 0.06 > 0.05$$

由式（6-21）得：$\mu_c = 1 + \gamma \dfrac{b_c}{l} = 1 + 1.5 \times 0.06 = 1.09$

$s = 12\text{m} > 2H = 10.8\text{m}$，刚性方案，查表 6-12 可得 $H_0 = 1.0H = 5.4\text{m}$

由式（6-20）得：$\mu_2 = 1 - 0.4 b_s/s = 1 - 0.4 \times \dfrac{2 \times 3}{4 \times 3} = 0.8 > 0.7$

由式（6-19）得：$\beta = \dfrac{H_0}{h} = \dfrac{5400}{240} = 22.5 < \mu_1 \mu_2 \mu_c \ [\beta] = 1 \times 0.8 \times 1.09 \times 24 = 20.93$

故满足要求。

（4）验算构造柱间墙的高厚比

构造柱间距 $s = 4\text{m} < H = 5.4\text{m}$，刚性方案，查表 6-12 可得：

$$H_0 = 0.6s = 0.6 \times 4000 = 2400\text{mm}$$

由式（6-20）得：$\mu_2 = 1 - 0.4 b_s/s = 1 - 0.4 \times \dfrac{2}{4} = 0.8 > 0.7$

由式（6-19）得：$\beta = \dfrac{H_0}{h} = \dfrac{2400}{240} = 10 < \mu_1 \mu_2 \ [\beta] = 1 \times 0.8 \times 24 = 19.2$

故满足要求。

7.1 解：对接焊缝受力为：$V = F = 550\text{kN}$，$M = Fe = 550 \times 0.3 = 165\text{kN·m}$

最大正应力为：$\sigma_{max} = \dfrac{M}{I_w} \cdot \dfrac{h}{2} = \dfrac{165 \times 10^6}{3.81 \times 10^8} \cdot \dfrac{412}{2} = 89.2\text{N/mm}^2 < f_t^w = 185\text{N/mm}^2$

最大剪应力为：$\tau_{max} = \dfrac{V S_x}{I_x t_w} = \dfrac{550 \times 10^3 \times 1.04 \times 10^6}{3.81 \times 10^8 \times 12} = 125.1\text{N/mm}^2 \approx f_v^w = 125\text{N/mm}^2$

上翼缘和腹板交接处"1"点的应力为：

正应力：$\sigma_1 = \sigma_{max} \cdot \dfrac{190}{206} = 89.2 \times \dfrac{190}{206} = 82.3\text{N/mm}^2$

剪应力：$\tau_1 = \dfrac{V S_{x1}}{I_x t_w} = \dfrac{550 \times 10^3 \times 8.24 \times 10^5}{3.81 \times 10^8 \times 12} = 99.1\text{N/mm}^2 < f_v^w = 125\text{N/mm}^2$

1 点处的折算应力，由式（7-2）可得：

$$\sqrt{\sigma_1^2 + 3\tau_1^2} = \sqrt{82.3^2 + 3 \times 99.1^2} = 190.4\text{N/mm}^2 < 1.1 f_t^w = 1.1 \times 185 = 204\text{N/mm}^2$$

故满足要求。

7.2 解：将斜向力 N 分解为垂直于焊缝和平行于焊缝的分力，N_x 和 N_y：

$N_x = N \sin\theta = 280 \times \sin 60° = 242.5\text{kN}$

$N_y = N \cos\theta = 280 \times \cos 60° = 140\text{kN}$

$$\sigma_f = \frac{N_x}{2 h_e l_w} = \frac{242.5 \times 10^3}{2 \times 0.7 \times 8 \times (155 - 2 \times 8)} = 155\text{N/mm}^2$$

$$\tau_f = \frac{N_y}{2h_e l_w} = \frac{140 \times 10^3}{2 \times 0.7 \times 8 \times (155 - 2 \times 8)} = 90 \text{N/mm}^2$$

焊缝同时承受 σ_f 和 τ_f 作用，由式（7-5）可得：

$$\sqrt{\left(\frac{\sigma_f}{\beta_f}\right)^2 + \tau_f^2} = \sqrt{\left(\frac{155}{1.22}\right)^2 + 90^2} = 156 \text{N/mm}^2 < f_f^w = 160 \text{N/mm}^2$$

故满足要求。

7.3　解：（1）螺栓群所能承受的最大轴心力设计值：

查表 7-8 可得，$f_v^b = 140 \text{N/mm}^2$，$f_c^b = 305 \text{N/mm}^2$

由式（7-6）、式（7-7）得：

$$N_v^b = n_v \frac{\pi d^2}{4} f_v^b = 2 \times \frac{3.14 \times 20^2}{4} \times 140 = 87.96 \text{kN}$$

$$N_c^b = d \Sigma t \cdot f_c^b = 20 \times 14 \times 305 = 85.4 \text{kN}$$

$$N_{min}^b = \min\{N_v^b, N_c^b\} = 85.4 \text{kN}$$

连接螺栓群所能承受的最大轴心力设计值：$N = n N_{min}^b = 9 \times 85.4 = 768.6 \text{kN}$

（2）构件所能承受的最大轴心力设计值：

$d_c = \max(20+4, 22) = 24 \text{mm}$

1—1 截面净截面面积为：$A_{n1} = (25 - 1 \times 2.4) \times 1.4 = 31.64 \text{cm}^2$

其承载力 N_1 为：$N_1 = A_{n1} \times 0.7 \times 370 = 31.64 \times 10^2 \times 0.7 \times 370 = 819.5 \text{kN}$

2—2 截面（题目中虚线）净截面面积为：$A_{n2} = [2 \times 5 + (3-1) \times \sqrt{4.5^2 + 7.5^2} - 3 \times 2.4] \times$

$1.4 = 28.41 \text{cm}^2$

其承载力 N_2 为：$N_2 = A_{n2} 0.7 f_u = 28.41 \times 10^2 \times 0.7 \times 370 = 735.8 \text{kN}$

3—3 截面（题目中第 2 排螺栓的垂直线）净截面面积为：$A_{n3} = (25 - 2 \times 2.4) \times 1.4 = 28.28 \text{cm}^2$

其承载为 N_3，因前面 I-I 截面已有 1 个螺栓传走了 $\frac{1}{9} N_3$ 的力，故有：

$\left(1 - \frac{1}{9}\right) N_3 = A_{n3} 0.7 f_u$，即：

$$N_3 = \frac{A_{n3} 0.7 f_u}{1 - 1/9} = \frac{28.28 \times 10^2 \times 0.7 \times 370}{1 - 1/9} = 824.0 \text{kN}$$

$N_4 = A f = 250 \times 14 \times 215 = 752.5 \text{kN}$

取上述 N_1、N_2、N_3、N_4 的最小值，即为 752.5kN。

（3）连接盖板所能承受的轴心力设计值

按 5-5 截面确定，净截面面积为：$A_{n5} = (25 - 3 \times 2.4) \times 2 \times 0.8 = 28.48 \text{cm}^2$

$$N = A_{n5} 0.7 f_u = 28.48 \times 10^2 \times 0.7 \times 370 = 737.6 \text{kN}$$

所以，该拼接所能承受的最大轴心力设计值应为 737.6kN。

7.4　解：查表 7-8 可得，$f_v^b = 140 \text{N/mm}^2$，$f_t^b = 170 \text{N/mm}^2$，$f_c^b = 305 \text{N/mm}^2$。

将集中力 F 向连接平面简化为剪力 $V = F$，弯矩 $M = Fe = 140F$。

单个螺栓的抗剪承载力为：

$$N_v^b = n_v \frac{\pi d^2}{4} f_v^b = 1 \times \frac{3.14 \times 18^2}{4} \times 140 = 35607.6 \text{N}$$

$$N_c^b = d \Sigma t \cdot f_c^b = 18 \times 18 \times 305 = 98820 \text{N}$$

$$N_{min}^b = \min\{N_v^b, N_c^b\} = 35607.6 \text{N}$$

单个螺栓的抗拉承载力为：

$$N_t^b = A_e f_t^b = 192.0 \times 170 = 32640 \text{N}$$

（1）当支托板承受剪力时，螺栓只承受由弯矩 M 引起的拉力，最上排螺栓受力为最大，由式（7-12）：

$$N_1 = \frac{My_1}{m\Sigma y_i^2} = \frac{140F \times 350}{2 \times (70^2 + 140^2 + 210^2 + 280^2 + 350^2)} = \frac{F}{11} < N_t^b = 32640$$

即：$F \leqslant 359040N = 359.04kN$

（2）不设支托板时，螺栓同时受剪力和拉力共同作用。

单个螺栓所承受的平均剪力：$N_v = \frac{F}{12}$

单个螺栓所承受的最大拉力：$N_t = \frac{F}{11}$

由式（7-10）、式（7-11）可得：

$$\sqrt{\left(\frac{N_v}{N_v^b}\right)^2 + \left(\frac{N_t}{N_t^b}\right)^2} = \sqrt{\left(\frac{F/12}{35607.6}\right)^2 + \left(\frac{F/11}{32640}\right)^2} \leqslant 1，即：F \leqslant 274.9kN$$

$$N_v = \frac{F}{12} \leqslant N_c^b = 98820，即：F \leqslant 1185.8kN$$

取上较小值，即不设支托板时，该连接所能承受的偏心剪力设计值为 274.9kN。

7.5 解：$\frac{b}{t} = \frac{(300-8)/2}{14} = 10.4 < 13\varepsilon_k = 13\sqrt{\frac{235}{235}} = 13$，$\frac{h_0}{t_w} = \frac{1000}{10} = 100 < 124\varepsilon_k = 124$，故截面等

级为 S4 级；根据式（7-19），$\gamma_x = 1.00$，$W_{nx} = \frac{I_x}{y} = 2.99 \times 10^9 / 514 = 5.82 \times 10^6 mm^3$。

$$\frac{M_x}{\gamma_x W_{nx}} = \frac{1300 \times 10^6}{1.00 \times 5.82 \times 10^6} = 223N/mm^2 > f = 215N/mm^2，不满足。$$

梁支座截面处的抗剪强度，由式（7-21）可得：

$$\tau_{max} = \frac{V_{max}S_x}{I_x t_w} = \frac{224 \times 10^3 \times 3.38 \times 10^6}{2.99 \times 10^9 \times 10} = 25N/mm^2 < f_v = 125N/mm^2，满足。$$

7.6 解：（1）内力计算：

$q = 500 \times 1.5 + 200 \times 1.3 = 1010N/m$，

$q_y = q\cos\varphi = 1010 \times \frac{2.5}{2.69} = 939N/m$，$q_x = q\sin\varphi = 1010 \times \frac{1.0}{2.69} = 375N/m$

$q_k = 500 + 200 = 700N/m$，$q_{yk} = 700 \times \frac{2.5}{2.69} = 651N/m$

由 q_y、q_x 引起的跨中截面弯矩 M_x、M_y 为：

$$M_x = \frac{1}{8}q_y l^2 = \frac{1}{8} \times 939 \times 6^2 = 4226N \cdot m$$

$$M_y = \frac{1}{8}q_x \left(\frac{l}{2}\right)^2 = \frac{1}{8} \times 375 \times \left(\frac{6}{2}\right)^2 = 422N \cdot m$$

（2）验算抗弯强度

截面上 a 点应力最大，为拉应力，槽钢，截面等级为 S3 级，查表 7-18，取 $\gamma_x = 1.05$，$\gamma_y = 1.20$，
由式（7-20）可得：

$$\sigma = \frac{M_x}{\gamma_x W_x} + \frac{M_y}{\gamma_y W_y} = \frac{4226 \times 10^3}{1.05 \times 61.7 \times 10^3} + \frac{422 \times 10^3}{1.20 \times 10.3 \times 10^3}$$

$$= 65.2 + 34.1 = 99.3N/mm^2 < f = 215N/mm^2$$

（3）验算刚度：

垂直于屋面方向的挠度 ν_y 为：

$$\nu_y = \frac{5}{384}\frac{q_{yk}l^4}{EI_x} = \frac{5 \times 0.651 \times 6000^4}{384 \times 2.06 \times 10^5 \times 389 \times 10^4} = 13.7mm < \frac{l}{150} = 40mm$$

查表 7-13 可知，檩条的容许长细比 $[\lambda]=200$，则：

$$\lambda_x=\frac{l_{0x}}{i_x}=\frac{600}{4.98}=120.5<[\lambda]=200$$

$$\lambda_y=\frac{l_{0y}}{i_y}=\frac{300}{1.56}=192.3<[\lambda]=200$$

故均满足要求。

附　　录

附录一　钢筋混凝土主要性能参数表

普通钢筋强度标准值（N/mm²）　　　　　　　　　　　附表 1-1

种　类		符　号	公称直径 d （mm）	f_{yk}
热轧 钢筋	HPB300	Φ	6～14	300
	HRB400	Φ	6～50	400
	RRB400	ΦR	6～50	400
	HRB500	Φ	6～50	500

普通钢筋强度设计值（N/mm²）　　　　　　　　　　　附表 1-2

种　类		符　号	f_y	f'_y
热轧 钢筋	HPB300	Φ	270	270
	HRB400	Φ	360	360
	RRB400	ΦR	360	360
	HRB500	Φ	435	435

注：1. 对轴心受压构件，当采用 HRB500 级钢筋时，取其 $f'_y = 400\text{N/mm}^2$。

2. 箍筋的抗拉强度设计值 f_{yv} 应按表中 f_y 的数值采用，当用作受剪、受扭、受冲切承载力计算时，其数值大于 360N/mm^2 时应取 360N/mm^2。

钢筋弹性模量（10⁵N/mm²）　　　　　　　　　　　　附表 1-3

种　类	E_s
HPB300 级钢筋	2.1
HRB400 级钢筋、RRB400 级钢筋、预应力螺纹钢筋	2.0
消除应力钢丝、中强度预应力钢丝	2.05
钢绞线	1.95

混凝土强度标准值（N/mm²）　　　　　　　　　　　　附表 1-4

强度 种类	混凝土强度等级												
	C20	C25	C30	C35	C40	C45	C50	C55	C60	C65	C70	C75	C80
f_{ck}	13.4	16.7	20.1	23.4	26.8	29.6	32.4	35.5	38.5	41.5	44.5	47.4	50.2
f_{tk}	1.54	1.78	2.01	2.20	2.39	2.51	2.64	2.74	2.85	2.93	2.99	3.05	3.11

混凝土强度设计值（N/mm²）　　　　　　附表 1-5

强度种类	混凝土强度等级												
	C20	C25	C30	C35	C40	C45	C50	C55	C60	C65	C70	C75	C80
f_c	9.6	11.9	14.3	16.7	19.1	21.1	23.1	25.3	27.5	29.7	31.8	33.8	35.9
f_t	1.10	1.27	1.43	1.57	1.71	1.80	1.89	1.96	2.04	2.09	2.14	2.18	2.22

混凝土弹性模量（10^4 N/mm²）　　　　　　附表 1-6

混凝土强度等级	C20	C25	C30	C35	C40	C45	C50	C55	C60	C65	C70	C75	C80
E_c	2.55	2.80	3.00	3.15	3.25	3.35	3.45	3.55	3.60	3.65	3.70	3.75	3.80

受弯构件的挠度限值　　　　　　附表 1-7

构　件　类　型	挠　度　限　值
吊车梁：手动吊车	$l_0/500$
电动吊车	$l_0/600$
屋盖、楼盖及楼梯构件：	
当 $l_0 < 7$m 时	$l_0/200$（$l_0/250$）
当 7m$\leqslant l_0 \leqslant 9$m 时	$l_0/250$（$l_0/300$）
当 $l_0 > 9$m 时	$l_0/300$（$l_0/400$）

注：1. 表中 l_0 为构件的计算跨度；

2. 表中括号内的数值适用于使用上对挠度有较高要求的构件；

3. 如果构件制作时预先起拱，且使用上也允许，则在验算挠度时，可将计算所得的挠度减去起拱值；对预应力混凝土构件，尚可减去预加力所产生的反拱值；

4. 计算悬臂构件的挠度限值时，其计算跨度 l_0 按实际悬臂长度的 2 倍取用。

结构构件的裂缝控制等级及最大裂缝宽度的限值（mm）　　　　　　附表 1-8

环境类别	钢筋混凝土结构		预应力混凝土结构	
	裂缝控制等级	w_{lim}	裂缝控制等级	w_{lim}
一	三级	0.30（0.40）	三级	0.20
二 a		0.20		0.10
二 b			二级	—
三 a、三 b			一级	—

注：1. 对处于年平均相对湿度小于 60% 地区一类环境下的受弯构件，其最大裂缝宽度限值可采用括号内的数值；

2. 在一类环境下，对钢筋混凝土屋架、托架及需作疲劳验算的吊车梁，其最大裂缝宽度限值应取为 0.20mm；对钢筋混凝土屋面梁和托梁，其最大裂缝宽度限值应为 0.30mm；

3. 在一类环境下，对预应力混凝土屋架、托架及双向板体系，应按二级裂缝控制等级进行验算；对一类环境下的预应力混凝土屋面梁、托梁、单向板，应按表中二 a 级环境的要求进行验算；在一类和二 a 类环境下需作疲劳验算的预应力混凝土吊车梁，应按裂缝控制等级不低于二级的构件进行验算；

4. 表中规定的预应力混凝土构件的裂缝控制等级和最大裂缝宽度限值仅适用于正截面的验算；预应力混凝土构件的斜截面裂缝控制验算应符合本规范第 7 章的有关规定；

5. 对于烟囱、筒仓和处于液体压力下的结构，其裂缝控制要求应符合专门标准的有关规定；

6. 对于处于四、五类环境下的结构构件，其裂缝控制要求应符合专门标准的有关规定；

7. 表中的最大裂缝宽度限值为用于验算荷载作用引起的最大裂缝宽度。

混凝土保护层的最小厚度 c（mm） 附表 1-9

环境类别	板、墙、壳	梁、柱、杆
一	15	20
二 a	20	25
二 b	25	35
三 a	30	40
三 b	40	50

注：1. 构件中受力钢筋的保护层厚度不应小于钢筋的公称直径 d；

2. 设计使用年限为 50 年的混凝土结构，最外层钢筋的保护层厚度应符合附录表 1-9 的规定；设计使用年限为 100 年的混凝土结构，最外层钢筋的保护层厚度不应小于附录表 1-9 中数值的 1.4 倍。

3. 混凝土强度等级不大于 C25 时，表中保护层厚度数值应增加 5mm；

4. 钢筋混凝土基础宜设置混凝土垫层，基础中钢筋的混凝土保护层厚度应从垫层顶面算起，且不应小于 40mm。

纵向受力钢筋的最小配筋百分率 ρ_{min}（%） 附表 1-10

受 力 类 型			最小配筋百分数
受压构件	全部纵向钢筋	强度等级 500MPa	0.50
		强度等级 400MPa	0.55
		强度等级 300MPa	0.60
	一侧纵向钢筋		0.20
受弯构件、偏心受拉、轴心受拉构件一侧的受拉钢筋			0.20 和 $45f_t/f_y$ 中的较大值

注：1. 受压构件全部纵向钢筋最小配筋百分率，当采用 C60 以上强度等级的混凝土时，应按表中规定增加 0.10；

2. 板类受弯构件（不包括悬臂板、柱支承板）的受拉钢筋，当采用强度等级 500MPa 的钢筋时，其最小配筋百分率应允许采用 0.15 和 $45f_t/f_y$ 中的较大值；

3. 偏心受拉构件中的受压钢筋，应按受压构件一侧纵向钢筋考虑；

4. 受压构件的全部纵向钢筋和一侧纵向钢筋的配筋率以及轴心受拉构件和小偏心受拉构件一侧受拉钢筋的配筋率均应按构件的全截面面积计算；

5. 受弯构件、大偏心受拉构件一侧受拉钢筋的配筋率应按全截面面积扣除受压翼缘面积 $(b'_f-b)\,h'_f$ 后的截面面积计算；

6. 当钢筋沿构件截面周边布置时，"一侧纵向钢筋"系指沿受力方向两个对边中一边布置的纵向钢筋。

T 形及倒 L 形截面受弯构件翼缘计算宽度 b'_f 附表 1-11

	情 况		T 形、I 形截面		倒 L 形截面
			肋形梁（板）	独立梁	肋形梁（板）
1	按计算跨度 l_0 考虑		$l_0/3$	$l_0/3$	$l_0/6$
2	按梁（肋）净距 s_n 考虑		$b+s_n$	—	$b+s_n/2$
3	按翼缘高度 h'_f 考虑	$h'_f/h_0 \geqslant 0.1$	—	$b+12h'_f$	—
		$0.1 > h'_f/h_0 \geqslant 0.05$	$b+12h'_f$	$b+6h'_f$	$b+5h'_f$
		$h'_f/h_0 < 0.05$	$b+12h'_f$	b	$b+5h'_f$

注：1. 表中，b 为梁的腹板宽度；

2. 如肋形梁在梁跨内设有间距小于纵肋间距的横肋时，可不遵守表列第 3 种情况的规定；

3. 对有加肋的 T 形、I 形和倒 L 形截面，当受压区加肋的高度 $h_h \geqslant h'_f$ 且加肋的宽度 $b_h \leqslant 3h_h$ 时，则其翼缘计算宽度可按表列第 3 种情况规定分别增加 $2b_h$（T 形、I 形截面）和 b_h（倒 L 形截面）；

4. 独立梁受压区的翼缘板在荷载作用下经验算沿纵肋方向可能产生裂缝时，其计算宽度应取腹板宽度 b。

钢筋的计算截面面积及理论重量　　　　　　　　　　　　附表 1-12

公称直径 (mm)	不同根数钢筋的计算截面面积（mm²）									单根钢筋理论重量 (kg/m)
	1	2	3	4	5	6	7	8	9	
6	28.3	57	85	113	142	170	198	226	255	0.222
8	50.3	101	151	201	252	302	352	402	453	0.395
10	78.5	157	236	314	393	471	550	628	707	0.617
12	113.1	226	339	452	565	678	791	904	1017	0.888
14	153.9	308	461	615	769	923	1077	1231	1385	1.21
16	201.1	402	603	804	1005	1206	1407	1608	1809	1.58
18	254.5	509	763	1017	1272	1527	1781	2036	2290	2.00
20	314.2	628	942	1256	1570	1884	2199	2513	2827	2.47
22	380.1	760	1140	1520	1900	2281	2661	3041	3421	2.98
25	490.9	982	1473	1964	2454	2945	3436	3927	4418	3.85
28	615.8	1232	1847	2463	3079	3695	4310	4926	5542	4.83
32	804.2	1609	2413	3217	4021	4826	5630	6434	7238	6.31
36	1017.9	2036	3054	4072	5089	6107	7125	8143	9161	7.99
40	1256.6	2513	3770	5027	6283	7540	8796	10053	11310	9.87
50	1964	3928	5892	7856	9820	11784	13748	15712	17675	15.42

规则框架承受均布及倒三角形分布水平力作用时反弯点的高度比。

规则框架承受均布水平力作用时标准反弯点的高度比 y_0 值　　　　附表 1-13

n	j \ K	0.1	0.2	0.3	0.4	0.5	0.6	0.7	0.8	0.9	1.0	2.0	3.0	4.0	5.0
1	1	0.80	0.75	0.70	0.65	0.65	0.60	0.60	0.60	0.60	0.55	0.55	0.55	0.55	0.55
2	2	0.45	0.40	0.35	0.35	0.35	0.35	0.40	0.40	0.40	0.40	0.45	0.45	0.45	0.45
	1	0.95	0.80	0.75	0.70	0.65	0.65	0.65	0.60	0.60	0.60	0.55	0.55	0.55	0.50
3	3	0.15	0.20	0.20	0.25	0.30	0.30	0.30	0.35	0.35	0.35	0.40	0.45	0.45	0.45
	2	0.55	0.50	0.45	0.45	0.45	0.45	0.45	0.45	0.45	0.45	0.45	0.50	0.50	0.50
	1	1.00	0.85	0.80	0.75	0.70	0.70	0.65	0.65	0.65	0.60	0.55	0.55	0.55	0.55
4	4	−0.05	0.05	0.15	0.20	0.25	0.30	0.30	0.35	0.35	0.35	0.40	0.40	0.45	0.45
	3	0.25	0.30	0.30	0.35	0.35	0.40	0.40	0.40	0.40	0.45	0.45	0.50	0.50	0.50
	2	0.65	0.55	0.50	0.50	0.45	0.45	0.45	0.45	0.45	0.45	0.50	0.50	0.50	0.50
	1	1.10	0.90	0.80	0.75	0.70	0.70	0.65	0.65	0.65	0.60	0.55	0.55	0.55	0.55
5	5	−0.20	0.00	0.15	0.20	0.25	0.30	0.30	0.30	0.35	0.35	0.40	0.45	0.45	0.45
	4	0.10	0.20	0.25	0.30	0.35	0.35	0.40	0.40	0.40	0.40	0.45	0.45	0.50	0.50
	3	0.40	0.40	0.40	0.40	0.40	0.45	0.45	0.45	0.45	0.45	0.50	0.50	0.50	0.50
	2	0.65	0.55	0.50	0.50	0.50	0.50	0.50	0.50	0.50	0.50	0.50	0.50	0.50	0.50
	1	1.20	0.95	0.80	0.75	0.75	0.70	0.70	0.65	0.65	0.65	0.55	0.55	0.55	0.55
6	6	−0.30	0.00	0.10	0.20	0.25	0.25	0.30	0.30	0.35	0.35	0.40	0.45	0.45	0.45
	5	0.00	0.20	0.25	0.30	0.35	0.35	0.40	0.40	0.40	0.40	0.45	0.45	0.50	0.50
	4	0.20	0.30	0.35	0.35	0.40	0.40	0.40	0.45	0.45	0.45	0.45	0.50	0.50	0.50
	3	0.40	0.40	0.40	0.45	0.45	0.45	0.45	0.45	0.45	0.45	0.50	0.50	0.50	0.50
	2	0.70	0.60	0.55	0.50	0.50	0.50	0.50	0.50	0.50	0.50	0.50	0.50	0.50	0.50
	1	1.20	0.95	0.85	0.80	0.75	0.70	0.70	0.65	0.65	0.65	0.55	0.55	0.55	0.55

续表

n	j \ K	0.1	0.2	0.3	0.4	0.5	0.6	0.7	0.8	0.9	1.0	2.0	3.0	4.0	5.0
7	7	−0.35	−0.05	0.10	0.20	0.20	0.25	0.30	0.30	0.35	0.35	0.40	0.45	0.45	0.45
	6	−0.10	0.15	0.25	0.30	0.35	0.35	0.35	0.40	0.40	0.40	0.45	0.45	0.50	0.50
	5	0.10	0.25	0.30	0.35	0.40	0.40	0.40	0.45	0.45	0.45	0.45	0.50	0.50	0.50
	4	0.30	0.35	0.40	0.40	0.40	0.45	0.45	0.45	0.45	0.45	0.50	0.50	0.50	0.50
	3	0.50	0.45	0.45	0.45	0.45	0.45	0.45	0.45	0.45	0.45	0.50	0.50	0.50	0.50
	2	0.75	0.60	0.55	0.50	0.50	0.50	0.50	0.50	0.50	0.50	0.50	0.50	0.50	0.50
	1	1.20	0.95	0.85	0.80	0.75	0.70	0.70	0.65	0.65	0.65	0.55	0.55	0.55	0.55
8	8	−0.35	−0.15	0.10	0.15	0.25	0.25	0.30	0.30	0.35	0.35	0.40	0.45	0.45	0.45
	7	−0.10	0.15	0.25	0.30	0.35	0.35	0.40	0.40	0.40	0.40	0.45	0.50	0.50	0.50
	6	0.05	0.25	0.30	0.35	0.40	0.40	0.40	0.45	0.45	0.45	0.45	0.50	0.50	0.50
	5	0.20	0.30	0.35	0.40	0.40	0.45	0.45	0.45	0.45	0.45	0.50	0.50	0.50	0.50
	4	0.35	0.40	0.40	0.45	0.45	0.45	0.45	0.45	0.45	0.45	0.50	0.50	0.50	0.50
	3	0.50	0.45	0.45	0.45	0.45	0.45	0.45	0.45	0.50	0.50	0.50	0.50	0.50	0.50
	2	0.75	0.60	0.55	0.55	0.50	0.50	0.50	0.50	0.50	0.50	0.50	0.50	0.50	0.50
	1	1.20	1.00	0.85	0.80	0.75	0.70	0.70	0.65	0.65	0.65	0.55	0.55	0.55	0.55
9	9	−0.40	−0.05	0.10	0.20	0.25	0.25	0.30	0.30	0.35	0.35	0.45	0.45	0.45	0.45
	8	−0.15	0.15	0.25	0.30	0.35	0.35	0.35	0.40	0.40	0.40	0.45	0.45	0.50	0.50
	7	0.05	0.25	0.30	0.35	0.40	0.40	0.40	0.45	0.45	0.45	0.45	0.50	0.50	0.50
	6	0.15	0.30	0.35	0.40	0.40	0.45	0.45	0.45	0.45	0.45	0.50	0.50	0.50	0.50
	5	0.25	0.35	0.40	0.40	0.45	0.45	0.45	0.45	0.45	0.45	0.50	0.50	0.50	0.50
	4	0.40	0.40	0.40	0.45	0.45	0.45	0.45	0.45	0.45	0.45	0.50	0.50	0.50	0.50
	3	0.55	0.45	0.45	0.45	0.45	0.45	0.45	0.45	0.50	0.50	0.50	0.50	0.50	0.50
	2	0.80	0.65	0.55	0.55	0.50	0.50	0.50	0.50	0.50	0.50	0.50	0.50	0.50	0.50
	1	1.20	1.00	0.85	0.80	0.75	0.70	0.70	0.65	0.65	0.65	0.55	0.55	0.55	0.55
10	10	−0.40	−0.05	0.10	0.20	0.25	0.30	0.30	0.30	0.35	0.35	0.40	0.45	0.45	0.45
	9	−0.15	0.15	0.25	0.30	0.35	0.35	0.40	0.40	0.40	0.40	0.45	0.45	0.50	0.50
	8	0.00	0.25	0.30	0.35	0.40	0.40	0.40	0.45	0.45	0.45	0.45	0.50	0.50	0.50
	7	0.10	0.30	0.35	0.40	0.40	0.45	0.45	0.45	0.45	0.45	0.50	0.50	0.50	0.50
	6	0.20	0.35	0.40	0.40	0.45	0.45	0.45	0.45	0.45	0.45	0.50	0.50	0.50	0.50
	5	0.30	0.40	0.40	0.45	0.45	0.45	0.45	0.45	0.45	0.50	0.50	0.50	0.50	0.50
	4	0.40	0.40	0.45	0.45	0.45	0.45	0.45	0.45	0.45	0.50	0.50	0.50	0.50	0.50
	3	0.55	0.50	0.45	0.45	0.45	0.50	0.50	0.50	0.50	0.50	0.50	0.50	0.50	0.50
	2	0.80	0.65	0.55	0.55	0.55	0.50	0.50	0.50	0.50	0.50	0.50	0.50	0.50	0.50
	1	1.30	1.00	0.85	0.80	0.75	0.70	0.70	0.65	0.65	0.65	0.60	0.55	0.55	0.55

续表

n	j \ K	0.1	0.2	0.3	0.4	0.5	0.6	0.7	0.8	0.9	1.0	2.0	3.0	4.0	5.0
	11	−0.40	0.05	0.10	0.20	0.25	0.30	0.30	0.30	0.35	0.35	0.40	0.45	0.45	0.45
	10	−0.15	0.15	0.25	0.30	0.35	0.35	0.40	0.40	0.40	0.40	0.45	0.45	0.50	0.50
	9	0.00	0.25	0.30	0.35	0.40	0.40	0.40	0.45	0.45	0.45	0.45	0.50	0.50	0.50
	8	0.10	0.30	0.35	0.40	0.40	0.45	0.45	0.45	0.45	0.45	0.50	0.50	0.50	0.50
	7	0.20	0.35	0.40	0.45	0.45	0.45	0.45	0.45	0.45	0.45	0.50	0.50	0.50	0.50
11	6	0.25	0.35	0.40	0.45	0.45	0.45	0.45	0.45	0.45	0.45	0.50	0.50	0.50	0.50
	5	0.35	0.40	0.40	0.45	0.45	0.45	0.45	0.45	0.45	0.50	0.50	0.50	0.50	0.50
	4	0.40	0.45	0.45	0.45	0.45	0.45	0.45	0.50	0.50	0.50	0.50	0.50	0.50	0.50
	3	0.55	0.50	0.50	0.50	0.50	0.50	0.50	0.50	0.50	0.50	0.50	0.50	0.50	0.50
	2	0.80	0.65	0.60	0.55	0.55	0.50	0.50	0.50	0.50	0.50	0.50	0.50	0.50	0.50
	1	1.30	1.00	0.85	0.80	0.75	0.70	0.70	0.65	0.65	0.65	0.60	0.55	0.55	0.55
	↓1	−0.40	−0.05	0.10	0.20	0.25	0.30	0.30	0.30	0.35	0.35	0.40	0.45	0.45	0.45
	2	−0.15	0.15	0.25	0.30	0.35	0.35	0.40	0.40	0.40	0.40	0.45	0.45	0.50	0.50
	3	0.00	0.25	0.30	0.35	0.40	0.40	0.40	0.45	0.45	0.45	0.50	0.50	0.50	0.50
	4	0.10	0.30	0.35	0.40	0.40	0.45	0.45	0.45	0.45	0.45	0.50	0.50	0.50	0.50
	5	0.20	0.35	0.40	0.40	0.45	0.45	0.45	0.45	0.45	0.45	0.50	0.50	0.50	0.50
12	6	0.25	0.35	0.40	0.45	0.45	0.45	0.45	0.45	0.45	0.45	0.50	0.50	0.50	0.50
以	7	0.30	0.40	0.40	0.45	0.45	0.45	0.45	0.45	0.50	0.50	0.50	0.50	0.50	0.50
上	8	0.35	0.40	0.45	0.45	0.45	0.45	0.45	0.50	0.50	0.50	0.50	0.50	0.50	0.50
	中间	0.40	0.40	0.45	0.45	0.45	0.45	0.45	0.50	0.50	0.50	0.50	0.50	0.50	0.50
	4	0.45	0.45	0.45	0.45	0.50	0.50	0.50	0.50	0.50	0.50	0.50	0.50	0.50	0.50
	3	0.60	0.50	0.50	0.50	0.50	0.50	0.50	0.50	0.50	0.50	0.50	0.50	0.50	0.50
	2	0.80	0.65	0.60	0.55	0.55	0.50	0.50	0.50	0.50	0.50	0.50	0.50	0.50	0.50
	↑1	1.30	1.00	0.85	0.80	0.75	0.70	0.70	0.65	0.65	0.65	0.55	0.55	0.55	0.55

注：

$$\begin{array}{c|c} i_1 & i_2 \\ \hline & i_c \\ i_3 & i_4 \end{array} \qquad K = \dfrac{i_1 + i_2 + i_3 + i_4}{2i_c}$$

规则框架承受倒三角形分布水平力作用时标准反弯点的高度比 y_0 值　　附表 1-14

n	j \ K	0.1	0.2	0.3	0.4	0.5	0.6	0.7	0.8	0.9	1.0	2.0	3.0	4.0	5.0
1	1	0.80	0.75	0.70	0.65	0.65	0.60	0.60	0.60	0.60	0.55	0.55	0.55	0.55	0.55
2	2	0.50	0.45	0.40	0.40	0.40	0.40	0.40	0.40	0.40	0.45	0.45	0.45	0.45	0.50
	1	1.00	0.85	0.75	0.70	0.70	0.65	0.65	0.65	0.60	0.60	0.55	0.55	0.55	0.55

续表

n	j \ K	0.1	0.2	0.3	0.4	0.5	0.6	0.7	0.8	0.9	1.0	2.0	3.0	4.0	5.0
3	3	0.25	0.25	0.25	0.30	0.30	0.35	0.35	0.35	0.40	0.40	0.45	0.45	0.45	0.50
	2	0.60	0.50	0.50	0.50	0.50	0.45	0.45	0.45	0.45	0.45	0.50	0.50	0.50	0.50
	1	1.15	0.90	0.80	0.75	0.75	0.70	0.70	0.65	0.65	0.65	0.60	0.55	0.55	0.55
4	4	0.10	0.15	0.20	0.25	0.30	0.30	0.35	0.35	0.35	0.40	0.45	0.45	0.45	0.45
	3	0.35	0.35	0.35	0.40	0.40	0.40	0.40	0.45	0.45	0.45	0.45	0.50	0.50	0.50
	2	0.70	0.60	0.55	0.50	0.50	0.50	0.50	0.50	0.50	0.50	0.50	0.50	0.50	0.50
	1	1.20	0.95	0.85	0.80	0.75	0.70	0.70	0.70	0.65	0.65	0.55	0.55	0.55	0.55
5	5	−0.05	0.10	0.20	0.25	0.30	0.30	0.35	0.35	0.35	0.35	0.40	0.45	0.45	0.45
	4	0.20	0.25	0.35	0.35	0.40	0.40	0.40	0.40	0.40	0.45	0.45	0.50	0.50	0.50
	3	0.45	0.40	0.45	0.45	0.45	0.45	0.45	0.45	0.45	0.45	0.50	0.50	0.50	0.50
	2	0.75	0.60	0.55	0.55	0.50	0.50	0.50	0.50	0.50	0.50	0.50	0.50	0.50	0.50
	1	1.30	1.00	0.85	0.80	0.75	0.70	0.70	0.65	0.65	0.65	0.65	0.55	0.55	0.55
6	6	−0.15	0.05	0.15	0.20	0.25	0.30	0.30	0.35	0.35	0.35	0.40	0.45	0.45	0.45
	5	0.10	0.25	0.30	0.35	0.35	0.40	0.40	0.40	0.45	0.45	0.45	0.50	0.50	0.50
	4	0.30	0.35	0.40	0.40	0.45	0.45	0.45	0.45	0.45	0.45	0.50	0.50	0.50	0.50
	3	0.50	0.45	0.45	0.45	0.45	0.45	0.45	0.45	0.45	0.50	0.50	0.50	0.50	0.50
	2	0.80	0.65	0.55	0.55	0.55	0.55	0.50	0.50	0.50	0.50	0.50	0.50	0.50	0.50
	1	1.30	1.00	0.85	0.80	0.75	0.70	0.70	0.65	0.65	0.65	0.60	0.55	0.55	0.55
7	7	−0.20	0.05	0.15	0.20	0.25	0.30	0.30	0.35	0.35	0.35	0.45	0.45	0.45	0.45
	6	0.05	0.20	0.30	0.35	0.35	0.40	0.40	0.40	0.40	0.45	0.45	0.50	0.50	0.50
	5	0.20	0.30	0.35	0.40	0.40	0.45	0.45	0.45	0.45	0.45	0.50	0.50	0.50	0.50
	4	0.35	0.40	0.40	0.45	0.45	0.45	0.45	0.45	0.45	0.50	0.50	0.50	0.50	0.50
	3	0.55	0.50	0.50	0.50	0.50	0.50	0.50	0.50	0.50	0.50	0.50	0.50	0.50	0.50
	2	0.80	0.65	0.60	0.55	0.55	0.55	0.50	0.50	0.50	0.50	0.50	0.50	0.50	0.50
	1	1.30	1.00	0.90	0.80	0.75	0.70	0.70	0.70	0.65	0.65	0.60	0.55	0.55	0.55
8	8	−0.20	0.05	0.15	0.20	0.25	0.30	0.30	0.35	0.35	0.35	0.45	0.45	0.45	0.45
	7	0.00	0.20	0.30	0.35	0.35	0.40	0.40	0.40	0.40	0.45	0.45	0.50	0.50	0.50
	6	0.15	0.30	0.35	0.40	0.40	0.45	0.45	0.45	0.45	0.45	0.50	0.50	0.50	0.50
	5	0.30	0.45	0.40	0.45	0.45	0.45	0.45	0.45	0.45	0.45	0.50	0.50	0.50	0.50
	4	0.40	0.45	0.45	0.45	0.45	0.45	0.45	0.50	0.50	0.50	0.50	0.50	0.50	0.50
	3	0.60	0.50	0.50	0.50	0.50	0.50	0.50	0.50	0.50	0.50	0.50	0.50	0.50	0.50
	2	0.85	0.65	0.60	0.55	0.55	0.55	0.50	0.50	0.50	0.50	0.50	0.50	0.50	0.50
	1	1.30	1.00	0.90	0.80	0.75	0.70	0.70	0.70	0.65	0.65	0.60	0.55	0.55	0.55
9	9	−0.25	0.00	0.15	0.20	0.25	0.30	0.30	0.35	0.35	0.40	0.45	0.45	0.45	0.45
	8	−0.00	0.20	0.30	0.35	0.35	0.40	0.40	0.40	0.40	0.45	0.45	0.50	0.50	0.50
	7	0.15	0.30	0.35	0.40	0.40	0.45	0.45	0.45	0.45	0.45	0.50	0.50	0.50	0.50
	6	0.25	0.35	0.40	0.40	0.45	0.45	0.45	0.45	0.45	0.50	0.50	0.50	0.50	0.50
	5	0.35	0.40	0.45	0.45	0.45	0.45	0.45	0.45	0.50	0.50	0.50	0.50	0.50	0.50
	4	0.45	0.45	0.45	0.45	0.45	0.50	0.50	0.50	0.50	0.50	0.50	0.50	0.50	0.50
	3	0.60	0.50	0.50	0.50	0.50	0.50	0.50	0.50	0.50	0.50	0.50	0.50	0.50	0.50
	2	0.85	0.65	0.60	0.55	0.55	0.55	0.55	0.50	0.50	0.50	0.50	0.50	0.50	0.50
	1	1.35	1.00	0.90	0.80	0.75	0.75	0.70	0.70	0.65	0.65	0.60	0.55	0.55	0.55

续表

n	j \ K	0.1	0.2	0.3	0.4	0.5	0.6	0.7	0.8	0.9	1.0	2.0	3.0	4.0	5.0
10	10	−0.25	0.00	0.15	0.20	0.25	0.30	0.30	0.35	0.35	0.40	0.45	0.45	0.45	0.45
	9	−0.05	0.20	0.30	0.35	0.35	0.40	0.40	0.40	0.40	0.45	0.45	0.50	0.50	0.50
	8	0.10	0.30	0.35	0.40	0.40	0.40	0.45	0.45	0.45	0.45	0.50	0.50	0.50	0.50
	7	0.20	0.35	0.40	0.40	0.45	0.45	0.45	0.45	0.45	0.50	0.50	0.50	0.50	0.50
	6	0.30	0.40	0.40	0.45	0.45	0.45	0.45	0.45	0.45	0.50	0.50	0.50	0.50	0.50
	5	0.40	0.45	0.45	0.45	0.45	0.45	0.45	0.50	0.50	0.50	0.50	0.50	0.50	0.50
	4	0.50	0.45	0.45	0.45	0.50	0.50	0.50	0.50	0.50	0.50	0.50	0.50	0.50	0.50
	3	0.60	0.55	0.50	0.50	0.50	0.50	0.50	0.50	0.50	0.50	0.50	0.50	0.50	0.50
	2	0.85	0.65	0.60	0.55	0.55	0.55	0.55	0.50	0.50	0.50	0.50	0.50	0.50	0.50
	1	1.35	1.00	0.90	0.80	0.75	0.75	0.70	0.70	0.65	0.65	0.60	0.55	0.55	0.55
11	11	−0.25	0.00	0.15	0.20	0.25	0.30	0.30	0.30	0.35	0.35	0.45	0.45	0.45	0.45
	10	−0.05	0.20	0.25	0.30	0.35	0.40	0.40	0.40	0.40	0.45	0.45	0.50	0.50	0.50
	9	0.10	0.30	0.35	0.40	0.40	0.40	0.45	0.45	0.45	0.45	0.50	0.50	0.50	0.50
	8	0.20	0.35	0.40	0.40	0.45	0.45	0.45	0.45	0.45	0.45	0.50	0.50	0.50	0.50
	7	0.25	0.40	0.40	0.45	0.45	0.45	0.45	0.45	0.50	0.50	0.50	0.50	0.50	0.50
	6	0.35	0.40	0.45	0.45	0.45	0.45	0.45	0.50	0.50	0.50	0.50	0.50	0.50	0.50
	5	0.40	0.45	0.45	0.45	0.45	0.50	0.50	0.50	0.50	0.50	0.50	0.50	0.50	0.50
	4	0.50	0.50	0.50	0.50	0.50	0.50	0.50	0.50	0.50	0.50	0.50	0.50	0.50	0.50
	3	0.65	0.55	0.50	0.50	0.50	0.50	0.50	0.50	0.50	0.50	0.50	0.50	0.50	0.50
	2	0.85	0.65	0.60	0.55	0.55	0.55	0.55	0.55	0.50	0.50	0.50	0.50	0.50	0.50
	1	1.35	1.05	0.90	0.80	0.75	0.75	0.70	0.70	0.65	0.65	0.60	0.55	0.55	0.55
12 以 上	↓1	−0.30	0.00	0.15	0.20	0.25	0.30	0.30	0.30	0.35	0.35	0.40	0.45	0.45	0.45
	2	−0.10	0.20	0.25	0.30	0.35	0.40	0.40	0.40	0.40	0.40	0.45	0.45	0.45	0.50
	3	0.05	0.25	0.35	0.40	0.40	0.40	0.45	0.45	0.45	0.45	0.45	0.50	0.50	0.50
	4	0.15	0.30	0.40	0.40	0.45	0.45	0.45	0.45	0.45	0.45	0.45	0.50	0.50	0.50
	5	0.25	0.35	0.50	0.45	0.45	0.45	0.45	0.45	0.45	0.45	0.50	0.50	0.50	0.50
	6	0.30	0.40	0.50	0.45	0.45	0.45	0.45	0.50	0.50	0.50	0.50	0.50	0.50	0.50
	7	0.35	0.40	0.55	0.45	0.45	0.45	0.50	0.50	0.50	0.50	0.50	0.50	0.50	0.50
	8	0.35	0.45	0.55	0.45	0.50	0.50	0.50	0.50	0.50	0.50	0.50	0.50	0.50	0.50
	中间	0.45	0.45	0.55	0.45	0.50	0.50	0.50	0.50	0.50	0.50	0.50	0.50	0.50	0.50
	4	0.55	0.50	0.50	0.50	0.50	0.50	0.50	0.50	0.50	0.50	0.50	0.50	0.50	0.50
	3	0.65	0.55	0.50	0.50	0.50	0.50	0.50	0.50	0.50	0.50	0.50	0.50	0.50	0.50
	2	0.70	0.70	0.60	0.55	0.55	0.55	0.55	0.50	0.50	0.50	0.50	0.50	0.50	0.50
	↑1	1.35	1.05	0.90	0.80	0.75	0.70	0.70	0.70	0.65	0.65	0.60	0.55	0.55	0.55

上下层横梁线刚度比对 y_0 的修正值 y_1 附表 1-15

I \ K	0.1	0.2	0.3	0.4	0.5	0.6	0.7	0.8	0.9	1.0	2.0	3.0	4.0	5.0
0.4	0.55	0.40	0.30	0.25	0.20	0.20	0.20	0.15	0.15	0.15	0.05	0.05	0.05	0.05
0.5	0.45	0.30	0.20	0.20	0.15	0.15	0.15	0.10	0.10	0.10	0.05	0.05	0.05	0.05
0.6	0.30	0.20	0.15	0.15	0.10	0.10	0.10	0.10	0.05	0.05	0.05	0.05	0	0
0.7	0.20	0.15	0.10	0.10	0.10	0.10	0.05	0.05	0.05	0.05	0.05	0	0	0
0.8	0.15	0.10	0.05	0.05	0.05	0.05	0.05	0.05	0.05	0	0	0	0	0
0.9	0.05	0.05	0.05	0.05	0	0	0	0	0	0	0	0	0	0

注：$I = \dfrac{i_1 + i_2}{i_3 + i_4}$，当 $i_1 + i_2 > i_3 + i_4$ 时，取 $I = \dfrac{i_3 + i_4}{i_1 + i_2}$，同时在查得的 y_1 值前加负号"—"。

$K = \dfrac{i_1 + i_2 + i_3 + i_4}{2i_c}$

上下层高变化对 y_0 的修正值 y_2 和 y_3 附表 1-16

α_2	α_3 \ $\overline{K}$	0.1	0.2	0.3	0.4	0.5	0.6	0.7	0.8	0.9	1.0	2.0	3.0	4.0	5.0
2.0		0.25	0.15	0.15	0.10	0.10	0.10	0.01	0.10	0.05	0.05	0.05	0.05	0.0	0.0
1.8		0.20	0.15	0.10	0.10	0.10	0.05	0.05	0.05	0.05	0.05	0.05	0.0	0.0	0.0
1.6	0.4	0.15	0.10	0.10	0.05	0.05	0.05	0.05	0.05	0.05	0.05	0.0	0.0	0.0	0.0
1.4	0.6	0.10	0.05	0.05	0.05	0.05	0.05	0.05	0.05	0.05	0.05	0.0	0.0	0.0	0.0
1.2	0.8	0.05	0.05	0.05	0.0	0.0	0.0	0.0	0.0	0.0	0.0	0.0	0.0	0.0	0.0
1.0	1.0	0.0	0.0	0.0	0.0	0.0	0.0	0.0	0.0	0.0	0.0	0.0	0.0	0.0	0.0
0.8	1.2	−0.05	−0.05	−0.05	0.0	0.0	0.0	0.0	0.0	0.0	0.0	0.0	0.0	0.0	0.0
0.6	1.4	−0.10	−0.05	−0.05	−0.05	−0.05	−0.05	−0.05	−0.05	0.05	0.0	0.0	0.0	0.0	0.0
0.4	1.6	−0.15	−0.10	−0.10	−0.05	−0.05	−0.05	−0.05	−0.05	−0.05	−0.05	0.0	0.0	0.0	0.0
	1.8	−0.20	−0.15	−0.10	−0.10	−0.10	−0.05	−0.05	−0.05	−0.05	−0.05	0.0	0.0	0.0	0.0
	2.0	−0.25	−0.15	−0.15	−0.10	−0.10	−0.10	−0.10	−0.10	−0.05	−0.05	−0.05	−0.05	0.0	0.0

注：y_2—— 按照 K 及 α_2 求得，上层较高时为正值；

y_3—— 按照 K 及 α_3 求得。

等截面三等跨连续梁常用荷载作用下内力系数 附表 1-17

荷 载 图	跨内最大弯矩		支 座 弯 矩		剪 力			
	M_1	M_2	M_B	M_C	V_A	$V_{B左}$ $V_{B右}$	$V_{C左}$ $V_{C右}$	V_D
A▵ↆↆↆↆↆↆↆↆↆↆↆↆↆↆↆↆ▵B ▵C ▵D l l l	0.080	0.025	−0.100	−0.100	0.400	−0.600 0.500	−0.500 0.600	−0.400

荷 载 图	跨内最大弯矩		支 座 弯 矩		剪　力			
	M_1	M_2	M_B	M_C	V_A	$V_{B左}$ $V_{B右}$	$V_{C左}$ $V_{C右}$	V_D
	0.101	—	−0.050	−0.050	0.450	−0.550 0	0 0.550	−0.450
	—	0.075	−0.050	−0.050	0.050	−0.050 0.500	−0.500 0.050	0.050
	0.073	0.054	−0.117	−0.033	0.383	−0.617 0.583	−0.417 0.033	0.033
	0.094	—	−0.067	0.017	0.433	−0.567 0.083	0.083 −0.017	−0.017
	0.175	0.100	−0.150	−0.150	0.350	−0.650 0.500	−0.500 0.650	−0.350
	0.213	—	−0.075	−0.075	0.425	−0.575 0	0 0.575	0.425
	—	0.175	−0.075	−0.075	−0.075	−0.075 0.500	−0.500 0.075	0.075
	0.162	0.137	−0.175	−0.050	0.325	−0.675 0.625	−0.375 0.050	0.050
	0.200	—	−0.010	0.025	0.400	−0.600 0.125	0.125 −0.025	−0.025
	0.244	0.067	−0.267	0.267	0.733	−1.267 1.000	−1.000 1.267	−0.733
	0.289	—	−0.133	−0.133	0.866	−1.134 0	0 1.134	−0.866
	—	0.200	−0.133	−0.133	−0.133	−0.133 1.000	−1.000 0.133	0.133
	0.229	0.170	−0.311	−0.089	0.689	−1.311 1.222	−0.778 0.089	0.089
	0.274	—	−0.178	0.044	0.822	−1.178 0.222	0.222 −0.044	−0.044

注：1. 表中系数用法：①在均布荷载作用下：$M=$ 表中系数 $\times ql^2$；$V=$ 表中系数 $\times ql$；

②在集中荷载作用下：$M=$ 表中系数 $\times Pl$；$V=$ 表中系数 $\times P$；

③内力正负号规定：M——使截面上部受压，下部受拉为正；V——对邻近截面所产生的力矩沿顺时针方向者为正。

2. 等截面二、四、五等跨连续梁在常用荷载下的内力系数，可参考内力计算手册或其他钢筋混凝土结构教科书。

附录二 建筑结构的刚度

建筑结构承载能力是指结构能够承受荷载组合下的内力效应不致破坏的一种性质，建筑结构刚度则是指结构导致变形效应的一种性质。在同样的荷载条件下，一般地，结构的刚度大，其导致结构的变形小；结构的刚度小，其导致结构的变形大。建筑物在施加荷载后，既不应该发生倒塌或局部破坏，也不应该出现过大变形，这是因为结构的刚度过小而出现过大变形，将影响人们在建筑物内的正常工作和活动，从而丧失其使用功能。因此，对建筑结构进行承载能力设计时，必须同时考虑其结构的刚度和变形。

一、截面刚度、杆件刚度和墙体侧向刚度

1. 刚度和柔度的定义

在结构分析中，力和位移起着关键的作用，力是位移的起因，位移表明力的存在，两者互为因果关系。附图 2-1（a）所示的悬臂梁受到力 P 作用，在沿着力的方向，梁产生了 Δ 的位移。若构件是线弹性体系，位移与荷载成正比增加，如附图 2-1（b）所示，该直线的斜率即为位移刚度：$K_{移}=P/\Delta$。

附图 2-1（c）为单跨超静定梁，A 截面在外力偶 P 作用下转动了 Δ，该梁 A 截面的转动刚度：$K_{转}=P/\Delta$。

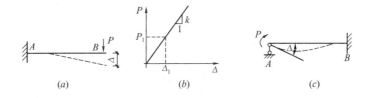

$$(a) \qquad\qquad (b) \qquad\qquad (c)$$

附图 2-1 构件的刚度

因此，结构或结构构件的刚度的一般表达式为：

$$K = P/\Delta$$

式中 P、Δ、K 都是广义的，当 P 为力时，Δ 为沿力的方向产生的线位移，K 为沿该方向的移动刚度；当 P 为力偶时，Δ 为沿力偶方向的转动角度，K 为该方向的转动刚度。

可见，结构构件的刚度是指结构构件在力所作用的点产生单位变形时所需的作用力，它反映了构件抵抗变形的能力。由上式可知，当外力 P 一定时，构件的位移与其刚度成反比。

结构构件的柔度 δ，与刚度相反，是指在单位力（$P=1$）作用下构件产生的变形（或位移），即：

$$\delta = 1/K$$

2. 截面刚度

截面刚度是指截面产生单位应变所需的相应内力，与杆件长度无关。

（1）截面轴向刚度 EA

附图 2-2 所示为均匀受轴心荷载（拉力或压力）的杆件，根据建筑力学知识可得到：

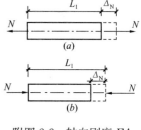

$$\Delta_{\mathrm{N}} = \frac{NL}{EA}$$

或 $$EA = \frac{NL}{\Delta_{\mathrm{N}}} = \frac{N}{\Delta_{\mathrm{N}}/L} = \frac{N}{\varepsilon}$$

附图 2-2　轴向刚度 EA

式中　Δ_{N}——轴向变形；

　　　N——轴向力；

　　　L——杆件长度；

　　　E——杆件材料的弹性模量；

　　　A——杆件截面面积；

　　　ε——轴向力引起的轴向应变。

可见，截面轴向刚度 EA 即为使截面产生单位应变所需要的力，与杆件长度无关。

（2）截面弯曲刚度 EI

附图 2-3 为一受纯弯曲的直杆，直杆两端施加一对大小相等、方向相反的力偶，杆件两端截面产生相对转角 φ，轴线上各点曲率半径为 ρ，根据建筑力学知识可得到，该杆件中性层上的曲率与截面内力的关系为：

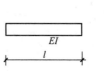
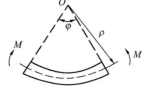

附图 2-3　弯曲刚度 EI

$$\frac{M}{EI} = \frac{1}{\rho}$$

或 $$EI = \frac{M}{1/\rho}$$

式中　M——杆件截面承受的弯矩；

　　　I——杆件截面惯性矩；

　　$1/\rho$——杆件变形后该处截面的曲率；

其他符号同前。

可见，截面弯曲刚度 EI 即为使截面产生单位曲率所需要施加的弯矩，与杆件长度无关。

（3）截面剪切刚度 GA

附图 2-4 所示为杆件受水平剪力作用，产生了剪切位移，由建筑力学知识可得：

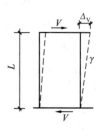

$$\Delta_{\mathrm{V}} = \frac{VL}{GA} = \gamma L$$

$$GA = \frac{V}{\gamma}$$

附图 2-4　剪切
刚度 GA

式中　Δ_{V}——剪切位移；

V——杆件所受剪力；

G——材料剪变模量；

γ——材料剪应变；

其他符号同前。

可见，截面剪切刚度 GA 为使截面产生单位剪切角所需施加的剪力，与杆件长度无关。

3. 杆件刚度

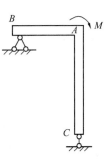

附图 2-5   节点所
受外力偶

在杆件的各类变形中，相对地弯曲变形较大，而剪切变形和轴向变形较小，常可忽略不计，而只计弯曲变形。常用的杆件刚度包括杆件的线刚度 i、杆件的转动刚度 S 和杆件的侧向刚度 d。

（1）杆件的线刚度 i

附图 2-5 所示在节点 A 作用外力偶 M 时，杆 AB 和杆 AC 的 A 端转动同样的转角，各自所抵抗的力偶为多少？像这类涉及同一节点上各杆件截面抗弯刚度的情况，单纯地用截面抗弯刚度 EI 值不足以说明各杆件所能拥有的抗弯能力。若两杆件的 EI 值相同，但杆 AC 的长度远长于杆 AB，显然杆 AC 将更容易弯曲，其分担的外力偶较少。可见，杆件的抗弯刚度还与其长度有关，因此引入杆件的线刚度的概念。杆件的线刚度用 i 来表示，定义为：

$$i = \frac{EI}{l}$$

杆件的线刚度 i 实质是等截面直杆单位长度的抗弯刚度，是衡量各杆抗弯能力的重要标志。

（2）杆件的转动刚度 S

杆件的转动刚度 S，是指使杆端产生单位转角所需施加的力矩。转动刚度反映了杆端对转动的抵抗能力，如 AB 杆的 A 端转动刚度用 S_{AB} 表示，即：A 点为施力端，B 点为远端。当远端为不同支承情况时，S_{AB} 的数值也不相同，如附图2-6所示。

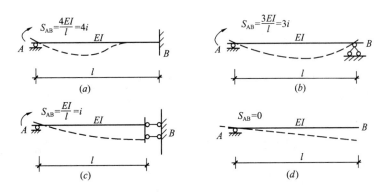

附图 2-6   杆件的转动刚度

杆件的线刚度 i 和转动刚度 S 在竖向荷载作用下框架结构的内力计算方法，如力矩分配法、分层法中得到广泛运用。

（3）杆件的侧向刚度 d

立柱的侧向刚度 d，是指使柱顶产生单位水平位移在柱顶所施加的水平力，即：

$$d = \frac{V}{\Delta}$$

式中　V——施加在柱顶上的水平力；

　　　　Δ——柱顶的水平位移。

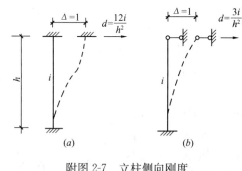

附图 2-7　立柱侧向刚度

显然，立柱的侧向刚度取决于柱子本身的线刚度 i 及柱两端的约束情况，一般取决于梁对柱的约束，即取决于梁柱的刚度比。如附图 2-7所示立柱，当立柱上下梁刚度均很大或均为固定端时，每根立柱的侧向刚度 $d = \frac{12i}{h^2}$；当立柱上端为铰支下端固定时，每根立柱的侧向刚度 $d = \frac{3i}{h^2}$。

立柱的侧向刚度在水平荷载作用下框架结构和排架结构的内力计算方法，如 D 值法、反弯点法和剪力分配法中得到广泛运用。

4. 墙体的侧向刚度

墙体因其高度 h 和宽度 b 比其截面厚度 t 要大得多，因此墙体的剪力变形不能忽略。墙体的侧向刚度分为两类情况：（1）墙体上下端有侧移无转动时的侧向刚度；（2）墙体上端有侧移和转动时的侧向刚度，具体计算见附表 2-1。

墙体的侧向刚度　　　　　　　　　　　　　　　　　　　　附表 2-1

项　　目	墙上下端有侧移无转动	墙体仅上端有侧移和转动
弯曲变形 δ_b	$\delta_b = \dfrac{h^3}{12EI}$	$\delta_b = \dfrac{h^3}{3EI}$
剪切变形 δ_s	$\delta_s = \dfrac{\xi h}{AG}$	$\delta_s = \dfrac{\xi h}{AG}$
墙体侧向柔度 δ	$\delta = \delta_b + \delta_s = \dfrac{h^3}{12EI} + \dfrac{\xi h}{AG}$	$\delta = \delta_b + \delta_s = \dfrac{h^3}{3EI} + \dfrac{\xi h}{AG}$
墙体侧向刚度 K_{bs} （考虑弯曲变形、剪切变形）	$K_{bs} = \dfrac{1}{\delta} = \dfrac{1}{\delta_b + \delta_s}$	$K_{bs} = \dfrac{1}{\delta} = \dfrac{1}{\delta_b + \delta_s}$
墙体侧向刚度 K_s （仅考虑剪切变形）	$K_s = \dfrac{1}{\delta_s}$	$K_s = \dfrac{1}{\delta_s}$
简　　图		

注：ξ——截面剪应力分布不均匀系数，对矩形截面取 $\xi = 1.2$；G——砌体的剪变模量，取 $G = 0.4E$；E——砌体的弹性模量；A——墙体水平截面积，$A = bt$；I——墙体水平截面惯性矩，$I = \frac{1}{12}b^3 t$。

墙体的侧向刚度在水平剪力计算及分配中得到广泛运用。

二、杆件、墙体的刚度叠加和柔度叠加

1. 杆件的刚度叠加和柔度叠加

附图 2-8（a）所示为一组平行柱，各柱的底端均固定，其上端由刚性横梁（$EI=\infty$，无穷大）连在一起，这类连接方式称为并联。此时，并联各柱的总侧向刚度 K 为各柱的侧向刚度之和：

$$K = d_1 + d_2 + d_3 = \sum_{i=1}^{n} d_i$$

附图 2-8（b）所示为一组柱彼此串联，各柱两端转角均设为零。设在顶点作用水平力 P，则各柱的剪力都等于 P，串联各柱的总侧移为各柱侧移之和：

$$\Delta = \Delta_1 + \Delta_2 + \Delta_3$$

$$= \frac{P}{d_1} + \frac{P}{d_2} + \frac{P}{d_3} = P \sum_{i=1}^{n} \frac{1}{d_i}$$

即：

$$P = \frac{1}{\sum\limits_{i=1}^{n} d_i} \Delta$$

因此，串联各柱的总侧向刚度 K 为：

$$K = \frac{1}{\frac{1}{d_1} + \frac{1}{d_2} + \cdots + \frac{1}{d_n}} = \frac{1}{\sum\limits_{i=1}^{n} \frac{1}{d_i}}$$

利用杆件的刚度叠加，可以方便地计算框架结构中某楼层的层间侧向刚度和单层框架结构中一榀框架侧向刚度；利用杆件的刚度叠加和柔度叠加，还可以方便地计算复式刚架的刚度等。

2. 墙体的刚度叠加和柔度叠加

当计算开有洞口墙体的侧向刚度（亦称等效侧向刚度）时，可取整片墙为计算单元，不仅应考虑门窗间各墙段的变形影响，还应考虑洞口上下水平墙带的变形影响。如附图 2-9 所示为仅有窗洞的墙体，计算时可将墙体沿墙高分为三个墙段（$l=1$，2，3），求出各墙段在单位水平力（$P=1$）作用下的侧移，即 δ_1、δ_2、δ_3，然后求和得到整片墙体在单位水平力作用下的顶端侧移 δ，再求其倒数即为该墙体的等效侧向刚度。

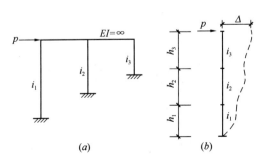

附图 2-8 杆件的刚度叠加和柔度叠加
（a）并联柱；（b）串联柱

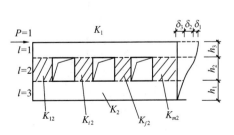

附图 2-9 仅有窗洞的墙体

对于水平墙段 $l=1$ 或 $l=3$，在单位水平力作用下的侧移为：$\delta_1 = \dfrac{1}{K_1}$，$\delta_3 = \dfrac{1}{K_3}$

对于水平墙段 $l=2$，为 m 个高度相同的墙肢，在单位水平力作用下的侧移为：$\delta_2 = \dfrac{1}{\sum\limits_{j=1}^{m} K_{j2}}$

可得，整片墙体在单位水平力作用下的侧移为：$\delta = \delta_1 + \delta_2 + \delta_3$

因此，整片墙体的等效侧向刚度为：$K = \dfrac{1}{\delta} = \dfrac{1}{\dfrac{1}{K_1} + \dfrac{1}{\sum\limits_{j=1}^{m} K_{j2}} + \dfrac{1}{K_2}}$

一般地，对于开洞墙体的等效侧向刚度的计算原则是：

（1）水平向的各墙段总刚度可采用刚度叠加，即墙段总刚度等于各墙段等效侧向刚度之和；

（2）竖向的墙段总刚度可采用柔度叠加，即墙体的柔度等于各墙段柔度之和。

三、建筑结构的刚度

建筑结构刚度是指由杆件（梁、柱、墙、板等）组成的结构构件、计算单元（如一榀排架、一榀框架）、结构整体的某个特定刚度或结构整体刚度，它反映结构整体抵抗变形（或位移）的能力。结构刚度除了与组成构件的材料、截面有关外，还与构件间的连接、构件的布置、结构体系的组成等有关。

结构整体的某个特定刚度的计算，如楼层的层间侧向刚度，附图 2-10（a）、附图 2-10（b）所示一个楼层，该楼盖简化为刚性横梁（$EI = \infty$），沿 y 方向，楼层层间发生一单位相对位移 $\Delta = 1$，所需的总剪力称为层间侧向刚度。各根立柱的剪力，即各立柱的侧向刚度，由前述立柱的侧向刚度可知，$d_1 = \dfrac{12i_1}{h^2}$，$\cdots$，$d_n = \dfrac{12i_n}{h^2}$。其中，n 为该楼层立柱总数目。由水平方向静力平衡条件（附图 2-10c）：

$$K = P = d_1 + d_2 + \cdots + d_n = \sum_{i=1}^{n} d_i$$

K 即为该楼层沿 y 方向的层间侧向刚度，它等于该楼层沿 y 方向各立柱侧向刚度之和。

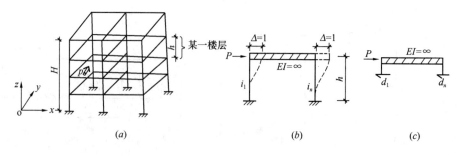

附图 2-10　某一楼层

（a）框架结构；（b）某一楼层计算简图；（c）横梁计算简图

结构整体刚度的计算，如附图 2-11 （b）所示为单层框架结构的一榀框架，该楼盖简化为刚性横梁（$EI=\infty$），由前述立柱的侧向刚度可知，各框架柱的侧向刚度分别为：$d_1=\dfrac{12i_1}{h^2}$，$d_2=\dfrac{12i_2}{h^2}$，$d_3=\dfrac{12i_3}{h^2}$，各框架柱并联，根据前面杆件的刚度叠加原则，沿 y 方向该榀框架侧向刚度 K_{fI} 为：

$$K_{fI}=d_1+d_2+d_3=\sum_{i=1}^{3}d_i$$

因此，该单层框架结构沿 y 方向的整体侧向刚度 $K_{整体}$ 即为该方向的各榀框架侧向刚度之和，即 4 榀框架侧向刚度之和：

$$K_{整体}=K_{fI}+K_{fII}+K_{fIII}+K_{fIV}=\sum_{i=1}^{IV}K_{fi}$$

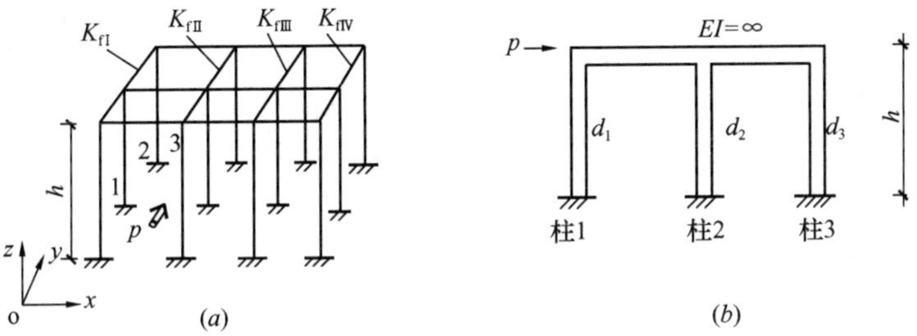

附图 2-11 框架结构
（a）单层框架结构；（b）K_{fI} 框架

附录三 平法施工图制图规则

一、梁平法施工图

根据《混凝土结构施工图平面整体表示方法制图规则和构造详图》（22G101-1）的规定，梁平法施工图在梁平面布置图上采用平面注写方式，或者截面注写方式表达。

梁结构施工图绘制时，一般采用平面注写方式。

（一）梁平面注写方式

平面注写方式，是指在梁平面布置图上，分别在不同编号的梁中各选一根梁，在其上注写截面尺寸和配筋具体数值的方式来表达梁平法施工图。

平面注写包括集中标注与原位标注，集中标注表达梁的通用数值，原位标注表达梁的特殊数值。当集中标注中的某项值不适用于梁的某部位时，则将该项数值原位标注，施工时，原位标注取值优先（附图 3-1）。

梁编号由梁类型代号、序号、跨数及有无悬挑代号几项组成，并应符合附表 3-1 的规定。

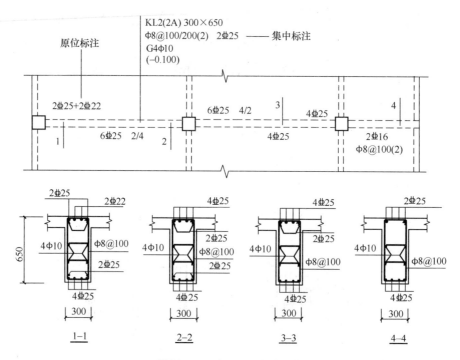

附图 3-1　平面注写方式示例

注：本图四个梁截面系采用传统表示方法绘制，用于对比按平面注写方式表达的同样内容。实际采
　　用平面注写方式表达时，不需绘制梁截面配筋图和附图 3-1 中的相应截面号。

梁　编　号　　　　　　　　　　　　　　　　　　　　　　　　附表 3-1

梁类型	代号	序号	跨数及是否带有悬挑
楼层框架梁	KL	××	（××）、（××A）或（××B）
屋面框架梁	WKL	××	（××）、（××A）或（××B）
非框架梁	L	××	（××）、（××A）或（××B）

注：（××A）为一端有悬挑，（××B）为两端有悬挑，悬挑不计入跨数。

【例】KL7（5A）表示第 7 号框架梁，5 跨，一端有悬挑；

　　　L9（7B）表示第 9 号非框架梁、7 跨，两端有悬挑。

1. 梁集中标注

梁集中标注的内容，有五项必注值及一项选注值（集中标注可以从梁的任意一跨引
出），规定如下：

（1）梁编号，见附表 3-1，该项为必注值。

（2）梁截面尺寸，该项为必注值。

当为等截面梁时，用 $b \times h$ 表示；

当有悬挑梁且根部和端部的高度不同时，用斜线分隔根部与端部的高度值，即为 $b \times h_1/h_2$（附图 3-2）。

（3）梁箍筋，包括钢筋级别、直径、加密区与非加密区间距及肢数，该项为必注值。
箍筋加密区与非加密区的不同间距及肢数需用斜线"/"分隔；当梁箍筋为同一种间距及
肢数时，则不需用斜线；当加密区与非加密区的箍筋肢数相同时，则将肢数注写一次；箍

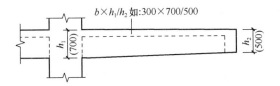

附图 3-2　悬挑梁不等高截面注写示意

筋肢数应写在括号内。

【例】Φ10@100/200（4），表示箍筋为 HPB300 钢筋，直径为 10，加密区间距为 100，非加密区间距为 200，均为四肢箍。

Φ8@100（4）/150（2），表示箍筋为 HPB300 钢筋，直径为 8，加密区间距为 100，四肢箍；非加密区间距为 150，两肢箍。

非框架梁、悬挑梁、井字梁采用不同的箍筋间距及肢数时，也用斜线"/"将其分隔开来。注写时，先注写梁支座端部的箍筋（包括箍筋的箍数、钢筋级别、直径、间距与肢数），在斜线后注写梁跨中部分的箍筋间距及肢数。

【例】13Φ10@150/200（4），表示箍筋为 HPB300 钢筋，直径为 10；梁的两端各有 13 个四肢箍，间距为 150；梁跨中部分间距为 200，四肢箍。

18Φ12@150（4）/200（2），表示箍筋为 HPB300 钢筋，直径为 12；梁的两端各有 18 个四肢箍，间距为 150；梁跨中部分间距为 200，双肢箍。

（4）梁上部通长筋或架立筋配置（通长筋可为相同或不同直径采用搭接连接、机械连接或焊接的钢筋），该项为必注值。所注规格与根数应根据结构受力要求及箍筋肢数等构造要求而定。当同排纵筋中既有通长筋又有架立筋时，应用加号"＋"将通长筋和架立筋相联。注写时需将角部纵筋写在加号的前面，架立筋写在加号后面的括号内，以示不同直径及与通长筋的区别。当全部采用架立筋时，则将其写入括号内。

【例】2Φ22 用于双肢箍；2Φ22＋（4Φ12）用于六肢箍，其中Φ22 为通长筋，4Φ12 为架立筋。

当梁的上部纵筋和下部纵筋为全跨相同，且多数跨配筋相同时，此项可加注下部纵筋的配筋值，用分号"；"将上部与下部纵筋的配筋值分隔开来，少数跨不同者，按原位标准处理。

【例】3Φ22；3Φ20 表示梁的上部配置 3Φ22 的通长筋，梁的下部配置 3Φ20 的通长筋。

（5）梁侧面纵向构造钢筋或受扭钢筋配置，该项为必注值。

当梁腹板高度 $h_w \geqslant 450$mm 时，需配置纵向构造钢筋，所注规格与根数应符合规范规定。此项注写值以大写字母 G 打头，接续注写设置在梁两个侧面的总配筋值，且对称配置。

【例】G4Φ12，表示梁的两个侧面共配置 4Φ12 的纵向构造钢筋，每侧各配置 2Φ12。

当梁侧面需配置受扭纵向钢筋时，此项注写值以大写字母 N 打头，接续注写配置在梁两个侧面的总配筋值，且对称配置。受扭纵向钢筋应满足梁侧面纵向构造钢筋的间距要求，且不再重复配置纵向构造钢筋。

【例】N6Φ22，表示梁的两个侧面共配置 6Φ22 的受扭纵向钢筋，每侧各配置 3Φ22。

（6）梁顶面标高高差，该项为选注值。

2. 梁原位标注

梁原位标注的内容规定如下：

（1）梁支座上部纵筋，该部位含通长筋在内的所有纵筋：

1）当上部纵筋多于一排时，用斜线"/"将各排纵筋自上而下分开。

【例】 梁支座上部纵筋注写为 6Φ25 4/2，则表示上一排纵筋为 4Φ25，下一排纵筋为 2Φ25。

2）当同排纵筋有两种直径时，用加号"＋"将两种直径的纵筋相联，注写时将角部纵筋写在前面。

【例】 梁支座上部有四根纵筋、2Φ25 放在角部，2Φ22 放在中部，在梁支座上部应注写为 2Φ25＋2Φ22。

3）当梁中间支座两边的上部纵筋不同时，须在支座两边分别标注；当梁中间支座两边的上部纵筋相同时，可仅在支座的一边标注配筋值，另一边省去不注（附图 3-3）。

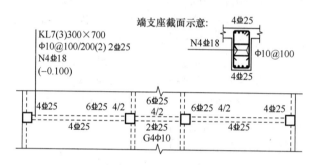

附图 3-3　大小跨梁的注写示例

（2）梁下部纵筋：

1）当下部纵筋多于一排时，用斜线"/"将各排纵筋自上而下分开。

【例】 梁下部纵筋注写为 6Φ25 2/4，则表示上一排纵筋为 2Φ25，下一排纵筋为 4Φ25，全部伸入支座。

2）当同排纵筋有两种直径时，用加号"＋"将两种直径的纵筋相联，注写时角筋写在前面。

3）当梁下部纵筋不全部伸入支座时，将梁支座下部纵筋减少的数量写在括号内。

【例】 梁下部纵筋注写为 6Φ25 2（－2）/4，则表示上排纵筋为 2Φ25，且不伸入支座；下一排纵筋为 4Φ25，全部伸入支座。

梁下部纵筋注写为 2Φ25＋3Φ22（－3）/5Φ25，表示上排纵筋为 2Φ25 和 3Φ22，其中 3Φ22 不伸入支座；下一排纵筋为 5Φ25，全部伸入支座。

【例】 如附图 3-4 所示，梁下部纵筋上排为 3Φ25，且不伸入边支座。

（3）附加箍筋或吊筋，将其直接画在平面图中的主梁上，用线引注总配筋值（附加箍筋的肢数注在括号内）（附图 3-5）。当多数附加箍筋或吊筋相同时，可在梁平法施工图上统一注明，少数与统一注明值不同时，再原位引注。

梁平法施工图平面注写方式示例（局部），见附图 3-6。

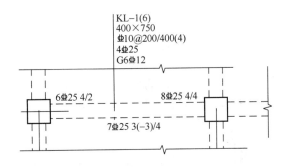

附图 3-4　梁下部纵筋部分未伸入支座内

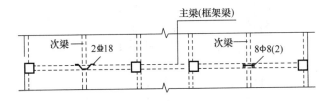

附图 3-5　附加箍筋和吊筋的画法示例

（二）梁截面注写方式

截面注写方式，是指在分标准层绘制的梁平面布置图上，分别在不同编号的梁中各选择一根梁用剖面号引出配筋图，并在其上注写截面尺寸和配筋具体数值的方式来表达梁平法施工图。

对所有梁按本附表 3-1 的规定进行编号，从相同编号的梁中选择一根梁，先将"单边截面号"画在该梁上，再将截面配筋详图画在本图或其他图上。

在截面配筋详图上注写截面尺寸 $b \times h$、上部筋、下部筋、侧面构造筋或受扭筋以及箍筋的具体数值时，其表达形式与平面注写方式相同。

截面注写方式既可以单独使用，也可与平面注写方式结合使用。

二、柱平法施工图

图集 22G101-1 规定，柱平法施工图系在柱平面布置图上采用列表注写方式或截面注写方式表达。

（一）柱列表注写方式

列表注写方式，是指在柱平面布置图上（一般只需采用适当比例绘制一张柱平面布置图，包括框架柱、梁上柱和剪力墙上柱），分别在同一编号的柱中选择一个（有时需要选择几个）截面标注几何参数代号；在柱表中注写柱编号、柱段起止标高、几何尺寸（含柱截面对轴线的偏心情况）与配筋的具体数值，并配以各种柱截面形状及其箍筋类型图的方式，来表达柱平法施工图。

柱编号由类型代号和序号组成，应符合附表 3-2 的规定。

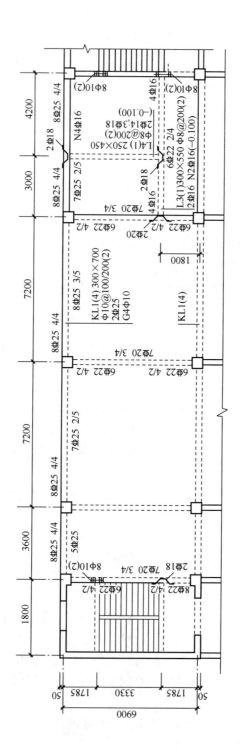

附图 3-6 梁平法施工图（局部）

柱 编 号   附表 3-2

柱 类 型	代 号	序 号
框架柱	KZ	××
转换柱	ZHZ	××
芯 柱	XZ	××

注：编号时，当柱的总高、分段截面尺寸和配筋均对应相同，仅截面与轴线的关系不同时，仍可将其编为同一柱号，但应在图中注明截面与轴线的关系。

注写柱纵筋。当柱纵筋直径相同，各边根数也相同时（包括矩形柱、圆柱和芯柱），将纵筋注写在"全部纵筋"一栏中；除此之外，柱纵筋分角筋、截面 b 边中部筋和 h 边中部筋三项分别注写（对于采用对称配筋的矩形截面柱，可仅注写一侧中部筋，对称边省略不注；对于采用非对称配筋的矩形截面柱，必须每侧均注写中部筋）。

注写箍筋类型编号及箍筋肢数，在箍筋类型栏内注写按附表 3-3 规定的箍筋类型编号和箍筋肢数。箍筋肢数可有多种组合，应在表中注明具体的数值：m、n 及 Y 等。

箍筋类型表   附表 3-3

箍筋类型编号	箍筋肢数	复合方式
1	$m×n$	肢数m 肢数n
2	—	
3	—	
4	$Y+m×n$ 圆形箍	肢数m 肢数n

注：1. 确定箍筋肢数时应满足对柱纵筋"隔一拉一"以及箍筋肢距的要求。

    2. 具体工程设计时，若采用超出本表所列举的箍筋类型或标准构造详图中的箍筋复合方式（见 22G101-1 第 2-17 页、第 2-18 页），应在施工图中另行绘制，并标注与施工图中对应的 b 和 h。

注写柱箍筋，包括钢筋种类、直径与间距。

用斜线"/"区分柱端箍筋加密区与柱身非加密区长度范围内箍筋的不同间距。框架节点核心区内箍筋与柱端箍筋设置不同时，应在括号中注明核心区箍筋直径及间距。

【例】ϕ10@100/200（ϕ12@100），表示柱中箍筋为 HPB300 级钢筋，直径为 10mm，加密区间距为 100mm，非加密区间距为 200mm，框架节点核心区箍筋为 HPB300 级钢筋，直径为 12mm，间距为 100mm。

当箍筋沿柱全高为一种间距时，则不使用"/"线。

当圆柱采用螺旋箍筋时，需在箍筋前加"L"。

【例】Lϕ10@100/200，表示采用螺旋箍筋，HPB300，钢筋直径为 10mm，加密区间距为 100mm，非加密区间距为 200mm。

柱列表注写方式示例（局部），见附图 3-7 和附表 3-4。

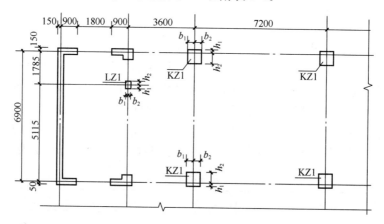

附图 3-7　柱列表注写方式示例（局部）

柱　　表

附表 3-4

柱号	标　高	$b\times h$（圆柱直径 D）	b_1	b_2	h_1	h_2	全部纵筋	角筋	b 边一侧中部筋	h 边一侧中部筋	箍筋类型号	箍筋
KZ1	$-0.030\sim19.470$	750×700	375	375	150	550	24$\oplus$25				1（5×4）	ϕ10@100/200
	$19.470\sim37.470$	650×600	325	325	150	450		4$\oplus$22	5$\oplus$22	4$\oplus$20	1（4×4）	ϕ10@100/200
	$37.470\sim59.070$	550×500	275	275	150	350		4$\oplus$22	5$\oplus$22	4$\oplus$20	1（4×4）	ϕ8@100/200

（二）柱截面注写方式

截面注写方式，是指在柱平面布置图的柱截面上，分别在同一编号的柱中选择一个截面，以直接注写截面尺寸和配筋具体数值的方式来表达柱平法施工图。

对除芯柱之外的所有柱截面按前述柱列表注写的规定进行编号，从相同编号的柱中选择一个截面，按另一种比例原位放大绘制柱截面配筋图，并在各配筋图上继其编号后再注写截面尺寸 $b\times h$、角筋或全部纵筋（当纵筋采用一种直径且能够图示清楚时）、箍筋的具体数值（柱箍筋的注写包括钢筋级别、直径与间距），以及在柱截面配筋图上标注柱截面与轴线关系 b_1、b_2、h_1、h_2 的具体数值。

当纵筋采用两种直径时，需再注写截面各边中部筋的具体数值（对于采用对称配筋的矩形截面柱，可仅在一侧注写中部筋，对称边省略不注）。

柱截面注写方式示例（局部），见附图 3-8。

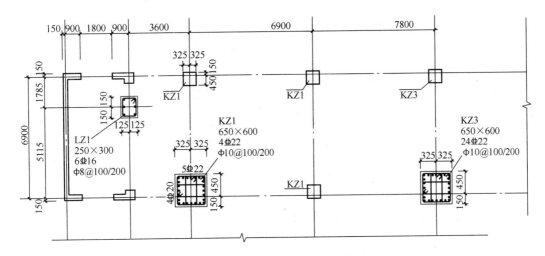

附图 3-8　柱平法施工图（局部）

参 考 文 献

[1] (美) 林同炎, S·D·斯多台斯伯利. 高立人等译. 结构概念和体系(第二版). 北京: 中国建筑工业出版社, 1999.

[2] 罗福午. 建筑结构. 武汉: 武汉理工大学出版社, 2005.

[3] (美) W. 舒勒尔. 罗福午等译. 建筑结构设计(上、下册). 北京: 清华大学出版社, 2006.

[4] (美) Daniel L. Schodek. 罗福午等译. 建筑结构——分析方法及其设计应用(第 4 版). 北京: 清华大学出版社, 2005.

[5] 刘西拉. 结构工程学科的进展与前景. 北京: 中国建筑工业出版社, 2007.

[6] 钱稼茹, 高立人, 方鄂华. 结构工程泰斗——林同炎教授的创新业绩. 建筑结构[J], 2004.

[7] 罗福午, 张惠英, 杨军. 建筑结构概念设计及案例. 北京: 清华大学出版社, 2003.

[8] 李国强, 李杰, 陈素文, 陈建兵. 建筑结构抗震设计(第四版). 北京: 中国建筑工业出版社, 2014.

[9] 滕智明, 朱金铨. 混凝土结构与砌体结构设计(上册). 北京: 中国建筑工业出版社, 2003.

[10] 东南大学, 同济大学, 天津大学. 混凝土结构. 北京: 中国建筑工业出版社, 2016.

[11] 王心田. 建筑结构体系与选型. 上海: 同济大学出版社, 2003.

[12] 包世华, 张铜生. 高层建筑结构设计和计算. 北京: 清华大学出版社, 2012.

[13] 叶列平. 混凝土结构(上册)(第二版). 北京: 中国建筑工业出版社, 2014.

[14] 工程结构通用规范 GB 55001—2021. 北京: 中国建筑工业出版社, 2021.

[15] 建筑与市政工程抗震通用规范 GB 55002—2021. 北京: 中国建筑工业出版社, 2021.

[16] 混凝土结构通用规范 GB 55008—2021. 北京: 中国建筑工业出版社, 2022.

[17] 钢结构通用规范 GB 55006—2021. 北京: 中国建筑工业出版社, 2021.

[18] 砌体结构通用规范 GB 55007—2021. 北京: 中国建筑工业出版社, 2021.

[19] 钢结构设计标准 GB 50017—2017. 北京: 中国建筑工业出版社, 2018.

[20] 建筑结构可靠性设计统一标准 GB 50068—2018. 北京: 中国建筑工业出版社, 2019.

[21] 混凝土结构设计规范 GB 50010—2010(2015 年版). 北京: 中国建筑工业出版社, 2016.

[22] 高层建筑混凝土结构技术规程 JGJ 3—2010. 北京: 中国建筑工业出版社, 2011.

[23] 建筑抗震设计规范 GB 50011—2010(2016 年版). 北京: 中国建筑工业出版社, 2010.

[24] 李世蓉, 兰定筠, 胡玉明. 业主工程项目管理实用手册. 北京: 中国建筑工业出版社, 2007.

[25] 施岚青. 注册结构工程师专业考试应试指南. 北京: 中国建筑工业出版社, 2009.

[26] 兰定筠. 一、二级注册结构工程师专业考试应试技巧与题解. 北京: 中国建筑工业出版社, 2021.

[27] 国家建筑标准设计图集 22G101-1. 北京: 中国计划出版社, 2022.